薄谋 著

抽象主义集合论（下卷）

从怀特到林内波

上海人民出版社

本书为国家社会科学基金一般项目"算术与集合的实在论解释"(22BZX128)的阶段性成果

序

　　我与薄谋博士本不相识,交往更少。从我先前的博士生刘靖贤那里,知道有薄谋这个人在做新弗雷格主义,以及更广义的,数学基础和数学哲学方面的研究。浏览过他的一两篇文章,留下一些印象。有一次在项目评审时,看到一份关于新弗雷格主义研究的申报书,写得比较详实和清楚,可以看出在这方面已经有相当的研究,猜测是他所为,遂让其通过,后来他也顺利地拿到该项目。2020 年夏天,他寄来一本新著——《现代数学哲学教程:从哥德尔到赫尔曼》,初步翻阅,内容相当详实,讨论也比较深入。由于我正筹划所承担的国家社会科学基金重大项目"当代逻辑哲学重大前沿问题研究"的结项成果,又经刘靖贤推荐,邀请他撰写其中两章:"数学结构主义"和"数学虚构主义",在2020 年 10 月该课题扬州会议上第一次见到他,他还报告了关于这两章的写作构想。所获得的印象是,这是一位沉静、踏实、认真、可信的年轻学者。

　　前不久,薄谋通过电子邮件发过来一部大书稿——《抽象主义集合论:从布劳斯到斯塔德》,60 多万字,我翻阅浏览一遍,获得这样的印象:该书讨论集合论基础问题和哲学问题,技术性很强,有一定的难度;作者认真阅读了大量的相关英文文献,包括大量当代文献,对它们做了相当详实、深入、清晰也相当可靠的梳理和讨论,全书内容相当丰富扎实,如非作者长时间沉浸其中、埋头苦干是不可能完成的。可以看出,作者的治学态度很认真,对学问和学术研究保持敬畏,肯下功夫,该书不是滥竽充数和哗众取宠之作。薄谋邀请我为该书撰写序言,我初步同意。为慎重起见,未经薄谋同意,我把书稿发给两位在这方面有较好资质和信誉的国内同行,要他们判断一下此书稿的质量,他们的反馈与我的大致相同,其中一位回信说:"本书研究的内容在集合论哲学领域是很有学术价值的"。

据告知,书稿拟分上下两卷出版。从上卷内容来看,作者把注意力集中到集合概念。从集合的迭代概念与大小限制概念出发推断全部集合论公理。不管是迭代概念还是大小限制概念,把它们引入对集合的理解要源于布劳斯的工作。在布劳斯工作的基础上,夏皮罗进一步强化了当代集合概念背后至少有两种观念存在的思想。夏皮罗的贡献在于从不定可扩充概念出发理解大小限制观念。不定可扩充概念源自罗素与达米特。伯吉斯把复数逻辑引入集合论,形成复数集合论。林内波在帕森斯工作的基础上,把模态引入集合论,形成单模态集合论。斯塔德在帕森斯与林内波工作的基础上,把时态引入集合论,形成双模态阶段理论。从下卷内容来看,作者不仅论述了从抽象原则出发推断集合论公理的过程,而且对抽象原则自身也进行了研究,比如休谟原则与第五基本定律。抽象原则有好的原则,也有坏的原则,这就需要确定抽象原则好坏的标准。这些标准有协调性、保守性、和平性和稳定性,都是元逻辑中的核心概念。他还详细探讨了数学哲学领域中著名的好伙伴异议、坏伙伴异议和恺撒问题,并研究了解决这三个难题的各种各样的策略。斯塔德认为出现这些难题的根本原因在于人们只是静态地研究抽象原则,而不是动态地研究抽象原则。这涉及新逻辑主义纲领研究范式的转变。从静态抽象到动态抽象需要从对经典逻辑的关注转移到对非经典逻辑的关注。在该书稿中,作者比较细致而全面地陈述了各种各样的集合论,有的是经典集合论,有的是非经典集合论。在前人工作的基础上,他考虑了集合论中的大基数,主要精力集中在小的大基数上面。这就是引入反射公理的重要原因。他非常重视二阶逻辑及其变体与集合论的结合，这属于当前集合论研究中的前沿和热点。

书稿把重点放在了对他人工作的梳理和阐释上，尽管也有一些作者自己的创造性工作，但并不十分突出。这是一个有待改进的问题和缺点。它不独为薄谋这一位研究者所具有，而是中国学者、至少是我所知的中国哲学界的普遍现象。长期以来，中国哲学学者把主要精力放在追踪、搜集、考辨、阅读、理解、阐释、评论他人的工作上，好像把他人的工作理解准确、阐释清楚了，其工作就算完成了。这就导致了我近些年来一再批评的一种现象：别人研究哲学，我们研究别人的哲学。我一再大声疾呼：至少一部分中国哲学学者，要与别人一起研究哲学：面向问题，参与哲学的当代建构。我以为，年轻一代的中国学者，当然包括薄谋（也包括我本人，尽管我已经不再年轻），似乎应该沿着这一方向和路径去工作，争取做出一些自己的独立的创造性工作。还有，作者在文字表述方面似乎应该下更多的功夫，在浏览书稿中不时发现，其行文有值得推敲和改进的地方。中国是文章大国，有悠久的美文传统，"言之无文，行之不远"。学术著作，倒不需要玩那么多的修辞技巧，但需做到文从字顺、清楚、准确、流畅。

以上是我的真实看法，不一定正确，仅供参考。

陈　波
2021 年 1 月 19 日
于京西博雅西园寓所

目 录

引　言

新逻辑主义发展历程中形成的专著有：怀特（1983）[1]、黑尔（1987）[2]、黑尔和怀特（2001）[3]；布劳斯（1998）[4]、伯吉斯（2005）[5]、法恩（2002）[6]、赫克（2011）[7]、赫克（2012）[8]和林内波（2018）[9]。怀特的著作《弗雷格的对象数概念》把两个观察结合起来：首先，如果人们放弃第五基本定律且只从休谟原则出发，那么不会出现罗素悖论；其次，从休谟原则出发人们能推出皮亚诺算术。黑尔的著作《抽象对象》继续推进达米特和怀特的关于抽象对象的弗雷格主义思想传统，他的目标是要为柏拉图主义辩护，他使用的是弗雷格主义的论证方式，也就是真断言包含指称抽象对象的单项。黑尔和怀特的论文集《理性真研究：朝向新弗雷格主义的数学哲学》是对新弗雷格主义纲领的一种系统呈现，而且提供对恺撒问题的一种解决方案。布劳斯的论文集《逻辑、逻辑与逻辑》主要呈现布劳斯的集合迭代概念与大小限制概念，以及他对复数逻辑的系统研究。

在弗雷格研究方面，他提出了"休谟原则""弗雷格定理"与"弗雷格算术"这些通用术语；他证明了弗雷格算术与二阶皮亚诺算术是互释的。伯吉斯在专著《修补弗雷格》中把数学基础分为五个层级，他主要关注算术和集合论两个层级。他的关键贡献在于提出伯奈斯—布劳斯集合论。法恩在专著《抽象界限》中发展出抽象形式理论，据此为算术和分析提供基础。赫克在专著《弗雷格定理》中探索该定理的哲

1

学意蕴,使用它发起且指导数学与逻辑哲学中对历史的、哲学的和技术的问题的范围广泛的探索。赫克的著作《阅读弗雷格的〈算术基本定律〉》是对弗雷格的巨著《算术基本定律》的系统分析,这本书是解读弗雷格原著的典范。林内波的专著《稀薄对象:一种抽象主义描述》从静态和动态两个方面对良莠不齐问题进行了描述,这源于他和库克在静态方面的贡献以及他和斯塔德在动态方面的贡献。

接下来我们来看新逻辑主义发展过程中关键人物的关键贡献。布劳斯在论文《集合的迭代概念》中意图使用阶段理论推导集合论公理,最后的结果是推不出外延公理、替换公理与选择公理[10]。布劳斯在论文《再次迭代》中使用大小限制观念改造弗雷格的第五基本定律,得到新第五基本定律。新第五基本定律不仅是协调的,而且从此出发我们能得到外延公理、替换公理与选择公理,但得不到无穷公理与幂集公理[11]。布劳斯在《存在是成为变元的值(成为某些变元的某些值)》[12]和《唯名论者的柏拉图主义》[13]两篇论文中系统研究复数逻辑。这成为后来伯吉斯的复数集合论的基础。布劳斯在论文《弗雷格算术基础的协调性》中表明弗雷格算术是协调的当且仅当二阶皮亚诺算术是协调的[14]。布劳斯在论文《数相等标准》中有三个贡献:首先证明弗雷格定理;其次表明存在彼此相冲突的协调性抽象原则;最后找出有着有限定律的抽象原则,它与休谟原则都是各自协调的但彼此冲突[15]。

赫克在论文《论二阶语境定义的协调性》中有两个贡献:首先,指出协调性作为可接受抽象原则标准是不充分的;其次,提出稳定性作为可接受抽象原则标准的可行性[16]。赫克在论文《在弗雷格的〈算术基本定律〉中算术的发展》中表明弗雷格已经注意到弗雷格定理[17]。赫克在论文《弗雷格的〈算术基本定律〉的直谓片段的协调性》中表明弗雷格主义抽象是可接受的当它是直谓的[18]。怀特在论文《弗雷格定理的哲学意蕴》中提议抽象原则是可接受的当且仅当它是保守的[19]。怀特在论文《休谟原则是分析的?》中建议我们将和平性作为可接受抽象原则[20]。怀特在论文《新弗雷格主义的实分析基础:关于弗雷格约束的某些反思》中通过比较黑尔和夏皮罗的重构实分析的两种策略,关心弗雷格约束的意义和动机[21]。黑尔在论文《根据抽象来的实数》中假设新弗雷格主义关于初等算术的正确性,且引入作为量比的实数,试图解释把如此立场扩充到包含实数理论[22]。黑尔在论文《抽象与集合论》中详细讨论执行大小限制观念的替代方式,把好性解释为双重小性[23]。黑尔与怀特在长论文《为埋葬恺撒……》中提出一种解决恺撒问题的策略[24]。

夏皮罗与韦尔合写的论文《新第五基本定律、策梅洛弗兰克尔集合论与抽象》意味着夏皮罗接替布劳斯扛起了反对新逻辑主义的大旗[25]。夏皮罗对数学持一种结构主义立场,根据他的四篇标志性论文,我们把他的新逻辑主义研究分为四个阶段:第一篇论文是《弗雷格会面戴德金:对实分析的新逻辑主义处理》,这是他的新逻辑主义研究的第一个阶段,处理的主题是实分析[26];第二篇论文是《弗雷格会面策梅洛:关于不可言喻性与反射的看法》,这是他的新逻辑主义研究的第二个阶段,关注的主题是集合论[27];第三篇论文是夏皮罗与林内波合写的论文《弗雷格会面布劳威尔或者海廷或者达米特》,这是他的新逻辑主义研究的第三个阶段,关注的焦点是算术[28];第四篇论文是夏皮罗与赫尔曼合写的论文《弗雷格会面亚里士多德:作为抽象物的点》,这是他的新逻辑主义研究的第四个阶段,关心的是对时空的基于区域的描述[29]。

乌斯基亚诺在论文《二阶策梅洛集合论模型》中研究策梅洛集合论的二阶变体,表明四个二阶变体间的关系[30]。乌斯基亚诺的论文《范畴性定理与集合概念》在麦吉工作的基础上,表明是否存在与迭代概念和大小限制学说一致的二阶集合论公理化的直谓公理化[31]。乌斯基亚诺的论文《广义良莠不齐问题》聚焦稳定性作为可接受性必要条件的前景。不过结论是否定的[32]。乌斯基亚诺的论文《不定可扩充性的多种形态》在集合概念不定可扩充性的各种描述基础上,比较不定可扩充性的语言模型[33]。

库克在论文《节约状态:新逻辑主义与膨胀》中聚焦黑尔对分割抽象原则的使用,审视新逻辑主义实数构造的前景[34]。库克在论文《再来一次迭代》中研究基于更新第五基本定律的新逻辑主义集合论[35]。库克在论文《休谟的大兄弟:计数概念与良莠不齐异议》中提出高阶版本的休谟原则,表明高阶版本的休谟原则是否可接受的是独立于标准集合论的[36]。库克在论文《保守性、稳定性与抽象》中表明可接受抽象原则类是严格逻辑对称类保守的[37]。库克的论文《抽象与四种不变性》在法恩与安东内利引入的内在不变性与简单/双重不变性的基础上,指出抽象原则在一种或者两种意义上是不变的,而且指出休谟原则在双重意义上是最精细的抽象原则[38]。

林内波在论文《弗雷格算术的直谓片段》中表明直谓弗雷格算术的逻辑强度是相当弱的[39]。林内波在论文《温驯版良莠不齐问题》中提议良莠不齐问题的新解决方案,基于个体化必定取良基过程形式的观念[40]。林内波在论文《可接受抽象的某些标准》中找出各种抽象原则间的逻辑关系:和平性、稳定性、保守性与无界性[41]。林内波在论文《集合的潜在分层》中认为集合的累积分层不是实在的而是潜在的,为此他发展出容纳潜在论概念的模态集合论[42]。林内波在论文《达米特关于不定可扩充性》中指出达米特的不定扩充性概念是富有影响的,但是模糊的。在二阶直觉主义逻辑的基础上。他形式化了达米特的不定可扩充性概念[43]。库克与林内波在论文《基数性与可接受抽象》中回顾了赫克对可接受抽象原则的一个观察。两人指出赫克的修复是无效的,他们提出临界全性概念[44]。斯塔德在论文《集合的迭代概念:一种双模态公理化》中使用双模态阶段理论解释除了无穷公理的策梅洛集合论的自然扩充[45]。斯塔德在论文《再构思抽象》中指出静态抽象描述是毫无希望的,相反他提出要发展一种动态的抽象主义描述[46]。

最后我们来看本书的整体结构。第一章关注赫克的有限休谟原则,赫克与麦克布莱德间的争论和曼科苏的好伙伴异议。第二章关心各种版本的恺撒问题,在黑尔与怀特工作的基础上,提出恺撒问题的另一种解决方案。第三章关注良莠不齐问题,它们有狭义的良莠不齐问题和广义的良莠不齐问题。第四章关心静态抽象描述,里面会呈现各种各样的抽象标准,在不变量抽象原则达到高潮。第五章关注基于林内波与斯塔德工作上的动态抽象描述。

第一章
休谟原则

第一节　赫克的有限休谟原则

存在两种不同的二阶算术系统。一种是戴德金—皮亚诺算术系统，另一种是弗雷格算术系统。从历史上看，后者是先于前者的。但目前人们采用的是前一种算术系统，而只对后一种算术系统进行哲学上的探讨。前一个系统是有限序数算术的公理化，而后一个系统关注的是作为有限基数的自然数。弗雷格算术的唯一一条非逻辑公理是休谟原则。在零和前趋关系的定义的基础上，弗雷格给出强祖先和弱祖先的定义，从而把有限数或者自然数定义为零处于前趋关系的弱祖先。当然，弗雷格也用中间性定义自然数，由此一个数是自然数，当且仅当它是某个有限概念的数。在考虑这两个算术系统的相对强度时，首先要考虑的是它们的相对协调性。当然，从布劳斯的工作我们已经知道根据等解释性，两者是等协调的。其次我们的问题是这两个算术系统到底哪个更强。为回答这个问题，我们首先需要在相同语言下比较两个不同的算术系统。

这里的例子是强皮亚诺算术和二阶皮亚诺算术。两者尽管是等解释的，但强皮亚诺算术是严格强于二阶皮亚诺算术的。然后考虑在不同语言下比较两个算术系统的强度。但这里要用到桥接理论，以便把一个算术系统基元的指称物与另一个算术系统基元的指称物联系起来。我们这里用到的桥接理论是弗雷格定义，它能帮助我们从弗雷格算术推导出算术公理，尤其是强皮亚诺算术公理。把前趋是有限的公理加入二阶皮亚诺算术公理形成有限皮亚诺算术。有限皮亚诺算术是强于二阶皮亚诺算术而弱于强皮亚诺算术的。在戴德金—皮亚诺系统下我们使用的逻辑是标准二阶逻辑加上全非直谓概括。在讨论弗雷格算术及其变体的时候，我们还要加上布劳斯称为函数等价的公理。有了新的背景逻辑，我们来考察另一个算术系统，这就是基于有限休谟原则的有限弗雷格算术。

由此我们就收获了五个算术系统，从强到弱分别是：弗雷格算术、强皮亚诺算术、有限皮亚诺算术/有限弗雷格算术和二阶皮亚诺算术。这里边对休谟原则的理解至关重要。怀特认为，休谟原则即使不是逻辑真性，它至少是分析的。而布劳斯认为休谟原则既不是分析的，也不是概念真性。首先这是因为由休谟原则构成的弗雷格算术是强于强皮亚诺算术的，不可能声称休谟原则是概念真性。其次，相比于二阶皮亚诺算术，弗雷格算术的证明论强度表明二阶算术和一般基数理论间的概念间隙。赫克首先认为我们对休谟原则的认识是在康托尔之后发生的，这涉及概念上的跳跃。其次我们要基于对算术推理的思考才能认识休谟原则的真性，而算术推理是与有限数相关的。但如果日常算术思想是由二阶皮亚诺算术公理掌控的，那么这不能保证我们能认识到休谟原则的真性。

这涉及理论不等平行于概念不等的观点。因此赫克认为怀特的逻辑主义版本是不可靠的，但这不意味着所有的逻辑主义方案都行不通。行得通的逻辑主义方案要注意到有限性与无限性间的区分。这也是要引出有限弗雷格算术和有限皮亚诺算术的原因。由此有限休谟原则有两个好处，首先不需要康托尔式的概念上的跳跃，其次只需要日常算术思想。有了这些，凭借计数过程我们很容易让人们相信有限休谟原则的真性。有了这些哲学上的讨论，接下来我们就要给出五个算术系统相对强度的证明。首先是弗雷格算术、强皮亚诺算术、有限皮亚诺算术和二阶皮亚诺算术的相对强度的证明。然后是有限皮亚诺算术和有限弗雷格算术相对强度的证明。当然我们可以继续弱化休谟原则从而得到弱休谟原则系统。弱休谟原则系统与二阶皮亚诺系统是等解释的从而是等协调的。也可以继续考虑弗雷格定义的其他版本，这里我们考虑的是有限弗雷格定义。在有限弗雷格定义下，我们证明弱休谟原则系统、二阶皮亚诺算术系统和有限皮亚诺算术系统全都是等价的。

1. 两种二阶算术系统的相对强度

布劳斯(1996)研究两类二阶算术系统的相对强度。这些中较多熟悉的起源于戴德金和皮亚诺的工作；较少熟悉的起源于弗雷格的工作。根据自然数序列的性质戴德金—皮亚诺系统描绘自然数；我们能把这些系统认作有限序数算术的公理化。另一方面，弗雷格主义系统把自然数描绘为有限基数。对如此系统根本的是规定两个概念有相同基数的条件的一条公理，连同规定在什么条件下基数是有限的另一条公理。我们把也许是最熟悉二阶戴德金—皮亚诺的东西公理化如下：

1. $N0$;

2. Nx & $Pxy \rightarrow Ny$;

3. $\forall x \forall y \forall z (Nx$ & Pxy & $Pxz \rightarrow y = z)$;

4. $\forall x \forall y \forall z (Nx$ & Ny & Pxz & $Pyz \rightarrow x = y)$;

5. $\neg \exists x (Nx$ & $Px0)$;

6. $\forall x (Nx \rightarrow \exists y.Pxy)$;

7. $\forall F [F0$ & $\forall x \forall y (Fx$ & $Pxy \rightarrow Fy) \rightarrow \forall x (Nx \rightarrow Fx)]$。

让我们把该系统称为二阶皮亚诺算术(second-order Peano arithmetic,

PA2）。这里我们使用关系表达式"P$\xi\eta$"表述它的公理，而非更通常的函数表达式"Sξ"，以方便与弗雷格主义系统的比较。最熟悉的弗雷格主义系统只有一个"非逻辑"公理，也就是休谟原则，陈述的是 Fs 的数与 Gs 的数一样恰好假使 Fs 和 Gs 处于 1-1 对应关系。用"Eq$_x$(Fx，Gx)"缩写定义"Fs 与 Gs 1-1 对应"的许多等价二阶公式的一个，或者，用弗雷格的术语，"Fs 与 Gs 是等数的"，那么休谟原则（Hume's Principle，以下简称 HP）是：

$$N x:F x \equiv N x:G x \equiv Eq_x(F x，G x)。$$

单独非逻辑公理是 HP 的二阶理论是弗雷格算术（Frege arithmetic，以下简称 FA）。注意"Nx:Φx"是一元第二层项形成（term-forming）算子：在"Nx:Φx"中用任意公式替代"Φx"的结果是一个项。我们能以不同方式给出有限数或者自然数的定义。在弗雷格的著作中，他定义零和前趋关系而且把有限数定义为与零处于该关系的弱祖先的那些。因此必要条件是：

$$0 = N x:x \neq x；$$
$$P m n \equiv \exists F \exists y[F y \& n = N x:F x \& m = N x:(F x \& x \neq y)]。$$

弗雷格定义关系 R$\xi\eta$ 的强祖先（strong ancestral）如下：

$$R^* a b \equiv \forall F[\forall z(R a z \to F z) \& m = N x:(F x \& x \neq y)]。$$

而且因此他定义 R$\xi\eta$ 的弱祖先（weak ancestral）：

$$R^{*=} a b \equiv R^* a b \lor a = b。$$

那么弗雷格的自然数定义是：n 是一个自然数恰好假使 P$^{*=}$0n。然而，存在其他继续进行的方式。在《算术基本定律》的第 K 节和第 Λ 节，弗雷格表述有限性的纯粹二阶定义，为陈述它我们需要一个附加定义：

9

$$Btw_{xy}(Rxy, a, b)(n) \equiv \forall x \forall y \forall z(Rxy \ \& \ Rxz \rightarrow y = z) \ \&$$
$$\neg R^* bb \ \& \ R^{*=} an \ \& \ R^{*=} nb \, .$$

因此，n 在 R-序列中处于 a 和 b 中间当且仅当 $R\xi\eta$ 是一个函数关系，在它的强祖先中 b 与自身没有关系，也就是，不存在从 b 到 b 的"环路"，使得 a 与 n 处于 $R\xi\eta$ 的强祖先，这转而与 b 处于 $R\xi\eta$ 的弱祖先：

$$Fin_x(Fx) \equiv \exists R \exists x \exists y \forall z[Fz \equiv Btw(R, x, y)(z)] \, .$$

也就是：概念是有限的恰好假使以特定方式把归入它的对象排序为在 R-序列中 x 和 y 间的对象，对某个 R，x 和 y。从《算术基本定律》的第 K 节和第 Λ 节的核心定理推断该定义是正确的，这些是《算术基本定律》的定理 327 和定理 348：

$$(327) \ Fin(F) \rightarrow P^{*=}(0, Nx : Fx);$$
$$(348) \ P^{*=}(0, Nx : Fx) \rightarrow Fin(F) \, .$$

因此，在弗雷格的意义上，概念是有限的恰好假使它的数是一个自然数。所以，我们把弗雷格的自然数定义替换为：

$$\mathbb{N}(n) \equiv \exists F[Fin(F) \ \& \ n = Nx : Fx] \, .$$

当然，该定义仅仅在强到足以证明定理 327 和定理 348 的理论中是充足的。这些定理的类似物是本节主要结果证明中的关键引理，即下文中的引理 3.1，引理 3.11 和引理 3.21。如同我们将看到的，给定弗雷格的"0"和"$P\xi\eta$"的定义，定理 327 变为二阶逻辑的一个定理。然而，定理 348 的证明必须依赖附加的假设，因为没有附加假设，所有概念有数字 0 是协调的，而且它们中的某些不是有限的是协调的。

在研究戴德金—皮亚诺系统和弗雷格主义系统相对强度的过程中，存在人们可能引发的两类问题。首先，人们可能查问如此理论的相对协调性。提问是否 **FA** 对象域 **PA2** 是协调的，就是提问是否 **FA**

的协调性会从 **PA2** 的协调性推断出来。一种熟悉的数学证明种类会存在于，在 **PA2** 中能相对解释 **FA** 的论证。粗略地说，在 **PA2** 中解释 **FA** 是根据 **PA2** 的基元给出 **FA** 基元的定义，当添加到 **PA2**，它的定义允许人们证明在 **PA2** 中 **FA** 的公理的相对化：通过公式的相对化，我们指的是凭借 **PA2** 的某个公式限制公式中出现的量词的结果。如果我们能在 **PA2** 中解释 **FA**，那么直接推断如果在 **FA** 中存在矛盾的证明，那么我们能在 **PA2** 中模仿该证明以至如果 **PA2** 是句法协调的，那么 **FA** 也是句法协调的。如同结果表明的，**FA** 和 **PA2** 是等可解释的（equi-interpretable）——每个能在另一个中被解释——由此等协调的（equi-consistent）——在不管哪个中的不协调性会蕴涵另一个中的不协调性。人们仍可能怀疑在某种其他意义上是否 **FA** 不是比 **PA2** 更强的理论。这个问题是更容易被理解的，当我们有在相同语言中被表述的两个理论。例如，考虑下述戴德金—皮亚诺系统，我们将称之为强皮亚诺算术（strong **P**eano **a**rithmetic，以下简称 PAS）：

1. $\mathbb{N}0$；
2. $\mathbb{N}x \ \& \ Pxy \to \mathbb{N}y$；
3. $\forall x \forall y \forall z(Pxy \ \& \ Pxz \to y = z)$；
4. $\forall x \forall y \forall z(Pxz \ \& \ Pyz \to x = y)$；
5. $\neg \exists x.Px0$；
6. $\forall x(\mathbb{N}x \to \exists y.Pxy)$；
7. $\forall F[F0 \ \& \ \forall x \forall y(Fx \ \& \ Pxy \to Fy) \to \forall x(\mathbb{N}x \to Fx)]$。

清楚的是，**PA2** 的每个公理是 **PAS** 的定理，但逆命题不成立。就 **PA2** 的公理而言，零能有恺撒作为它的前趋，只要恺撒不是一个自然数。因此，**PAS** 是严格强于 **PA2** 的。这与 **PA2** 和 **PAS** 是等解释的事实是完全相容的。为在 **PA2** 中解释 **PAS**，不需要任何"定义"：恰好把 **PAS** 公理中的所有量词限制到自然数，也就是，根据公式"$\mathbb{N}x$"。这里正在讨论中的问题涉及这两个系统的证明论强度。该问题是更难引出的，当正在讨论中的理论不是在相同语言中被表述的：明显的是，**FA** 的公理将不是 **PA2** 的定理，由于 **FA** 的公理甚至不是 **PA2** 语言中的语句。扩大 **PA2** 的语言以包括如此形式也不会起作用。为考虑在不同语言中被表述的相对理论强度，我们需要的是把 **PA2** 基元指称物联系到 **FA** 的基元指称物的桥接理论（a bridge theory）。然后在一个或者另一个桥接理论的帮助下，我们能提问是否能在 **PA2** 中证明 **FA** 的定理。

在某个桥接理论的帮助下，人们可能奇怪是否在 **PA2** 中能解释 **FA** 的问题和是否在 **PA2** 中能证明 **FA** 的定理的问题间的区分是什么。因为，人们可能提问，如果能在 **PA2** 中解释 **FA**，这将不自身保证存在某个桥接理论，在它的帮助下能在 **PA2** 中证明 **FA** 的定理吗？也就是，公理恰好是在 **PA2** 中解释 **FA** 所使用定义的这个理论吗？对这个问题的回答是"不"。人们不能忽视下述事实，即在另一个理论中解释一个理论，相对化前一个理论的公理是实质的：例如，在 **PA2** 中对 **FA** 的通常解释，需要把出现在休谟原则中的量词限制到自然数。不存在应该存在于任意桥接理论中模仿该限制的方式的必然性，而且无疑不存在任意桥接理论应该强加如此限制的要求。这里我们的首要兴趣是在各种弗雷格主义系统和各种戴德金—皮亚诺系统的相对强度。因此我们必须使用联系它们基元指称物的桥接理论。我们感兴趣的桥接理解有下述三条公理：

$$0 = Nx : x \neq x ;$$
$$Pmn \equiv \exists F \exists y [Fy \,\&\, n = Nx : Fx \,\&\, m = Nx : (Fx \,\&\, x \neq y)] ;$$
$$Nn : P^{*=} 0n 。$$

我们把该理论称为弗雷格定义 **FD**（Frege's definitions），由于这些是在 **FA** 中推导算术公理尤其 **PAS** 公理弗雷格使用的定义。

12

2. 五种算术系统的相对强度

这里我们将研究五个不同算术系统的相对强度。我们将考虑的戴德金—皮亚诺系统是上述提到的 **PA2** 且 **PAS**,和第三个系统 **PAF**,它的公理是 **PA2** 的公理加下述:

$$\forall x \, \forall y (\text{N}x \, \& \, \text{P}yx \rightarrow \text{N}y) \text{。}$$

我们把该系统称为有限皮亚诺算术 **PAF**(finite Peano arithmetic),它说的是"前趋是有限的",也就是自然数的任意前趋是自然数。如同我们将要看到的,**PAF** 是强于 **PA2** 且弱于 **PAS** 的。在讨论关于 **FA** 的变体前,让我们评论背景逻辑。在戴德金—皮亚诺系统的情况下,我们通常把逻辑当作带有全非直谓的标准公理化二阶逻辑。然后,在讨论 **FA** 及其与戴德金—皮亚诺系统关系的过程中,认为该逻辑也包含布劳斯称为函数等价 FE(functional equivalence)的公理是方便的:

$$\forall x (\text{F}x \equiv \text{G}x) \rightarrow \text{N}x : \text{F}x = \text{N}x : \text{G}x \text{。}$$

该公理在二阶逻辑任意外延语言学上是有效的,由此自身应该被认作外延高阶逻辑的真性。布劳斯把公理是二阶逻辑公理加 FE 的系统称为 **Log**。贯穿整节我们将假设背景逻辑为 **Log**。我们将考虑的弗雷格主义系统是 **FA** 和它上面的变体,在这里通过限制应用范围削弱休谟原则。该公理是有限休谟原则 HPF(Finite Hume's Principle):

$$\text{F}in(\text{F}) \lor \text{F}in(\text{G}) \rightarrow [\text{N}x : \text{F}x = \text{N}x : \text{G}x \equiv \text{E}q_x(\text{F}x, \text{G}x)]$$

这里,经由任意等价二阶有限性定义我们可以定义公式"$\text{F}in(\text{F})$"。HPF 陈述的是有限概念有相同数当且仅当它们是等数的且没有无穷概念有与任意有限概念相同的数——不作出进一步的无穷概念有相同数的条件的声称。因为 HPF 说的是,所有无穷概念能有相同数,只要没有有限概念也有这个数。把单独非逻辑公理为 HPF 的理论称为有限弗雷格算术 FAF(finite Frege arithmetic)。现在我们以下述图表总结本节的结果:

$$FA \Rightarrow PAS \Rightarrow \{PAF \Leftrightarrow FAF\} \Rightarrow PA2。$$

这里"⇒"指的是相对于桥接理论 FD"是严格强于的";也就是"A⇒B"指的是 B 的每个定理是 A＋FD 的定理,但并非 A 的每个定理是 B＋FD 的定理。一起出现在花括号中的 FAF 和 PAF 指明相对于 FD 它们是等价的:PAF 的每个定理是 HPF＋FD 的定理,且 FAF 的每个定理是 PAF＋FD 的定理。由此我们需要证明的是下述:

1. FA⇒PAS;
2. PAS⇒PAF;
3. PAF 以 FD 为模是等价于 FAF 的;
4. PAF⇒PA2。

布劳斯已经详细讨论过某些所需要的证明:我们仅仅将指明这些证明如何进行。本节的主要工作在于构建定理 3。

3. 强度不等平行于概念不等

在转向证明之前,让我们作出关于目前研究灵感和关于它的哲学意蕴的评论。怀特(1983)重新发现弗雷格定理,陈述的是 PAS 的公理在 FA＋FD 中是可证明的,稍微详细地证明它,而且猜想 FA 是协调的,后来的事实证明 FA 确实如此。在该结果的基础上,怀特不仅复活弗雷格的逻辑主义计划,而且声称它实质上是由弗雷格定理的证明辩护的。如果要完全为逻辑主义辩护,那么必然会把 HP 表明成为逻辑真性,而给定我们当代对"逻辑真性"的理解,无疑它不能是逻辑真性。虽然如此,怀特论证 HP 是"分析"的,由此算术真性是分析真性的逻辑后承由此自身是分析的。HP 是分析的意义在于"即使不足以成为定义,不过它作为解释取得成功;……它设法固定无法消除的 $Nx:\Phi x$ 出现种类的意义"(怀特,1983,第 140 页)。

布劳斯(1996)表明相对于桥接理论 FD，FA 是严格强于 PAS 的，由此是严格强于 PA2 的。他的目标主要不是技术的：他想让这个成为支持下述观点的一个考虑，即与怀特想法，HP 既不是"分析的"，也不是"概念真的"，更不是任意的如此事物。布劳斯没详细解释他的结果为什么折磨怀特，但他的要点似乎是由于 FA 是强于 PAS 的，声称 HP 是概念真是不可行的。然而，难题评估该考虑的力量：如同布劳斯承认的，怀特很可能会回应由于他的观点是算术为分析的观点——而且确实 FA 体现的一般基数理论是分析的——人们仅仅指责他主张这个非常观点。在附近仍存在更强的考虑。因为同 PA2 相比 FA 的额外证明论强度，反映二阶算术和一般基数理论间非常真实的和非常大的概念缺口。

泰特(William Tait)曾经指出"休谟原则"是某个误称的事物：在当引入它时弗雷格引用的段落中，休谟说的不是一般基数而只是有限概念或者集合或者不管什么的基数。正如他所说，先于康托尔的关于超限数的工作，所有等数概念有相同数的观点，不管它们是有限的还是无穷的，是几乎处处被拒绝的，因为它引出自相矛盾：例如，它蕴涵自然数的数是与偶数的数相同的，而且这似乎是荒谬的，因为存在大量并非偶数的自然数——确实，根据康托尔，与存在的自然数一样多的数。康托尔意识到，人们甚至能在无穷的情况中连贯地假设，所有且仅有的等数集有相同基数构成概念的巨大进步，如同他对超限数的引入是一个数学的进步。

忘记这个是容易的，所以我们心怀康托尔观念开展工作。但提醒它恰好也是容易的：每次有学生信步走进某个人的办公室为这些自相矛盾大伤脑筋，人们就会有机会。确实，如此经验恰好根本上改变我们关于本节的工作。我们考虑在哲学家的课堂上他的一位学生提出的异议。该学生坚持认为仅仅存在一种无穷，但哲学家曾经倾向于回复说当然存在多于一种的无穷，由于自然数和偶数两者都是无穷的，且考虑中的无穷无疑不能属于相同种类。他受困扰于我们的回应。

不仅仅在哲学上是困扰的，而且实际上也是烦恼的：当我们把康托尔的观念传达给他，他不断地说，"这是非常令人担忧的"。在他在此平静之前，我们需要做大量解释。最后他实现飞跃，但我们的经验足以提醒我们，他在那时实现多大的飞跃——由此康托尔本人曾实现多大的概念飞跃。

我们将不论证 HP 不是概念真性：关于这个问题我们把自身认作好斗的不可知论者。我们的要点在于，如果人们要承认休谟原则的真性，一旦人们认出恰好需要多大概念进步，就不再能接受怀特和其他人曾想让弗雷格定理要有的认识论兴趣种类。需要的是给定某些定义，是否要维护的逻辑主义不仅仅是存在推断什么看上去像算术公理的某个或者其他概念真性：这不会表明如同我们日常理解它们的那样，算术真性是分析的，而仅仅表明我们能以某个分析真（analytically true）理论解释算术。换一种说法，甚至于如果我们评估逻辑主义，首先我们必须揭露"算术基本定律"，这不仅仅是足以允许我们证明算术真性翻译的定律，也是能证明算术真性自身的定律。该区分不是数学的区分，而是哲学的区分。但是如果这些"基本定律"要成为算术基本定律，它们最好是日常算术推理依赖的那些。

如果弗雷格定理要有怀特建议的兴趣种类，通过反思算术推理的基础特征认出 HP 的真性必定是可能的——凭其我们意指推出有限数且用有限数推理，由于算术的认识论地位是争议中的东西。因为逻辑主义者必须构建的是像下述的某物：在算术思想的最基础特征中隐含的对某些原则的承诺，存在它的真性是算术推理的必要先决条件且从它推断所有算术公理的默认识别。若已认出这些基本定律，那么我们将能够讨论它们是否分析真性或者概念真性或者不管什么的问题。我们对 HP 分析性的论证粗略进行如下：HP 是概念真性，因为它是等数概念有相同基数的非常基数概念的部分。也许如此，但该论证忽视下述事实，即尽管这可能对我们目前的基数概念是真的，在康托尔之前我们甚至没有这个基数概念。对目前基数概念非常连贯性的识别

16

需要上述讨论的概念跳跃，由此，即使 HP 对目前的基数概念是分析的，尝试把我们的算术知识基于它是极其古怪的。此外，不存在对 HP 真性的识别能仅仅源自日常算术思想性质上反思的方式——情况属实，也就是，若通过 PA2 的甚或 PAS 的公理和"反思"的成果捕获掌控"日常算术思想"的原则是某个能被记为证明的事物。这正是从 **HP** 是证明论地强于 **PAS** 由此强于 **PAF** 和 **PA2** 的事实推断的东西。强度差异相当好地平行于概念差异——如此以便提醒人们为什么严密的技术研究能是如此地富有哲学成果的。

总结起来且强调不管概念真性与否，HP 不能成为算术知识的基础。因为算术的思想性质，即使再大的反思都不能使人们确信 HP，甚至也非据称分析的基数概念的连贯性。诚然，任意唯理论的此类计划必须将调用"发现顺序"和"证实顺序"间的区分。但异议不在于休谟原则不是由日常说话者可知的，也不在于存在一个当算术真性是可知的，HP 并非如此的时机。异议在于，即使把 HP 认作"定义"或者"引入"或者"解释"我们目前的基数概念，概念资源甚至需要人们是否认出此概念的连贯性极大地超出在算术推理中使用的概念资源，更不用 HP 的真性极大地超出在算术推理中使用的概念资源。因此怀特版本的逻辑主义是站不住脚的。当然，这不蕴涵没有逻辑主义形式是可辩护的。而且对布劳斯证明的仔细检查揭露了前进的道路。重要的观察在于有限性（finitude）和无限性（infinitude）的区分在这些证明中扮演重要的角色。例如，考虑用来表明 **FA** 强于 **PAS** 的模型种类。取模型定域为自然数，连同恺撒（Caesar）和布鲁图斯（Brutus）。给定形式为"$Nx:Fx$"的任意项，根据下述模式指派它一个值：

> 恺撒，若存在无穷多个 Fs 和无穷多个非 Fs；
>
> 布鲁图斯，若存在无穷多个 Fs，但只有有限多个非 Fs；
>
> **N**，若恰好存在 n 个 Fs，对某个自然数 n。

17

根据桥接理论 **FD** 的"定义"解释 **PAS** 的基元,因此保证桥接理论的所有公理在该模型中是真的:因此,"0"指数 0;"Nξ"对 x 是真的当且仅当 x 是一个自然数;而且"P$\xi\eta$"对配对$\langle x,y \rangle$是真的恰好假使或者 $x = y = Cae$,或者 $x = y = Bru$,或者 $y = x + 1$。这里"Cae"是恺撒的缩写,"Bru"是布鲁图斯的缩写。应该清楚的是 **PAS** 的公理在该模型中全是真的。但 **HP** 不是:例如,已经恰当定义"$Even(\xi)$","Nx:[Nx & $Even(x)$] = Nx:Nx"在该模型中是假的——前一个项指的是恺撒,后一个项指的是布鲁图斯——即使偶数是等价于自然数。要点在于,在该模型中,休谟原则仅仅对无穷概念无效。确实,如同布劳斯注意到的,**HPF** 在 **PAS**+**FD** 的每个模型中成立;所以,在 **PAS**+**FD** 的任意模型中,休谟原则将无法成立,如果它成立,只因为存在被指派不同数的某些等数是无穷概念。

那么自然的技术问题是:存在合理的有 **FD** 在场等价于 **FAF** 的戴德金—皮亚诺系统吗?答案是肯定的:相对于 **FD**,**FAF** 是等价于 **PAF** 的。现在,在《算术基本定律》中,弗雷格实际上在 **FA**+**FD** 中推导 **PAS** 的公理,而且这些证明确实开发出 HP 的全力,由于 **PAS** 的公理在 **FAF**+**FD** 中不是可证明的。但我们能容易采纳弗雷格证明在 **FAF**+**FD** 中产生 **PAF** 的公理的证明:人们只需要把在这些证明中出现的某些公式相对化到自然数。因此弗雷格对算术的发展实质上不依赖前述的概念进步。这是足够显著的,但由于我们对怀特尝试把算术基于休谟原则的反对不是对尝试把它基于 HPF 的反对,它更加如此。因为与 HP 相比较,HPF 的弱点也反映它们间的概念距离。

这里要提两点看法:首先,承认 HPF 的真性不需要作出由康托尔作出的概念进步;其次,通过反思日常算术思想能使人们信服 HPF 的真性。考虑第一个要点:正如把 HP 认作一般基数理论的单独公理,我们把 HPF 认作有限基数理论的单独公理。而且由于 HPF 不作出关于无穷概念有相同基数的条件的声称,它将不引出由 HP 生成的任意自相矛盾,由此人们不需要作出康托尔跳跃只在人们能接受 HPF

的真性之前。确实，HPF 在康托尔的工作之前本来不仅能被认作真的，而且它几乎普遍是真的。波尔查诺（Bernard Bolzano）在无穷情况下怀疑 HP，但接受 HPF，如同考虑该事情的任意其他人恰好应付的。因为所有 HPF 说的在于，在有限情况下，所有且仅有的等数概念有相同的数——而且知道关于无穷概念我们应该说什么的人，除了他们中没有一个和任何一个有限的得到相同的数。

第二个要点在于该声称实际上是隐含在算术推理而且通过算术思想基本面上的反思，人们能使自身确信它的真性并且逐渐理解它为什么是真的。现在，在反思我们的算术思想和研究是否对 HPF 的承诺隐含在它里面的过程中我们可能诉诸什么有限性概念是不明显的，是否此概念是逻辑概念也不是清楚的。但我们主张有限概念的直观观念是能计数归入对象，也就是凭借最终终止的某个过程能枚举归入对象的概念。弗雷格的有限性定义直接反映这个直观概念：因为该定义说的恰恰是概念是有限的，当且仅当能把归入它的对象排序为有开始和结束的离散序列。因此我们能直接把直观有限性概念转为二阶逻辑——由此以二阶逻辑自身地位为模表明该直观概念是逻辑概念。

那么人们如何能使自己确信 HPF 的真性？需要意识到作为数到有限概念指派根源的计数过程已经包含 1-1 对应概念：如同弗雷格时常指出的，计数就是构建某些对象与数码序列初始段间 1-1 对应，以"1"开始；该过程以命名已计数对象数量的数码结束。根据"……是与……等数"的传递性，自身是等数的对象归入的对象必定与相同初始段是等数的；相反地，对象归入的与相同初始段处于 1-1 对应的任意概念必定是等数的。所以对象归入的能被计数的任意两个概念——也就是，任意两个有限概念——将根据计数过程被指派相同数码——也就是，将有相同数量——当且仅当它们是等数的。而且当然没有无穷概念将根据计数过程被指派任意数量。这足够构建 HPF。当然，人们仍然可能有关于 HPF 是概念真性的声称的各种担忧。存在关于如此担忧的两个广泛类：源自它的非直谓性的担忧和依赖它蕴涵大量对象存在性的事实的担忧。这里我们将不谈论前一类。关于后一类，人们需要对如此反对非常小心。

在相关意义上足以为算术提供根基的任意原则明显必须蕴涵无穷多个对象的存在性：所以人们不能通过说他提议作为算术基础的原则不能是概念真性，来反对尝试构建算术真性是概念真性或者算术真性是概念真性后承的某个人，因为没有概念真性能蕴涵存在无穷多个对象。人们也可能反对该原则产生算术，反对他的前提蕴涵他的结论，也就是，指责他坚持这种观点。或者更好的，在任何合理的意义上人们应该恰好说算术不能是"分析的"，因为它蕴涵大量对象的存在性。但这甚至不是与拒绝讨论问题一样的反对。因为没有对算术是否"分析"的问题感兴趣的任何人是有可能为该思想所改变的。但是在讨论逻辑主义的语境下，让我们强调 HPF 是否"分析"的问题的重要性应该不被允许模糊我们如何回答它不影响弗雷格定理修正的哲学兴趣的事实。如果在相关意义上 HPF 实际上是"算术基本定律"，那么这在哲学上是重要的，不管它的认识论地位的可能结果是什么。

4. 对四个算术系统相对强度的证明

现在我们转向在第 2 小节结尾提到的四个结果的证明。在本小节中，我们证明定理 1、2 和 4。在下一小节中我们将证明定理 3。

定理 1:FA⇒PAS。

证明：在第 3 小节，我们看到构建 HP 不是 **PAS＋FD** 的定理的反例。**PAS** 的所有公理是 **FA＋FD** 的定理是弗雷格在《算术基本定律》首先证明的弗雷格定理的内容，尽管弗雷格在《算术基础》中几乎证出它。如同赫克(1993)和怀特(1983)曾经详细作过弗雷格定理的弗雷格证明，而且将在下面作为弗雷格的改写而使用，这里我们不需要详

述它。∎

定理 2：PAS⇒PAF。

证明：不同于 **PAF** 自身的 **PAF** 的每个公理是 **PAS＋FD** 的定理，且确实自动是 **PAS** 的定理。根据归纳我们能证明 **PAF**。如果 $a=0$，那么所有它的前趋是有限的，由于根据 **PAS** 的公理 5 它什么都没有。那么首先假设 Na，其次假设如果 Na 和 Pya，那么 Ny，第三假设 Pab。我们必须表明如果 Pxb，那么 Nx。所以假设 Pxb。根据 **PAS** 的公理 4，$x=a$，所以 Nx。完成。并非 **PAS** 的每个定理是 **PAF＋FD** 的定义应该是明显的：**PAF** 的公理不作出关于并非自然数的对象前趋可能是什么的无论怎样的声称，反之 **PAS** 的公理陈述的前趋是 1-1 的，不仅仅在自然数上，而是普遍地。∎

定理 4：PAF⇒PA2。

证明：明显地，**PA2** 的每个定理是 **PAF＋FD** 的定理。再次，逆命题不是真的应该是明显的：**PA2** 关于零或者任意其他自然数有并非自然数前趋的问题是完全沉默的。为构造模型，令该定域由自然数和恺撒构成。根据下述模式把指称指派到形式为 $Nx:Fx$ 的项：

0，若不存在 Fs 或者若每个事物是 F；

N，若存在 n 个 Fs，对某个有限 $n>0$；

JC，若存在无穷多个 Fs，但并非每个事物是 F。

根据 **FD** 的公理解释 **PA2** 和 **PAF** 的基元，可以证实 **PA2** 的公理，但 **PAF** 失效：语句"P(N$x:x\neq0$，0)"在该模型下是真的。∎

现在根据定理 3，有 **FD** 在场，由于 **PAF** 是等价于 **FAF**，由此推断

21

FAF 是严格强于 **PA2**。刚刚给定的模型也直接表明这个。因为语句
"$Fin_x(x \neq x)$ & $Nx : x \neq x = Nx : x = x$ & $\neg Eq_x(x \neq x, x = x)$"在
该模型中是真的,由此 HPF 在该模型中是假的。

5. 对两个算术系统相对强度的证明

在下面要给出的证明中,我们将诉诸 **FD** 的第二个公理的下述容
易结论:

$$Fa \rightarrow P[Nx : (Fx \ \& \ x \neq a), \ Nx : Fx]。$$

这是《算术基本定律》的定理 102,而且我们将在下面如此引用它。
PAF 和 **FAF** 的等价实质上是下述事实的结论,即在桥接理论 **FD** 的帮
助下,能在 **PAF** 和 **FAF** 两者中证明上面提到的《算术基本定律》的定
理 327 和定理 348。也就是说能在两个理论中证明:

$$Fin(F) \equiv P^{*=}(0, Nx : Fx)。$$

这个事实将允许我们在如同在 HPF 中出现的有限性条件和在 **PAF**
的公理中关于自然数的声称间往复工作。这里给出的左到右方向的
证明——这是《算术基本定律》的定理 327——表明它仅仅是弗雷格定
义和 **Log** 的公理 **FE** 的结论。因此可以把"有限概念数量是自然数"
加到不可否认是逻辑真性的算术事实的列表,以二阶逻辑自身的地位
为模。我们通过注意到下述事实开始,即我们能假设把有限集合排序
为 1-1 的关系而且使得没有对象在相关序列中推断自身。我们定义:

$$Betw(Q; a, b)(n) \equiv \forall x \forall y \forall z \forall w(Qxy \ \& \ Qzw \rightarrow x = z \equiv y = w) \ \& \ \neg \exists x.Q^* xx \ \& \ Q^{*=} an \ \& \ Q^{*=} nb。$$

命题: $Log \vdash Fin(F) \equiv \exists Q \exists a \exists b \forall x[Fx \equiv Betw(Q; a, b)(x)]$。

证明：

右推左：平凡，由于如果 $Betw(Q; a, b)(x)$，那么 $Btw(Q; a, b)(x)$。

左推右：假设 Fξ 是有限的，也就是，对某个 R$\xi\eta$，a 和 b：$\forall x[Fx \equiv Btw(R; a, b)(x)]$。如果 $\neg\exists x.Fx$，令 Q$\xi\eta$ 是全关系；令 a 和 b 是你喜欢的不管什么。那么没有 x 使得 $Betw(Q; a, b)(x)$。如果 $\exists x.Fx$，例如 x，那么我们有 $Btw(R; a, b)(x)$，由此：

$$\forall x \,\forall y \,\forall z(Rxy \,\&\, Rxz \rightarrow y = z)$$
$$\neg R^* bb$$
$$\forall x[Fx \equiv R^{*=}ax \,\&\, R^{*=}xb]$$

定义：$Qxy \equiv Rxy \,\&\, Fx \,\&\, Fy$。那么 $\forall x[Fx \equiv Betw(Q; a, b)(x)]$。该证明是直接的。具体细节见赫克(1997)，注释 25。∎

引理 3.1(弗雷格《算术基本定律》定理 327)：**FD** $\vdash Fin(F) \rightarrow P^{*=}(0, Nx{:}Fx)$。

证明：如果 $\neg\exists x.Fx$，那么根据 FE 和的第一条公理我们有 $Nx{:}Fx = 0$，由此 $P^{*=}(0, Nx{:}Fx)$。所以我们自始至终假设 $\exists x.Fx$。假设 F 是有限的；根据上述命题，存在对象 a 和 b 还有 1-1 关系 R$\xi\eta$，在它的强主线中没有对象与自身有关系，而且它使得 x 是 F 当且仅当 $R^{*=}ax$ 且 $R^{*=}xb$。因此需要证明 $P^{*=}[(0, Nx{:}R^{*=}ax \,\&\, R^{*=}xb)]$。由于 $\exists x.Fx$，对某个 x，$R^{*=}ax$ 和 $R^{*=}xb$，所以 $R^{*=}ab$。所以将需要证明：

$$R^{*=}ay \rightarrow P^{*=}[0, Nx{:}(R^{*=}ax \,\&\, R^{*=}xy)],$$

我们能通过逻辑归纳证明它。因为每当 $R^{*=}mn$，通过表明 Fm 和下述命题我们能证明 Fn：

$$\forall x \forall y(\mathrm{R}^{*=}mx \ \& \ Fx \ \& \ Rxy{\rightarrow}Fy)。$$

该事实是弱祖先定义的容易结果。根据概括，我们可以把 $F\xi$ 认作：$\mathrm{P}^{*=}[0,\mathrm{N}x:(\mathrm{R}^{*=}ax \ \& \ \mathrm{R}^{*=}x\xi)]$。因此需要证明：

    (i) $\mathrm{P}^{*=}[0,\mathrm{N}x:(\mathrm{R}^{*=}ax \ \& \ \mathrm{R}^{*=}xa)]$；

    (ii) $\forall y \forall z\{\mathrm{R}^{*=}ay \ \& \ \mathrm{P}^{*=}[0,\mathrm{N}x:(\mathrm{R}^{*=}ax \ \& \ \mathrm{R}^{*=}xy)] \ \& \ \mathrm{R}yz{\rightarrow}\mathrm{P}^{*=}[0,\mathrm{N}x:(\mathrm{R}^{*=}ax \ \& \ \mathrm{R}^{*=}xy)]\}$。

当然我们假设 $\mathrm{R}\xi\eta$ 满足上述提到的条件。

    对(i)：根据《算术基本定律》定理 102，$\mathrm{P}[\mathrm{N}x:(x{=}a \ \& \ x{\neq}a),\mathrm{N}x:x{=}a]$。由于 $x{=}a \ \& \ x{\neq}a$ 当且仅当 $x{\neq}x$，$\mathrm{N}x:(x{=}a \ \& \ x{\neq}a){=}0$，根据 FE。因此 $\mathrm{P}(0,\mathrm{N}x:x{=}a)$ 由此 $\mathrm{P}^{*=}(0,\mathrm{N}x:x{=}a)$。所以需要表明 $\mathrm{N}x:(\mathrm{R}^{*=}ax \ \& \ \mathrm{R}^{*=}xa){=}\mathrm{N}x:x{=}a$，对此根据 FE 需要表明 $\mathrm{R}^{*=}ax \ \& \ \mathrm{R}^{*=}xa{\equiv}x{=}a$。从右到左，这是明显的。对左到右，假设 $\mathrm{R}^{*=}ax$ 和 $\mathrm{R}^{*=}xa$ 还有 $x{\neq}a$。那么 R^*ax 和 R^*xa，所以根据祖先的传递性，R^*aa。矛盾！

    对(ii)：假设前件成立。根据概括，我们把《算术基本定律》定理 102 中的 $F\xi$ 和 a 分别当作 $\mathrm{R}^{*=}a\xi \ \& \ \mathrm{R}^{*=}\xi a$ 和 z，由此：

$$\mathrm{P}\{\mathrm{N}x:[(\mathrm{R}^{*=}ax \ \& \ \mathrm{R}^{*=}xz) \ \& \ x{\neq}z],$$
$$\mathrm{N}x:(\mathrm{R}^{*=}ax \ \& \ \mathrm{R}^{*=}xz)\}。$$

由于 $\mathrm{P}^{*=}[0,\mathrm{N}x:(\mathrm{R}^{*=}ax \ \& \ \mathrm{R}^{*=}xy)]$，将需要表明：

$$\mathrm{N}x:(\mathrm{R}^{*=}ax \ \& \ \mathrm{R}^{*=}xy){=}\mathrm{N}x:[(\mathrm{R}^{*=}ax \ \& \ \mathrm{R}^{*=}xz) \ \& \ x{\neq}z]$$

对此根据 FE，需要表明：

$$\forall x[(\mathrm{R}^{*=}ax \ \& \ \mathrm{R}^{*=}xy){\equiv}(\mathrm{R}^{*=}ax \ \& \ \mathrm{R}^{*=}xz) \ \& \ x{\neq}z]。$$

    左推右：如果 $\mathrm{R}^{*=}ax$ 和 $\mathrm{R}^{*=}xy$，那么 $\mathrm{R}^{*=}ay$；由于 $\mathrm{R}yz$，那么 $\mathrm{R}^{*=}az$。而且如果 $x{=}z$，那么 $\mathrm{R}^{*=}zy$ 且 $\mathrm{R}yz$，所以 R^*zz，矛盾！

右推左：由于 $R^{*=}xz$ 和 $x\neq z$，$R^{*}xz$。那么我们有下述二阶逻辑定理，回滚定理（the roll-back theorem）：

$$Q^{*}xy \rightarrow \exists z(Qzy \;\&\; Q^{*=}xz)。$$

根据回滚定理，存在某个 w 使得 Rwz 和 $R^{*=}xw$。由于 $R\xi\eta$ 是 1-1 且 Ryz，$w=y$，所以 $R^{*=}xy$。■

注释：下述是 **PAF** 的定理：
NPZ：$\neg\exists x.Px0$；
P1MF：$\forall x \forall y \forall z(P^{*=}0z \;\&\; Pxz \;\&\; Pyz \rightarrow x=y)$；
ZE：$Nx:Fx=0\equiv\neg\exists x.Fx$。

证明：零没有作为自然数的前趋且根据 **PAF**，只有自然数在自然数之前。所以由于零是一个自然数，它根本不能有前趋。P1MF 将直接从 **PAF** 的公理 4 推断出来，当我们能表明 x 和 y 自身是自然数。但这从 **PAF** 推断出来，由于 z 是一个自然数且 x 和 y 都在它之前。对 ZE：如果 $\neg\exists x.Fx$，那么 $\forall x(Fx\equiv x\neq x)$。所以根据 FE，$Nx:Fx=Nx:x\neq x=0$。然后假设 $Nx:Fx=0$ 和 $\exists x.Fx$，比如 a。根据弗雷格《算术基本定律》定理 102，$P[Nx:(Fx \;\&\; x\neq a)，Nx:Fx]$，所以根据 NPZ，$Nx:Fx\neq0$。矛盾！■

引理 3.11（弗雷格《算术基本定律》定理 348）：**PAF**＋**FD** ⊢ $P^{*=}(0, Nx:Fx)\rightarrow Fin(F)$。

证明：我们证明等价式：

$$P^{*=}0n \rightarrow \forall F[n=Nx:Fx \rightarrow Fin(F)]。$$

该证明是通过逻辑归纳。因此我们必须构建：

(i) $\forall F[n = Nx : Fx \rightarrow Fin(F)]$;

(ii) $P^{*=} 0n \ \& \ \forall F[n = Nx : Fx \rightarrow Fin(F)] \ \& \ Pnm \rightarrow$ $\forall F[m = Nx : Fx \rightarrow Fin(F)]$。

对(i): 假设 $0 = Nx : Fx$。根据 ZE，$\neg \exists x.Fx$，所以 F 是有限的。

对(ii): 假设前件，且进一步假设 $m = Nx : Fx$。我们必须表明 F 是有限的。假设 $\neg \exists x.Fx$。那么根据 ZE，$m = Nx : Fx = 0$，所以 $Pn0$，与 NPZ 相矛盾。所以 $\exists x.Fx$，例如 a，且 $P[Nx : (Fx \ \& \ x \neq a)，Nx : Fx]$。而且根据假设我们有 $P(n，Nx : Fx)$，并且由于 $P^{*=} 0n$，$P^{*=}(0，Nx : Fx)$。所以根据 P1MF 我们有 $n = Nx : (Fx \ \& \ x \neq a)$。因此，根据归纳假设，$Fin_x(Fx \ \& \ x \neq a)$。然后容易表明 F 也是有限的。∎

推论 3.12：PAF + FD ⊢ $Fin(F) \rightarrow P^{*=}(0，Nx : Fx)$。

定理 3.1：PAF + FD ⊢ HPF。

证明： 根据推论 3.12，需要表明

$$P^{*=}(0，Nx : Fx) \rightarrow Nx : Fx = Nx : Gx \equiv Eq_x(Fx，Gx)。$$

我们证明等价式：

$$P^{*=} 0n \rightarrow \forall F\{n = Nx : Fx \rightarrow$$
$$\forall G[Nx : Fx = Nx : Gx \equiv Eq_x(Fx，Gx)]\}。$$

该证明是根据归纳进行的。我们必须表明：

(i) $0 = Nx : Fx \rightarrow \forall G[Nx : Fx = Nx : Gx \equiv Eq_x(Fx，Gx)]$；

(ii) $P^{*=} 0n \ \& \ \forall F\{n = Nx : Fx \rightarrow \forall G[Nx : Fx = Nx : Gx \equiv Eq_x(Fx，Gx)]\} \ \& \ Pnm \rightarrow \forall F\{m = Nx : Fx \rightarrow \forall G[Nx : Fx =$

$Nx{:}Gx \equiv Eq_x(Fx, Gx)]\}$。

对**(i)**：假设 $0 = Nx{:}Fx$。根据 ZE，$\neg\exists x.Fx$。现在，如果 $0 = Nx{:}Gx$，根据 ZE，$\neg\exists x.Gx$，所以 $Eq(F, G)$。相反地，如果 $Eq(F, G)$，那么 $\neg\exists x.Gx$，所以根据 FE，$Nx{:}Fx = Nx{:}Gx$。

对**(ii)**：假设前件，且进一步假设 $m = Nx{:}Fx$。我们必须表明对每个 G，$Nx{:}Fx = Nx{:}Gx$ 当且仅当 $Eq_x(Fx, Gx)$。由于 $P^{*=}0n$ 和 Pnm，$P^{*=}0m$ 由此 $P^{*=}(0 = Nx{:}Fx)$。

左推右：假设 $Nx{:}Fx = Nx{:}Gx$。由于 $P(n, Nx{:}Fx)$，根据 NPZ，$Nx{:}Fx \neq 0$，由此，根据 ZE，$\exists x.Fx$，例如 a；类似地，$\exists x.Gx$，例如 b。根据弗雷格《算术基本定律》定理 102：

$$P[Nx{:}(Fx \ \& \ x \neq a), Nx{:}Gx];$$
$$P[Nx{:}(Gx \ \& \ x \neq b), Nx{:}Gx]。$$

由于 $Nx{:}Fx = Nx{:}Gx$，根据 P1MF，$Nx{:}(Fx \ \& \ x \neq a) = Nx{:}(Gx \ \& \ x \neq b)$。此外，由于 $P(n, Nx{:}Fx)$，再次根据 P1MF，$n = Nx{:}(Fx \ \& \ x \neq a)$。所以，根据归纳假设：

$$Eq_x(Fx \ \& \ x \neq a, Gx \ \& \ x \neq b)。$$

但由于 Fa 和 Gb，那么 $Eq_x(Fx, Gx)$。

左推右：假设 $Eq_x(Fx, Gx)$。再次，$\exists x.Fx$，例如 a，且 $\exists x.Gx$，例如 b，而且：

$$P[Nx{:}(Fx \ \& \ x \neq a), Nx{:}Fx];$$
$$P[Nx{:}(Gx \ \& \ x \neq b), Nx{:}Gx]。$$

由于 $P(n, Nx{:}Fx)$，根据 P1MF，$n = Nx{:}(Fx \ \& \ x \neq a)$。但如果 $Eq_x(Fx, Gx)$，Fa 和 Gb，那么：

$$Eq_x(Fx \ \& \ x \neq a, Gx \ \& \ x \neq b)。$$

所以，根据归纳假设，$Nx{:}(Fx \ \& \ x \neq a) = Nx{:}(Gx \ \& \ x \neq b)$。但那

么，由于 $P[Nx:(Fx \& x \neq a)$，$Nx:Fx]$ 和 $P[Nx:(Fx \& x \neq a)$，$Nx:Gx]$，根据 **PAF** 的公理 3，$Nx:Fx=Nx:Gx$。∎

那么这构建 HPF 是 **PAF**＋**FD** 的定理。现在我们转向 **PAF** 的所有公理是 **FAF**＋**FD** 的定理。我们的计划仅仅是模仿弗雷格对算术公理的证明，以恰当方式相对化到自然数。为使这些证明起作用，我们需要构建推论 3.12 的类似物。由此推断当谈论自然数时，我们只处理有限概念，所以 HPF 将完成 HP 在弗雷格证明中完成的工作。我们把定理 3.2 的证明划分为两个部分：不同于公理 6 的所有公理成立的证明是相对容易的，而且我们首先证明这个；公理 6 成立的证明是有特殊兴趣的由此将被单独考虑。首先，我们构建该推论，通过构建引理 3.11 的类似物。

引理 3.21（弗雷格《算术基本定律》定理 348）：**HPF**＋**FD** ⊢ $P^{*=}(0，Nx:Fx) \rightarrow Fin(F)$。

证明：需要表明：

$$(*) \quad P^{*=}0n \rightarrow \exists F[Fin(F) \& n=Nx:Fx]。$$

因为那么，假设 $P^{*=}(0，Nx:Fx)$。然后对某个有限 G，$Nx:Fx=Nx:Gx$。根据 HPF，$Eq_x(Fx，Gx)$，所以 F 是有限的。（*）自身的证明是根据归纳来的。我们必须表明：

(i) $\exists F[Fin(F) \& 0=Nx:Fx]$；

(ii) $P^{*=}0n \& \exists F[Fin(F) \& n=Nx:Fx] \& Pnm \rightarrow \exists F[Fin(F) \& m=Nx:Fx]$。

对 (i)：$0=Nx:x \neq x$ 且 $Fin_x(x \neq x)$。

对(ii)：假设前件，以至 Fin（F）和 $n=Nx{:}Fx$。由于 Pnm，$P[Nx{:}Fx, m]$，所以根据 **FD** 的公理 2，对某个 G 和 b：

$$Gb \ \& \ m=Nx{:}Gx \ \& \ Nx{:}Fx=Nx{:}(Gx \ \& \ x\neq b)。$$

由于 Fin（F），根据 HPF，$Eq_x(Fx, Gx \ \& \ x\neq b)$，所以 $Fin_x(Gx \ \& \ x\neq b)$。那么 G 也是有限的。■

推论 3.22：HPF＋FD⊢Fin（F）≡$P^{*=}(0, Nx{:}Fx)$。

引理 3.23：HPF＋FD⊢ 除了公理 6 的 PAF 的所有公理。

证明：公理 1，2 和 7 不需要任意特殊关注：它们中的每个是 **FD** 自身的直接结论——确实，恰好是 **FD** 第三公理的直接后承。

公理 5 是：$\neg\exists x(\mathbb{N}x \ \& \ Px0)$。假设 $Pn0$。根据 **FD** 的第二条公理，存在 F 和 y 使得：

$$Fy \ \& \ 0=Nx{:}Fx \ \& \ Nx{:}(Fx \ \& \ x\neq y)。$$

但由于 $0\neq Nx{:}Fx$ 和 $Fin_x(x\neq x)$，HPF 产生 $Eq_x(x\neq x, Fx)$。但 $\exists y.Fy$。矛盾！注意这实际上构建的是 NPZ。

公理 3 是：$\forall x \forall y \forall z(\mathbb{N}x \ \& \ Pxy \ \& \ Pxz\to y=z)$。所以假设 $\mathbb{N}a$，也就是，$P^{*=}0a$，且 Pab 和 Pac。根据 **FD** 的第二条公理，存在 F 和 G，而且 y 和 z，使得：

$$Fy \ \& \ b=Nx{:}Fx \ \& \ a=Nx{:}(Fx \ \& \ x\neq y)；$$
$$Gz \ \& \ c=Nx{:}Gx \ \& \ a=Nx{:}(Gx \ \& \ x\neq z)。$$

由于 $P^{*=}0a$ 且 $a=Nx{:}(Fx \ \& \ x\neq y)$，根据推论 3.22，$Fin_x(Fx \ \& \ x\neq y)$。由于 $Nx{:}(Fx \ \& \ x\neq y)=a=Nx{:}(Gx \ \& \ x\neq z)$，根据 HPF，$Eq_x(Fx \ \& \ x\neq y, Gx \ \& \ x\neq z)$。但那么 $Eq_x(Fx, Gx)$，由于 Fy 和 Gz，而且无疑 Fin（F）。所以，再次根据 HPF，$Nx{:}Fx=Nx{:}$

Gx 由此 $b=c$。

公理 4 是：$\forall x\,\forall y\,\forall z(Nx\ \&\ Ny\ \&\ Pxz\ \&\ Pyz\rightarrow x=y)$。所以假设 Na 和 Nb，且 Pac 和 Pbc。注意 $P^{*=}0c$。我们将不进一步诉诸 Na 和 Nb 的假设。再次，存在 F 和 G，且 y 和 z，使得：

$$Fy\ \&\ c=Nx{:}Fx\ \&\ a=Nx{:}(Fx\ \&\ x\neq y);$$
$$Gz\ \&\ c=Nx{:}Gx\ \&\ b=Nx{:}(Gx\ \&\ x\neq z)。$$

所有 $c=Nx{:}Fx$ 和 $P^{*=}0c$，根据推论 3.22，$Fin(F)$。而且 $Nx{:}Fx=c=Nx{:}Gx$，所以根据 HPF，$Eq_x(Fx,\ Gx)$。但那么，由于 Fy 和 Gz，$Eq_x(Fx\ \&\ x\neq y,\ Gx\ \&\ x\neq z)$；这些是有限的，所以再次根据 HPF，由于 F 和 G 是 $Nx{:}(Fx\ \&\ x\neq y)=Nx{:}(Gx\ \&\ x\neq z)$ 由此 $a=b$。注意这实际上构建的是 P1MF。

PAF 是：$Nx\ \&\ Pyx\rightarrow Ny$。公理 4 和 5 的证明事实上足以证明 NPZ 和 P1MF，从这些把 **PAF** 推断出来。但我们也能直接证明它。假设 $P^{*=}0n$ 且 Pmn。由于 Pmn，存在 F 和 a 使得：

$$Fa\ \&\ n=Nx{:}Fx\ \&\ m=Nx{:}(Fx\ \&\ x\neq a)。$$

由于 $P^{*=}(0,\ Nx{:}Fx)$，F 是有限的；所以 $Fin_x(Fx\ \&\ x\neq a)$，由此 $P^{*=}[0,\ Nx{:}(Fx\ \&\ x\neq a)]$。但那么 $P^{*=}0m$。■

布劳斯(1996)证明令人惊讶的结果，也就是在桥接理论 **FD** 中，**PA2** 的公理 6 是多余的，由于它从公理 3,4 和 5 中推断出来。布劳斯(1995)注意到，在 **FD** 中，公理 6 事实上单单从公理 3 推断出来。由于 **FAF**＋**FD**⊢公理 3，我们有 **FAF**＋**FD**⊢公理 6。为证明公理 6，弗雷格证明：

$$P^{*=}0n\rightarrow P[n,\ Nx{:}(P^{*=}0x\ \&\ P^{*=}xn)],$$

为构建上述他需要下述关键引理：

$$P^{*=}0n\rightarrow\neg\,P^{*=}nn。$$

正是对该引理的证明才需要公理 5。我们的证明不同于他的证明在于

我们不使用这个引理,反之把必要条件挤进前件和证明更弱的:

$$P^{*=}0n \ \& \ P^{*=}nn \rightarrow \exists y.Pny,$$

由此根据两端论法(dilemma)推断公理6。我们的证明以另一种方式相异。弗雷在关键点格诉诸公理4,但我们将看到必然推理不需要它,甚至在它的证明中不需要它。反之我们将看到三分律的合乎逻辑的版本:

$$P^{*=}0b \ \& \ P^{*=}0c \rightarrow P^{*}bc \vee P^{*}cb \vee b = c。$$

该定律从公理3和弗雷格《概念文字》命题133加强版中推断出来:

$$\forall x \forall y \forall z[R^{*=}ax \ \& \ Rxy \ \& \ Rxz \rightarrow y = z] \ \&$$
$$R^{*=}ab \ \& \ R^{*=}ac \rightarrow R^{*}bc \vee R^{*}cb \vee b = c。$$

用"P"实例化"R",用"0"实例化"a",而且注意第一个合取支然后从公理3推断出来,那么直接推断三分律。

引理 3.24:FD+Ax3⊢**PAF** 的 Ax6。这里"Ax"表示"公理"。

证明:我们必须构建:

$$\forall x[\mathbb{N}x \rightarrow \exists y.Pxy]$$

对该公式,鉴于 **FD**,需要构建:

$$P^{*=}0n \rightarrow \exists y.Pny。$$

我们根据两端论法继续进行,证明下述的每个:

$$P^{*=}0n \ \& \ P^{*=}nn \rightarrow \exists y.Pny;$$
$$P^{*=}0n \ \& \ \neg P^{*=}nn \rightarrow \exists y.Pny。$$

前者直接从二阶逻辑的下述定理推断出来,即回滚定理:

$$R^{*}ab \rightarrow \exists y(Ray \ \& \ R^{*=}yb)。$$

因为,如果 P^*nn,对某个 y,Pny & $P^{*=}yn$,所以无疑 $\exists y.Pny$。对后者,我们证明:

$$P^{*=}0n \ \& \ \neg P^{*=}nn \rightarrow P[n, Nx:(P^{*=}0x \ \& \ P^{*=}xn)]。$$

证明根据归纳进行。因此我们需要构建:

(i) **FD** $\vdash \neg P^*00 \rightarrow P[0, Nx:(P^{*=}0x \ \& \ P^{*=}x0)]$;

(ii) **FD**$+$Ax3$\vdash P^{*=}0n$ & $\{\neg P^*aa \rightarrow P[a, Nx:(P^{*=}0x \ \&$ $P^{*=}xa)]\}$ & $Pab \rightarrow \{\neg P^*bb \rightarrow P[b, Nx:(P^{*=}0x \ \& \ P^{*=}xb)]\}$。

对(i): 假设 $\neg P^*00$。由于 P^*00,根据弗雷格《算术基本定律》定理102:

$$P[Nx:(P^{*=}0x \ \& \ P^{*=}x0 \ \& \ x \neq 0), Nx:(P^{*=}0x \ \& \ P^{*=}x0)]。$$

现在假设 $P^{*=}0x$ & $P^{*=}x0$ & $x \neq 0$。那么,由于 $P^{*=}x0$ & $x \neq 0$,P^*x0。但 P^*x0 且 $P^{*=}0x$,所以 P^*00,与我们的假设相矛盾。因此 $\neg \exists x(P^{*=}0x \ \& \ P^{*=}x0 \ \& \ x \neq 0)$。根据 FE,$Nx:(P^{*=}0x \ \& \ P^{*=}x0 \ \& \ x \neq 0)=0$ 由此 $P[0, Nx:(P^{*=}0x \ \& \ P^{*=}x0)]$。

对(ii): 假设前件且进一步假设 $\neg P^*bb$。使用归谬法,假设 P^*aa。根据前滚定理(the roll-forward theorem),对某个 y,Pay 且 $P^{*=}ya$。由于 Pab,公理 3 蕴涵 $y=b$。但那么 $P^{*=}ba$ 和 Pab,所以 P^*bb。矛盾! 因此 $\neg P^*aa$。

那么,根据归纳假设,$P[a, Nx:(P^{*=}0x \ \& \ P^{*=}xa)]$。现在,我们需要表明 $P[b, Nx:(P^{*=}0x \ \& \ P^{*=}xb)]$。由于 $P^{*=}0b$ 且 $P^{*=}bb$,根据弗雷格《算术基本定律》定理102:

$$P[Nx:(P^{*=}0x \ \& \ P^{*=}xb \ \& \ x \neq b), Nx:(P^{*=}0x \ \& \ P^{*=}xb)]。$$

所以需要表明 $b=Nx:(P^{*=}0x \ \& \ P^{*=}xb \ \& \ x \neq b)$。而且由于 Pab 和 $P[a, Nx:(P^{*=}0x \ \& \ P^{*=}xa)]$,根据公理 3 我们有 $b=Nx:(P^{*=}0x$

& $P^{*=}xa$）。所以我们只需要表明 $Nx:(P^{*=}0x$ & $P^{*=}xa)=b=Nx:$
$(P^{*=}0x$ & $P^{*=}xb$ & $x\neq b)$。根据 FE，这得自下述：

$$\forall x[(P^{*=}0x \ \& \ P^{*=}xa)\equiv(P^{*=}0x \ \& \ P^{*=}xb \ \& \ x\neq b)]。$$

左推右：假设 $P^{*=}0x$ 且 $P^{*=}xa$。由于 Pab，无疑 $P^{*=}xb$ 且进一步 $P^{*=}0b$。假设 $x=b$。那么 $P^{*=}ba$ 且 Pab，所以 $P^* bb$。矛盾！

右推左：假设 $P^{*=}0x$ & $P^{*=}xb$ & $x\neq b$。那么 $P^* xb$。根据回滚定理，对某个 y，$P^{*=}xy$ 且 Pyb。

直到这时候，我们一直紧密遵循弗雷格的证明。这里，他使用公理 4 推断，由于 Pab，$a=y$，由此 $P^{*=}xa$，这里他完成证明。但事实上我们能构建 $a=y$ 而不诉诸公理 4。我们有 $P^{*=}xy$ 且 Pyb。由于 $P^{*=}0x$，无疑 $P^{*=}0y$。根据归纳步骤的初始假设，由于 $P^{*=}0a$，三分律产生或者 $P^* ay$ 或者 $P^* ya$ 或者 $a=y$。假设 $P^* ay$。根据前滚定理，对某个 z，Paz & $P^* zy$。但由于 Pab，公理 3 蕴涵 $z=b$。所以 $P^* by$ & Pyb，所以 $P^* bb$，矛盾！类似地，如果 $P^* ya$，那么对某个 z，Pyz & $P^{*=}za$。但由于 Pyb，公理 3 蕴涵 $z=b$，所以 $P^{*=}ba$ & Pab，所以在此 $P^* bb$。因此 $a=y$，且我们完成证明。■

定理 3.2： HPF＋FD⊢PAF 的所有公理。

证明：根据引理 3.23 和 3.24。■

6. 弱休谟原则与有限弗雷格定义

因此我们已经看到有桥接理论 **FD** 在场，**FAF** 是严格强于 **PA2**。现在下述两个问题自发出现：是否存在在 **PA2**＋**FD** 中可证明的 **HP** 的某个进一步弱化，而且要是这样，是否在 **DF** 中某个如此原则是等价于 **PA2** 的公理的合取。我们考虑的自然公理会是弱休谟原则（Weak Hume's Principle，WHP）：

$$Fin_x(Fx) \ \& \ Fin_x(Gx) \to [Nx:Fx = Nx:Gx \equiv Eq_x(Fx, \ Gx)].$$

WHP 仅仅陈述有限概念有相同数当且仅当它们是等数的且不作出关于无穷概念与有限或者其他的任意概念有相同数量的条件的不管什么声称。就 WHP 而言,某些无穷概念能有数零,其他的能有数一,如此等等。把单独非逻辑公理为 WHP 的理论称为 **WHP**。我们能表明,尽管 WHP 在 **PA2+FD** 中是可证明的,没有并非 **FD** 的定理的 **PA2** 的公理是 **WHP+FD** 的定理:甚至这些公理的析取不是 **WHP+FD** 的定理,也就是公理 3、4、5 和 6。尽管如此,容易看到不存在 **WHP+FD** 的有限模型。因为在任意模型中,必定存在数 $Nx:x \neq x$;必定存在 $Ny:(y = Nx:x \neq x)$,根据 WHP,这与 $Nx:x \neq x$ 相异;存在数 $Nz:[z = Nx:x \neq x \lor z = Ny:(y = Nx:x \neq x)]$,这再次与头两个相异,如此等等。确实,不难证明 **PA2** 在 **WHP** 中是相对解释的,以至 **PA2** 和 **WHP** 是等解释的且因此是等协调的。然而,如同我们前面看到的,理论 **A** 在另一个理论 **B** 是可解释的事实不保证存在任意合理的桥接理论,通过使用它人们能在 **B** 中证明 **A** 的公理。因此人们可能怀疑在此情况下是否存在不同于 **FD** 的某个桥接理论,通过诉诸它,人们能在 **WHP** 中证明 **PA2** 的公理。事实上存在如此的桥接理论,这是对 **FD** 的公理不那么剧烈的必要修正。桥接理论 **FDF** 有与 **FD** 相同的第一条和第三条公理,但我们把第二条公理变为:

$$\exists F[Fin(F) \ \& \ m = Nx:Fx] \lor \exists F[Fin(F) \ \& \ n = Nx:Fx]$$
$$\to Pmn \equiv \exists F \exists y[Fin(F) \ \& \ Fy \ \& \ n = Nx:Fx \ \& \ m = Nx:(Fx \ \& \ x \neq y)].$$

现在该公理陈述的不是关于何时并非有限概念数的数先于彼此。然而,它要求如果数是有限概念的数,那么它将先于或者被先于另一个数仅当存在奏效的某个有限概念。尽管有点复杂,但该公理似乎足够直观且无疑是真的,因为它是 **FAF+FD** 的一个定理。从而根据 **WHP**

的基元它可以被认作 **PA2** 的一个基元的部分定义。而且人们能表明相对于 **FDF，WHP，PA2** 和 **PAF** 全都是等价的。

第二节　麦克布莱德对赫克有限休谟原则的反驳

赫克提出有限休谟原则的意义在于为我们提供可供选择的分析性原则，正是对有限休谟原则的理解才使新弗雷格主义引导我们对算术有着先天的领会。但麦克布莱德认为赫克的哲学论者是有缺陷的。麦克布莱德认为对抽象原则有两种截然不同的理解方式。一种方式从事实出发，认为抽象原则是综合性的，另一种方式从规范出发，认为抽象原则是先天性的。怀特曾经设定一个英雄的角色，他是如何从二阶逻辑出发先天获得关于数学的知识。实际上弗雷格定理的认识论蕴涵面临很多挑战。这里我们跳出两个基本的挑战。第一个是新弗雷格主义者必须确保休谟原则是规定性的，第二个是新弗雷格主义者必须保证对二阶逻辑的理解不预设先前的数学知识。有了这两个保证，弗雷格主义者才有可能从休谟原则先天地过渡到对算术的把握。

但是问题没那么简单。即使休谟原则能通达先天真性，我们也不能保证这些先天真性具有算术特性。弗雷格定理并不具备这个功能。弗雷格定理保证存在成为算术模型的先天真性系统，但不保证这些先天真性系统具有算术特征。赫克认为得自休谟原则的先天真性要具有算术特征，只有休谟原则本身就是算术原则。为表明休谟原则是算术性的，需要表明它是日常算术推理要依赖的基本定律。但赫克认为休谟原则不能成为日常算术推理的基础，由此先天知识并不具有算术特征，因此赫克推断弗雷格定理并不提供通向算术知识的先天路径。赫克的论证是基于休谟原则与无穷相关，认识到休谟原则只能是康托尔以后的事情。而日常算术推理与有限相关，不经由康托尔我们就能认识它的各种真性。与日常算术推理匹配的不是休谟原则，而是有限休谟原则。

赫克指出波尔查诺就是支持有限休谟原则而反对休谟原则的。通过对计数性质的反思，我们能想到有限概念有相同的数当且仅当它们是等数的。赫克认为这样的论证说服波尔查诺承认有限休谟原则的真性。由此赫克认为既然休谟原则不可行，那么有限休谟原则就是合法的算术认识论的可供选择的方案。在有限休谟原则下，我们重新描述有限的对数学的认知过程。有限休谟原则是抽象原则，它规定有限基数是恒等的条件。用来固定这些条件的词汇在二阶逻辑中是可表达的。皮亚诺公设的解释在联合有限休谟原则和二阶逻辑的系统中是可证明的。所有这些迹象都表明有限休谟原则隐含在日常算术实践。所以赫克声称有限休谟原则通达的先天知识是算术的。

麦克布莱德认为赫克的论证是有缺陷的。在康托尔之前认为自然数的数量与偶数的数量相同似乎是矛盾的。但为了表明这种想法看似矛盾，我们不仅要否认它们是不同的，而且要肯定它们是相同的。然而如果前康托尔时代的人只支持有限休谟的话，他们不会断言自然数数量和偶数数量的恒等。因为有限休谟原则不涉及无穷数恒等，所以这些不同的数在当时不会产生矛盾。由此赫克眼中的波尔查诺不会有无穷数恒等和不同的想法。麦克布莱德认为，赫克也没讲清楚在康托尔之前断言概念间的等数性满足无穷数恒等的需要似乎是矛盾的。而这正是康托尔的贡献。麦克布莱德认为应该重新审视这段历史。他认为休谟原则和我们的整体大于部分的直觉出现了冲突。这里康托尔建议人们放弃这种狭隘的部分-整体观念，而不是为了直觉放弃休谟原则。麦克布莱德认为通过对计数过程反思得到的有限休谟原则也是值得怀疑的。他认为有限休谟原则预设人们对无穷基数概念的理解。

这从而使我们放弃有限休谟原则进而选择另一个抽象原则，这就是弱休谟原则，因为它只关注有限基数的恒等条件。麦克布莱德认为存在隐含在日常算术实践的类似于有限休谟的任意抽象也不是清楚的。人们有计数的能力但可能缺乏领会有限休谟原则的必要工具。

他可能对对应关系缺乏认识,也可能对二阶量词不是很熟悉。麦克布莱德甚至认为任意理论原则隐含在日常算术实践的假设本身就是不可靠的。有时候不使用理论术语反而对日常算术实践更好。赫克假设只有隐含在日常算术推理中的算术基本定律才能为算术提供认识论。我们把这些抽象称为算术真性的标准来源。由于休谟原则不是标注来源,那么从它推导出来的先天真性不具有算术特性。麦克布莱德认为这种论证不是令人信服的。因为只能从标准来源推导算术真性的前提是没有理由的,而且容易导致荒谬的结论,也就是不能使用强原则证明弱原则的结论。

麦克布莱德总结说赫克对新弗雷格主义的反对实际上反映的是所有批评者中间的一个预设。这个预设说的是新弗雷格主义纲领是一种解释学纲领,它要表明的是伴随我们的算术推理的是先天性的。当然,现在普遍接受的是弗雷格本人并不关心日常算术推理是先天的。但关于新弗雷格主义者不需要有解释学关涉尚未达成一致看法。麦克布莱德认为赫克的反对是无效的,因为它误解了新弗雷格主义计划的性质。这个计划不是揭露我们日常思考的先天真性,而是论证如何从算术实践的逻辑重构中得出先天真性。所以赫克对存在从休谟原则到算术知识的先天路径的反对无效。

1. 弗雷格定理的认识论意蕴

新弗雷格主义宣称存在我们追随的从对分析真性的理解到对算术基本定律的领会的先天路径。我们陈述的新弗雷格主义声称的据称分析的原则是休谟原则,它规定概念有相同基数的条件:

(HP) $\forall F \forall G[(Nx:Fx = Nx:Gx) \leftrightarrow F1-1G]$。

当把该原则邻接到二阶逻辑,导致的系统是弗雷格算术。假设休谟原则提供先天领会算术的出发点使它可行的是被称为弗雷格定理的结果。因为根据弗雷格定理,我们能在弗雷格算术中解释皮亚诺算术而且能在该系统中证明它们的解释。然而,存在其他据称分析原则的可替换出发点。如同赫克(1997)已经表明的,有限休谟原则是一个如此的原则,陈述的是有限概念有相同基数的条件:

$$(\text{HPF}) \quad \forall F \forall G((Fin(F) \vee Fin(G)) \rightarrow [(Nx:Fx = Nx: Gx) \leftrightarrow F \ 1\text{-}1 \ G]).$$

我们可以把由该原则邻接到二阶逻辑形成的系统称为有限弗雷格算术。赫克论证皮亚诺公设在有限弗雷格算术中有可证明解释,正如它们在弗雷格算术中有可证明解释。赫克把来自对有限休谟原则而非休谟元的理解哲学主张加入这些技术结果,也就是新弗雷格主义者应该指引我们先天领会算术。我们将论证赫克的哲学论证是有缺陷的。它们不给新弗雷格主义者失去勇气的理由。抽象是具有下述形式的原则:

$$(\Sigma(\alpha_j) = \Sigma(\alpha_k)) \leftrightarrow \alpha_j \approx \alpha_k。$$

抽象原则固定一个实体种类 Σs 等同于另一个实体种类 αs 中间等价关系 $\approx$ 获得物条件。我们把如此原则解读为提供实质的、综合的声称以便关于一个实体种类的事实必然与关于完全不同种类事实有联系。但新弗雷格主义者建议我们不需要常常以此方式解读抽象。反之他建议可以把抽象原则解读为提供分析性声称。因为抽象包含表达式"α_1"…"α_k"…上新项形成算子 Σ 出现的地方,我们可以把抽象解读为体现把新项引入语言的规定。可以把它解读为规定出现新算子的恒等陈述"$\Sigma(\alpha_j) = \Sigma(\alpha_k)$"的真值条件符合另一种熟悉陈述形式"$\alpha_j \approx \alpha_k$"的真值条件。

　　由于成为分析的一种方式是被规定的,新弗雷格主义者推断在这些情形下,抽象原则是分析的。根据新弗雷格主义学说,休谟原则是分析抽象。通过规定有关基数的恒等陈述的真值条件符合在概念中间获得等价关系的条件,它引入新基数算子。想象无缺点的理性角色——称他为"英雄"(Hero)——已经掌握二阶逻辑但尚未认识任意表示数学特性的概念(怀特,1998,第359页)。尽管他在数学上的无知,英雄能够领会休谟原则,因为像概念约束变元、1-1对应概念这样熟悉的原则用来引入基数算子的词汇是二阶可表达的。所以根据休谟原则产生的规定"英雄"能够先天领会基数恒等的条件。如果逐渐领会休谟原则,那么"英雄"能够领会皮亚诺公式的真性。

因为如同弗雷格定理表明的,我们能在有限已经掌握的从休谟原则和二阶逻辑生成的系统中解释这些公设和证明它们的解释。新弗雷格主义者声称的英雄的可能情况表明先天获得数学知识如何可能。存在新弗雷格主义者必须克服的许多挑战以便证实赋予弗雷格定理如此认识论意蕴的声称。这里有两个最基本的挑战。首先,新弗雷格主义者必须构建休谟原则无非是一个规定,即使连同二阶逻辑它生成承诺无穷多个对象存在性的理论即弗雷格算术。其次,与奎因主义疑虑相反,新弗雷格主义者必须构建对二阶逻辑的理解不预设数学的先备知识。不过,倘若能应付如此挑战,似乎新弗雷格主义者可以合法声称从对休谟原则的理解先天移动到对算术的领会是可能的。

2. 有限休谟原则取代休谟原则

但这个最后声称的合法性对问题仍然是开放的。因为即使有人认为使用休谟原则接近某批或者其他批先天真性,仍需要构建这些实际上是算术真性且通过使用休谟原则取得的先天知识是真正具有算术特征的。弗雷格定理不独立地保证这个结果。给定能用抽象原则生成先天知识的假设,弗雷格定理严格表明的所有事物在于存在能够作为算术模型的先天真性系统即弗雷格算术。它不表明任意的这些先天真性是具有算术特征的。根据赫克,从休谟原则产生的先天真性是算术的仅仅当休谟原则自身是真正的算术原则。赫克声称,为构建休谟原则是算术的,我们必须表明日常算术推理依赖的基本定律(赫克,1997,第 596 页)。但赫克继续论证,休谟原则不成为日常算术推理的基础,由此领会休谟原则根据的先天知识不能是算术。赫克推断弗雷格定理无法把先天路径映射到算术知识。

赫克把他的休谟原则不告知日常算术推理的论证基于"没有算术思想性质上的反思曾经能使人确信 HP"的主张。休谟原则说的是所有且仅有的等数概念有相同基数。由此推断自然数的数量和偶数的数量是相同的,由于我们能把自然数和偶数两个概念放入 1-1 对应。但没有日常算术推理上的反思——也就是,关于自然数的推理且用自然数的推理——曾经能使人确信这些无穷基数是相同的。它作为发现自然数和偶数两个概念有相同基数,确实从概念上震惊到了人们。由于偶数只形成部分自然数,我们的朴素倾向要表达偶数少于自然数。这就是为什么它不仅仅让日常算术思考者而且具有极好天赋的人做出需要的概念跳跃以认出休谟原则告诉我们的真性,也就是考虑中的概念分享相同的基数。这就是为什么休谟原则不能隐含在日常算术推理中的原因。

相比之下,赫克继续说道,主张有限休谟原则告知习惯算术实践是可行的。有限休谟原则不作出关于无穷基数是相同的或者不同的条件的任意声称。接受有限休谟而不采用康托尔作出的概念跳跃是可能的。事实上,赫克声称,在接受康托尔的工作之前,数值实践的反思几乎引导所有思考者支持有限休谟原则。赫克引用波尔查诺作为如此思考者的例子,由于他认为存在等数的而在多重性相异的无穷总体性是可能的,他怀疑休谟原则而支持有限休谟原则。赫克甚至声称有限休谟"实际上隐含在算术推理而且人们能使自己确信它的真性,逐渐理解为什么它是真的,通过反思算术思想的基本方面"。通过构建数码序列初始段和对象间的 1-1 对应我们的计数:我们以"1"开始且以代表对象数的数码 n 结束。结果,如果两个有限概念是等数的,那么根据等数性的传递性,归入一个概念的对象将和与归入另一个概念的对象相同的数码初始段处于 1-1 对应。换句话说,这两个有限概念将有相同的数。

相反地,如果归入一个概念的对象和与归入另一个概念的对象相同的数码初始段处于 1-1 对应——也就是,如果这两个有限概念分享相同的数——那么,根据等数性的传递性,这些概念将是等数的。在此基数性质上的反思构建的有限概念有相同的数当且仅当它们是等数的。确实如同赫克声称的,正是如此论证说服波尔查诺有限休谟的真性。赫克推断如果提供算术认识论的新弗雷格主义者声称要有任意合法性,那么新弗雷格主义者应该采用有限休谟原则而非休谟原则。如何生成先天知识的新弗雷格主义描述恰好与应用到后一条原则一样好的应用到前一条原则。正像它的较少适度表示,我们可以把有限休谟原则理解为分析抽象,且只是有限制的分析抽象,规定有限基数是恒等的条件。有限休谟原则用来固定这些条件的额外词汇在二阶逻辑中也是可表达的。而且此外,皮亚诺公式的解释在由联合休谟原则和二阶逻辑形成的系统中是可证明的。但是不像休谟原则,有限休谟是隐含在日常算术实践中的。所以赫克声称,与从休谟原则产生的知识相比,存在所有理由假设有限休谟传递的先天知识是算术的。

3. 弱休谟原则取代有限休谟原则

然而,赫克的论证是有缺陷的。首先,赫克在接受康托尔工作之前声称正是有限休谟而非休谟原则告知算术思维。这一声称是有高度争议的。在接受康托尔的工作之前认为自然数的数量与偶数的数量是相同的似乎是矛盾的,即使后者只构成前者的一个部分。但为了使该思想表现为一个悖论,不仅倾向于否认这些数是不同的是必要的,而且倾向于断言它们是相同的也是必然的。然而如果——如同赫克假设的——前康托尔主义思考者仅仅支持有限休谟,那么他们本来不会有理由断言自然数数量和偶数数量的恒等。他们本来不会有理

41

由因为有限休谟原则关于无穷数中间的恒等是完全沉默的。所以，这些数是不同的本来不会似乎是一个悖论。确实，诸如赫克描述的这样的思考者本来不能够框定关于无穷数恒等和不同的思想。在接受康托尔的工作之前，如果仅仅通过有限休谟告知日常算术推理，那么波尔查诺的《无穷悖论》本来会是一本更薄的书籍。

赫克勾画历史上的康托尔，凭借他的关于无穷的工作，他的概念贡献是为引入不仅应用到有限而且应用到为无穷数的数值恒等的新标准开路。根据赫克的历史，我们无法表达康托尔贡献的意蕴，当我们假设休谟原则已经告知日常算术推理。但赫克的勾画没弄懂在康托尔之前断言概念中间的等数性满足无穷数恒等需要似乎矛盾的事实。事实上以完全不同方式弄懂历史以描述康托尔贡献的意蕴是更好的。根据这个历史重构，我们不仅根据休谟原则也根据实体收集基数常常大于它的任意真部分的基数的直觉，指导先于康托尔的日常算术思维。原则和直觉间的冲突使无穷数的恒等对于早前思考者似乎是悖论的。根据这个重构，休谟原则引导这些思考者断言自然数和偶数有相同基数，反之直觉引导他们假设基数是不同的，由于偶数只形成自然数收集的真正部分。康托尔的贡献是要认出这个直觉仅仅基于对有限整体和部分的熟悉，且通过说服我们放弃这个直觉使我们能够解决这个悖论。康托尔的贡献不是为引入新数值恒等原则即休谟原则开路。宁可他说服我们看到应该在不熟悉的情况下应该应用熟悉的原则。

我们也必须质疑赫克的有限休谟原则确实告知日常算术实践的论证，因为通过计数过程的反思可以到达有限休谟原则。首先，如果通过计数过程的反思能到达任意抽象原则，那么这样的原则不是有限休谟。有限休谟预设无穷基数概念的可理解性。假设概念 F 和 G 无法成为等数的，因为 F 是无穷的，反之 G 是有限的。那么根据有限休谟，存在不同于属于概念 G 的数的属于概念 F 的无穷数。但是，如果基数恒等条件从计数过程反思产生，那么无穷基数概念不能讲得通。

因为无穷基数是属于根据定义不能被计数的对象归入概念的一个数；不存在能与归入如此概念的对象处于 1-1 对应的数码初始段。这建议如果任意抽象原则由计数过程上的简单反思引起，正是另一个原则——弱休谟原则——不像有限休谟，只关心有限基数的恒等条件：

$$(WHP) \quad \forall F \forall G((Fin(F) \ \& \ Fin(G)) \rightarrow [(Nx:Fx = Nx:Gx) \leftrightarrow F1-1G]).$$

该建议得到历史上的支持。赫克提到波尔查诺作为支持基于反思计数过程的有限休谟的思考者的例子。事实上，在赫克引用的段落中，它是弱休谟而非有限休谟，这是波尔查诺在此基础上支持的。其次，存在甚至类似隐含在日常算术实践中的有限休谟的任意抽象是远非明显的。我们能容易想象一个能够计数然而缺乏概念必要手段以领会有限休谟的角色。比如，他可能缺乏用来捕获在有限休谟中体现的 1-1 对应二阶定义的关系概念。或者他可能不能够理解需要领会它的二阶量词意蕴的任意性质概念。可替换地，与其有数值恒等的任意想法，他可能只担忧数码的使用。更一般地，假设任意理论原则是隐含在日常算术实践中是有争议的。因为不仅理论原则概念隐含在非常朦胧和困难概念要应用的实践——如同克里普克的遵循规则悖论澄清的——不应该以理论术语描述我们的算术实践的更根本的可能性仍然存在。也许日常算术实践，而非由影子般的内在理论告知的东西，最好被理解为算术技术系统的运用。

　　当然，如果日常算术推理不是由二阶抽象告知的，那么更不用说它是由休谟原则告知的。赫克假设新弗雷格主义者只能在提供算术认识论上取得成功，当为该目的使用的基本定律实际上告知日常算术推理。所以如果赫克作出这个假设是正确的，那么似乎新弗雷格主义者从事的认识论计划就不能取得成功。不幸的是，赫克没有作出证实必须从通过反思日常算术推理我们能恢复的原则推导算术认识论假设的尝试。赫克的评论建议下述论证。它是由从实际告知日常算术的基本定律推导的算术真性构成的。我们可以把这些定律称为算术真性的"标准资源"。由于休谟原则不是标准资源，从它推导的先天真性不能具有算术的特征。但这个论证是远非令人信服的。能仅仅从标准资源推导的算术真性的前提是无动机的，而且对它一般化导致不能使用更强原则以证明较弱原则结果的荒谬结论。

4. 解释性新弗雷格主义

赫克的对新弗雷格主义的异议反映它的批评者中共有的预设。根据该预设，新弗雷格主义计划是解释性的(hermeneutic)：它打算表明当我们算术地推理时，我们在心里自始至终有的是先天的。现在认为一般认为不关心判定日常算术推理是先天的(贝纳塞拉夫，1981；维纳，1984；达米特 1991)。遗憾地，人们普遍不认为新弗雷格主义者也不需要有解释性关心。贝纳塞拉夫在他对亨普尔的讨论中指出缺乏如此的承认：

> 根据亨普尔，数、后继和相关概念的弗雷格—罗素定义已经表明算术命题成分是分析的，因为它们根据规定定义从逻辑原则推断出来。这里亨普尔心目中想的是在逻辑的构造形式系统中人们可以通过规定定义引入表达式"数""零"……以如此方式使得使用这些缩写的如此形式系统的语句和哪些是形式上相同的某些算术语句表现为该系统的定理。他从该不可否认的事实推断这些定义表明算术定理成为逻辑定理仅仅的记法扩充，且因此是分析的(戴蒙普洛斯，1995，第46页)。

已经概述亨普尔的逻辑主义计划，贝纳塞拉夫继续评论该计划无效，因为亨普尔不构建我们在日常语言中表达的算术真性是分析的：

他没权得出这个结论。即使在它们的原始记法中逻辑定理
自身是分析的他也没权得出。因为已经表明根据规定从逻辑定
理推断的仅有的事物是符号逻辑系统的缩写定理。为利用这个
进入关于算术命题的论证,人们需要在前分析的意义上论证在符
号逻辑系统上算术语句与它们的同音异义词意指的相同东西。
这需要单独的和更长的论证。我们这里提出它不是为了严责亨
普尔,而是使用他的观点作为驱使 20 世纪逻辑主义认识论动机
的解释(戴蒙普洛斯,1995,第 46 页)。

但贝纳塞拉夫的观察是错位的。因为既非亨普尔也非任意其他新弗
雷格主义者曾经声称提出关于算术表达式日常含义的论题。亨普尔
以特有力量表达认识论计划的非常不同的性质:

我们在词项“意义”的逻辑的而非心理学意义上理解上述给
出的定义陈述算术词项“通常”意义的断言。当谈论数和执行它
们各种运算时声称上述定义表达“每个人心目中想的东西”明显
会是荒谬的。由这些定义达到的东西是算术概念的相当一个“逻
辑重构”,在下述意义上,即如果接受这些定义,那么能连贯和系
统解释包含算术项的科学和每个论域中的这些陈述以如此方式
使得它们能够得到客观验证(贝纳塞拉夫和普特南,1983,第
387 页)。

赫克和贝纳塞拉夫吐露的异议是非有效的,因为他们曲解了新弗雷格
主义计划的性质。该计划从未要揭露我们日常思考中的先天真性,但
要论证先天真性如何来自算术实践的逻辑重构。由于无法认出本性,
赫克无法清楚表达对从休谟原则到算术知识存在一条先天路径的新
弗雷格主义学说的令人信服的异议。

第三节　曼科苏关于休谟原则的好伙伴异议

曼科苏在新的数量理论的启发下,试图重新考察新弗雷格主义的各种问题。当然,这首先源于赫克对他的论文的评论,然后他才进一步考察他前期的工作如何与新弗雷格主义者的工作联系起来。严格说来,曼科苏并不是真正意义上的对新逻辑主义纲领感兴趣的人,只是由于他和赫克的互相评论才使得我们开始重视他的工作,而且尽管他只是路过新弗雷格主义纲领,不过他还是很好地推进了这方面的工作,尤其是正式提出好伙伴异议。因为之前的工作都是围绕坏伙伴异议展开的。当然,新的数量理论是主流数学家的工作,曼科苏的贡献在于把它引荐到数学哲学领域,希望能影响到与数量相关的领域。这种新的数量理论的主要特点在于从数量到无穷集的指派保持部分-整体原则不变。而这正是前面赫克和麦克布莱德的争论焦点。

正是从赫克对休谟原则分析性的质疑出发,曼科苏才得到他的对休谟原则的好伙伴异议。新逻辑主义者尝试复活弗雷格纲领,它声称我们能表明二阶算术是分析的。这个声称依赖两个方面的工作,第一个方面是逻辑和数学上的重要定理,第二个方面是一系列的哲学论证。曼科苏在达米特的影响下,把休谟原则总结为是两个双条件的结合。休谟原则涉及对基数的理解。曼科苏这里的问题是休谟原则的右手边是否产生正确的概念。如果我们的日常算术知识是基于分析原则的,然而如果休谟原则不是分析的且由此不能成为日常算术知识的基础,那么这会对弗雷格定理造成极大的伤害,因为给它留下的只是技术上的兴趣而再无哲学上的意蕴。曼科苏认为这种提出问题的方式本身就是一个问题。

既然赫克的论证提到波尔查诺,那么曼科苏从弗雷格的同时代人出发来试图反应休谟原则透露出来的信息。首先是施罗德。与弗雷尔不同,施罗德考虑的不是数相等而是考虑何时两个收集有相同的数。当然，施罗德依赖的也是 1-1 关联。也就是说两个对象收集的元素有相同的数，当且仅当在它们间存在 1-1 关联。但是施罗德的这条标准不能应用到无穷集。也就是施罗德的目标是有限收集，而且只有当比较有限收集和无穷收集时才扩充到无穷收集。当比较有限收集和无穷收集时，总会剩余无穷收集中的元素。这里的问题是，这意味着有限收集数小于无穷收集数吗？对这个问题的回答依赖于施罗德通过无穷集有无界数意指的东西。曼科苏认为最好的理解就是对施罗德来说无穷收集没有一个数。由此我们无法判定有限收集和无穷收件数量的大小。

其次是皮亚诺。皮亚诺刚开始并没有接受康托尔的基数理论，相反他给出自己的数量函数定义。这时候他没有看到两个无穷集可能有不同的数量。直到 1899 年皮亚诺才接受康托尔的基数理论，认为只有康托尔的理论才是对数概念的正确一般化。曼科苏认为皮亚诺的数量理论是一种位于施罗德和康托尔间的中间立场，因为他的数量函数定义表达的是当应用到无穷类时允许的一个单值。最后是波尔查诺。波尔查诺的数量理论保持部分-整体公理不变。这是曼科苏最需要考察的一个历史人物。关于数量理论休谟原则有两个重要结论。第一个结论是人们能证明可数无穷多个对象的存在性。第二个结论是每两个可数无穷自然数集都有相同的数。

休谟原则是以康托尔的基数等价概念为模型的，由此当我们开始考虑可数集时，由康托尔、弗雷格和皮亚诺提供的解决方案就是一致的。问题出在不可数集身上，当人们要比较可数集和不可数集时皮亚诺的解决方案与康托尔的解决方案相冲突。当然这里也要考虑波尔查诺的看法。他认为我们能判定不同大小无穷集的存在性但他拒绝大小恒等的 1-1 标准。波尔查诺与弗雷格和康托尔的分歧在于他仅仅接受有限情况下的大小相等的 1-1 关联标准而且他接受部分-整体原则。本奇等人构建出了新的数量理论，这个理论的优点在于在保留部分-整体原则的情况下我们可以比较无穷集间的不同数量。由此出发我们可以为康托尔的等价关系构建一种可供选择的等价关系,也就是部分-整体等价关系。

正是这种以非康托尔主义方式指派基数的可能性使得赫克更加确信它他对休谟原则分析性的怀疑,因为休谟原则是以康托尔原则为基础的,反对康托尔就是对新逻辑主义者的反对。而且我们在这里想要表明的还有:不管从历史的角度还是从系统的角度,我们不能把1-1关联标准扩充到无穷集认为是理所当然的。有了这些讨论,我们提出以纯粹逻辑术语表达的而且分享休谟原则有点的抽象原则。新增的第一个抽象原则与皮亚诺的数量函数有关。它说的是两个概念数量相同,当且仅当或者在有限情况下两个概念等价或者两个概念都是无穷的。布劳斯对皮亚诺抽象原则进行有限,提出布劳斯抽象原则。它说的是两个无穷概念有不同于每个自然数的某个相同的数 a,当且仅当两个概念都是余有限的,且有不同于每个自然数和 a 的数 b 当且仅当两个概念的否定是无穷的。

从布劳斯抽象原则出发我们能得到可数无穷多个不同的新抽象原则。这里皮亚诺抽象原则不支持部分-整体原则,但布劳斯抽象原则遵循部分-整体原则。余有限原则也是满足部分-整体原则的。从数量上来看存在可数无穷多条抽象原则,但从类别来看,只有三类抽象原则:皮亚诺抽象、布劳斯抽象和余有限抽象。从目前情况来看,只有布劳斯抽象和余有限抽象遵循部分-整体原则,而不是全部三类。由此我们得出没有非膨胀抽象原则能产生部分-整体大小理论,由于毫无例外没有抽象原则允许我们证明如果概念 A 真包含于概念 B,那么它们两者不是部分-整体等数的。如果这样的原则存在,那么它必定是猖獗膨胀的。这意味着一般化部分-整体原则的理论不是休谟原则的结论,除非新逻辑主义者假定论域是真类。所以新逻辑主义者不能做到的事情就是发展出满足所有概念的部分-整体原则。

有了这些准备,现在我们来看休谟原则的认识论地位。布劳斯最早研究两类二阶算术系统的相对强队。第一类是基于戴德金—皮亚诺公理且凭借序数序列表达自然数。第二类是基于弗雷格算术且把自然数理解为基数。布劳斯的研究结果总结如下：首先，这两个系统是等解释的由此等协调的；其次弗雷格算术是强于二阶皮亚诺算术的。在布劳斯工作的基础上，赫克研究了五类二阶算术系统，其中一个是有限休谟原则，它说的是有限概念有相同的数当且仅当存在概念外延间的1-1关联而且无穷概念数与有限概念是不同的。有限休谟原则的缺陷在于无法决定两个无穷概念有相同数的条件。比有限休谟原则更弱的原则是弱休谟原则。赫克表明弱休谟加上某个额外条件就是有限休谟。前述的三类抽象原则都满足弱休谟和额外条件，因此它们也满足有限休谟。

这些结论保证三类原则都能用来证明二阶皮亚诺算术公式，而这是造成好伙伴异议的关键。赫克不仅表明这些算术系统间的相对证明强度，而且也表明如此做法的哲学意蕴。赫克认为即使承认休谟原则的分析性，也不能保证作为数学分支的算术的分析性。由于弗雷格算术在相对协调性上是强于二阶皮亚诺算术的，这反映的是一般基数理论和二阶算术间的概念间隙。我们从两个方面来描述这个概念间隙。一方面，休谟原则的出现本身就是概念上的进步。一个反对意见就是即使我们取得这个概念上的进步，也不能阻止休谟原则成为算术原则。对此赫克的回应是，只有表明算术真性是分析的，我们才能满足新逻辑主义纲领的认识论目标。赫克的争论要点在于从作为概念真性的休谟原则出发推断算术公理不是足够的。根据赫克的观点，真正需要的东西是通过反思日常算术推理揭露算术基本定律，而且算术基本定律推导算术日常定律。

赫克认为，通过对日常算术思想的反思，我们能收获二阶皮亚诺算术，却不能得到弗雷格算术。弗雷格算术的内容超过日常算术的内容。这样的问题主要出在休谟原则身上而不是有限休谟身上。首先，承认有限休谟原则的真性不需要康托尔式的概念跳跃。其次，通过反思日常算术思想能说服人们相信有限休谟原则的真性。麦克布莱德对赫克的观点进行批评。这里的相关思想背景在于赫克的观点是有限主义的唯名论观点,他更依赖直觉,而麦克布莱德要为新弗雷格主义辩护,这是一种逻辑主义的实在论观点,他更依赖先天性。麦克布莱德的论证如下:首先,说先于康托尔是有限休谟而不是全休谟知晓算术思维是有争议的;其次,人们应该质疑有限休谟知晓算术推理。如果存在成为日常算术基础的抽象原则,它应该是弱休谟而不是有限休谟。人们也质疑存在类似有限休谟的任意抽象原则;其次,人们应该质疑从反思日常算术推理的抽象原则推导出来的算术认识论;最后,赫克的反对表明他对新逻辑主义的一种误解,新逻辑主义纲领不是表明日常算术推理是先天的解释性纲领。

回顾休谟原则的"坏伙伴"异议。它们或者是不协调的,或者与休谟原则是不相容的,或者太傲慢而缺乏适度。"坏伙伴"异议的缺陷首先在于它只是对"坏伙伴"特性的总结,而并没有找出把好抽象原则从坏抽象原则分离出来的标准。当然,这要归功于林内波和库克的工作。其次在于"坏伙伴"异议并没有考虑休谟原则的"好同伴"。当然,这要归功于曼科苏的工作,他的工作是对赫克工作的推进。赫克从数量理论出发,提出反对休谟原则作为概念真性地位的论证。曼科苏认为赫克论证的结论是,与数量理论相关的抽象原则没有一个是概念真性,因为它们彼此淘汰对象。由此休谟原则及其所有"好伙伴"都不是概念真性。曼科苏把这个结果称为"好伙伴"异议。坏伙伴异议和好伙伴异议放到一起才是完整的良莠不齐原则。我们不仅要鉴定"坏伙伴"的特征,也要鉴定"好伙伴"的特性,还要鉴定把它们分离出来的标准。

良莠不齐问题也可以称为鱼龙混杂问题,是整个新逻辑主义纲领最核心的问题之一。能与之相匹敌的问题也只有恺撒问题和数学推导性问题。恺撒问题主要涉及抽象原则的可应用性问题,它的解决在集合论中体现为对有无原子的集合论的讨论。数学推导性问题主要体现为抽象原则到底能够推出多强的算术、分析和集合论系统。我们

50

回到对"好伙伴"的讨论。"好伙伴"出现了二难问题。一方面休谟原则及其好伙伴都是先天的、分析的由此是真的。另一方面,根据"好伙伴"异议,它们中没有一个是分析的或者有概念真性的地位。那么我们如何才能解决这个二难问题呢? 曼科苏认为这与对赫克的"概念可能性"的理解有关。如果休谟原则是与♯相关的概念真性而皮亚诺原则是与♣相关的概念真性,那么这个问题就迎刃而解。从这里我们实际上能看到有三种不同风格的新逻辑主义:自由新逻辑主义、适度新逻辑主义和保守新逻辑主义。

有了休谟原则的"好伙伴",我们就可以讨论抽象原则的跨类恒等问题,也就是恺撒问题。它说的是某个概念的抽象物是否等于恺撒。在黑尔、怀特和法恩工作的基础上,库克和埃伯特把这个问题描述为C-R问题,也就是实数与复数恒等问题。法恩把抽象物认作等价类,而库克和埃伯特把这个原则命名为第二条等价类恒等公理。然而,他们拒绝这条跨类恒等标准,因为这与他们辩护的形而上学原则相冲突,也就是一致恒等原则。我们从 0 与空外延的恒等问题出发。假设0 恒等于空外延,一致恒等原则保证所有自然数与外延的恒等。但把这个原则应用到休谟原则的"好伙伴"会得到某些矛盾性结论,比如休谟原则和皮亚诺原则。因此人们或者放弃休谟原则和皮亚诺原则分享单个抽象物的直觉,或者当把一致恒等原则应用到休谟原则和皮亚诺原则时一致恒等原则导致矛盾。

1. 曼科苏与赫克对彼此工作的推进

曼科苏(2009)曾经探索与新数量理论相关的历史的、数学的和哲学的问题。数量理论(the theory of numerosity)提供把"尺寸"指派到无穷自然数集以如此方式以便保留部分-整体原则(the part-whole principle)的语境,也就是如果集合 B 真包含集合 A,那么 A 的数量是严格小于 B 的数量。数量指派不同于由康托尔的基数指派提供的标准尺寸指派。曼科苏(2009)通过分析从有限到无穷数的康托尔主义一般化是"不可避免的"归功于哥德尔的论证,和在对数学实践间转换"合理性"的描述中的基切尔的对波尔查诺/康托尔敌对的评估,探索这些新发展的哲学结论。赫克(2011)给我们的启发是,在再思考新逻辑主义核心问题的过程中,关于数量理论的反思也是能有用的。在已经提到的曼科苏的有关保留部分-整体原则的从数量到无穷集合指派的历史的和数学的讨论,以及在数学中被称为数量理论的最近发展之后,赫克总结曼科苏的贡献要点如下:

> 曼科苏在他的论文中宣布的目的是"要构建比较无穷自然数集尺寸是合法概念可能性的简单要点"(曼科苏,2009,第642页)。我认为他取得成功是清楚的。但如果无穷基数不遵守休谟原则是概念可能的,那么休谟原则是假的是概念可能的,这意味着休谟原则不是概念真性,所以休谟原则不隐含在日常算术思想中(赫克,2011,第266页)。

我们将回到赫克的这个论证,但这里我们愿意标记赫克的对包含在本节发展的关于数量反思的重要性。当"好伙伴"异议不需要诉诸数量理论,赫克关于数量理论的担忧正是我们的出发点。正是通过考虑赫克的关于该事情的考虑,我们才被引向把他对休谟原则分析性攻击思路一般化到对休谟原则的"好伙伴"异议(a good company objection)的思路。除了导论和结论,本节分为六个部分。第 2 小节呈现对新逻辑主义、休谟原则和弗雷格定理的引导性讨论。第 3 小节根据 1-1 对应从历史角度考虑 19 世纪等数属性而且论证关于如何把如此判定扩充到无穷对象集没达成一致意见。本小节的预期效果是说服读者把数指派到无穷集的 1-1 对应标准不管是历史地还是系统地都不是理所当然的。这通向第 4 小节,我们要表明存在可数无穷多个"好"的抽象原则,在它们共享休谟原则的相同优点且我们从它们能推导二阶算术公理的意义上。第 5 小节把该材料联系到赫克和麦克布莱德间关于有限休谟原则的争论且强调新逻辑主义中两个不同计划的重要性,即解释性的和重构的计划。然后在第 6 小节,我们回到基于数量理论的赫克对休谟原则分析性的最初反对且陈述"好伙伴"异议作为他的异议的一般化。紧跟着它的是对该论证的讨论和对"好伙伴"异议的新逻辑主义回应的分类法。最后,第 7 小节涉足与该材料相关的抽象跨类(cross-sortal)辨认问题。

2. 基于数学和哲学的新逻辑主义声称

让我们通过回顾关于新逻辑主义的核心事实开始。新逻辑主义是通过声称能表明诸如二阶算术这样的数学重要部分成为分析的或者有近似分析的地位的复活弗雷格纲领的尝试。该声称依赖逻辑—数学定理(a logico-mathematical theorem)和一组哲学论证。该定理被称为弗雷格定理,也就是带有被称为数值恒等或者休谟原则的单个额外公理的二阶逻辑以某些恰当的定义为模演绎地蕴涵日常二阶算术公理。这组哲学声称是与数值恒等或者休谟原则的逻辑和认识地位相关的。让我们回顾在弗雷格主义语境中二阶系统有概念和对象或者个体变元。另外,我们有表达当被应用到概念时产生作为值的对象的函数的函数符号。如此的一个函数符号是♯,另一个是弗雷格《算术基本定律》中的值域算子(the course of value operator)。♯的直观意义是作为算子,当被应用到概念输出数时,因此被解释为对象,对应归入概念的对数的基数。比如,"$\sharp x:(x=$奥巴马$)$"指向数 1,这里"$x=$奥巴马"表达恒等于奥巴马的概念。数值恒等或者休谟原则有下述形式:

$$\text{HP:} (\forall B)(\forall C)[\sharp x:(Bx)=\sharp x:(Cx)\leftrightarrow B\approx C],$$

这里"$B\approx C$"是表达"存在归入 B 的对象和归入 C 的对象间的 1-1 对应"的纯粹二阶逻辑许多等价公式中的一个的缩写。如同上述所说,

53

我们能在二阶逻辑的纯粹术语中陈述该等价式的右手边。左手边给出概念数值恒等的条件。概念 B 和 C 有相同基数恰好假使存在归入它们的对象间的 1-1 对应。在二阶逻辑的日常框架中♯代表全概念函数且因此所有概念都有一个基数。我们有"$♯x:(x\neq x)$",说的是有空外延的概念的基数,出于此理由弗雷格用这个概念把"0"定义为"$♯x:(x\neq x)$",而且我们可以用♯定义新概念,以至有诸如"$♯y:(♯x:(x\neq x)=y)$"这样的项完全说得通,根据弗雷格定义,这指的是数 1。注意也将存在对应"$♯x:(x=x)$"的对象,这将证明是指示一个无穷数,由于在系统中存在可获得的至少可数无穷多个对象。休谟原则结合两个双条件。第一个瞄准用一个定义捕获在自然语言中我们会用"恰好一样多"表达的概念。这个双条件是作为《算术基础》第72 节中的一个定义提供的:

（a）存在恰好与 Cs 一样多的 Bs 当且仅当存在归入 B 的对象和归入 C 的对象间的 1-1 对应。

这是弗雷格的等数定义。因此,说在桌面上恰好存在与叉一样多的刀是由能关联刀和叉的声称捕获的以至每个叉对应唯一的刀且对每把刀对应唯一的叉。在弗雷格《算术基础》第 73 节,弗雷格为我们提供了一个定理,给出了第二个双条件:

（b）Bs 的数量和 Cs 的数量是相同的当且仅当恰好存在与 Cs 一样多的 Bs。

通常把休谟原则陈述为:

Bs 的数量和 Cs 的数量是相同的当且仅当在归入 B 的对象和归入 C 的对象间存在 1-1 对应。

当然休谟原则在弗雷格的发展中是(a)和(b)的推论,但反之在新弗雷格主义中被认作独立原则。根据新弗雷格主义,休谟原则不是逻辑原则,但它是由基数概念构成的,而且出于这个理由,有人主张它是分析的。关于新逻辑主义可行性的许多讨论恰好关注休谟原则的认识论/语义学地位和它是否分析的。在继续进行之前,强调对新弗雷格主义者凭借休谟原则的右手边给出数间恒等陈述的条件是重要的,这捕获的是对基数判定的弗雷格主义解决方案,而且这与康托尔引出的势,也就是康托尔的基数的概念有许多共同点。然而,我们必须质疑是否右手边产生需要的概念。因为,如果逻辑主义者和新弗雷格主义者关系的是论证我们的日常算术知识是基于分析原则的,而且如果休谟原则证明不是作为我们日常算术知识的基础,那么弗雷格定理仅仅会是基数有趣的而无法说出关于我们算术知识性质的任意事物。我们将看到造成该问题的这种方式是一个问题,不过它是一个好的出发点。

3. 康托尔等价关系与部分-整体等价关系

让我们退一步讲。在《算术基础》第 63 节弗雷格引入指向休谟的数值恒等的讨论,这正是后来引导布劳斯把数值恒等起名为休谟原则的东西。达米特曾经论证这是一种误称而且休谟原则是指明该原则的好的折中方案。在第 63 节弗雷格继续说:"必须根据 1-1 对应定义数值相等或者恒等的观点似乎在近些年在数学家中间已获得普遍的接受。"(弗雷格,1884,第 74 页)。该脚注指向施罗德(1873)、科萨克(1872)和康托尔(1883)。明显报告魏尔斯特拉斯在 1865—1866 发表的演讲中给出的对数的相等和不相等定义的科萨克的陈述,是非常类似于休谟的有关根据组成数的单元间的对应给定的数相等的最初陈述,这是弗雷格不接受的数概念。康托尔的包含"势"定义的第一项工作追溯到 1874 年但弗雷格在《算术基础》中指向康托尔(1883)。众所周知,弗雷格的等数性定义遵循康托尔的根据 1-1 对应的路径。施罗德的呈现是相当有趣的。施罗德不是定义数相等而是当两个收集有相同数。他说道：

> 如果相对于数量比较两个事物——或者相对于包含在它们
> 中的单元数的两个事物收集——必须在它们间设置的关系可能
> 是能被设想的最一般的。似乎情况属实当除了它是 1-1 人们关
> 于它的形式不能判定更多的事物，也就是能在一个收集的每个单
> 元和另一个收集的常常恰好一个单元间设置单一关联。该关联
> 可以是不管什么的任意形式，比如人们凭借仅有的概念关联把一
> 个单元与另一个单元联系起来（施罗德，1873，第 7—8 页）。

到目前为止该陈述说的是为了比较相对于它们包含的对象数的两个
收集，1-1 对应概念是所需要的所有东西。然后施罗德经由一个例子
解释 1-1 对应概念如何能引出构建是否两个收集或者集合的元素有
相同数的标准。考虑苹果收集和坚果收集。施罗德说收集里的苹果
和坚果有相同数当凭借连续的关联人们能一次配对一个苹果和一颗
坚果——比如通过相邻放置它们——而且以没有任意为配对的苹果
或者坚果结束。然后给出一般定义如下：

> **定义 1**：如果把一个种类的每个单个事物和不同种类的每个
> 单独事物联系起来是可能的，以至不管哪个种类都不剩下事物，
> 那么我们说：第一个种类的事物与另一个种类的事物有相同数量
> （施罗德，1873，第 8 页）。

因此两个对象收集 A 和 B 的元素有相同数量当在它们间存在 1-1 对
应。现在给出两个不同收集元素数量间的不相等定义如下：

> 然而，如果上述并置过程或者关联以一个种类的事物被耗
> 尽，但以另一个种类的仍未关联事物被剩下而结束，那么后面的

56

事物在数量上是多于前面的事物,且因此它们的相关数量必定是不同的(施罗德,1873,第 8 页)。

施罗德打算包括无穷集合间数量的判定吗?从下述段落我们看到对无穷集该标注不能被使用。这个澄清对本节的目标是必不可少的:

> 人们也能设想两个单元种类的配对关系或者理想关联能无穷尽被继续的情况。那么两个对象种类数量是无界的而且有关两个数相等的问题必须暂时保留未判定(施罗德,1873,第 8 页)。

施罗德通过提供他声称的是形式定义的重述而继续:

> **定义 2:**关于两个集合我们将说它们包含元素的相同数量当能配对一个集合的元素和另一个集合的元素以至没有剩下任何东西(施罗德,1873,第 8 页)。

清楚的是,施罗德的描述两个收集元素数量相等的尝试瞄准有限收集,而且扩充到无穷收集仅仅为有限收集和无穷收集间的比较。从他的关于保留无穷收集间比较情况未判定的明确声明来看,这是明显的。这本书后面的章节施罗德的考虑提供进一步的证实。在第 12 节中,施罗德引入证明数量指派是独立于给出对象收集的排序的问题。恰恰正是施罗德处理的这个方面才为他赢得同时代人的称赞,诸如赫尔姆霍兹(1887)写道:

> 在最近的算术家中间,施罗德也实质上参与到格拉斯曼兄弟中间,但在一些重要讨论中他走得更远。只要早前算术家习惯把最终数概念当作对象基数概念,他们不能完全把自身从这些对象行为定律中解放出来,而且他们简单地把它当作一组对象的基数

是独立于数数它们的序而可确定的事实。据我所知,施罗德先生(1873,第 14 页)是第一个认出这里隐伏一个问题:他也承认这里存在心理学任务,而另一方面应该定义对象必须有的以便成为可枚举的经验性质(赫尔姆霍兹,1887;埃瓦尔德,1996,第 2 卷,第729 页)。

然而,施罗德把该结果陈述为用有限收集计数的不变性而且然后在第 14 节,他给出论证以表明在第 7 节被定义的数相等和不相等必然互斥。施罗德通过使用数学家吕罗特与他交流的证明(proof)而证明(prove)这个。该定理明显对有限收集成立:

> **定理:**如果能以 1-1 方式把对象集合 A 的元素与集合 B 的元素联系起来以至没剩下对象,若因此元素以相同数量呈现,那么不存在它们间的可能的剩下某些实体的 1-1 关联,也就是,每个其他 1-1 关联必定不能留下任意实体。如果集合 A 的元素和集合 B 的元素间存在剩下某些元素的 1-1 关联,那么每个其他1-1 关联必定剩下某些元素,也就是,若未剩下某些元素那么元素间没有如此关联且因此它们是以不相等数量呈现(施罗德,1873,第 19 页)。

在该证明中的某处,施罗德评论他预设集合 A 是有限的。让我们总结施罗德的立场。施罗德用"有相同数量"或者"恰好存在一样多"的非形式概念的分析为我们提供集合或者收集。根据集合或者收集中元素间的 1-1 关联概念给出形式定义。然而,明确的目标是有限收集,因为不仅以我们的术语根据收集元素间 1-1 关联而且使用更当代的术语最终讲清楚该条件,以下述更强的术语:

> A 的元素和 B 的元素有相同数,当且仅当在 A 的元素和 B

的元素间存在双射函数而且它们间的每个单射函数都是满射的。

这明显没有考虑无穷集间的比较。确实,上述定理的第一部分对两个可数无穷集无效:人们能给出一个偶数和自然数间 1-1 映射 $2n \rightarrow n$ 以至不留下数。但也存在有无穷多个数留下的 1-1 映射 $2n \rightarrow 2n$。相同的例子表明该定理的第二部分对无穷集也无效。该定理对有限集合 A 的元素和无穷集 B 的元素间的比较平凡地成立。从 A 到 B 的每个 1-1 映射将常常使 B 的某些对象超出映射范围。在后一种情况下我们应该推断 Bs 的数是大于 As 的数吗?出于与后面发展比较简单起见,让我们把施罗德的术语扩充到不仅把数指派到收集元素而且指派到作为对象的收集自身,这是施罗德通常所避免的。那么限制我们能提问:根据施罗德,自然数的数是大于 $\{0,1\}$ 的数吗?该判定实际上依赖通过说无穷集有"无界"数施罗德意指的东西。存在与施罗德所说的相容的几个选项。

(1)无穷收集没有一个数。在此情况下只有有限集会有一个数。这是由戴德金(1888)提出的立场,在第 161 节的注解中,他明确把基数判定限制到有限集。在此情况下我们不能说自然数的数量是大于 $\{0,1\}$ 的数量。我们只能说自然数是"无穷的"或者"无界的"。作为结果,不同无穷收集也不会是关于"尺寸"相比较的,也就是不能把相等和不相等应用到它们上面。伽利略为这个立场辩护且萨克森的奥雷姆和艾伯特预示这个立场(曼科苏,2009)。

(2)或者也许施罗德想要接受所有无穷集的单个数 ∞,以至会指派相同数到所有无穷集但不能判定它们间尺寸的其他比较吗?鉴于他的明显的无穷收集是"无界的"且能在无穷集上执行尺寸比较的评论,施罗德盘算把单个数指派到无穷集是不可能的。因此,我们排除把单个无穷数指派到所有无穷集是施罗德的立场但我们将在下面论证皮亚诺坚持如此立场。

　　（3）第三个可能性在于无穷收集有一个数但我们不能判定关于它们如何彼此联系或者如何与有限集比较的任何事物。再次，这似乎不是施罗德的立场但它是一个逻辑选项。

简言之，独立于康托尔且在弗雷格在《算术基础》中提出两个概念"等数性"标准之前，我们在算术基础语境下使用 1-1 关联标准已经尝试讲清楚基数到收集元素的指派。由于该提议被限制到有限收集且至多扩充到有限和无穷收集间的比较，这个标准不是康托尔的。当从一开始不排除考虑无穷集，施罗德的提议似乎牢固基于有限集的专有考虑而且他的路径的最自然解释似乎不把基数指派到无穷集。最后，让我们指出施罗德的语言仍然是关系性的无明确承诺或者把收集处理为单个对象，且由此使用罗素的术语把基数指派到作为多的收集但不指派到作为一的收集，或者把基数解释为对象，即使有时他使用诸如"收集 A 的数"这样的构造。这也是为什么我们认为上面所概述的三个解释中，只有第一个解释对施罗德是忠实的。我们在皮亚诺的工作总遇到关于基数非康托尔主义（non-Cantorian）指派的有趣看法。皮亚诺（1891）对博塔齐（1887）表示反对，在文章中博塔奇声称离散数量使得如果存在它们间的 1-1 和映成对应那么它们间的每个 1-1 对应也是映成的。皮亚诺反对者仅仅对有限集成立且察觉博塔齐路径中的预期理由（a petition principii），因为皮亚诺对应概念中已经预设数概念，也解释了对应概念必定基于有限集概念。下面是皮亚诺的反对：

　　　　相同缺陷出现在同一个作者的文章中。确实，在第 19 节中，该作者通过考虑离散数量想获得正整数，也就是得自相等对象聚集的数量，而且他断言如果对聚集 A 的每个对象人们能联系类 B 的一个且只有一个的对象，且反之亦然，不能发生的情况是，人们能有联系 A 的每个对象与 B 的一个且只有一个的对象的对应以至在 B 中存在剩下的对象。现在这个命题只对包含元素的有限数的类成立，因为人们能联系诸如整数这样的类 B 与它们的双倍类 A，而且类 B 包含类 Q，而非相等。而且验证由作者给出的证明，人们看到他诉诸只对有限多个对象的情况成立的置换上的定理（皮亚诺，1891，第 257 页）。

在相同文章中，皮亚诺通过首先给出函数 $num(a)$ 的明确定义，把对类"有相同对象数量"的定义联系到 1-1 对应定义，在包括令的自然数中产生值或者由符号 ∞ 表示的单个值"无穷"。我们给出作为类的定义 $num(a)$ 如下：

> $num(a)=0$ 当且仅当 a 是空类；
>
> $num(a)=n$ 当且仅当 a 不是空类且对 a 中的任意元素 x，$num(a-\{x\})=n-1$；
>
> $num(a)=∞$ 当且仅当对包括 0 的自然数中的每个 n，$n\neq num(a)$。

在证明有限类的几个结果之后，密切关注是否该结果也对 0 和 ∞ 成立，然后他陈述下述无限制原则：

> 有两个类 a 和 b，如果存在联系 a 的每个元素与 b 的一个元素的关系 f，而且如果存在联系 b 的每个元素与 a 的一个元素的关系 g，那么类 a 和 b 包含相同对象数。如果类是有限的，那么逆命题也成立（皮亚诺，1891，第 260 页）。

我们隐含地假设考虑中的关系是 1-1。那么皮亚诺继续提到如果人们定义两个类有相同数当且仅当存在上述的 f 和 g，那么人们获得康托尔主义基数概念以至相比于他的 $num(x)$ 函数，两个无穷集合可能有与它们关联的不同数。然而，贯穿整个 19 世纪 90 年代皮亚诺将支持他的 num 函数作为捕获集合数量的正确方式，且只有在 1899 年他接受康托尔主义基数作为数概念的正确一般化。这里我们看到皮亚诺主张施罗德和康托尔间的中间立场。当第一个 $num(x)$ 允许单个值当被应用到无穷类，在他的后面立场中我们支持数相等和 1-1 关联间的等价。斯托尔茨在 1885 年也使用 1-1 关联比较"多数"。然而，他的隐含限制到有限集合无穷集的处理甚至没有被提到。事实上，由斯托尔茨给出的不变性证明是正确的仅当人们把证明限制到有限集。附带地，当胡塞尔(1891)讨论如此事物时，把他的注意力限制到有限集，如同我们已看到的，克罗内克尔和魏尔斯特拉斯情况相同。

我们感兴趣的第三位作者波尔查诺。尽管他在年代上早于施罗德和皮亚诺，我们把他放在最后一位是因为讨论他的著作有利于转变到数量理论，也就是，保留部分-整体公理的理论。让我们一开始就讲清楚关于尺寸到无穷自然数集指派休谟原则有什么推论。首先，给定从 HP＋二阶逻辑人们能证明可数无穷多个对象的存在性，例如归入自然数概念 $N(x)$ 的对象，人们有一个数 $\sharp x:(Nx)$。此外，该理论能平凡地表明每两个可数无穷自然数集有相同的数。我们已经看到施罗德的描述本来会排除如此的解决方案，因为无穷集数量间的相等和不相等确定是明显由他排除的而且必须成为"未判定的"。戴德金也可能本来回避这个基数到无穷集的指派。至于皮亚诺，他的 $num(x)$ 函数所有无穷集尺寸，更不用说所有可数无穷集尺寸。

休谟原则当然是以康托尔的基数等价为模型且因此当我们把注意力限制到可数集，由康托尔、弗雷格和皮亚诺所提议的解决方案完全一致。当比较是可数集合和不可数集合中间，皮亚诺的解决方案显然与康托尔的解决方案冲突，但在这个方向最有力的不同声音是波尔查诺的声音，因为在他的情况中，关于无穷集不同尺寸存在性没有丝毫犹豫，但同时波尔查诺拒绝"尺寸"恒等的 1-1 关联标准。波尔查诺

(1851)明确心存但拒绝弗雷格后来在《算术基础》第 72 节中给出的定义下捕获的东西。在第 19 节到第 24 节中,波尔查诺作出几个重要的声称。在第 19 节他明确陈述无穷多数关于它们的尺寸相异,这是一个能被翻译为"复数性""多重性"或者"数量"的词项。我们选择的是第一个。

> 甚至到目前为止所考虑的无穷的例子有不能逃脱我们注意的,即并非所有无穷多数在它们的复数性方面都被认作彼此相等,而是它们中的某些是大于或者小于其他的,也就是,另一个多数作为部分被包含在一个多数中,或者相反一个多数仅仅作为部分出现在另一个。这也是对许多人听起来是悖论的声称(波尔查诺,1851;鲁斯,2005,第 614 页)。

在第 20 节,波尔查诺注意到能把两个无穷多数放入 1-1 关联是能发生的。他提供两个例子,第一个例子是区间[0, 5]和区间[5, 12]间的 1-1 和映成映射。在第 21 节中,他继续断言,从无穷多数间如此映射的存在性出发,人们"决不能推断这两个多数彼此相等,若相对于它们部分的复数性它们是无穷的,也就是,当我们忽视它们间的所有差异时"。在同一节中他声称能有意义地把相等和不相等关系指派到无穷多数,即使他使该标准失真(fuzzy):

> 尽管对它们两个是相同的它们间的关系,宁可它们能够在它们的复数性中有不相等关系,以至它们中的一个能被表示为一个整体,在整体里另一个是部分。只可以推断这些复数性相等当添加某个其他理由,诸如两个多数恰恰有相同的判定根据,例如,它们有被形成的相同方式(波尔查诺,1851;鲁斯,2005,第 617 页)。

已经证明,这里要讲清楚波尔查诺在心中有什么是相当困难的,因为似乎在他的思维的这个阶段,也就是在波尔查诺(PU,1851)和波尔查诺(GL,1975)中,相比较他在(WL,1837)中所说的东西,他准备接受自然数与自然数平方有相同复数性。注意波尔查诺这里说的不是数量而是复数性,但我们后面会表明这两个概念对有限集合来说相符。在第 22 节中,波尔查诺把该悖论诊断为源于从有限情况到无限情况的未证实外推。在有限情况下两个多数间 1-1 关联的在场判决相对于复数性的相等。解释为什么这是有限多数的情况,波尔查诺用 1,2 等等指定多数 A 的对象而且把最后一个数认作多数的数。那么如果在 A 和 B 间存在 1-1 关联那么人们能表明转移从 A 到 B 的数且因此 B 将有与 A 一样相同的元素数量。他推断:

> 因此两个多数有同一个复数性即相等复数性。明显的是这个结论变为无效的一旦 A 中的事物多数是无穷多数,目前我们不仅通过计数从未到达 A 中的最后一个事物,而是凭借无穷多数定义本质上在 A 中不存在最后一个事物,也就是,不管已经指定多少个,常常存在要指定的其他多个(波尔查诺,1851;鲁斯,2005,第 618 页)。

因此明显的是,在第 23 节允许我们推断关于两个有限集合多数相等的理由在于个体地计数它们产生相同的数。波尔查诺的计划不能与使用 1-1 关联以弗雷格主义方式尝试引入数的计划混淆。他仅仅取成为有限的且有能用有限数数数的最后一个元素的两个性质作为共延的,这里有限数概念是主要的且必须诉诸它以便证明相对于两个有限集复数性的相等。在此意义上他的路径更类似胡塞尔和古杜拉(Couturat)的路径。胡塞尔(1891)把自身限制到有限数,反之古杜拉(1896)假定诉诸无穷数的存在性以在它存在的情况下解释 1-1 对应的存在性。当"复数性"相等标准在无穷情况下是模糊的,无疑在 WL 时期波尔查诺认为许多无穷可数集合有不同"复数性"。从 WL 的第

102 节这看上去是显然的：

> 显然存在被如此构成的无穷多个观念以致它们中的一个将在宽度上由无穷多倍的另一个超过。从这个事实推断充当测量它们中一个的措施不能用来测量另一个，而且结果没有有限测量足以测量所有观念的宽度。这个声称的真性是由下述例子论证的，人们能轻易为它增加许多其他观念。如果我们通过作为缩写的字母 n 指定不管什么的任意整数，那么 n, n^2, n^4, n^8, n^{16}, n^{32} 表达概念，它们中的每个包含无穷多个对象，也就是无穷多个数。此外，同等显然的是归入跟随 n 的概念中的一个，例如 n^{16}, 也归入紧接前面的概念 n^8, 但沿着相反方向存在非常多归入前面概念 n^8 但不被包含在它的后继 n^{16} 的对象。结果关于概念 n, n^2, n^4, n^8, n^{16}, n^{32}, 每个后继的一个是从属于它的前趋的。但此外同等不可否认的是每个这些概念的宽度超过它的后继宽度无穷多倍。现在由于能足够远读扩充序列 n, n^2, n^4, n^8, n^{16}, n^{32}, 在它里面我们有无穷概念序列的例子，它们中的每个是宽于它的后继无穷多倍的（波尔查诺，1973，第 102 节，第 154—155 页）。

波尔查诺与弗雷格和康托尔的分歧是显著的。因为尽管某些衔接仍是模糊的，没有问题的是他仅仅在有限情况下接受"尺寸"相等的 1-1 关联标准，而且他承诺满足部分-整体原则的某种形式或者另一种形式。当在 WL 中他明显准备接受我们现在称为无穷可数集合间尺寸差异，在他的后期著作中，情况仅仅对诸如实线上点区间这样的不可数集合是完全透明的，但对可数集不是那么透明的。无论如何，波尔查诺不接受 1-1 关联作为"复数性"相等的充分标准，而且至少想为某些无穷集的类保留部分-整体原则。然而实质的是指出当今我们有能保留部分-整体原则的数量理论，据其如果 A 是 B 的真子类那么 A 的数量是严格小于 B 的数量。这允许自然数集、偶数集、素数集等间不同数量的判定;确实数量构成测量不管是有限还是无穷的所有自然数子集的全序。

曼科苏(2009)已经详细地描述过这个理论。不像休谟原则和下面将要呈现的几个其他原则的情况,不能以纯粹逻辑术语给出为陈述数量相等所需要的这个双条件,因为根据数量理论,为了定义双条件右手边比较自然数收集或者更大集的可能性需要诉诸拉姆齐超滤(Ramsey ultrafilters)。拉姆齐超滤存在性是独立于 **ZFC** 的,且因此为了定义为构造数量所需要的等价关系,人们必须诉诸存在性超出纯粹逻辑的数学概念。但逻辑中定义数量恒等所需要的等价关系的可表达性对下文许多考虑将不是相关的。下面需要牢记心底的关于该理论唯一重要的事情在于它扮演康托尔基数概念的精化。换句话说,人们能把康托尔的工作看作已经构建集合间有趣等价关系 $\approx_C$ 的性质,而且把数量理论看作已经构建集合间不同等价关系 $\approx_{PW}$ 的存在性,这里"C"指的是"康托尔","PW"指的是"部分-整体"。现在把我们的焦点限制到自然数集,这两个关系满足的下述性质:

> 如果 A 和 B 两者都是有限的那么 A$\approx_C$B 当且仅当 A$\approx_{PW}$B;
> 如果 A 是有限的和 B 是无穷的那么 ¬A$\approx_C$B 且 ¬A$\approx_{PW}$B;
> 如果 A 和 B 两者都是无穷的,且如果 A$\approx_{PW}$B 那么 A$\approx_C$B
> 但逆命题不成立。

上述仅仅被考虑为自然数收集间形式等价关系的性质是相容的。然而,如果打算用它们讲清楚成为我们基数直观领会基础的"恰好存在与 Bs 一样多的 As",那么它们不能都是正确的,因为它们在无穷集合上是彼此冲突的。恰恰正是以非康托尔主义方式指派基数的这种可能性才引导赫克(2011)提出反对休谟原则分析性的论证或者作为概念真性的它的地位。后面我们将回到赫克的论证,在下个小节将工具性地发展一个框架,其将允许我们把赫克的担忧放置在一个更普遍的情境中。包含在本小节中的进展有希望拥有说服读者的效果，即能理所当然把 1-1 关联标准扩充到无穷集合，不管历史地或者系统地。现在我们将提议以纯粹逻辑术语陈述且分享休谟原则优点的大量抽象原则。

4. 三类抽象原则及其与部分-整体原则的关系

上述发展要求对达米特的声称的限制条件，即"到弗雷格写《算术基础》的时候，根据 1-1 对应等数性定义已经变为数学正统的一部分"（达米特，1991，第 142 页）。除非通过把达米特的评论限制到有限集才能证明它是合格的，不然我们已经看到不存在关于是否该标准可扩充到无穷集的正统说法。波尔查诺、施罗德、斯托尔茨、博塔齐、胡塞尔、魏尔斯特拉斯、克罗内克尔和皮亚诺表明该正统说法之前甚或在弗雷格完成《算术基础》之后不存在。通过提供施罗德、皮亚诺、波尔查诺和弗雷格的形式重建我们能继续进行但会不必要地放慢我们的速度。重建具体提议的部分问题在于，在某些情况下，诸如波尔查诺的情况，它们不是足够精确的，而且在其他情况下，诸如施罗德的情况，它们会需要迫使我们放弃标准新逻辑主义框架的形式化。

比如，在施罗德的情况下，使用抽象算子比如 ♯ 的标准形式不能公平对待施罗德，因为 ♯ 算子自动把对象指派到任意概念，等价地，指派到该概念的任意外延。但在施罗德那里，我们没有对应无穷收集的无穷数。我们有两个选项。我们或者使用一种逻辑能表达允许非指称项的原则，由此使用自由逻辑或者我们能用概念和对象间成立的关系比如 $R_{\sharp}(C, x)$ 取代对算子 ♯ 的使用。与其追求如此替换框架的技术性细节，我们将要做的而且这在任意情况下对后面的讨论是工具性的是要提议可数无穷抽象原则，至少它们中的某些能被看作捕获到目前为止讨论的历史发展的某些种类。不出所料第一个抽象原则是：

$$HP: (\forall B)(\forall C)[\sharp x : (Bx) = \sharp x : (Cx) \leftrightarrow B \approx C].$$

第二个原则捕获皮亚诺的 *num* 函数。令 Fin(C)是表达概念 C 的戴德金—有限性的任意等价的、纯粹逻辑的、二阶的谓词。令 Inf(C)是 ¬Fin(C)。

$$PP: (\forall B)(\forall C)[\clubsuit x : (Bx) = \clubsuit x : (Cx) \leftrightarrow [(Fin(B) \& Fin(C) \& B \approx C) \vee (Inf(B) \& Inf(C))]].$$

由于(Fin(B) & Fin(C) & B≈C)∨(Inf(B) & Inf(C))是概念总体性上的等价关系,抽象是纯粹逻辑的且它是有理由的。存在容易的改进皮亚诺抽象原则(the **P**eano abstraction **p**rinciple)且获得本质上归功于布劳斯的抽象原则的方式。布劳斯使用模型论构造表明有关二阶算术不同理论和相关联弗雷格主义理论强度的某些证明论结果。让我们凭借 1-1 关联把基数指派到有限概念。然而,对无穷概念 A 和 B 我们将指派不同于每个自然数的相同数 a 当且仅当 A 和 B 都是余有限的(co-finite)而且指派不同于 a 和每个自然数的 b 当且仅当两个概念的否定是无穷的。我们能在纯粹二阶逻辑中陈述余有限概念,由于根据定义 Cof(B)是 Fin(¬B)。让我们形式化这个原则且把它命名为 BP。

$$BP: (\forall B)(\forall C)[! x : (Bx) = ! x : (Cx) \leftrightarrow ([Fin(B) \& Fin(C) \& B \approx C] \vee [Inf(B) \& Inf(C) \& Cof(B) \& Cof(C)] \vee [Inf(B) \& Inf(C) \& \neg Cof(B) \& \neg Cof(C)])].$$

为简单起见假设我们只考虑自然数集,这个原则有两个被指派到无穷集的不同"无穷"数 a 和 b:它把相同的数 a 给到诸如偶数、奇数和素数这样的集合。它把 b 给到诸如 N−{0},N−{1},N−{7,12}等的集合。由于每个无穷自然数集在 N 中或者有无穷补集或者是余有限的,

所有自然数子集都被指派一个基数。注意部分-整体原则失效由于
$\{0, 2, 4, 6, 8 \cdots\}$被指派与它的子集$\{4, 8, 12, 16 \cdots\}$相同的数。从
BP出发我们能容易一般化而得到可数无穷多个不同的新抽象原则。
对自然数中的每个n,在纯粹二阶逻辑中定义性质"恰恰存在归入 C
的n个对象",缩写为$S_n(C)$。对每个n,下述是一般化BP的抽象原
则,对$n \geqslant 1$:

BP$_n$:

$(\forall B)(\forall C)[!_n x:(Bx) = !_n x:(Cx) \leftrightarrow ([(Fin(B) \&$
$Fin(C) \& B \approx C] \vee [Inf(B) \& Inf(C) \& Cof(B) \& S_n(\neg B) \&$
$Cof(C) \& S_n(\neg C)] \vee [Inf(B) \& Inf(C) \& Cof(B) \&$
$\neg S_n(\neg B) \& Cof(C) \& \neg S_n(\neg C)] \vee [Inf(B) \& Inf(C) \&$
$\neg Cof(B) \& \neg Cof(C)])]$

对每个n,BP$_n$把不同基数给到无穷集取决于是否它们是尺寸为n的
余有限。因此对$n=1$,$\{1, 2, 3, 4 \cdots\}$的基数与$\{0, 1, 3, 4 \cdots\}$的基
数相同但不同于$\{0, 1, 4, 5 \cdots\}$的基数。注意BP$_1$把相同基数指派到
共尾性$\neq 1$的无穷概念。对n的每个选择,该系统的模型将把对象a
指派到补集有不同于n的基数的所有无穷余有限集,把对象b指派到
补集有等于n的基数的所有无穷余有限集,且把对象c指派到补集为
无穷的所有无穷集。而且它将以标准方式把基数指派到每个有限集。
注意PP击败部分-整体的所有无穷实例,因为如果 A 和 B 是无穷的,
有 A 严格包含于 B,那么(A)=(B)。通过把相同的数指派到所有无
穷集,PP不能遵守无穷概念间的部分-整体关系。然而 BP 的情况并
非如此。确实,偶数在无穷集的等价类中归入无穷补集类。但包含所
有偶数的 N-{1}在不同的等价类中被分类。当然,存在根据 BP 指派
相同基数的集合和真子集的大量实例,比如偶数和四的倍数。满足部
分-整体的某些无穷实例的另一条原则是下述余有限原则(**co-finite**

principle）：

CF：

$(\forall B)(\forall C)[\,©\;x:(Bx) = ©\;x:(Cx) \leftrightarrow ([Fin\,(B)\;\&$
$Fin(C)\;\&\;B\approx C]\;\vee\;[Inf\,(B)\;\&\;Inf\,(C)\;\&\;Cof\,(B)\;\&$
$Cof(C)\;\&\;\neg B\approx\neg C]\;\vee\;[Inf\,(B)\;\&\;Inf\,(C)\;\&\;\neg Cof(B)\;\&$
$\neg Cof(C)])]$

这为余有限集产生有限集的基数的镜像而且坍塌有相同基数无穷补集的所有无穷集。已经提到波尔查诺的保持部分-整体原则不变的兴趣，和某些抽象原则在某些但并非所有实例中保留部分-整体的事实，这可能是提到没有算子 \$ 的非膨胀抽象原则能产生基于 \$ 的"尺寸的"部分-整体理论的好地方，不管把它称为基数性、数量或者其他，由于没有如此抽象原则允许我们无例外地证明 $A\subset B\rightarrow \$(A)\neq\$(B)$。假设我们有如此的由等价关系 $\approx_\$$ 给定的抽象原则。那么该原则会看上去如下：

$$\$(A)=\$(B)当且仅当\,A\approx_\$ B。$$

现在我们注意到如此原则是猖獗膨胀的（rampantly inflationary），也就是，在任意模型中满足上述约束的每个 \$ 函数需要比存在的对象更多的等价类。如同金森（Akihio Kanamori，1997）已经表明的，这个观察依赖一个结果的一个证明，这事实上已经包含于 1904 年策梅洛的选择公理和良序原则间等价证明的一个部分。我们能把不使用选择公理的考虑中的部分看作构建对任意集合 X 和任意函数 $f:Pow(X)\rightarrow X$ 常常存在集合 A 和 B 使得 A 是真包含于 B 且 $f(A)=f(B)$。这意味着一般化"尺寸"指派的部分-整体原则的任意理论不能是处于休谟原则风格的抽象原则的结论，除非新逻辑主义者愿意从一开始假定论域是真类或者更弱地，论域没有基数。如果人们避开承诺真类，那么在附

录中被考虑的抽象原则 SP 对新逻辑主义者来说不能接受,因为它会保留整体保留部分-整体原则。这不表明新逻辑主义者不能发展部分-整体原则成立的理论。确实,由于凭借休谟原则它能发展自然数理论,对其部分-整体原则成立,他显然能发展这个理论。不能做的事情是要发展使所有概念的部分-整体原则生效的理论。另一方面,此刻不存在整个集合论宇宙的数量理论。在下个小节我们将看到在本小节中被讨论的抽象原则 PP,BP 及其无穷变体和 CF 全都是相当强力的,因为它们全都能被用来证明二阶皮亚诺算术 PA2 的公理。另外,我们将扩充与休谟原则相关的抽象原则集合以包含由赫克所建议的可数无穷多个原则。

5. 赫克-麦克布莱德关于有限休谟原则的争论

关于休谟原则的讨论曾经忽视上述描述的大多数历史证据,尽管最近赫克(2011)把数数无穷集的可替代概念称作反对把休谟原则接受为分析的更多论证的资源。让我们解释在哪个语境中这会发生。在 20 世纪 90 年代,布劳斯开始对二阶算术两个系统类型相对强度的研究。第一个是基于标准戴德金皮亚诺公理而且凭借序数序列描绘数。第二个是基于弗雷格的有概念和对象的二阶系统而且捕获作为基数的自然数概念。我们能把这些研究的主要结果总结如下:

> (1) 这两个系统是等解释的和等协调的;
> (2) 带有休谟原则 HP 的弗雷格系统是强于二阶皮亚诺算术 PA2 的。

赫克(1997)通过聚焦五个系统发展这些研究,它们的一个把休谟原则 HP 限制到有限概念从而形成有限休谟原则:

$$HPF: (\forall B)(\forall C)\left[(Fin(B) \lor Fin(C)) \to (\sharp x : (Bx) = \sharp x :\right.$$

$(Cx) \leftrightarrow B \approx C)$〕。

由于在纯粹二阶逻辑中我们能以许多方式表达 $Fin(B)$，我们能在二阶逻辑加算子 $\sharp$ 的纯粹语言中表达这个陈述。关于这个原则的重要事情在于它陈述有限概念有相同数当且仅当在它们的外延间存在 1-1 关联而且无穷概念数与有限概念数是不同的。然而，它使得当两个无穷概念有相同数的条件是完全未判定的。尽管对任意无穷概念 B 我们确实有指称项 $\sharp x:(Bx)$ 的事实，这仍然成立。通过把 HPF 加到二阶逻辑标准版本所获得的理论被称为有限弗雷格算术 FAF。比 HPF 更弱的原则是弱休谟原则 WHP：

$$\text{WHP：}(\forall B)(\forall C)\big[(Fin(B) \And Fin(C)) \rightarrow (\sharp x:(Bx) = \sharp x:(Cx) \leftrightarrow B \approx C)\big].$$

尽管与 HPF 有表面相似性，然而 WHP 是极其弱的。然而，赫克表明如果抽象原则满足 WHP 而且它也满足额外条件"如果 $Fin(B) \vee \neg Fin(C)$ 那么 $\sharp x:(Bx) \neq \sharp x:(Cx)$"，那么抽象原则满足 HPF。证明的关键是要表明如果 $Fin(B) \vee \neg Fin(C)$ 那么不存在 B 和 C 间的 1-1 和形成映射。我们在前一小节呈现的所有抽象原则满足 WHP 和额外条件；因此，它们满足 HPF。如同我们将要看到的，这保证从我们考虑的抽象原则出发人们能证明 PA2 的公理。这个技术结果将对下面要呈现的"好伙伴"异议是关键的。赫克使用桥接理论发展比较各种二阶算术系统和弗雷格系统的方式，根据适当的证明论"强于"概念 ($\Rightarrow$) 而且表明根据这个概念，弗雷格算术 FA，也就是二阶逻辑加休谟原则 HP，是严格强于有限弗雷格算术 FAF，即只有 HPF 作为公理的二阶逻辑，这反而严格强于皮亚诺版本的二阶算术 PA2：

$$FA \Rightarrow PAS \Rightarrow \{PAF \Leftrightarrow FAF\} \Rightarrow PA2 .$$

这里"PAS"指的是强皮亚诺算术。赫克(1997，2011)曾经强调该研究的主要哲学结果。他提供论证打算构建即使同意 HP 的分析性或者它的所谓的作为概念真性的地位，人们不能由此推断算术真性的分析性"当我们日常地理解它们……而只是在某个分析真理论中能解释算术"(赫克，2011，第 244—245 页)。针对怀特，该论证使用与 FAF 和 PA2 相比的 FA 的强度以注意"与 PA2 相比，FA 的额外证明论强度反映二阶算术和一般基数理论间非常真实且非常大的概念缺口"。然后我们以双重方式讲清楚概念缺口的范围。首先，决定无穷集基数的等数性标准外延"构成与康托尔引入超限数是数学进步一样巨大的概念进步"(赫克，2011，第 244 页)。但人们反对说即使非常晚获得这个概念进步，这不应该阻止 HP 作为算术原则的角色。对这个可能的异议，赫克反驳说如同我们日常理解的那样，通过表明算术真性是分析的仅仅能满足逻辑主义计划的认识论目标。赫克的要点在于，从任意给定的概念真性出发推断什么看上去像算术公理是不足够的。如果这是分析中几何可解释性所需要的全部事物，那么会表明几何是分析的。根据赫克的观点，需要的是通过反思日常算术推理揭露算术基本定理，而且从这些能推导日常算术定律。

如果弗雷格定理要有怀特建议的兴趣种类，通过反思算术推理的根本特征认出 HP 的真性必定是可能的——凭它我们意指推出有限数而且用有限数推理，因为算术的认识论地位是待解决的东西。因为逻辑主义者必须构建的是像这个的某物：隐含在算术思想的最基本特征，存在某些原则的承诺，对它们真性的承认是算术推理的必要先决条件，而且从它们出发推出所有算术公理。已经辨认出这些基本定律，那么我们将能够讨论它们是否分析的或者概念的真性或者你想到的其他什么问题(赫克，2011，第 245 页)。

由于正常取 PA2 包含所有能由反思"日常算术思想"获得的原则,那么假设以证明形式能写下如此反思的结果不能通过如此反思获得 FA,而且它的内容超过算术内容。赫克在无限制休谟原则中辨认这个额外内容的发生地,而且声称有限休谟原则不从属于相同异议。他论证没有日常算术反思能引导我们断言自然数的数量与偶数的数量是一样的。此外,把我们的算术知识基于概念似乎非常奇怪,诸如我们目前的基数概念,直到 19 世纪后期才出现。而且情况属实即使它证明 HP 对我们目前的基数概念是分析的。他推断:

> 反对的不是 HP 不是由日常说话者可知,也非存在一个算术真性是可知的但 HP 不是可知的时期。而是即使人们把 HP 认作"定义"或者"引入"或者"解释"我们目前的基数概念,若人们甚至要认出这个概念的连贯性,更不用说 HP 的真性所需要的概念资源远远超出算术推理中所使用的概念资源。因此怀特的逻辑主义版本是站不住脚的(赫克,2011,第 246 页)。

当然,这个异议也应用到产生 PAS 或者至少 FAF 的任意抽象原则。如同我们已经提到的,正是赫克的声称才使得 HPF 没有遭受相同的问题。首先,承认 HPF 的真性不需要由康托尔作出的概念跳跃。其次,通过反思日常算术思想能使人们确信 HPF 的真性。根据第一个要点,赫克注意到 HPF 在康托尔之前是由人们广泛接受的而且引用波尔查诺作为有人拒绝全 HP 但接受 HPF 的例子。然后赫克提供基于有限计数即凭借最终终止的某个过程的枚举概念的论证,目的在于表明使用日常算术推理人们本来如何能到达 HPF 的真性。这里的关键步骤会是意识到"位于我们的从数到有限概念的指派根部的计数过程已经包含 1-1 对应概念"。我们将不预演该论证,因为构建 HFP 的真性或者分析性将不是我们这里的焦点,而且出于相同理由我们将不钻研 HPF 的非直谓性的问题或者与良莠不齐异议相关的问题(林内波,2009)。麦克布莱德(2000)对赫克(1997)作出批评。与赫克相反,麦克布莱德声称"已经掌握二阶逻辑但尚未学习任意有数学特征的概念"的主体凭借 HP 的规定能先天到达算术公理,而 HP 的表述只需要逻辑概念。只有 HP 具有算术特征,人们才能获得由赫克提出的到目前为止我们仅仅在 FA 中模化算术真性,而尚未证明这些真性具有算术特征的异议,麦克布莱德反驳说这个要求是无保证的。我们能把麦克布莱德的论证总结如下:

(1) 声称先于接受康托尔的工作正是有限休谟而非全休谟原则告知算术思维是有争议的;

(2) 人们应该质疑是否有限休谟告知算术推理。这个攻击是双管齐下的。首先如果存在成为日常算术基础的抽象原则,它是 WHP 而非 HPF。其次,存在"甚至类似隐含在日常算术实践的有限休谟的任意抽象原则"是可以的;

(3) 人们应该质疑赫克的必定从通过反思日常算术推理我们能恢复的原则推导算术认识论的假设;

(4) 赫克的异议透露了对新逻辑主义计划的严重误解,这对表明日常算术推理是先天的并非解释性的。

赫克(2011)已经回复所有这些指控。在附录中,赫克弄明白了出现在新逻辑主义中的两个重要问题,且构成他的关于有限休谟原则的论文背景,也就是关于剩余内容的问题和关于反零即所有对象数的问题。然而,紧随的许多讨论能绕开这两个具体问题且依赖赫克的肯定提议:

它的更清楚陈述出现在第 7 章末尾而且依赖达米特(1998)所坚持的弗雷格对"恰好一样多"的分析和基数抽象原则间的区分。实际上抽象原则恰好是:

75

$Nx:Fx = Nx:Gx$　　当且仅当恰好存在与 Gs 一样多的 Fs。

而且 HP 以它的通常形式由把弗雷格根据等数性对"恰好一样多"的分析吸收进这个原则造成。那么,我们的建议在于恰好一样多的日常概念不能如此被分析,因为它不承诺自身当 F 和 G 两者是无穷的。你能从日常概念恰好一样多的唯一事物在于存在与 Gs 一样多的 Fs,当它们是等数的而且至少它们中的一个是有限的。那么把这个与以纯粹形式的抽象原则放在一起给我们以上述我称为 HPF 的东西(赫克,2011,第 263 页)。

赫克的正面提议在于凭借他称为实际关联物"恰好足够"的东西分析"恰好一样多"。而且下述是我们如何到达 1-1 对应界线当我们接触到无穷集:

因为存在与儿童恰好一样多的饼干意味着"……如果你开始发饼干给儿童,而且你十分小心不把另一块饼干发给你已经发给的任何一个人,那么你不会多发,尽管你将不剩下任何东西"。但这里隐含的难道不是根据 1-1 对应分析"恰好一样多"吗?那么如果你开始把偶数给到自然数,那么你不会多给但将不留下任何东西是真的吗?显然不是。如同我们日常理解它的那样,似乎"恰好足够"这里无法得到任意控制(赫克,2011,第 263 页)。

与前面描述的施罗德的路径有强密切关系,我们能到达赫克的结论甚至不用凭借实际关联物"恰好足够"分析"恰好一样多"。如同赫克自己承认的,出于 1-1 对应存在性辨认自然数的基数和偶数的基数的康托尔主义解决方案需要重要的概念跳跃,而且强加自身不是因为它给出公平对待所有前理论直觉的"恰好一样多"的解释,而是它无法做到。如同我们已经看到的,这里问题当然是前理论直觉驶向不同方向,但面临把基数概念一般化到无穷集的需要。因此,赫克以声称

HPF 是成为我们算术思想基础的东西而结束。如同我们已经看到的,麦克布莱德(2000)挑战这个观点,通过讨论伽利略悖论的各个方面。追求赫克-麦克布莱德争论的评估会是有趣的且吸引人的,因为它涉及与伽利略悖论,部分-整体和 1-1 关联原则间的比较等等相关的历史和系统问题。然而,为了简洁起见我们将抵制这种诱惑而且直奔我们当作他们分歧核心的地方。我们指向在上述(3)和(4)中列举的由麦克布莱德提出的批评。麦克布莱德声称赫克"没尝试证实必须从通过反思日常算术推理我们能恢复的原则推导算术认识论的假设"。这个指控是无根据的在于,赫克确实讨论这个问题,但它确实强调细看该论证相当于什么的需要。如同由麦克布莱德重构的那样,赫克的论证进行如下:

> 它是由从实际上告知日常算术的基本定律出发推导的算术真性构成的。我们可以把这些定律称为算术真性的"标准资源"。由于休谟原则不是一个标准资源,从它推导出来的先天真性不能具有算术特征(麦克布莱德,2000,第 158 页)。

麦克布莱德发现该论证无说服力是因为"能仅仅从标准资源推导出来的算术真性的前提是无动机的"。最后,在论文的最后一节,他在无根据的新弗雷格主义计划是解释性的假设中诊断赫克的担忧来源,也就是"要表明当我们算术地推理自始至终我们在心中有的是先天的"。他说,这不仅对弗雷格是错误的,它对新逻辑主义也是错误的。新弗雷格主义者没提出关于"算术表达式的日常含义"的论题。总之:"赫克和贝纳塞拉夫表达的意义是无效的因为他们误解新弗雷格主义计划的性质。该计划从未向我们揭露日常思考中的先天真性,而是论证先天真性如何从算术的逻辑重构中产生。"(麦克布莱德,2000,第158 页)在后面的针对布莱克(2000)的论文中,麦克布莱德相当生动地描述相反面——也指向赫克的异议:

新弗雷格主义纲领的认识论成功不需要依赖休谟原则 HP
作为日常算术概念"分析"的有效性。当然,新弗雷格主义者确实
有时把 HP 视作日常数概念的"分析"或者对此概念"是分析的"
(怀特,1983,第 106—107 页;黑尔,1997,第 99 页)。不过,从新
弗雷格主义者必须说得不过分强调分析概念且排除布莱克的批
评出发可以收集可替代认识论。布莱克的批评无法采取对这个
认识论的模态特征的真正描述。如此被设想的新弗雷格主义认
识论提供如何可能获取算术基本定律知识的描述,通过从 HP 把
它们推导出来。由此它试图描述通向算术定律知识的完成对零
的识别的"先天路径"(怀特,1997,第 279—280 页)。但如同布莱
克假设的,并不由此承诺说这条路径是唯一可用的。这与我们逐
渐以一种我们能有的方式认出算术真性是协调的,而且与也许有
的通过不同手段逐渐认出它们的真性是协调的(麦克布莱德,
2002;库克,2007,第 99 页)。

而且再次,麦克布莱德反对新弗雷格主义认识论的重构特征,通过比
较它与要求"HP 只能发挥基础性作用,若它弄明白实际上成为位于既
有算术习语下方的原则"的不同计划(麦克布莱德,2002,第 99 页)。
同时,麦克布莱德注意到,甚至同意在弗雷格算术中推导的"算术"定
律的先天性质,仍然需要额外的论证把这个先天性转移到日常算术定
律(麦克布莱德,2002,第 100 页)。麦克布莱德再次描述两种可能方
式以拥护新逻辑主义,即重构的方式和解释的方式。因此我们从麦克
布莱德对赫克和布莱克的回应看到,新逻辑主义认识论计划的精确性
质相当于什么的不同解释,将有某些有趣的结论,首先关于算术重构
可接受性问题,其偏离在对它的定律领会中有效追随的路径,然后有
关是否可能不存在几个通向算术知识的"先天路径"的问题。注意到
在前一小节中被讨论的 HP 的好同伴用如此替换物的具体事例为我
们提供通向自然数的先天路径,且照此它们将帮助我们更清楚地领会

在争论中什么处于危险中。麦克布莱德与赫克的争论包含几个重要的也强调我们如何解释历史发展的重要性的方面,但下文中的核心发展涉及对新逻辑主义的解释性和重构性的不同理解。在讨论下面呈现的"好伙伴"异议后我们将回到这个不同理解。

6. 作为赫克论证一般化的"好伙伴"异议

我们已经看到,从数量理论出发,赫克提供下述的反对 HP 作为概念真性地位的论证:

> 但如果无穷基数不遵守 HP 是概念可能的,那么 HP 是假的是概念可能的,这意味着 HP 不是概念真性,所以 HP 不隐含于日常算术思想(赫克,2011,第 266 页)。

那么为了评估赫克的声称,首先关于技术情形我们的需要是清楚的。让我们回顾某些我们已经说过的关于康托尔主义基数和数量的东西。我们将要说的是被限制到可数集,但该限制仅仅便于阐释而且它不是实质的。考虑自然数和自然数的所有子集。从数学角度出发我们能把该情形描述如下。康托尔引入例如 $\approx_c$ 的等价关系使得每两个可数无穷集有相同基数也就是 $\aleph_0$。在由本奇(Benci)、迪纳索(Di Nasso)和福蒂(Forti)发展的数量理论中,我们有从数量到无穷自然数子集的更精细指派,相对于这里我们将当作恒等的集合标签而且相对于拉姆齐超滤(曼科苏,2009)。数量指派将依赖为此构造所选择的特殊拉姆齐超滤。但已经固定超滤的话,我们可以得到相关的等价关系 $\approx_{PW}$。那么会给出一个抽象原则:

$$\text{NUM:NUM(A)}=\text{NUM(B) 当且仅当 A}\approx_{PW}\text{B。}$$

由于 $\approx_c$ 和 $\approx_{PW}$ 是两个不同关系,它们间不存在冲突。当然由维耶里

(Vieri)等人所发展理论的难以置信的丰富度没有停在恒等条件的判定,而停在带有全序的全代数数量理论的发展。这两个关系$\approx_{pw}$和$\approx_c$不是矛盾的。确实,我们能把$\approx_{pw}$当作$\approx_c$的精化。回顾良莠不齐异议(林内波,2009a,2009b),通过其他抽象原则表明我们分享变为分析和先天的 HP 的形式,这些其他抽象原则证明或者(1)是不协调的,诸如第五基本定律,等等,或者(2)与 HP 是不相容的,因为它们只能在不同基数的定域上是真的而非 HP 需要的定域,在最简单的情况中奇偶原则(布劳斯,1990)和公害原则(怀特,1997)需要论域成为有限的,反之 HP 证明无穷多个对象的存在性;(3)有已经被诊断为"傲慢",缺少适度性等等的其他缺陷。当在其他"坏伙伴"形式中间增加韦尔的分散原则(韦尔,2003),分类法不是穷尽的但它仅仅要提醒读者即使花费再多努力也无法提出从"坏"原则分出"好"原则的条件(库克,2012)。但这些考虑中没有一个应用到 HP 的好同伴。

那么让我们考虑下述问题。基于数量理论的赫克的最初论证是良莠不齐异议的一种情况吗?也是也不是。为什么不是?首先,不存在与由 HP 给定的概念地位同等的基于数量的抽象概念地位的声称。事实上,为规定数量等价关系人们需要诉诸拉姆齐超滤的存在性,也就是,N 上的特别非主超滤(non-principal ultrafilter)。诉诸 N 尚未使该定义变为非逻辑的,但拉姆齐超滤的存在性证明独立于 ZFC,因此独立于甚至带有 HPF 或者 HP 的纯粹二阶逻辑资源,或者独立于任意其他的"好伙伴"抽象,若人们想要诉诸它们以生成 N。为了论证支持 N 的逻辑性,使用 HPF 或者 HP 人们能诉诸弗雷格对 N 的逻辑主义构造。此外,我们已经看到两个等价关系是相容的,反之良莠不齐异议的某些典型情况发生仅仅能使两个不同抽象原则为真,当满足一个原则的论域与满足另一个原则的论域有不相容性质。良莠不齐异议的另一种形式指向诸如第五基本定律这样的某些抽象原则看着正像 HP 但证明是不协调的事实。然而,在集合论的拉姆齐超滤存在的假设下,我们能表明数量上的等价关系成为协调的;诚然,FA 有更好的认识确认如同它与 PA2 是等协调的。

为什么是呢？那么在 1-1 对应和数量等价关系两者捕获关于成为我们非形式算术推理基础的基数概念原则的假设下，我们面临两个矛盾性原则，因为满足 HP 的新逻辑主义♯算子和由维耶里等人所定义的 NUM 算子两者现在会捕获直观的基数概念。但由于它们在无穷自然数收集上有分歧，即♯(E)＝♯(N)但 NUM(E)≠NUM(N)，这里"E"指的是偶数，那么它们出现矛盾。注意这里的冲突比起 HP 和 HPF 间的冲突具有不同的性质。在后面的情况下，HP 与 HPF 是相容的——由于 HPF 对基数到无穷集的具体指派保持沉默——即使在日常算术推理中我们把两者都认作成为相同非形式基数概念基础的原则。但这不是 HP 和 NUM 的情况。

暂时假设赫克的论证是可靠的。那么根据奇偶性论证，一个明显的结论在于，不仅与数量理论相关联的抽象原则而且抽象原则 HP，PP，BP 及其变体 CF 中没有一个，还有起源于等价关系 $\sim_\kappa$ 的可数无穷多个抽象能是概念真性或者隐含在日常算术思想中，因为它们淘汰彼此。这里 κ 是形式为 $\aleph_n$ 的无穷基数，对某个 n。我们能把由赫克陈述的考虑应用到它们中的每个：它们中的任意一个是假的是概念可能的，因为对我们选择的任意原则存在它可能是假的概念可能性。后面的声称是基于不同原则以彼此矛盾的方式把数指派到无穷概念的事实。但如果赫克的论证是正确的，再次根据奇偶性论证，我们应该能够推断它们中没有一个能是概念真性。因此，HP 和所有它的好同伴不是概念真性。那么这是"好伙伴"异议。

作为结果我们似乎陷入下述困境。一方面，我们能论证 HP 和每个好伙伴成为先天的、分析的，且因此真的，使用新逻辑主义者对休谟原则所使用的论证路线。确实，休谟原则与刚刚列举的另外抽象原则分享许多性质。它们全都是协调的，两两相容的，而且处于良好声誉，因此是好伙伴。从它们中的每个通过首先证明 FAF 或者 PAS 人们能推导 PA2 公理的适当版本。支持 HP 的分析性或者作为概念真性的地位的任何论证似乎也会应用到它们中的任意一个。存在走出这个困境的方式吗？首先，当把数指派到无穷概念时，诸抽象原则彼此矛盾是正确的吗？当然存在对该矛盾声称的一点点悖论。人们能说这两个抽象原则定义不同基数概念例如 $Card_{HP}$ 和 $Card_{PP}$ 且因此该矛盾是明显的。但如果我们接受这个，我们会愿意把诉诸 HP 处理为用 HP 的可替代好伙伴，为了新逻辑主义计划的目的可替换的吗？毕竟，在二阶逻辑的背景内部，PP 也允许 PA2 的推导。而且同样对 BP 及其变体，CP 和起源于等价关系 $\sim_K$ 的所有抽象成立。

在分析新逻辑主义上的"好伙伴"异议的影响之前，让我们更详细地验证赫克的论证。综上所述赫克的结论是："HP 是假的是概念可能的，这意味着 HP 不是概念真性，所以 HP 不隐含在日常算术思想。"我们不认为该论证是结论性的，因为它似乎对我们来说取决于一种歧义性。当我们说"HP 是假的是概念可能的"，我们意指情况可能是可供选择的原则成为我们的日常算术能力的基础。但该声称和"HP 不是概念真性"没有相同意义。HP 能仍然是概念真性，对什么是♯算子"分析"的或者"构成"的"解释"，即使♯证明不是成为我们算术能力基础的"基数"算子。而且如果这是理所当然的，我们能得出的唯一结论在于"HP 可能不隐含在日常算术思想中"。

因此，当赫克说 HP 是假的、是概念可能的，我们必须把他的声称解读为：NUM 原则上能成为我们日常算术经验基础的非形式基数概念。由于 NUM 和 HP 在无穷集上有矛盾，HP 不能成为该日常经验基础的原则。我们同意 NUM 捕获非形式基数概念是概念可能的，这种概念可能性当然是非常理想化的可能性。这表明 HP 可能不是成为该经验基础的正确原则。而且我们已经看到根据奇偶性论证能达到关于 HP 的所有好同伴的相同结论。然而这与 HP 成为关于♯的概念真性是相容的就像 PP 是关于♣的概念真性。因此我们似乎已经消除前面提出的困境。因此现在的提问是，由 HP 保留的"好伙伴"毕竟相当于新逻辑主义者的严重担忧是否必然的。根据我们正在处理的新逻辑主义种类由"好伙伴"存在性引起的结论将使它们自身感到不同。我们将首先概述三种不同的立场——自由的、温和的和保守的新逻辑主义——而且然后对它们中的每个作出附加的评论。

（A）自由新逻辑主义者可能声称：谁在乎是否能从许多不同原则再捕获日常算术？在这个特殊语境中从未存在 HP 唯一性的声称。重要的是每个如此的原则具有恰当形式，而且允许我们推导 PA2 的声誉良好的每个抽象将行得通，由此产生 PA2 的先天知识。这明显是麦克布莱德的"模态"立场。

（B）温和新逻辑主义者撤退到较弱原则：人们仅仅能接受鉴于其他的诸如由赫克举出的考虑人们应该只向 HPF 承诺作为发展新弗雷格主义算术的真正原则。怀特似乎选择这种方式。

（C）保守新逻辑主义：HP 是仅有的正确原则。那么我们会需要反对好伙伴异议的论证以把 HP 从它的好伙伴分离出来。

对（A）的考虑：该立场是否或者在什么程度上与告知新弗雷格主义的精神是相容的是可疑的，更不用说弗雷格的立场。麦克布莱德指向两种不同认识论计划的新弗雷格主义内部的共存在性（co-existence），一个是"模态"的计划，另一个是"解释"的计划。但如果人们坚持从该原则是告知我们日常算术推理原则的需要分离诸如 HP 这样的原则的分析性，由此放弃解释性的任意声称，那么似乎没有什么阻碍接受下述替代选择中的一个：（a）不同于 HP 甚或 NUM 的任意一个"好"抽象原则能原则上成为我们日常算术活动的基础但 HP 不过对由 ♯ 算子捕获的概念是分析的而且本身对新逻辑主义的声称是充分的；或者（b）也非 NUM，也非 HP，也非任意的其他"好"抽象原则成为我们日常算术活动的基础，但出于给定的理由这不威胁 HP 作为分析性原则或者作为概念真性的地位，因为后者依赖规定而不是会使它的地位依赖是否它捕获前分析给定概念的标准。

因此,如同在赫克的论证中或者在"好伙伴"异议中,当作出声称以便 HP 是假的是概念可能的,必定称呼为不管什么的原则这个"假性"的指派是成为我们的日常算术活动的基础。如果我们放弃与基础原则的这个联系,那么不存在 HP 和 NUM 或者任意其他"好"抽象原则间的冲突。它们仅仅对不同的和相容的概念是分析的。我们推断选项(A)下事情的真正核心是抽象原则或者诸如 NUM 这样的其他等价原则和非形式算术推理间的关系应该是什么。如果这个联系是太松散的,那么我们看不到为什么 HP 应该渐入佳境或者优于 PP 或者任意其他的"好"抽象原则。两者都允许我们推导相关的算术公理而且能凭借右手边为纯粹逻辑的抽象原则陈述它们两者。如果该联系必定是更紧的,那么我们看不到能把 HP 或者任意其他"好"抽象解释为成为我们日常算术推理基础的原则;只有 HPF 或者某个等价于它的事物似乎满足这个要求。在选项(A)下,我们也面对在第 7 小节中所讨论问题的强度。也就是,给定 HP 的每个好伙伴引入不同的类概念,我们如何判定哪些是自然数?考虑中的问题是抽象物跨类辨认的问题。

对(B)的考虑:赫克声称人们应该保持日常算术原则和抽象间联系紧密而且推荐采用 HPF 作为可行的原则,通过诉诸反思我们的日常算术推理能证实它。尽管赫克自下向上到达这个结论。可以说,我们的要点是自上向下,这是在数到无穷概念的指派中根据对 HP 的限制可供选择数量给定的。这里的情形提醒人们非欧几何和康德的先天概念所发生的。当面对各种可供选择的非欧几何人们能坚持先天直觉实质上是"欧几里得主义的",或者仅仅撤退到康德主义的一种形式在其先天直觉形式对应"绝对几何"或者对应投影几何,由此使平行线公设或者它的一个可选择项可接受性的选择超出由先天直觉所证实的东西。我们面对许多非康托尔主义基数指派,它们中的所有对有限事物达成共识而且它们似乎分享如同 HP 的一样"好"的性质。在该情形的解释下,HP 是假的是概念可能的。但这不是新逻辑主义者的问题,由于通向 PA2 的先天方式是由 HPF 给定的,而且后一个原则被当作成为我们算术知识基础的原则。

对(C)的考虑:我们不认为新逻辑主义者能诉诸数学中康托尔理论的成功,因为这种成功不依赖根据 1-1 对应给定的基数概念是有限计数的恰当一般化的声称。而且到目前为止给定的直接论证似乎没有令人信服地引导超过 HPF。这里新逻辑主义者必须提供击倒 HP 的所有好伙伴的正面理由,从而表明尽管它们作态它们终究是坏同伴。他能诉诸什么论证?关于"坏伙伴"异议所详细阐述的好抽象对抗坏抽象的通常标准列表似乎在这里不起作用。我们的抽象原则似乎不违抗任意的通常标准:协调性、一般化、和谐性、保守性和和平性,等等。我们呈现的所有原则都满足库克(2012)提供的"好性"(goodness)。保守新逻辑主义者必须完成两件事情中的一件。或者给出先天论证为什么 HP 终究会成为我们日常算术经验基础的原则。或者提出新标准表明 HP 优于其他的抽象原则,且因此我们在本节提到的"好抽象"能重铸为良莠不齐异议。

预测什么正面提议可能在这个联系中出现,明显是不可能的,我们将提到我们对保守新逻辑主义挑战的两个自然反对。第一个在于指出"HP 享受不由其他原则分型的自然数性和单纯性。它们中除了一个以外的所有的值得成为分析的,我们的前理论基数概念的任意声称是非常特别的和析取的"。我们不质疑 HP 看上去非常自然和单纯。但问题在于判定什么是我们的前理论基数概念。而且这里被质疑的东西是我们的前理论基数概念是否关于无穷集合的数的指派有任何要说的事情。对许多人来说根据我们的前理论基数概念,偶数数量是小于自然数数量似乎是明显的。因此,我们看不到诉诸单纯性和自然性将要非常有助于保守新逻辑主义者。相比之下,自由新逻辑主义者诉诸如此的对照任意的其他好伙伴更喜欢使用 HP 的标准,但根据不同于与我们的前理论基数概念有关的因素会影响这个选择,而且因此不会导致对更喜欢诉诸 HP 的可选择项以便执行该纲领的任意其他的自由新逻辑主义者的威胁。

这些原则的析取性是明显的,除了 HP,它们中的所有依赖有限和无穷概念间的析取,是在二阶逻辑中可表达的戴德金-有限(Dedekind-finite)概念。但是,反对继续:"当然,我们的基数相同概念不预设戴德金-无穷(Dedekind-infinite)概念。"这里存在两个重要的问题。关于析取性,人们必须设法解决哪些析取原则有定义类概念声称的问题。设法解决该问题的一种方式是尝试纯粹形式地,也就是不指向前分析概念定义的哪些标准允许我们区分哪些是"好的"析取原则,哪些是"坏的"析取原则。如此做的过程中,保守新逻辑主义者将需要确保出现在新逻辑主义实数理论和集合论发展中许多析取原则是毫发无损的,以免他的解决方案弊大于利。

如果比起我们退回起点给定的上述有关"我们的基数相同概念"的额外声称激发的析取性问题,这里的真正问题是我们是否有扩充到无穷概念的非形式基数概念,而且如果该概念确实扩充到无穷概念,它是否符合由 HP 捕获的概念。我们连同赫克和其他人拒绝这个声称,且因此关于部分保守新逻辑主义者的由 HP 捕获的"我们的基数相同概念"或者"我们的前理论基数概念"的断言将只是相当于乞求论点。我们还可以说更多的东西,但我们确实希望好伙伴异议将有一个结果,更好理解被辩护的新弗雷格主义种类性质且更好理解是否诉诸HP 对新逻辑主义纲领终究是极其重要的,与 HP 的可供选择好伙伴截然相反。我们将以应用于从 HP 的好同伴的存在性推断出来的形而上学而结束。

7. 在休谟原则好同伴语境下讨论恺撒问题

本小节提出证明对任意种类新逻辑主义成为问题的难题将是有用的,尽管它对自由新逻辑主义是尤其紧迫的。该问题是关于抽象对象的跨类辨认的。新逻辑主义文献几次提到库克和埃伯特(2005)最清楚地研究它。该问题关注在什么情形下使用抽象原则所获得的抽象物能被辨认为从不同抽象原则所获得的抽象物。在某种程度上，我们能把该问题认作更精细和潜伏形式的还是实例的"恺撒问题"。后者关心如何判定形式为@(C)＝恺撒的恒等，或者不呈现为@(D)的指称一个对象的任意项，对某个D。当没有人认为恺撒是一个抽象对象，我们不能凭借相应的抽象原则判定这个恒等。后者只解决关于形式为@(C)＝@(D)的恒等问题，通过诉诸抽象原则右手边上的等价关系。而且即使人们凭借形而上学考虑能够避开恺撒问题，仍将存在抽象对象跨类辨认的问题。因为人们有原则判定恺撒是偶然的而根据抽象获得的对象是必要的。该问题更形式地是下述。为简单起见，让我们考虑概念上的抽象原则。假设我们有两个抽象原则产生：

$$(\forall X)(\forall Y)(@_1(X)=@_1(Y)\leftrightarrow R_1(X,Y))$$

和

$$(\forall X)(\forall Y)(@_2(X)=@_2(Y)\leftrightarrow R_2(X,Y))$$

如果有的话，在什么条件下我们能设置$@_1(C)=@_2(D)$？或者更具体地，$@_1(C)=@_2(C)$？库克和埃伯特（2005）把该问题描述为 C-R 问题，因为它出现于把实数辨认为复数子集的问题，当根据抽象获取两个数系统时。给定本节的性质，我们的重点将把讨论聚焦在诸如有限基数这样的抽象物的跨类辨认上。文献中存在两种已经被考虑过的主要辨认。给定两个抽象原则$@_1$和$@_2$，第一种策略陈述：$@_1(C)=@_2(D)$当且仅当"R_1"和"R_2"表达相同等价关系而且$R_1(C,D)$就是这种情况。存在几种讲清楚"R_1"和"R_2"表达相同等价关系意味着什么的非等价方式。最明显的提议在于"R_1"和"R_2"表达相同等价关系当且仅当$(\forall X)(\forall Y)(R_1(X,Y)\leftrightarrow R_2(X,Y))$。然而，根据库克和埃伯特，他们参考法恩（2002），这种策略将行不通，因为它与重要的直觉冲突。这种直觉涉及本节中我们已经讨论的两个原则 HP 和 PP。追随法恩（2002），库克和埃伯特正确地声称，如果论域是不可数的，由 HP 生成的数和由 PP 生成的数是不同的。因此，使用上述条件解决由

HP 和 PP 生成的抽象物恒等问题导致使人难以接受的结论。他们把它表达为："然而，直观地讲，由这两条原则所提供的自然数是恒等的——自然数是基数的真子收集。"（库克和埃伯特，2005，第 125页）他们拒绝第一种策略，因为它生成由 HP 生成的抽象物和由 PP 生成的抽象物是不同的结果。

辨认抽象物的第二种策略诉诸由 R_1 和 R_2 生成的等价类恒等，或者更为精确地，它令抽象物恒等与等价类恒等共变。库克和埃伯特（2005）考虑三种可能的选项而且推断没有一个选项行得通。我们将表明能阻止相对于第三个选项的结论。为了解释第三个选项相当于什么我们需要考虑受限制抽象原则。该观念是要限制概念范围，这些出现在抽象原则中的二阶量词的范围。因此与其比如：

$$(\forall X)(\forall Y)(@_1(X)=@_1(Y)\leftrightarrow R_1(X,Y))$$

我们将更一般地考虑：

$$(\forall X_{\Phi(X)})(\forall Y_{\Phi(Y)})(@_1(X)=@_1(Y)\leftrightarrow R_1(X,Y))$$

这里高阶谓词 Φ 挑选出所有概念的子定域。日常无限制抽象原则恰好是如此原则的实例，人们令 Φ 挑选出整个概念定域。库克和埃伯特（2002，第 136 页）把法恩的辨认抽象物为等价类的提议表述为 $ECIA_2$。他们对该原则的表述解读如下。给定两个原则：

$$AP@_1:(\forall X_{\Phi(X)})(\forall Y_{\Phi(Y)})(@_1(X)=@_1(Y)\leftrightarrow R_1(X,Y));$$

和

$$AP@_2:(\forall X_{\Psi(X)})(\forall Y_{\Psi(Y)})(@_2(X)=@_2(Y)\leftrightarrow R_2(X,Y));$$

恒等是由下述决定的：

$$\text{ECIA}_2:(\forall X_{\Phi(X)})(\forall Y_{\Psi(Y)})[(@_1(X)=@_2(Y)\leftrightarrow((\forall Z)(R_1(X,Z)\leftrightarrow R_2(Y,Z)))].$$

然而,库克和埃伯特(2005)拒绝跨类恒等的这种标准,因为它与他们辩护的形而上学原则冲突,也就是一致恒等原则。而且正是在这个联系中产生 HP 的好伙伴的抽象原则能帮助我们加重我们的关于库克和埃伯特提议的直觉,他们声称这是隐含在黑尔和怀特的对恺撒问题的解决方案(怀特和黑尔,2001)中。让我们引入一致恒等原则(the principle of uniform identiy)PUI。假设我们有两个抽象原则,它们甚至可能打算应用到受限制概念类,但这对我们的论证无关紧要。库克和埃伯特把该原则背后的观念解释如下:

> 观念在于如果结果是存在@$_1$ 抽象物恒等于@$_2$ 抽象物的共享应用定域上的概念,那么对应用共享定域中的任意概念,@$_1$ 抽象物将恒等于@$_2$ 抽象物(库克和埃伯特,2005,第 129 页)。

这个原则背后的激发例子是把 0 辨认为空外延的问题。假设 0 是恒等于空外延,该原则应该许可把所有自然数辨认为外延。该原则看上去形式如下。给定:

$$\text{AP}@_1:(\forall X_{\Phi(X)})(\forall Y_{\Phi(Y)})(@_1(X)=@_1(Y)\leftrightarrow R_1(X,Y));$$

和

$$\text{AP}@_2:(\forall X_{\Psi(X)})(\forall Y_{\Psi(Y)})(@_2(X)=@_2(Y)\leftrightarrow R_2(X,Y));$$

一致恒等原则说的是:

$$(PUI): (\exists X_{\Phi(X)\ \&\ \Psi(Y)})(@_1(X)=@_2(Y))\leftrightarrow(\forall X_{\Phi(X)\ \&\ \Psi(Y)})(@_1(X)=@_2(X))).$$

但把这个原则应用到 HP 的好同伴，我们得到某些矛盾性结论。比如 HP 和 PP 有相同应用定域即所有概念，说的是在此情况下一致恒等原则中的 Φ 和 Ψ 不强加限制。假设它们至少有共同的 0，那么会推断出对所有概念 C，$\sharp x:(C)=x:(C)$。为什么会这样？假设至少一个抽象物是共同的，例如 $\sharp x:(x\neq x)=x:(x\neq x)=0$，那么考虑包含自然数 N 还有实数 R 的定域，而且让我们假设 Nx 和 Rx 是描绘 N 和 R 两者的概念。根据一致恒等原则我们有 $\sharp x:(Nx)=x:(Nx)$ 和 $\sharp x:(Rx)=x:(Rx)$。但是根据 PP 我们有 $x:(Rx)=x:(Nx)$；因此根据相等传递性我们有 $\sharp x:(Nx)=\sharp x:(Rx)$。由于 $\sharp x:(Nx)\neq \sharp x:(Rx)$，于是矛盾！因此，库克和埃伯特不能立刻为两个直觉辩护。或者我们放弃 HP 和 PP 甚至分享单个抽象物的直觉，或者，当被应用到诸如 HP 和 PP 这样的简单情况时，一致恒等原则导致矛盾，而且我们认为这为抵制反对使用 ECIA$_2$，基于诉诸一致恒等原则的策略，提供库克和埃伯特（2005）第 7 节所要求的独立考量。当然，这里我们的意图不是提出对抽象物跨类恒等问题的解决方案，而是指出文献中的某些提议可能从讨论 HP 的好同伴语境中受益。

8. 结论

总结起来，到目前为止我们想表达的有四个要点：

第一个要点是历史性的，在于来自 19 世纪的证据表明，使用 1-1 对应标准不是正统，当人们开始把数指派到无穷集时而且考虑和辩护各种备选方案。康托尔的从基数到集合的指派的 1-1 对应标准强加自身，尽管它无法描述有关数指派到集合的所有我们的前理论直觉的事实。由于 HP 遵循康托尔的路径，当它开始从数到无穷概念的指派，历史上被探索和被辩护的各种选项支持 HP 可能不是我们的前分析基数概念的充足"说明"或者"解释"的担忧。

第二个要点是逻辑-数学的。我们已经表明存在像 HP 那样的允许我们推导二阶算术公理的可数无穷多个逻辑抽象原则。引出同样数目"弗雷格定理"的这些无穷多个原则满足由 HP 所表现的"好抽象"的相同标准。

第三个要点在于导致"好伙伴"异议的扩充讨论,基于由头两个要点所证明的逻辑-数学情形。一般化赫克在数量理论语境中提出的论证,我们提供使用 HP 的好伙伴以对 HP 的分析性或者概念地位施加压力的类似异议。而且当我们迅速表明能反对这个异议,我们希望我们也能够说服读者由好伙伴在场所证明的情形允许我们以一种更犀利的方式清楚表达种种新逻辑主义,而且尤其通向解释对抗重构路径间的张力。此外,我们论证将根据 HP 的好伙伴的存在性不同地撞击我们已描述的三种新逻辑主义,即自由新逻辑主义、温和新逻辑主义和保守新逻辑主义。

最后,第四个要点是范围从不可能性到假定在对象归入概念中间保留部分-整体关系,以表明本节呈现的发展在其他领域有影响的非膨胀抽象原则的更多的部分结果收集,诸如由不同抽象原则所声称的跨类恒等的形而上学问题。

9. 附录

最后我们讨论的是凭借满足部分-整体原则的抽象的两个基数指派。下述抽象原则把不同数指派到每个无穷集。考虑等价关系 $(Fin(B)$ & $Fin(C)$ & $B{\approx}C) \lor (Inf(B)$ & $Inf(C)$ & $B{=}C)$。根据抽象定义:

(BLV-F):

$(\forall B)(\forall C)[\nabla x:(Bx)=\nabla x:(Cx)\leftrightarrow[(Fin(B)$ & $Fin(C)$ & $B{\approx}C) \lor (Inf(B)$ & $Inf(C)$ & $B{=}C)]]$。

(BLV-F)代表"除了有限以外的第五基本定律"。它以下述形式满足部分-整体原则:如果A是真包含于B的,那么$\nabla x:(Bx)\neq\nabla x:(Cx)$。由于,如同我们已经表明的,满足已经陈述的部分-整体原则的每个抽象是猖獗膨胀的,这个抽象不是"好伙伴"的部分。该原则出奇地接近仅仅在有限概念上偏离的第五基本定律。由于它把不同抽象物指派到不同无穷概念,人们也可能担忧它的协调性。确实,该担忧是全受担保的,因为库克已经表明这个原则是形式不协调的。

现在我们将提议已经由索泰(Frank Sautter)所研究的等价关系的不同抽象原则。首先,定义概念间的等价关系$\approx_1$如下。A和B是$\approx_1$,当且仅当存在从A到B的单射函数,从A到B的每个单射函数是满射的,而且从B到A的每个单射函数是满射的。只有成对的有限概念能满足$\approx_1$。然而,$\approx_1$不是概念上的等价关系,因为自反性对无穷集失效。现在我们凭借$\approx_1$定义$\approx_2$:A和B处于关系$\approx_2$,当且仅当存在A的子集C且存在B的子集D使得A$-$C$=$B$-$D,而且C$\approx_1$D。索泰证明$\approx_2$是等价关系。非形式地,$\approx_2$在有限集间成立,当它们有相同基数时,而且$\approx_2$在无穷集A和B间成立,当它们的交集A$\bigcap$B满足:A$-$(A$\bigcap$B)和B$-$(A$\bigcap$B)是有限的而且具有相同基数。

让我们考虑使用自然数作为定域的某些例子。{2,3,9}和{2,5,9}将在相同等价类中结束由于它们的交集是{2,9},而且{3}和{5}是处于$\approx_1$关系中的两个集合C和D。如果两个有限集有空交集,那么凭借满足$\approx_1$关系,把C和D当作空集使用的两个集合该结果成立。现在考虑无穷集的某些例子。$\approx_2$以如此方式分割论域使得两个无穷自然数集A和B处于$\approx_2$关系,当它们的交集A$\bigcap$B是无穷的且B$-$(A$\bigcap$B)和A$-$(A$\bigcap$B)是有限的且有相同的戴德金有限尺寸。比如,根据$\approx_2$有{1,2,4,6,8,…}和{3,2,4,6,8,…}处于相同等价类。甚至E$=$\{0,2,4,6,8,10,…}且O$=$\{1,3,5,7,9,11,…}不在相同等价类,因为它们的交集是空的而且它们无法处于

$\approx_1$ 关系而是处于 $\approx_2$ 关系。

同样适用于 $N=\{0, 1, 2, 3, \cdots\}$ 且 $N-\{0\}$。它们的交集是 $N-\{0\}$，但两个集合 $N-(N-\{0\})=\{0\}$ 和 $(N-\{0\})-(N-\{0\})=\emptyset$ 不能处于关系 $\approx_1$。这表明存在由 $\approx_2$ 关系证实的无穷集子集包含的某些实例。事实上，子集原则一般地成立。如果 A 是有限的，且 B 是无穷的，且 A 是 B 的真子集，那么它们的交集 $A\cap B$ 最好能是有限的。因此，两个集合 $A-(A\cap B)=\emptyset$ 且 $B-(A\cap B)$ 不能满足 $\approx_1$ 关系。如果两个集合都是无穷的且 A 是 B 的真子集，那么不管 $B-(A\cap B)$ 的尺寸是什么，它不能与 $A-(A\cap B)$ 处于 $\approx_1$ 关系，因为后者是空集而前者不是空集。我们能在 $\approx_2$ 关系上进行抽象以获得：

$$SP：(\forall A)(\forall B)\left[\spadesuit x：(Ax)=\spadesuit x：(Bx)\leftrightarrow A\approx_2 B\right]。$$

由于满足部分-整体原则的每个抽象是猖獗膨胀的，SP 不是"好伙伴"的部分。SP 需要满足诸如自然数这样的定域的不可数多个对象。

第四节　在非标准分析下判定休谟原则的分析性

人们常常从布劳斯和怀特的描述出发讨论休谟原则的分析性，往往忽视了弗雷格对分析性的描述。弗雷格的描述与怀特的描述在形式上相似，但两者有着本质的不同。根据弗雷格的定义，如果人们把休谟原则当作定义，休谟原则的可容许性依赖自身并非分析的命题。也就是说，我们表明该命题属于标准分析，因为人们能在非标准分析下否定它。在此基础上我们推断休谟原则无法满足弗雷格的分析性定义。即使我们把休谟原则当作基元，在弗雷格的意义上，我们只能得到休谟原则要成为分析的非常有限的条件。而且这些条件是与当代新逻辑主义研究中的最迫切的三个问题联系在一起的：坏伙伴异议、好伙伴异议和恺撒问题。回到弗雷格对分析性的描述。首先，他认为真命题无法成为分析的,即使它的否定不是可直觉的。其次,如果在特殊科学范围内我们能无矛盾否定特殊命题,那么这个命题是综合的。

假设休谟原则是定义,那么它满足弗雷格的分析性描述吗?对弗雷格来说,定义是分析的仅当定义依赖的命题是分析的。我们看到休谟原则依赖概念数的定义,也就是,概念 F 的数是与 F 等数的概念外延。我们在非标准分析中找到概念数命题否定的真,从而表明概念数命题不是分析的,进而表明休谟原则也不是分析的。对于概念来说,这里涉及三个与它有关的术语:概念数、等数概念外延和数量。概念数说的是基数,等数概念外延说的是集合,而数量是与允许无穷小的超实数有关的。为定义概念数量需要两个工具。首先是对超自然数的构造。其次是把概念映射到超自然数的工具。

有了这些工具,经过层层演算,我们表明概念数命题在非标准分析下是假的,从而表明休谟原则不是分析的。尽管新逻辑主义者希望把休谟原则当作定义,但休谟原则有种种缺陷,诸如它依赖外延理论、承诺存在无穷多个多向,相信抽象对象,这样就造成我们无法把休谟原则摆在核心位置。而且由于数量原则的出现,彻底断送了休谟原则作为概念真性的希望。那么我们如何判定休谟原则和非标准分析间的可通约性呢?这个问题实际上与恺撒问题、好伙伴问题和坏伙伴问题都缠绕在一起。到目前为止,这些问题仍是开放性的,尽管库克曾经一度认为他解决了良莠不齐问题。在静态情景中目前看不到解决问题的希望,这实际上就把林内波等人引导到尝试从动态情景中去解决这些问题。

1. 两类分析性描述

休谟原则是分析的吗?根据分析性的"经典描述",几位作者曾经讨论这个问题(布劳斯,1997;怀特,1999)。然而,几乎没有人似乎曾经特别关注设法解决根据弗雷格的分析性描述是否能把该原则认作分析的。怀特把分析性的经典解释描述为主张"分析真性……是从逻辑和某些定义推断出来的"(怀特,1999,第8页)。对弗雷格来说,陈述是分析的当从一般逻辑定律和可容许定义出发它是可证明的。后面的特性描述类似于前面的特性描述,但它相异的方式建议不能采纳后面的描绘当休谟原则被认为是分析的。下面我们将解释为什么我把这个当作如此情况。我们以对休谟原则的简要阐明开始,然后勾画弗雷格的分析性特征描述。紧接着,我们论证如果 HP 被当作定义,它的可容许性依赖自身并非分析的命题。

具体地,我们表明该命题属于"一门特殊科学的范围"也就是经典分析(standard analysis),因为我们能在另一门特殊科学内部即非标准分析(non-standard analysis)无矛盾地否定它。然后我们继续论证,即使我们遵循新逻辑主义路线把 HP 当作基元——不依赖"基数"的显定义——那么存在在弗雷格的意义上必然会满足把 HP 当作分析的非常狭窄的条件集。我们以某些方式推断能扩大或者一般化我们的结果。这时候我们应该注意,尽管我们没有察觉到当前有人同意弗雷格对分析性的理解,不过它类似于某些现代概念。因此下面所构建的方法论和结构不仅仅对关注弗雷格纲领的人有趣,而且对穿过现代的新逻辑主义镜头研究休谟原则认识地位的人有趣。

2. 把休谟原则分开理解

我们将追随怀特(1999,第6页)表述休谟原则如下。对任意概念 F 和 G,

> (HP)　Fs 的数与 Gs 的数是相同的,当且仅当在 Fs 和 Gs 间存在 1-1 对应。

我们将解释 HP 如下。首先,在 Fs 和 Gs 间存在 1-1 对应恰好假使在 F 和 G 间存在双射。此后,我们将使用表达式"F 与 G 是等数的"且

"F≈G"作为与"在 Fs 和 Gs 间存在 1-1 对应"同义的。给定这些约定,我们运作的 HP 的形式版本是下述的全称闭包:

$$HP: \sharp F = \sharp G \leftrightarrow F \approx G,$$

这里"$\sharp$"是从弗雷格主义概念到对象的函数,而且"$\approx$"是断言 Fs 和 Gs 的双射性的二阶公式。其次,我们认为 Fs 的数与 Gs 的数相同,当且仅当恰好存在与 Gs 一样多的 Fs。相应地且如同由怀特(1999,第12页)所蕴涵的,我们将把"Fs 的数"的指称物当作正确回答下述问题的东西:存在多少个 Fs? 类似地,存在多少个 Gs?

2.1 理解小于关系的两种方式

存在 HP 的、现在可能似乎明显的、自然的且更一般地,关于弗雷格的基数描述的另外一个重要特征,但是在许多下述所列的背景下:当断言 HP 时,像康托尔那样弗雷格断言 1-1 对应是有限收集和无穷收集两者基数恒等的正确标准。表达这个的另一种方式在于,如果我们说存在 Fs 少于 Gs,也就是 Fs 的数是小于 Gs 的数,从 F 到 G 的单射函数不能是满射的——会存在"剩余的"Gs。至少对熟悉 20 世纪数理逻辑的人来说,现在这是标准的考虑小于关系的方式。然而,存在与部分-整体关系有关的关于小于关系意义的另一个共同直觉,我们最好使用集合/子集论域表达它,但这不意味着它仅仅在形式集合论环境中是可应用的。该原则概略地如下:如果 Fs 是 Gs 的真子集,那么 Fs 的数是小于 Gs 的数。

取一盘水果作为一个小例子。在我们的果盘中有某些芒果和某些无花果。不必计数或者所有水果只是无花果,我们知道无花果数少于水果份数,因为无花果是水果的真子集。类似地,如果我们要吃掉所有无花果,那么我们会知道芒果数是等于水果份数,因为芒果不是水果的真子集。注意在此情况下我们尚未计数任何事物,但相对于小于和等于关系对"关于数"问题的回应是可比较的。在发展我们的反

96

对 HP 的弗雷格主义分析性的核心论证之后,关于小于关系的两个直觉我们将有更多要说的东西,但出于下述理由两个事情直接牢记于心。首先,"小于"意义的两个概念对有限情况完全一致。其次,1-1 对应的弗雷格主义/康托尔主义理解蕴涵无穷情况下的子集/部分-整体理解但逆命题不成立(曼科苏,2015,第 384 页)。

3. 依据特殊科学判定分析性

有上述 HP 的解释就位,现在我们将转向弗雷格对分析性的描述。刚开始我们考虑弗雷格的分析和综合真性间的对比。他写道:

> 事实上,问题变为找出命题的证明而且跟踪它直到回到原始真性。在执行此过程期间,如果我们只要求一般逻辑定律和某些定义,那么真性是分析的,考虑到我们也重视任意定义的可容许性依赖的所有命题。然而,如果不使用并非具有一般逻辑性质但属于某个特殊科学范围的真性给出证明是不可能的,那么该命题是综合的(弗雷格 1980,第 3 节)。

这里,弗雷格声称命题 φ 是分析的恰好假使存在 φ 的证明,且该证明只依赖一般逻辑定律和可容许定义。在此语境下定义是可容许的,仅当该定义演绎地依赖的命题自身是分析的。与属于某个特殊科学范围的真性截然相反的一般逻辑定律可以应用到的任意主题。席尔恩(2006,第 199—200 页)提供撮合弗雷格的分析性描述正面部分的有用解释。我们能把它总结如下。对任意陈述 φ,φ 表达分析真性恰好假使:

(1) φ 表达一般逻辑定律,或者

(2) φ 表达可容许定义,或者

(3) 存在 φ 的证明使得证明以逻辑的原始真性开始且它的

每个步骤只诉诸一般逻辑定律或者可容许定义。

但在下述两个小节中，与论证尤为相关的是，对弗雷格来说下述声称成立。

如果证明陈述 φ 不是可能的，不使用属于某个特殊科学范围的真性，那么 φ 不是分析的。

为了理解这个声称，考虑弗雷格的为什么几何真性是综合的而不是分析的解释是有用的。他陈述：

出于概念思想的目的我们常常能假设一个或者另一个几何公理反面，不卷入任意自我矛盾。当我们继续我们的演绎，尽管我们的假设和我们的直觉间的冲突。这是可能的事实，表明几何公理是彼此独立且独立于逻辑的原始定律，而且结果是综合的（弗雷格，1980，第 14 节）。

值得特别强调的是弗雷格这里指出的两个要点。首先，真陈述无法是分析的即使它的否定，或者它的否定的结论不是可直觉的。弗雷格不认为人们能直觉到任意非欧几里得空间。不过，他确实认为，出于概念思想的目的，人们能协调地假设存在如此空间。其次，如果像平行线公设这样的特殊陈述能无矛盾地在像非欧几何这样的特殊科学范围内部被否定，那么该陈述是综合的。相应地，我们认为说弗雷格的分析性概念蕴涵下述是安全的：

（A）如果并非 ¬φ 在像欧几里得几何或者非欧几何这样的某门特殊科学内部蕴涵矛盾，那么并非 φ 是分析的。

4. 休谟原则的分析性依赖概念数命题的分析性

在 HP 是定义的假设下，HP 满足弗雷格的分析性描述吗？对弗雷格来说，定义是可容许的，也就是分析的仅当它依赖的命题是分析的。HP 至少依赖下述：对任意 F，

(N) Fs 的数是与 F 等数的概念的外延。

我们也将把(N)表达为 N(F)＝Eq(F)，这里"N(F)"指的是"Fs 的数"而且"Eq(F)"指的是"是与 F 等数的概念的外延"。我们将出于两个理由认为 HP 的分析性依赖(N)。首先，弗雷格根据(N)理解"Fs 的数"(弗雷格，1980，第 68 节)。其次，HP 成立当(N)成立。如果 HP 的分析性依赖(N)，那么根据弗雷格的分析性描述，HP 是分析的仅当(N)是分析的。众所周知在他发现从第五基本定律和(N)推导 HP 是必要的意义上弗雷格认为 HP 依赖(N)。前者意味着基本逻辑定律和(N)，或者在概念文字中它的表达式成为可容许定义。但我们处在不同于 1902 年的弗雷格的立场，所以值得研究(N)是否一个可容许定义。

4.1 概念数命题无法满足分析性

看起来似乎(N)无法满足弗雷格的分析性定义。如果在某门特殊科学内部非(N)是真的，那么(N)无法满足弗雷格的分析性条件。非(N)在某门特殊科学 Σ 范围内部是真的，恰好假使至少存在一个 F 使得 N(F)≠Eq(F)在 Σ 中是真的。至少存在一个 F 使得 N(F)＝Eq(F)在 Σ 中是真的当在 Σ 中人们能协调地给出 N(F)的值使得值≠Eq(F)，也就是，正确地回答这个问题：存在多少个 Fs？非标准分析(Non-standard analysis)NSA 是由罗宾逊(Abraham Robinson)在 20 世纪 60 年代所发展的数学分支。非标准分析引入允许无穷小存在性的超实数，后者是把实数嵌入到实数扩张的结果。

存在通向非标准分析的两种路径：一种是模型论路径且另一种是

公理化路径。前一种路径是首先由罗宾逊(1966)呈现的。后一种路径是首先由内尔森(1977)呈现的。在非标准分析范围内部我们能协调地使 $N(F) = num(F)$，这里 $num(F) = F$ 的数量，而且表明至少存在一个 F 使得 $num(F) \neq Eq(F)$。为论证这个，我们将比较包括 0 的自然数集 N_0 和排除 0 的自然数集 N_1，而且表明 $N(N_0) = num(N_0)$ 且 $N(N_1) = num(N_1)$ 的地方，或者 $N(N_0) \neq Eq(N_0)$ 或者 $N(N_1) \neq Eq(N_1)$。集合 F 的数量是回答下述问题的超自然数：存在多少个 Fs？为定义 F 的数量，那么需要两个事物。首先是超自然数的构造。其次是根据 F 的尺寸把 F 映射到特殊超自然数的手段，也就是，存在多少个 Fs。下述我们将依次呈现这两个事物。

4.2　通过非主超滤定义超自然数

通过把 N_0 单射到它的超自然扩充 $^*N_0$ 我们能构造超自然数。首先，我们通过 N_0 上的自由或者非主超滤 $\mathcal{U}$ 能完成这个。我们将遵循温麦克斯和霍斯顿(2013，第 44 页)定义 $\mathcal{U}$ 使得：

(U1)　$\mathcal{U} \subset \mathcal{P}(N_0)$

(U2)　$\varnothing \notin \mathcal{U}$

(U3)　$\forall F, G \in \mathcal{U}(F \cap G \in \mathcal{U})$

(U4)　$\forall F \subset N_0(F \notin \mathcal{U} \rightarrow N_0 \setminus F \in \mathcal{U})$

(U5)　$\forall F \subset N_0(Fin(F) \rightarrow N_0 \setminus F \in \mathcal{U})$

(U1)使 $\mathcal{U}$ 成为 N_0 的幂集的真子集。(U2)陈述空集不是 $\mathcal{U}$ 的元素。(U3)坚持对 $\mathcal{U}$ 中的任意集合对，该集合对的交集也属于 $\mathcal{U}$。(U4)陈述的是对 N_0 的任意子集 F，如果 F 不属于 $\mathcal{U}$，那么不包含于 F 的 N_0 中的所有元素集都是 $\mathcal{U}$ 的一个元素。最后，根据(U5)，对 N_0 的任意真子集 F，如果 F 是有限的，那么不包含于 F 的 N_0 中的所有元素集都是 $\mathcal{U}$ 的一个元素。放在一起，(U1)—(U5)使得 $\mathcal{U}$ 成为 N_0 的无穷子集的集合。使用 $\mathcal{U}$，我们能把 N_0 单射到 $^*N_0$ 如下。对所有无穷自然数序列，

100

$\langle s_n \rangle$和$\langle r_n \rangle$：

(M1) $\langle s_n \rangle \approx_{\mathcal{U}} \langle r_n \rangle \leftrightarrow \{n \mid s_n = r_n\} \in \mathcal{U}$

(M2) $[\langle s_n \rangle]_{\mathrm{u}} = \{\langle r_n \rangle \mid \langle s_n \rangle \approx_{\mathcal{U}} \langle r_n \rangle\}$

(M3) $\forall n \in \mathbb{N}_0 : n = [\langle n, n, n, n, n, \cdots \rangle]_{\mathrm{u}}$

(M1)说的是，一对无穷自然数序列是$\mathcal{U}$-等价的，恰好假使在每个序列中项是相等的地方标记位置的数集属于$\mathcal{U}$。(M2)把无穷自然数序列$\langle s_n \rangle$的$\mathcal{U}$-等价类定义为与$\langle s_n \rangle$处于$\mathcal{U}$-等价的无穷自然数序列集。(M3)陈述的是对任意自然数n，n是等于有常数序列$\langle n, n, n, n, n, \cdots \rangle$作为元素的无穷自然数序列的$\mathcal{U}$-等价类。超自然数集${}^*\mathbb{N}_0$是所有无穷自然数序列集合的元素的$\mathcal{U}$-等价类集合。(M3)用来把$\mathbb{N}_0$嵌入${}^*\mathbb{N}_0$（温麦克斯和霍斯顿，2013，第44—45页）。

4.3　超自然数是集合数量

构成集合 F 尺寸测量的超自然数是 F 的数量。大量作者曾经讨论过数量，但温麦克斯和霍斯顿(2013)提供了特别清楚的对此概念的定义。出于这个理由，下面将紧密遵循他们的程序。温麦克斯和霍斯顿分三步定义数量。首先，他们定义给出自然数集特征位串的函数$\mathcal{C}$（温麦克斯和霍斯顿，2013，第 47 页）。$\mathbb{N}_0$的子集 F 的特征位串是从下述函数构造的：

$$\chi_F : \mathbb{N}_0 \to \{0, 1\};$$
$$n \mapsto \begin{cases} 0, & \text{若 } n < \mathbb{N}_0 \setminus F \\ 1, & \text{若 } n \in F \end{cases}。$$

χ_F 把自然数当作自变量而且给出值 0 当给定自然数不属于 F 且给出值 1 当数属于 F。现在我们把函数$\mathcal{C}$定义如下：

$$\mathcal{C} : \mathcal{P}(\mathbb{N}_0) \to \{0, 1\}^{\mathbb{N}_0};$$
$$F \mapsto \langle \chi_F(0), \chi_F(1), \chi_F(2), \cdots, \chi_F(n), \cdots \rangle。$$

101

$\mathcal{C}$ 把 F 映射到 0s 和 1s 的序列。尤其，从把 χ_F 应用到自然数线序序列 $\langle 0, 1, 2, 3, 4, \cdots \rangle$ 中的每个数得到的 0s 和 1s 的序列。为了说明，如果 F 是 $\{0, 2, 3\}$，那么 $\mathcal{C}(F)$ 是 $\langle 1, 0, 1, 1, 0, 0, \cdots \rangle$。定义数量的第二步是要定义 F：$sum-\mathcal{C}(F)$ 的特征位串部分和（温麦克斯和霍斯顿，2013，第 47—48 页）。温麦克斯和霍斯顿把这个定义如下：

$$sum-\mathcal{C}: \mathcal{P}(\mathbb{N}_0) \rightarrow \mathbb{N}_0{}^{\mathbb{N}_0}$$
$$F \mapsto \langle S_n \rangle$$

这里，

$$S_n = \chi_F(0) + \cdots + \chi_F(n)。$$

这个函数把由 $\mathcal{C}(F)$ 给定的序列映射到新序列，这里在新序列中处于第 n 个位置的项的值由在序列 $\mathcal{C}(F)$ 中处于 $\leqslant n$ 位的所有项的和组成，对所有位 n。为了说明，再次假设 F 是 $\{0, 2, 3\}$。相应地，$\mathcal{C}(F) = \langle 1, 0, 1, 1, 0, 0, \cdots \rangle$ 由此，$sum-\mathcal{C}(F) = \langle 1, 1, 2, 3, 3, 3, 3, 3, \cdots \rangle$。定义集合 F 的数量的最后一步是给出把 $sum-\mathcal{C}(F)$ 解释为超自然数的手段。这是由下述函数完成的（温麦克斯和霍斯顿，2013，第 48 页）：

$$num: \mathcal{P}(\mathbb{N}_0) \rightarrow {}^*\mathbb{N}_0;$$
$$F \mapsto [sum-\mathcal{C}(F)]_\mathcal{U}。$$

$sum-\mathcal{C}(F)$ 的值是无穷自然数序列。无穷自然数序列的 $\mathcal{U}$-等价类是超自然数。相应地，$sum-\mathcal{C}(F)$ 的值的 $\mathcal{U}$-等价类是单个超自然数。集合 F 的数量是由 $num(F)$ 给定的超自然数：F 的特征位串部分和的 $\mathcal{U}$-等价类，也就是 $[sum-\mathcal{C}(F)]_\mathcal{U}$ 的值。当有限集尺寸根据它们的数量被给定，(N) 如同 HP 那样成立。为了说明，假设 F 是 $\{0, 2, 3\}$。现在根据数量测量 F 的尺寸。如以前，

$$sum-\mathcal{C}(F) = \langle 1, 1, 2, 3, 3, 3, 3, \cdots \rangle$$

由此，

$$num(F)=[\langle 1, 1, 2, 3, 3, 3, 3, \cdots\rangle]_u。$$

$[\langle 1, 1, 2, 3, 3, 3, 3, \cdots\rangle]_u$ 指的是与 $\langle 1, 1, 2, 3, 3, 3, 3, \cdots\rangle \mathcal{U}$-等价的所有序列集且由于 $\{4, 5, 6, 7, \cdots\} \in \mathcal{U}$，

$$\langle 1, 1, 2, 3, 3, 3, 3, \cdots\rangle \approx_u \langle 3, 3, 3, 3, 3, 3, 3, \cdots\rangle。$$

因此，$[\langle 1, 1, 2, 3, 3, 3, 3, \cdots\rangle]_u$ 有 $\langle 3, 3, 3, 3, 3, 3, 3, \cdots\rangle$ 作为元素由此根据(M3)，

$$[\langle 1, 1, 2, 3, 3, 3, 3, \cdots\rangle]_u=3。$$

$Eq(F)$ 的值是 3，也是 $num(F)$ 的值由此相对于 F 可知(N)成立。这个结果一般化所有自然数有限集。如果把 num 应用到无穷集，那么它给出一个值 $\in {}^*\mathbb{N}_0 \backslash \mathbb{N}_0$。为论证这个，使 $F=\mathbb{N}_0$。因此，$\mathcal{C}(F)=\langle 1, 1, 1, 1, \cdots\rangle$ 由此，$num(F)=[\langle 1, 2, 3, 4, \cdots\rangle]_u$。没有 $\langle 1, 2, 3, 4, \cdots\rangle$ 开始无穷重复某个有限数 n 的位数。因此 $[\langle 1, 2, 3, 4, \cdots\rangle]_u$ 必定大于任意有限数由此，$[\langle 1, 2, 3, 4, \cdots\rangle]_u \in {}^*\mathbb{N}_0 \backslash \mathbb{N}_0$。我们将把这个数称为 α，也就是 $num(\mathbb{N}_0)=\alpha$。

4.4 概念数命题在非标准分析下是假的

当 $\mathbb{N}_0$ 和 $\mathbb{N}_1$ 的尺寸是由它们的相关数量给定的，(N)对或者 $\mathbb{N}_0$ 或者 $\mathbb{N}_1$ 是假的。根据规定，

$$num(\mathbb{N}_0)=\alpha。$$

现在考虑 $\mathbb{N}_1$。$C(\mathbb{N}_1)=\langle 0, 1, 1, 1, 1, 1, \cdots\rangle$ 由此，$sum-\mathcal{C}(\mathbb{N}_1)=\langle 0, 1, 2, 3, 4, 5, \cdots\rangle$。从另一个超自然数减一个超自然数是由相关 $\mathcal{U}$-等价类取序列完成且然后以标准方式逐个地减它们的对应项。相应地，

$$\begin{aligned}\alpha-1 &= [\langle 1, 2, 3, 4, \cdots\rangle]_u - [\langle 1, 1, 1, 1, \cdots\rangle]_u \\ &= [\langle 1, 2, 3, 4, \cdots\rangle - \langle 1, 1, 1, 1, \cdots\rangle]_u \\ &= [\langle (1-1), (2-1), (3-1), (4-1), \cdots\rangle]_u \\ &= [\langle 0, 1, 2, 3, \cdots\rangle]_u\end{aligned}$$

因此,⟨0,1,2,3,…⟩的 $\mathcal{U}$-等价类是超自然数 $\alpha-1$。由于 $num(\mathbb{N}_1)$ 是 ⟨0,1,2,3,…⟩的 $\mathcal{U}$-等价类,

$$num(\mathbb{N}_1)=(\alpha-1)。$$

由于 $(\alpha-1)<\alpha$,

$$num(\mathbb{N}_1)<num(\mathbb{N}_0)。$$

因此,当 $\mathbb{N}_0$ 和 $\mathbb{N}_1$ 的尺寸是根据它们的相关数量比较的,$N(\mathbb{N}_1)<N(\mathbb{N}_0)$。相对于无穷数 $\mathbb{N}_0$,弗雷格陈述它应用到概念 F,也就是 $Eq(F)=\aleph_0$ 恰好假使"存在 1-1 关联归入概念 F 的对象与有限数的关系"(弗雷格,1980,第 84 页)。由于归入 $\mathbb{N}_0$ 的对象是有限数,

$$Eq(\mathbb{N}_0)=\aleph_0。$$

令 f 是从 $\mathbb{N}_1$ 到 $\mathbb{N}_0$ 的函数:

$$f: \mathbb{N}_1 \to \mathbb{N}_0;$$
$$n \mapsto (n-1)。$$

相应地,f 要 1-1 关联归入 $\mathbb{N}_1$ 的对象与有限数。因此,

$$Eq(\mathbb{N}_1)=\aleph_0。$$

因此,$Eq(\mathbb{N}_1)=Eq(\mathbb{N}_0)$ 由此,或者 $N(\mathbb{N}_0)\neq Eq(\mathbb{N}_0)$ 或者 $N(\mathbb{N}_1)\neq Eq(\mathbb{N}_1)$。在不管哪种情况下,由此推断至少存在一个 F 使得 $N(F)\neq Eq(F)$ 是真的。

4.5 根据弗雷格的分析性描述休谟原则不是分析的

从上述推断(N)不是分析的。存在某门特殊科学 NSA 的范围使得非(N)不导致矛盾,在 NSA 内部使 $N(F)=num(F)$ 是协调的。此外,似乎 $num(F)$ 确实正确地回答了"存在多少个 Fs?"的问题。如同上述表明的那样,相对于任意有限 F, $num(F)=Eq(F)$。因此,相对人任意有限 F,如果 $Eq(F)$ 正确地表明存在多少个 Fs,那么 $num(F)$ 必定情况相同。除了预设(N)的任意分析性,我们几乎看不到理由假设 $num(F)$,也应该

无法确证"相对于任意无穷 F 存在多少个 Fs"。因此,根据(A),(N)不是分析的。在弗雷格的分析性描述下,HP 是分析的,仅当(N)是分析的。因此,HP 根据弗雷格的分析性描述不是分析的。

如同上述提到的而且由曼科苏(2016)更详细论证的,是否应该用数量或者弗雷格主义基数测量无穷基数的问题可归结为,是否我们希望给予子集常常是严格小于它们超集,即如果 F⊂G 那么 F<G 的直觉特权,或者正如 HP 那样由双射性/1-1 对应所完全捕获的基数的直觉。两个理解对有限数相符,但在无穷基数情况下分歧。因此似乎在几何的情况下,我们处于比弗雷格甚至更好的位置,因为尽管弗雷格发现非欧空间是不可直觉的,不过真部分是严格小于它们整体的直觉是共有的。确实,曼科苏(2016)追溯了令人尊敬的依赖弗雷格和康托尔之前和之后选定的 1-1 对应直觉的数学史。

5. 休谟原则的缺点与数量理论的登场

再次以 HP 的分析性依赖成为可容许定义的(N)的假设开始,且自身是分析的,我们能取一条更短的路径到达 HP 在弗雷格意义上不是分析的结论。原则(N)是直接不可容许的。这就是原因。它说的是数是特殊外延类,这是由弗雷格的第五基本定律 BLV 所掌控的路基对象,这说的是两个概念有相同外延假使恰好相同对象归入两个概念,也就是,两个概念是共延的。但在他写给弗雷格的信中,罗素表明 BLV 是不协调的。尽管这是当时它的建议性名字,然而 BLV 不是一条基本逻辑定律。即使我们要找到一条用协调的分析的公理描绘外延的方式,弗雷格的从(N)推导 HP 严重依赖 BLV。所以如果依赖(N)的话,那么在弗雷格的意义上 HP 不是分析的。然而我们诉诸数量不是数学肌肉的多余运动。回顾黑尔和怀特路线的新逻辑主义者想把 HP 当作基元且然后论证它是分析的,或者有某个同等重要的认识地位将允许我们为算术认识论打基础。

如果从新逻辑主义视角关注 HP 的分析性,我们不需要关注(N)。

在如此情况下,HP必然会或者充当基本逻辑定律或者充当可容许定义。在第一种情况下,人们很难发现有人愿意支持HP是基础逻辑定律的声称,因此这里我们将不作详细叙述。首先值得注意的是,如果人们要声称HP是基本逻辑定律,而且假设基本逻辑定律是分析的,那么新逻辑主义者从算术到逻辑的还原直接发生。但HP无疑几乎不是基本逻辑定律。反对HP作为基本定律的明显论证是具有本体论特征的。首先,如果我们接受HP作为基本逻辑定律,我们已经承诺存在无穷多个对象。这是比二阶逻辑或者二阶逻辑更大的本体论承诺。此外,HP挑选出称为数的对象。如果相信新弗雷格主义,那么这是仅经由HP可通达的抽象对象。基本逻辑定律应该是挑选出完全对象范畴的单独手段吗?这里还有更多可说的东西,但不断痛斥一个稻草人似乎是不公平的。所以现在留给我们的是HP是可容许定义的可能性。正是在这里我们早前的数量发展将再次派上用场。

5.1 数量理论关上休谟原则作为概念真性的大门

在继续进行之前,有几个在手的更多定义将是有用的。首先,HP是现在被称为抽象原则APs的原则类的例子,新逻辑主义者希望APs将在为恰好超过算术的认识认识论打基础中起到核心作用。一般而言,抽象原则具有下述形式:

$$（AP）\quad \partial F = \partial G \leftrightarrow F \sim G,$$

这里"∂"是从概念到对象的作为抽象算子的函数而且"$\sim$"是等价关系。HP和BLV两者都满足这个模式,如同不可数多个其他语句满足那样,包括数量AP(曼科苏,2016,第9节)。但关于这个下述会说更多的东西。如同从本小节开始处所说,我们不能简单论证APs全都是分析的或者不然是认识上有特权的(epistemically priviledged),因为首先BLV是不协调的且不可满足的,而HP被当作"好"AP的范例。这就是良莠不齐问题。与NSA和分析性有关的所有这些是下

106

述。把 HP 构建为可容许定义需要对"坏伙伴"的解决方案,除非我们有某个理由认为 HP 甚至在 APs 中间是有特权的。

我们会需要"坏伙伴"的解决方案的理由在于,我们会需要给出严格根据认为 HP 成功兑现像"Fs 的数与 Gs 的数是相同的"的短语,同时否定 BLV 成功兑现像"Fs 和 Gs 是共延的"短语。这不是框定良莠不齐问题的通常方式,但它实际上是相同的问题。通过论证 HP 在 APs 中间是特殊的我们能潜在地简化这种情况,但据我们所知如此论证从未取得成功,我们将实质上回到我们开始的地方。由于我们处理单个语句时,表明 HP 不是可容许定义,且由此不是分析的,需要我们做的是表明存在某个 HP 失效,但自身是连贯的特殊科学。NSA 看上去像好的候选者。确实,赫克认为数量情况拒绝作为概念真性的 HP。在讨论曼科苏(2009)他写道:

> 曼科苏在他的论文中所谓的目标是"构建比较无穷自然数集尺寸是合法概念可能性的要点"(曼科苏,2009,第 642 页)。我认为他取得成功是清楚的。但如果无穷基数不服从 HP 是概念可能的,那么 HP 是假的是概念可能的,这意味着 HP 不是概念真性,所以 HP 不隐含于日常数学思想(赫克,2011,第 265—266 页)。

事实上,这正是我们给出的论证而且它结果存在大量漏洞。这是我们在下个小节要完成的工作。

6. 休谟原则与非标准分析间的可通约问题

大厅里 800 磅的粉红大猩猩碰巧被称为恺撒,而且涉及是否 HP 的数且 NSA 的数量起初是可通约的问题。情况可能是我们含糊其辞当我们说我们能使用数和数量回答"存在多少个"的问题。换个说法,把 NSA 用作 HP 失效的"特殊科学"说的是我们谈论两种情况下的非常相同的基数。尽管有好的理由认为它们是相同的基数,能被协调地否定的正是形而上学假设(a metaphysical assumption)。

6.1　恺撒问题与二难困境

在《算术基础》第 56 节弗雷格悲叹:"……我们从未能——要给出一个粗糙的例子——凭借我们的定义判定是否恺撒属于数概念,是否这同一个著名的高卢征服者是一个数。"自此以后人们把这个段落称为恺撒异议,或者恺撒问题。这个问题的核心在于,HP 没有为我们提供判定下述的方式,即是否不由形式为♯φ的表达式所辨认的对象是一个数。弗雷格通过引入"……的数"的显定义解决这个问题:(N)。如同我们已经表明该策略失效,我们必须去其他地方寻找,若我们想弄清楚是否能辨认数和数量。由于抽象原则是部分恒等标准(法恩,2002,第 1 章),明显要开始的地方是要看到是否存在允许我们构造数量 AP 的适当等价关系。那么数和数量会是在相同概念基础上,而且我们会诉诸抽象物恒等的文献。可续这种策略不可能结出果实。

曼科苏(2016,第 9 节)指出满足部分-整体原则的任意 AP 将是膨胀的。由康托尔定理和相关的论证,我们知道像 BLV 这样的膨胀性 APs 在经典的静态环境中是不可满足的。所以留给我们的是不直接的论证。对我们来说数和数量应当被辨认的最令人信服的证据在于它们在所有有限情况上达成一致。存在辨认有限基数、有限序数、整实数等的实践的还有理论的理由。这对结构实在论者(structural realists)是棘手的问题,还有取通向数学基础的逐个路径的其他人——自然数结构是被嵌入到实数结构,复数结构是被嵌入到实数结构,或者 $2^{\mathbb{N}} \neq 2^{\mathbb{R}} \neq 2^{\mathbb{C}}$ 吗?否认以不同方式呈现的对数的辨认会对日常数学造成严重破坏,而且不指望支撑如此特异性声称的理由。说各种数性质集中于自然数或者慢慢分散,当它们变得更复杂时会是更容易的。

然而,这留下下述可能性,即数和数量在有限情况下一致而在无穷情况下分散,这非常像经典基数和序数。就我们所知,没人主张我们不能既有无穷基数也有无穷序数,而且仍主张有限基数和序数的恒等。在小于关系下这会失效。为主张数和数量是根本不同的,我们必定会放弃起初考虑数量的动机,也就是应该根据部分-整体原则而非双射性定义小于关系。所以我们似乎再次碰到一种困境。我们能坚持无歧义小于关系,或者放弃已经以不同方式被定义的有限"自然数"恒等。如果我们握住困境的第一个角,我们应该推断 HP 不是一个可容许定义,且因此不是分析的,因为它与 NSA 是非协调的。我们领会困境的第二个方面是,HP 是可容许达到可能性仍是开放的,在这种情况下需要做更多的工作。

6.2 良莠不齐与不可通约

给定到目前为止我们的论证,明显的策略呈现出来:找出 HP 失效的另一门"特殊科学"。当我们承认如此策略最终可能是成功的,立刻出现一个问题。由于我们本来将已经放弃辨认弗雷格主义数和数量,我们会很难找到满足必备标准的定域,但将不允许我们做出类似举措。起码恰好能不断声称考虑中的定域的对象和弗雷格数是不可通约的。如果我们尝试构建作为可容许定义的 HP 也出现两个其他问题。已经简要引入的第一个问题是"坏伙伴"。曼科苏(2015)把第二个问题称为"好伙伴"。这两个问题是与 HP 失效的搜寻特殊科学背后的全可应用性(universal applicability)标准紧密相联。"坏伙伴"要求我们清除将导致非协调性的 APs,而"好伙伴"要求我们在将彼此做同样工作的原则中间选择。

确实,担心"好伙伴"的动机实质上与我们关注数量和弗雷格主义数的可通约性是一样的。如果我们有多重方式构造或者定义像"基数"的概念,在此情况下不同 APs,我们应该如何在它们之间做决定?"坏伙伴"呈现稍微不同的问题。如果我们有声称成为全可应用的、分析的可容许的定义的原则,为什么我们应该认为它根本上不同于具有相同形式的其他的不协调的原则?这些对新逻辑主义者来说是严重的问题,而且存在大量文献提出且拒绝对"坏伙伴"的可能解决方案(林内波,2011;库克,2012;库克和林内波,2018),许多解决方案将可应用到"好伙伴"。然而出于我们的目的,这些问题在范围上是更狭窄

109

的。由于我们只关注 HP 的分析性，我们不需要担心描绘可接受 APs 类。

相反我们能看到证实成为由"好伙伴"明确挑战的、关于"坏伙伴"的许多文献基础的假设：HP 是特殊的。我们需要表明存在某个把 HP 放于其他类似原则上面，关于 HP 的概念的，逻辑不同的事物，而且也概念地位于对基数性的诸如由 NSA 提供的理解之上，尤其我们需要表明以其他选项并非如此的方式是广义可应用的。前面我们已经论证对"……的数"的自然理解将不足够。这是考虑 NSA 的要点。其他选项需要为"好伙伴"和"坏伙伴"提供解决方案，对这些问题我们不取任何立场，除了注意到它们都是开放问题，而且关于"坏伙伴"争论的状态建议问题至少将不容许静态解决方案。所有这些要说的是，即使我们假设弗雷格主义数和数量的不可通约性，构建 HP 的分析性的最好希望是找到对已经证明极其有争议的和困难的问题的具体解决方案种类。

7. 结语

从我们这里的分析出发存在某些重要的举措。首要的是，根据弗雷格的分析性理解 HP 是分析的是不可能的。这本质上是有趣的出于几个理由：首先，至少相对于弗雷格已选择的表明算术所谓的分析性的方法，在没有 BLV 的情况下，它为能重构多少弗雷格的逻辑主义计划放置重要的界限，尽管以另一种方式，HP 不是分析的断言，证明弗雷格想要把 HP 置于更基础原则和定义之上是正确的。此外它强调恺撒问题的更隐伏方面，这是可论证的弗雷格做出该决定的原动力：存在比起"著名的高卢征服者"更难以从 HP 的数中区分的明显的抽象物。更一般地，我们已经能强调恰好恺撒问题与好伙伴问题和坏伙伴问题如何紧密此缠绕。可能阐明解决所有这些问题的重要性要构建 HP 的认识支配地位，如同由苏格兰派新逻辑主义者（Scottish neo-logicism）所要求的那样。最后，在不同于弗雷格的意义上，在表明 HP 不是分析的期间,我们主张于此已经提供的这个分析将是有用的,但这是将来的计划。

文献推荐:

赫克在论文《有限性与休谟原则》中表述和证明了加强版的弗雷格定理。它所做的改进是把弗雷格定理限制到有限概念。这就是赫克的有限休谟原则,从有限休谟原则出发足以推导算术公理[47]。麦克布莱德在论文《论有限休谟》中认为赫克的论证误解了新弗雷格主义的认识论特征[48]。曼科苏在论文《处于好伙伴状态吗?关于休谟原则与数到无穷概念的指派》中着重讨论了赫克与麦克布莱德间关于有限休谟原则的争论,他认为"好伙伴"异议是赫克的对基于数量理论的休谟原则分析性异议的一般化[49]。达内尔与托马斯-博尔达克在《休谟原则是分析的吗?》一文中表明,我们能在非标准分析内部否定休谟原则而且论证如果认为休谟原则依赖弗雷格的数定义,那么休谟原则就不是分析的,如果把休谟原则当作分析的,那么只存在非常狭窄范围的情境使得休谟原则是分析的。两位作者最后也讨论了良莠不齐问题与恺撒问题间的相互关联[50]。

第二章
恺撒问题

第一节　限制性恺撒问题及其解决方案

　　抽象原则为成为恒等的相同抽象物种类提供充要条件。然而抽象原则对混合恒等命题的真值条件保持沉默。这就是所谓的恺撒问题。这里对混合的理解至关重要。如果等式两端一个是抽象对象，一个是具体对象，根据偶然性与必然性，这个问题是容易得到解决的。除了这种可能性，还有一种可能性就是等式两端使用的是另一个完全不同的抽象算子。这样问题就从混合恒等变成了两类不同抽象算子下抽象物的恒等，也就是从跨类恒等变为跨抽象恒等。库克把这种受限制恺撒问题版本称为 C-R 问题，因为判定实数是否恒等于复数，是这个问题的实例。解决 C-R 问题有两种策略，一种是强调抽象原则右手边的等价关系，另一种是考虑有等价关系划分的概念等价类恒等。我们采用的是第二种策略，这种策略有三个选项，当然最终都是失败的。首先我们来说第一种策略。根据等价关系的同一性概念，解决跨抽象恒等需要对同一性作更精细的解释。而第二种策略说的是我们根据等价类恒等判定跨抽象恒等。

　　在进入到细节之前，我们需要作逻辑和形而上学方面的探讨。首先是抽象原则应用到二阶量词全域的子定域。其次是关于跨抽象恒等的两种形而上学约束。受限制定域的方式有两个问题。首先，所得到的原则不是抽象原则，而只是嵌入到抽象原则的复杂条件。其次，二阶变元实际上仍然管辖所有概念，由此抽象算子取并不归入限制性谓词的概念值。我们的改进策略是把初始全称量词限制到归入限制性谓词的概念。由于在如此限制性量词范围内部的变元只管辖预期概念，所以我们不担心坏对象的存在性。有了限制概念，我们就可以表述两条作为最小约束的原则。首先是包含约束，它说的是一个抽象包含另一个抽象。由包含约束带来的附加约束是从归入两个算子应用的概念获得的抽象物恒等。这反映在休谟原则和有限休谟身上就是，由有限休谟生成的抽象物是由休谟原则生成的抽象物的子收集。从生成外延和生成数的抽象原则，我们能一般化为一致恒等原则。当然这是在广义实在论框架内完成的。

在抽象算子的选择上我们要非常谨慎。如果选择的是外延算子，这要遭受罗素悖论的冲击。最好的办法就是像布劳斯那样对第五基本定律进行限制，这就是限制性第五基本定律。但是根据法恩的观点，这样做的后果就是得到每个非坏外延是恒等于它的单元素集的荒谬结论。根据抽象物是等价类的描述，我们可以重新审视弗雷格的逻辑主义数学重构。首先，我们更清楚地看到弗雷格提出恺撒问题的意图。我们不仅能把弗雷格的抽象物与外延的恒等看作恺撒问题一般抽象到具体外延情况的归约，而且也看作对 C-R 问题的尝试性解决方案。其次，这种解决方案无效。这是因为在弗雷格的著作中出现两类矛盾。一类是大家熟知的罗素悖论；另一类是弗雷格的抽象物作为外延的定义与他的零存在的声称间的不相容性。因为前者蕴涵每个外延都是恒等于它的单元素集，而后者蕴涵空概念有一个数，进而蕴涵空概念一个外延。然而，空外延不恒等于它的单元素集。

既然第一个选项不成功，那么我们来看第二个选项，这就是等价类恒等第一公理。它与数抽象原则弱版本的结合蕴涵有关外延的强定理。它们分别是：空外延或者空集合存在；任意抽象物由此任意外延的单元素集存在;所有单元素集的外延存在。与此同时,它也得出否定性结果,也就是得到无限制休谟原则是不协调的,与普遍接受的休谟原则是可接受抽象原则反例的观点相反。由此第二个选项也是不成功的。我们来看第三个选项。第三个选项是等价类恒等第二公理,它的特点在于消除等价类从而不使用外延。但是等价类恒等会带来三难困境:或者零无法存在或者空集无法存在;除了空概念没有概念既有数也有外延或者集合;一致恒等原则失效。结论就是等价类恒等第二公理蕴涵一致恒等原则的无效。对于根据概念收集的同一性解决跨抽象恒等的支持者来说,我们可以支持等价类恒等第二公理而放弃以致恒等原则。但似乎没有理由放弃这条形而上学原则。既然这些选项都不成功,库克认为唯一的希望在于援引等价类的同一性。要成功执行对这个想法的辩护需要对等价关系间恒等概念的形式描述。

1.从跨类恒等到跨抽象恒等

自 20 世纪 80 年代以来,在数学哲学中出现了一种立场的复兴,这就是抽象主义,也叫新弗雷格主义,目标在于根据嵌入到二阶逻辑内部的抽象原则提供标准数学实践的还原或者至少成为如此实践基础的认识论和本体论。近期的尝试已经表明算术和分析能被还原到相关种类的抽象原则,尽管集合论的前景似乎没那么有希望。抽象原则的形式为下述的二阶陈述:

$$AP_@:(\forall X)(\forall Y)[@(X)=@(Y)\leftrightarrow E_@(X,Y)],$$

这里"@"是把概念当作自变量的项形成算子而且提供作为输出的对象,并且"$E_@$"是概念上的等价关系。凭借右手边的等价关系,我们用抽象原则固定关于抽象物恒等的真值条件,也就是抽象原则左手边恒等的真值条件。作为结果,抽象原则为相同种类抽象成为恒等提供充

要条件。然而,如同常常注意到的,关于形式为下述的混合恒等陈述的真值条件抽象原则是沉默的:

$$@(P)=t,$$

这里"t"不是形式为@(P)的项,对某个"P"。这就是弗雷格本人意识到的声名狼藉的恺撒问题(the Caesar Problem)。当考虑定义数的各种手段时,他指出:

> ……凭借我们的定义,我们从未能判定是否任意概念有属于它的恺撒数(the number Julius Caesar),或者是否同一个熟悉的高卢征服者是一个数(弗雷格,1884年第68页)。

近些年恺撒问题已经受到显著的关注。然而,本节我们聚焦于,令人惊讶地几乎没受到关注的恺撒问题的特殊情况。通过考虑下述假设我们能分离出这个问题:

(1) 所有抽象物必然存在。

(2) 只有抽象物必然存在。

如果我们打算接受(1)和(2),那么我们能快速免除恺撒问题的传统版本,由于恺撒偶然存在反之数和其他抽象物不偶然存在。当然,如果跟着的论证依赖这两个论题,那么(1)和(2)迫切需要某个动机和辩护。然而,这里我们将不提出如此辩护。值得指出的是,尽管在我们看来(2)似乎可行,偶然对象集的存在性最多致使(1)可疑。相反,我们只将指出,即使我们打算接受(1)和(2),恺撒问题的一个版本仍然存在。当接纳(1)和(2)解决形式为下述的恒等问题:

$$@(P)=t,$$

这里"t"是不凭借抽象形成的项,而且最初的抽象原则解决当"t"是

115

@-抽象形式的问题,仍然存在决定是否"t"和"@(P)"共指的问题,当"t"是通过应用不同于"@"的某个抽象算子形成的抽象项。我们能表述这个问题如下:假设我们有两个不同的抽象原则:

$$AP_{@_1}: (\forall X)(\forall Y)[@_1(X)=@_1(Y)\leftrightarrow E_{@_1}(X, Y)],$$
$$AP_{@_2}: (\forall X)(\forall Y)[@_2(X)=@_1(Y)\leftrightarrow E_{@_2}(X, Y)]。$$

近在手边的问题是如何判定形式为下述的跨类(cross-sortal)恒等声称:

$$@_1(P)=@_2(Q),$$

这里"P"和"Q"是特殊的概念表达式(concept-expressions),而且我们将把如此恒等称为跨抽象恒等(cross-abstraction identities)。注意 $AP_{@_1}$ 和 $AP_{@_2}$ 关于这个问题是沉默的,而且加入原则(1)和(2)是同等无益的。我们把恺撒问题的这种受限制版本称为 C-R 问题,由于判定是否实数 R 可能恒等于复数 C 是该问题的一个实例,正如判定恺撒是否一个数仅仅是恺撒问题的一个实例。当这个标签恰当的且有点引人注意,它将证明把我们的注意力限制到比实数和复数更简单的数学结构是更便利的。重要的是,即使采用抽象原则通常是与新弗雷格主义数学哲学相关联,人们也不应该低估 C-R 问题的一般性。

因此,尽管这里我们将聚焦抽象主义,重要的是注意到接受抽象原则真性的任意数学哲学将面对 C-R 问题,即使不授予新弗雷格主义者归功于它们的基础性角色,因为它亏欠我们某个关于在他们的框架内部如何解决如此的跨抽象(cross-abstraction)恒等声称的故事。由于大多数柏拉图主义者或者更广泛意义上实在论者的数学观点,不管是否新弗雷格主义,将承认如此陈述的真性或者至少承认对应拉姆齐语句的真性,那么目前的检查应该有一般兴趣。此外,我们将论证在解决跨抽象恒等问题期间诉诸等价类是成问题的。由于这在某个非抽象主义框架中似乎是解决这个问题的"自然"的或者至少最流行的手段,例如某些结构主义变体,我们主张这里得到的结论是对具有弗雷格主义或者非弗雷格主义特征的柏拉图主义同等相关的。

本节剩余部分在特征上部分是形式的且部分是哲学的。在下个小节中我们将简要概述处理 C-R 问题的两种不同形式策略以及它们的哲学动机。在判定跨抽象恒等问题期间,第一种策略将是强调出现在抽象原则右手边等价关系的角色。另一方面,第二种策略目标在于根据由这些等价关系划分的概念"等价类"恒等解决这个问题。然后我们将聚焦第二种策略且建议执行这种策略以解决 C-R 问题的三种方式。这种策略最终失效——每个诉诸等价类的尝试面对不可克服的困难。第一个选项有荒谬的结论,这里我们也将建议这是弗雷格自己的对该问题的解决方案。第二个选项不仅蕴涵重要的集合论结论,而且与通常当作可接受抽象原则的范例也就是休谟原则是不协调的。第三个选项是与相当直观的形而上学原则即一致恒等原则(the Principle of Uniform Identity,PUI)不相容的。

2. 解决限制性恺撒的两种策略

如同前面提到的,存在处理跨抽象恒等的两种广义策略:给定自两个不同抽象原则出现的两个抽象项"$@_1(P)$"和"$@_2(Q)$"以及相关抽象物,在判定如此恒等期间我们能诉诸对应等价关系的恒等,也就是 $E_{@_1}(P, Q)$ 和 $E_{@_2}(P, Q)$,或者我们能诉诸相关的概念等价类恒等。在聚焦第二个选项之前,让我们简要检查第一种策略。这里的想法在于给定两个不同的抽象原则:

$$AP_{@_1}:(\forall X)(\forall Y)[@_1(X)=@_1(Y)\leftrightarrow E_{@_1}(X, Y)],$$
$$AP_{@_2}:(\forall X)(\forall Y)[@_2(X)=@_1(Y)\leftrightarrow E_{@_2}(X, Y)],$$

跨抽象恒等:

$$@_1(P) = @_2(Q),$$

将是真的当且仅当

"$E_{@_1}(X, Y)$"和"$E_{@_2}(X, Y)$"表达相同等价关系，

而且

$$E_{@_1}(P, Q),$$

或者等价地

$$E_{@_2}(P, Q)。$$

这个提议的细节依赖我们如何具体化"表达相同等价关系"的概念。如此做的直接工具是根据直接等价理解相关的同一性概念，以致跨抽象恒等是真的当且仅当：

$$(\forall X)(\forall Y)[E_{@_1}(X, Y) = E_{@_2}(X, Y) \leftrightarrow E_{@_1}(P, Q)],$$

或者

$$(\forall X)(\forall Y)[E_{@_1}(X, Y) = E_{@_2}(X, Y) \leftrightarrow E_{@_2}(P, Q)]。$$

然而，存在与这条路径直接相关的问题。如同法恩（2002）指出的，这种解决跨抽象恒等真值条件的方式蕴涵由休谟原则所提供的数：

$$HP：(\forall X)(\forall Y)[\#(X) = \#(Y) \leftrightarrow X \approx Y],$$

这里"$X \approx Y$"是对断定 X 和 Y 是等数的二阶声称的缩写，而且由有限休谟所提供的数：

$$FHP：(\forall X)(\forall Y)[\#(X) = \#(Y) \leftrightarrow (X \approx Y \vee (\neg Fin(X) \wedge \neg Fin(Y)))],$$

是不同的，倘若论域是不可数的。这里"$Fin(X)$"是对 X 是有限的二

阶公式的缩写。然而,直观地讲,如果这两个原则是可接受的,那么由这两个原则所提供的自然数是恒等的——自然数是基数的真子收集(a proper sub-collection)。因此,根据相关联等价类的某个"同一性"概念解决跨抽象恒等似乎会需要通向"同一性"的更细粒(fine-grained)路径。然而,我们将既不辩护等价关系路径,也非解决如此观点的细节。相反我们将概述涉及等价类的可供选择策略且论证没有此路径版本成功解决 C-R 问题。第二种策略背后的直观想法如下:给定任意抽象算子@和任意概念 P,存在与 P 一样接受相同抽象物的概念收集。换句话说,给定抽象算子@,我们能把@抽象物恒等于 P 的@抽象物的概念类与每个概念 P 联系起来:

$$@(P) \Rightarrow \{X : @(P) = @(X)\},$$

这里"⇒"表示非形式联系。使用"$@(Q) = @(P)$"和"$E_@(P, Q)$"的等价它变为:

$$@(P) \Rightarrow \{X : E_@(P, X)\}。$$

那么这种策略是根据相应等价类恒等判定跨抽象恒等的观念。然而在探索执行解决 C-R 问题等价类策略的各种方式之前,我们需要致力于解决在下文将起到关键作用的大量逻辑的和形而上学的问题。

3. 抽象原则的逻辑和形而上学问题

在本小节中我们执行若干初步任务。首先,我们概述通向对付应用到受限制定域的抽象原则的简单路径,也就是二阶量词全范围的子定域。其次,所以我们论证,任意成功的跨抽象恒等描述必须满足我们呈现跨抽象恒等的两个实质形而上学约束。如同我们将要表明的,尽管通向 C-R 问题的等价类路径的所有三个版本满足这些中的第一个,我们对第三条路径的首要反对将是它无法满足第二个形而上学约束。

3.1 限制抽象原则的两种方式

给定抽象原则:

$$AP_@: (\forall X)(\forall Y)[@(X)=@(Y)\leftrightarrow E_@(X, Y)],$$

我们将常常想要考虑把该抽象原则限制到最初应用定域的子定域,例如由高阶谓词"Φ"挑选出的概念。实现这个的一种方式是用后承为最初抽象原则的条件句取代上述的双条件句,获得像下述的某物:

$$AP_{@_2}: (\forall X)(\forall Y)[(\Phi(X)\wedge\Phi(Y))\rightarrow(@_2(X)=@_1(Y)\leftrightarrow E_@(X, Y))]。$$

继续进行的这种方式呈现两个问题。首先,所获得的原则不是抽象原则,而是嵌入抽象原则的复杂条件。其次,且更令人担心的,是二阶变元仍然管辖所有概念的事实,且因此抽象算子必须取不归入限制 Φ 的概念上的值,像这个问题的某物成为关于诸如反零和"坏"外延的声名狼藉的新弗雷格主义对象的担忧的基础(布劳斯,1977)。我们能以许多方式巧妙处理如此的担忧,包括采用自由逻辑,或者把指称物处理为逻辑虚构物,但存在继续进行的更多精妙的方式。给定抽象算子@及其相关联的抽象原则 $AP_@$,我们能表述从这个算子到由 Φ 挑选出的子定域的限制,通过把初始全称量词限制到归入 Φ 的概念。换句话说,从 $AP_@$ 到 Φ 的限制将是:

$$AP_{@_2}: (\forall X_{\Phi(X)})(\forall Y_{\Phi(Y)})[(@_2(X)=@_2(Y)\leftrightarrow E_@(X, Y)],$$

这里:

$$(\forall X_{\Phi(X)})(\Psi),$$

是真的当且仅当满足 Φ 的所有概念也满足 Ψ。由于在如此受限制量词范围内部的变元只管辖预期概念,那么我们不需要担心不想要的"坏"对象的非预期存在性。我们能把诸如休谟原则的每日的无限制抽象原则视作我们的受限制抽象原则概念的限制性情况,这里初始量词是由对每个概念成立的谓词所限制的。因此,根据目前的路径,每个抽象原则采取下述形式:

$$AP_{@}: (\forall X_{\Phi(X)})(\forall Y_{\Phi(Y)})[(@(X)=@(Y)\leftrightarrow E_{@}(X, Y)].$$

值得注意的是我们的论证将不取决于这个记法变种,宁可受限制抽象原则概念仅仅提供为相当复杂的形式主义提供简单的和精妙的记法。有就位的限制概念,现在我们能表述当作跨抽象恒等正确理论上的最小约束的两个原则。应该注意的是可能存在关于 C-R 问题解决方案的额外的约束,但下述给定的两个原则能满足我们这里的需要。

3.2 包含约束及其带来的附加约束

如同上述注意到的,某些抽象原则能被看作其他的更一般抽象原则的限制。关于如此限制的一个尤为有用的概念是一个抽象原则包括另一个抽象原则。给定两个抽象原则 $AP_{@_1}$ 和 $AP_{@_2}$:

$$AP_{@_1}: (\forall X_{\Phi(X)})(\forall Y_{\Phi(Y)})[(@_1(X)=@_1(Y)\leftrightarrow E_{@_1}(X, Y)],$$
$$AP_{@_2}: (\forall X_{\Phi(X)})(\forall Y_{\Phi(Y)})[(@_2(X)=@_2(Y)\leftrightarrow E_{@_2}(X, Y)],$$

我们将说 $AP_{@_1}$ 包括 $AP_{@_2}$ 当且仅当:

$$(\forall X)(\Psi(X)\leftrightarrow\Phi(X)),$$
$$(\forall X)(\forall Y)[E_{@_1}(X, Y)\leftrightarrow E_{@_2}(X, Y)].$$

换句话说,$AP_{@_1}$ 包括 $AP_{@_2}$ 当且仅当 $AP_{@_2}$ 是 $AP_{@_1}$ 的限制而且 $E_{@_1}(X, Y)$ 和 $E_{@_2}(X, Y)$ 在所有概念对上达成一致。注意包括定义的第二个子句是实质强于两个等价关系在两个应用定域交集上达成一致的要求。有在手头的包括概念,我们能在跨抽象恒等的任意描述上放置额外的约束。给定任意两个抽象原则 $AP_{@_1}$ 和 $AP_{@_2}$ 这里

$AP_{@_1}$ 包括 $AP_{@_2}$,我们应该期望从归入两个算子成为恒等的应用概念获得的抽象物。

$$(\forall Y_{\Psi(X)})(@_1(X) = @_1(Y))。$$

这个约束背后的直觉与激发我们的无限制休谟原则和有限休谟原则应该生成相同有限基数的早前观察的直觉是相同的:如果 $AP_{@_2}$ 无非相当于把 $AP_{@_1}$ 限制到它的最初应用定域的子定域,那么在该子定域生成的抽象物应该不变化。值得注意的是如果我们重述有限休谟作为休谟原则的显性受限制版本:

$$FHP:(\forall X_{Fin(X)})(\forall Y_{Fin(Y)})\big[\#(X) = \#(Y) \leftrightarrow X \approx Y\big],$$

那么包括约束(Subsumption Constraint)蕴涵由有限休谟生成的抽象物是由休谟原则生成的抽象物子收集。

3.3　广义实在论框架下的一致恒等原则

通过下述简单的和直观的思想,我们能激发在一致恒等原则中概述的基础观念。假设两个抽象原则:

$$AP_{@_1}:(\forall X_{\Phi(X)})(\forall Y_{\Phi(X)})\big[(@_1(X) = @_1(Y) \leftrightarrow E_{@_1}(X,\ Y)\big],$$
$$AP_{@_2}:(\forall X_{\Psi(X)})(\forall Y_{\Psi(X)})\big[(@_2(X) = @_2(Y) \leftrightarrow E_{@_2}(X,\ Y)\big]。$$

观念在于,如果结果是存在 $@_1$ 抽象物恒等于 $@_2$ 抽象物的共享应用定域上的概念,那么对共享定域中的任意概念,$@_1$ 抽象物将恒等于 $@_2$ 抽象物。作为激发性的例子,假设人们有两个抽象原则,第一个生成包括零外延或者集合的外延而且第二个生成至少包括零的数。而且,假设我们的跨抽象恒等描述蕴涵零是恒等于空外延。我们的直觉在于这对所有数恒等于某些集合是充分的。声称由休谟原则引入的某些数恒等于相应集合当再次由休谟原则引入的其他数不恒等于相

应集合似乎会是相当反直觉的。给定两个抽象原则,我们能以下述方式更精确地形式化这个观念:

$$AP_{@_1}:(\forall X_{\Phi(X)})(\forall Y_{\Phi(X)})[(@_1(X)=@_1(Y)\leftrightarrow E_{@_1}(X,\ Y)],$$
$$AP_{@_2}:(\forall X_{\Psi(X)})(\forall Y_{\Psi(X)})[(@_2(X)=@_2(Y)\leftrightarrow E_{@_2}(X,\ Y)]。$$

下述一致恒等原则应该成立:

$$(\exists X_{\Phi(X)\wedge\Psi(X)})(@_1(X)=@_2(X))\leftrightarrow$$
$$(\forall X_{\Phi(X)\wedge\Psi(X)})(@_1(X)=@_2(X))。$$

这个原则对我们似乎是相当直观的,这可能是部分由于我们两者都假设的广义实在论框架。我们已经发现难以对该原则提供进一步的理论辩护。不过,我们假设原则的直观可行性把强解释负担强加到希望明确否定该论题的任何人身上。

4. 跨抽象恒等下限制外延的策略是不成功的

通向解决 C-R 问题的一个初始有希望路径是认为概念 P 的@抽象物等同于有相同@抽象物的概念类,也就是:

$$@(P)=\{X:E_@(P,\ X)\}。$$

然而,在抽象主义框架内部我们需要在表述上更小心。首先,我们应该注意像任意其他的数学实体的集合或者类根据目前观点自身将是抽象物,所以我们将需要把上述重述为沿着下述路线的某物:

$$@(P)=\S(Q),$$

这里 Q 自身是一个概念且 $\S$ 是外延抽象算子或者集合形成抽象算子。直观地讲,我们想要的是对所有 $E_@$ 等价于 P 的概念成立的概念外延。换句话说,我们想要 Q 对所有获得与 P 一样的@抽象物的概念成立。外延算子仅仅应用到第一层概念,也就是有对象作为实例的概念,且

123

第二章　恺撒问题

因此 Q 不能字面上是对其他概念成立的概念。然而,有已经在执行中的外延算子我们能矫正这个,通过允许 Q 成为对每个与 P 一样接受相同@抽象物的概念外延成立的概念,也就是:

$$@(P) = \S ((\exists Y)(x = \S (Y) \wedge E_@(P, Y)))。$$

使用外延算子可能已经引起某个怀疑,由于提供外延的最出名抽象原则即弗雷格的第五基本定律:

$$BLV: (\forall X)(\forall Y)\big[\S (X) \leftrightarrow \S (Y) \leftrightarrow (\forall z)(X(z) \leftrightarrow Y(z))\big],$$

是易受罗素悖论影响的。然而,布劳斯(1989)曾经提议处理该问题的手段。根本观念在于要把某些概念收进集合或者有外延或者对应唯一抽象物不是足够良态的。因此,我们应该把弗雷格的原则限制到某些良态的概念。下述受限制第五定律模式捕获布劳斯的一般路径:

$$RV: (\forall X_{\neg Bad(X)})(\forall Y_{\neg Bad(X)})\big[\S (X) \leftrightarrow \S (Y) \leftrightarrow (\forall z)(X(z) \leftrightarrow Y(z))\big]。$$

当然,作为结果的集合理论或者外延理论的特性将依赖我们采用"坏的"什么特殊定义,但我们这里不需要陷入如此的复杂性。出于我们的目的,所有我们需要的在于,对任意抽象算子@,上述描述的每个等价类将存在且是良态的,也就是对任意原则 AP@ 这里初始二阶量词被限制到 Φ,我们有:

$$(\forall X_{\Phi(X)})(\neg Bad(X)),$$
$$(\forall X_{\Phi(X)})(\neg Bad((\exists Y)(x = \S (Y) \wedge E_@(X, Y))))。$$

简单地说,目前观点需要有任意种类的抽象物的任意概念有一个外延,而且由可接受等价关系划分出的任意概念等价类对应恰恰包含这个类中概念外延的一个外延。当极大限制我们如何可能定义"坏的"

124

而且由此也限制我们可能允许什么其他抽象算子进入语言，这些声称似乎不是完全荒谬的。然而，结合激发它的跨抽象恒等描述，该限制是荒谬的。法恩(2002)首先注意到这个，写道：

> 那么在什么基础上我们能判断作为数的抽象物和作为类的抽象物是相同的？唯一合理的观点在于凭借抽象手段与某些项联系的任意抽象物是被认为恒等于这些项的类。但是······如此观点导致任意项类 C 是恒等于外延为 C 的概念类的荒谬结论(法恩，2002，第 47 页)。

我们能重构法恩的推理如下。旨在恒等于收到抽象物的概念外延类的任意抽象物意味着是完全一般的，所以尤其它应用到外延它们自身，若无如此一般性，我们会没有判定合适特殊外延恒等于或者不恒等于其他抽象物的手段。因此，对任意非-"坏的"概念 X：

$$\S(X) = \S((\exists Y)(z = \S(Y) \land E_\S(X, Y))).$$

也就是：

$$\S(X) = \S((\exists Y)(z = \S(Y) \land (\forall w)(X(w) \rightarrow Y(w)))).$$

转而这是等价于：

$$\S(X) = \S(x = \S(X)).$$

因此，如果抽象物@(P)是被认为恒等于抽象物为@(P)的概念等价类，那么我们得到每个非-"坏的"外延是恒等于它的单集的荒谬结论。这蕴涵仅有的非-"坏的"概念，且因此收到任意种类抽象物的仅有的概念是带有单个实例的概念。由于目前的提议预设至少某些抽象算子的可接受性，而且这些抽象算子将生成至少一个并非它自己单集的对象，我们不能认为抽象物恒等于它们的相应等价类。

5. 关于弗雷格的逻辑主义数学重构的两个观察

认为抽象物等同于它们的相关联等价类的观念追溯到在《算术基础》中弗雷格自己的处理，在这本著作中他给出他对数的显性定域：

> 因此我的定义如下：属于概念 F 的数是概念"等于概念 F"的外延（弗雷格，1884，第 79—80 页）。

这里随着弗雷格，根据两个概念间存在 1-1 对应我们定义成为相等的两个概念（弗雷格，1884，第 72 节）。因此，概念 F 的数是对与 F 的每个概念等数的外延成立的概念的外延。直接在他对数的定义之前，弗雷格认为线条 a 的方向等同于概念"平行于线条 a"的外延，而且认为三角形 t 的形状等同于概念"相似于三角形 t"的外延（比较弗雷格，1884，第 79 页）。因此清楚的是弗雷格意指抽象物等同于成为一般的相关等价类，以致在二阶情况下概念 F 的@抽象物是对概念成立的外延，它对所有概念 G 的所有外延成立使得 $E_@(F, G)$。有这个观察在手头，我们能作出关于弗雷格的逻辑主义数学重构的两个新颖观察。

首先，评论者曾经常常表达弗雷格的作为一种外延的数定义的谜题在对恺撒问题的长期讨论结束时到达（弗雷格，1884，第 60—69 节），由于这种策略似乎只是推迟这个问题——那么我们需要对为什么外延不能恒等于罗马皇帝的描述。弗雷格把抽象物等同于外延能不仅被视作把一般抽象物的恺撒问题还原到具体的外延情况，而且被视作对我们这里称为 C-R 问题的尝试性解决方案。

其次，如同我们已经看到的，提议的解决方案失效。因此，存在潜伏在弗雷格的《算术基础》和《算术基本定律》中的两个悖论。第一个是罗素悖论，这是潜伏在第五基本定律中的矛盾。即使也许通过用过布劳斯风格限制替代第五基本定律修补这个问题，不过也存在第二个矛盾，涉及弗雷格的作为外延的抽象物定义与他的零存在声称的不相容性，前者蕴涵每个外延是恒等于它的单元素集，后者说的是空概念

126

的数(弗雷格,1884,第 88 页)。零的存在性蕴涵空概念有一个数,根据前小节所提议的恒等观点,这蕴涵空概念有一个外延。然而,空外延不能恒等于它的单元素集。

6. 等价类恒等第一公理与数抽象原则弱版本的结合也是不成功的

放弃通过把抽象物等同于相应等价类我们能解决 C-R 问题的观念不需要引起我们放弃如此恒等的真性随等价类恒等而变化的观念。为了表述这个观念的可接受版本,我们只需要注意我们采用抽象物与外延的恒等,诸如:

$$@_1(P) = \S((\exists Y)(z = \S(Y) \wedge E_{@_1}(P, Y))),$$
$$@_2(Q) = \S((\exists Y)(z = \S(Y) \wedge E_{@_2}(P, Y))),$$

为了移到下述双条件:

$$@_1(P) = @_2(Q) \leftrightarrow \S((\exists Y)(z = \S(Y) \wedge E_{@_1}(P, Y))) =$$
$$\S((\exists Y)(z = \S(Y) \wedge E_{@_2}(P, Y))).$$

这里我们研究把这个双条件本身采用为跨抽象恒等描述的选项,而不是从任意抽象物恒等的优先的显性的描述出发推导它。因此,给定两个抽象原则:

$$AP_{@_1} : (\forall X_{\Phi(X)})(\forall Y_{\Phi(X)})[(@_1(X) = @_1(Y) \leftrightarrow E_{@_1}(X, Y)],$$
$$AP_{@_2} : (\forall X_{\Phi(X)})(\forall Y_{\Phi(X)})[(@_2(X) = @_2(Y) \leftrightarrow E_{@_2}(X, Y)],$$

经由我们将称为等价类恒等公理 1(the Equivalence Class Identity Axiom 1,ECIA₁)的东西我们解决跨抽象恒等:

ECIA₁:
$$(\forall X_{\Phi(X)})(\forall Y_{\Psi(Y)})[(@_1(X) = @_2(Y) \leftrightarrow \S((\exists Z)(w =$$

127

$$\S(Z)\wedge E_{@_1}(X,Y)))=\S((\exists Z)(w=\S(Z)\wedge E_{@_1}(Y,Z)))].$$

如同在第 4 小节中,如此路径将需要我们采用布劳斯受限制第五定律的某个版本。如以前,该路径需要对应抽象物本身的概念外延等价类是非"坏的",也就是对任意原则 $AP_@$ 这里初始二阶量词被限制到 Φ,我们再次有:

$$(\forall X_{\Phi(X)})(\neg Bad(X)),$$

$$(\forall X_{\Phi(X)})(\neg Bad((\exists Y)(x=\S(Y)\wedge E_@(X,Y)))).$$

这里值得注意的是所提议的描述满足包括约束——给定两个抽象原则,这里第一个包括第二个,它们共享的应用定域上生成的抽象物将是恒等的。不像前面的描述,从 $ECIA_1$ 推不出完全荒谬的结论。然而,我们确实获得某些相当令人惊讶的结果。考虑概念外延等价类必定是非"坏的"声称当相关联的抽象物是非"坏的",而且把它应用到外延算子自身,获得:

$$(\forall X_{\neg Bad(X)})(\neg Bad((\exists Y)(x=\S(Y)\wedge E_{\S}(X,Y)))),$$

这恰好是:

$$(\forall X_{\neg Bad(X)})(\neg Bad((\exists Y)(x=\S(Y)\wedge(\forall w)(X(w)\rightarrow Y(w))))),$$

也就是:

$$(\forall X_{\neg Bad(X)})(\neg Bad(x=\S(X))).$$

然而,这陈述的是单单对非"好的"概念外延成立的概念自身是非"坏的",也就是,任意外延的单元素集也是一个外延。因此,跨抽象恒等的这种描述免费给我们任意的外延单元素集。实际上,我们得到的比这个要多一点,如同下述例子将阐明的。除了受限制第五定律的恰当版本,假设无限制休谟原则是可接受抽象原则:

$$HP:(\forall X)(\forall Y)[\sharp(X)=\sharp(Y)\leftrightarrow X\approx Y].$$

128

抽象主义集合论(下卷):从怀特到林内波

现在,由于

$$(\forall X_{\Phi(X)})(\neg Bad(X)),$$

而且在无限制休谟原则的情况下,$\Phi(X)$是$(\forall y)(X(y)\rightarrow X(y))$,由此推断:

$$(\forall X)(\neg Bad(X))。$$

当然,受限制第五定律是被限制到非-"好的"概念,所以如果非-"坏的"概念恰好是所有概念,那么我们有第五基本定律的一个实例。换句话说,据此观点无限制休谟原则是非协调的,与广为接受的观点相反,即休谟原则是可接受抽象原则的反例,若有事物是的话。进一步假设我们有休谟原则的某个受限制版本:

$$HP:(\forall X_{\Phi(X)})(\forall Y_{\Phi(Y)})[\sharp(X)=\sharp(Y)\leftrightarrow X\approx Y],$$

这里空性质和仅仅有单个实例的所有性质跌入应用定域:

$$(\forall X)((\forall y)(\forall z)((X(y)\wedge X(z))\rightarrow y=z)\rightarrow\Phi(X))。$$

现在,由于:

$$(\forall X_{\Phi(X)})(\neg Bad(X)),$$

由此推断:

$$\neg Bad(x\neq x)。$$

换句话说,空集合存在。此外,由于恰恰有一个实例的任意概念有一个数,由此推断所有单个实例概念有外延。结合这个与下述:

$$(\forall X_{\Phi(X)})(\neg Bad((\exists Y)(x=\S(Y)\wedge(X\approx Y))))),$$

提供对所有单个有元素外延成立的外延,也就是所有单元素集的外延或者集合。因此,尽管关于此路径不存在任何不协调的东西,它确实蕴涵实质的集合论原则。如此的结果是令人惊讶的，由于我们关于外延未曾说过任何重要的东西，而且仅仅采用跨抽象恒等的简单描述。根据在此语境中被理解为外延的相应等价类恒等，如此情形可能使我们谨防解决跨抽象恒等的任意尝试，由此使一种抽象物优于剩余的抽象物。

7. 等价类恒等第二公理与一致恒等原则的结合也是不成功的

我们在前面的小节中，根据相应等价类恒等已经探索解决跨抽象恒等的方式，这里认真对待如此类的存在性，把它们定义成为某些外延，且因此假设如此外延存在以便做需要它们的工作。然而，放弃外延的明确使用不需要强迫我们放弃更一般的观念，即能根据是否考虑中的抽象物对应相同的概念"收集"解决跨抽象恒等。这时候我们面对的问题是不使用外延如何表述如此观念。回答是我们能通过解释消除所有等价类指称。初始观念在于跨抽象恒等：

$$@_1(P) = @_2(Q),$$

是真的当且仅当相应的等价关系是恒等的：

$$\{X:E_{@_1}(P, X)\} = \{X:E_{@_2}(Q, X)\}。$$

暂时忽视如此等价类可能是什么实体种类，根据外延公理的二阶类似物，上述是等价于：

$$(\forall Y)(Y \in \{X:E_{@_1}(P, X)\} \leftrightarrow Y \in \{X:E_{@_2}(Q, X)\}),$$

直观上这恰好是：

$$(\forall Y)(E_{@_1}(P, Y) \leftrightarrow E_{@_2}(Q, Y))。$$

因此，我们能消除所有对等价类自身的显性谈论从而支持上述双条件句。给定任意两个抽象原则：

$$\mathrm{AP}_{@_1}: (\forall X_{\Phi(X)})(\forall Y_{\Phi(X)})[(@_1(X)=@_1(Y)\leftrightarrow E_{@_1}(X,Y)],$$
$$\mathrm{AP}_{@_2}: (\forall X_{\Psi(X)})(\forall Y_{\Psi(X)})[(@_2(X)=@_2(Y)\leftrightarrow E_{@_2}(X,Y)],$$

通过等价类恒等公理 2 缩写为 ECIA_2 我们解决跨抽象恒等:

$$\mathrm{ECIA}_2: (\forall X_{\Phi(X)})(\forall Y_{\Psi(X)})[@_1(X)=@_2(Y)\leftrightarrow(\forall Z)(E_{@_1}(X,Y)\leftrightarrow E_{@_2}(X,Y))].$$

注意内部二阶全称量词"$(\forall Z)$"是无限制的。通过验证特例我们对 ECIA_2 的内容能获得一种感觉。考虑休谟原则和被称为新五(**New V**)的受限制第五定律模式的实例:

$$\mathrm{NV}: (\forall X_{\neg \mathrm{Big}(X)})(\forall Y_{\neg \mathrm{Big}(Y)})[(\S(X)=\S(Y)\wedge(\forall z)(X(z)\to Y(z))].$$

这里"$\mathrm{Big}(X)$"是对断言 X 是等数于整个定域的二阶公式的缩写。给定 ECIA_2 的相关实例:

$$(\forall X)(\forall Y_{\neg \mathrm{Big}(Y)})[(\#(X)=\S(Y)\wedge(\forall Z)((E_\#(X,Z)\leftrightarrow E_\S(X,Z))]$$

也就是:

$$(\forall X)(\forall Y_{\neg \mathrm{Big}(Y)})[(\#(X)=\S(Y)\wedge(\forall Z)(X\approx Z\leftrightarrow$$
$$((\forall z)(X(z)\leftrightarrow Y(z))\leftrightarrow(\mathrm{Big}(X)\wedge(\mathrm{Big}(Y)))))],$$

我们能证明:

$$\#(X)=\S(Y)\leftrightarrow(\forall z)(\neg X(z)\wedge\neg Y(z)).$$

换句话说,为了论证假设这些都是可接受抽象原则,数 0 是恒等于空集 $\varnothing$,而且没有其他数是恒等于任意其他外延。这个结果应该让人们感到相当惊讶。回顾我们需要跨恒等抽象的任意描述应该与一致恒等原则是协调的,给定分别被限制到 $\Phi(X)$ 和 $\Psi(X)$ 的两个抽象原则 $AP_{@_1}$ 和 $AP_{@_2}$,这断言的是:

$$(\forall X_{\Phi(X) \wedge \Psi(X)})(@_1(X) = @_2(X)) \leftrightarrow (\forall X_{\Phi(X) \wedge \Psi(X)})(@_1(X) = @_2(X))。$$

$ECIA_2$ 与这个声称是协调的,由于我们能假设受限制第五定律的某个版本是仅有的可接受抽象原则,因此致使一致恒等原则和跨抽象恒等问题是不相关的。然而,问题在于 $ECIA_2$ 加一致恒等原则致使零和空集合两者的同时存在性极其成问题的事实。假设零和空集合两者都存在,也就是,首先第五定律的某个实例:

$$RV:(\forall X_{\neg Bad(X)})(\forall Y_{\neg Bad(X)})\big[\S(X) \leftrightarrow \S(Y) \leftrightarrow (\forall z)(X(z) \leftrightarrow Y(z))\big],$$

这里空概念是非-"坏的",和休谟原则的任意受限制版本:

$$HP:(\forall X_{\Phi(X)})(\forall Y_{\Phi(X)})\big[\sharp(X) = \sharp(Y) \leftrightarrow X \approx Y\big],$$

这里空概念归入 Φ。给定这些原则,$ECIA_2$ 告诉我们空集合 $\S(\neg x = x)$ 和零 $\sharp(\neg x = x)$ 两者都存在且是恒等的。作为结果,如果我们假设一致恒等原则,那么推断除了空概念没有概念能既是非-"坏的"也归入 Φ,由于非空概念将对应相对于受限制第五定律和休谟原则的不同等价类,且因此除了空概念没有概念能既有一个数也有一个外延。作为结果,接受 $ECIA_2$ 的抽象主义者面对相当令人不舒服的三难困境(trilemma):

[1] 零和空集合的一个无法存在。

[2] 除了空概念没有概念既有一个数也有一个外延也就是集合。

132

[3] 一致恒等原则失效。

推测起来,对指望基于抽象对象存在性为数学提供基础的抽象主义者来说,由抽象原则给定的通道,接受[2]是无成功机会的事情,而且[1]似乎会受到更好的待遇。因此,ECIA₂似乎蕴涵一致恒等原则的失效。

8. 展望

如同我们已经看到的,追求能根据相应概念类恒等解决跨抽象恒等的观念的所有三种方式无效。把抽象物等同于相应等价类导致荒谬;允许与被理解为外延的相应类恒等共变的恒等结果是与无限制休谟原则不相容的且蕴涵重要的集合论原则;而且根据二阶量词化,通过解释消除这些类的存在性留给我们与一致恒等原则不相容的观点。我们没看到执行根据相应概念"收集"的同义性解决跨抽象恒等的观念的其他方式。作为结果,如此路径的支持者似乎只有接受 ECIA₂ 的选项,而且找到拒绝一致恒等原则的某个独立的理由。然而,出于早前勾画的考虑,我们怀疑能给出有原则理由放弃这个基本形而上学原则。因此,解决 C-R 问题的仅有的其他选项是援引等价关系的同一性。成功执行对此观念的辩护在其他事物中间将需要等价关系间恒等概念的形式描述。

第二节 外延恺撒与值域恺撒

通过对弗雷格原著的研读,赫克发现弗雷格早就知道,由排除第五基本定律造成的在他的形式系统子系统中,从休谟原则能推出算术基本定律。从这个历史事实出发,我们可以推断弗雷格不会走上新弗雷格主义者的道路。也就是在收到罗素的信后,弗雷格放弃第五基本定律而把休谟原则当作公理,对他的证明做出大量一致的改变,然后宣布从休谟原则推出算术公理。为什么弗雷格没有走上怀特和黑尔选择的道路呢？这要归因于作为混合恒等陈述的恺撒问题。正是恺撒问题阻止弗雷格把休谟原则认作解释数的概念，由此在形式理论内部阻止把休谟原则用作公理。这里逻辑主义纲领的形式部分不依赖恺撒问题的解决方案。弗雷格知道算术公理从休谟原则中是可推导的，推导过程不需要恺撒问题的解决方案。恺撒问题是对语境解释的反对，而语境解释是回答数学哲学中认识通达性问题的充要条件。比如，凭借休谟原则我们能解释包含数名称的恒等命题的含义。此时，弗雷格引入概念外延以解决恺撒问题。他把概念 F 的数定义为与 F 能 1-1 对应关联的概念外延。然后弗雷格从这个定义出发推导休谟原则而且从休谟原则出发证明算术公理，再没有使用外延。弗雷格知道没有外延他可以形式地进行下去。

他对逻辑主义纲领的放弃不是由于罗素悖论的出现，因为第五公理在弗雷格的证明中只起到有限的作用。使弗雷格放弃逻辑主义纲领的真正原因是他无法解决恺撒问题，而且若不指向值域他无法回答我们如何理解逻辑对象的问题。弗雷格把概念外延引入他的系统以解释我们如何理解逻辑对象。因此弗雷格对逻辑主义纲领的放弃并非无法解决形式问题，而是无法解决认识论问题的结果。那么把数辨认为概念外延是否彻底解决恺撒问题呢？答案是否定的。因为这实际上预设人们已经知道概念外延是什么。指向外延是弗雷格在《算术基础》中的术语，在《算术基本定律》中指向外延变为指向值域，而掌控值域的正是第五基本定律。弗雷格论证与第五基本定律协调的是我们可以把真和假这两个真值辨认为任意外延不同函数的值域。通过对值域的分析我们发现弗雷格没有恺撒问题的一般解决方案。外延恺撒问题表明单单凭借休谟原则我们不能回答如何把数理解为逻辑对象的问题。而值域恺撒问题表明单单根据第五基本定律，我们不能解释如何数理解为值域的问题。然而我们尚未看到弗雷格为什么认为恺撒问题是一个威胁，因为我们尚未看到为什么他认为抽象原则是解释无能的。

弗雷格放弃休谟原则而选择第五基本定律作为公理并不意味着他对第五公理有所偏爱。甚至在罗素悖论之前弗雷格就已经表达出对第五公理的不满。弗雷格设想的争议不是关于第五基本定律真性的争议而是关于它的认识论地位的争议，也就是关于它是否使逻辑定律的争议。表明可能从公理推导算术不能判定算术认识论地位的问题。如果算术定律得自第五基本定律，若第五基本定律是逻辑定律，那么它们是逻辑定律，如果算术定律得自休谟原则，若休谟原则是逻辑定律，那么它们是逻辑定律。因此出于两个方面的理由弗雷格不满意第五基本定律。首先他不能解决与之相关的恺撒问题。其次他无法为它是逻辑定律的声称辩护。这两个理由是彼此关联的。为理解这种关联，我们需要比较欧几里得几何公理的情况。几何是依赖直觉的，而对第五基本定律的认识是独立于直觉和经验的。这样我们才能把第五基本定律当作逻辑定律而非某门特殊科学的定律。对于休谟原则来说情况类似。如果休谟原则要成为逻辑真性，我们能够认出它的真性而不依赖直觉或者经验。

弗雷格的结论在于把数理解为对象的任意完整描述必定包括我们如何认出恺撒不是数的描述。但单单休谟原则不产生这样的解释。我们来看把数辨认为数码的解决方案。根据这种观点，我们把数理解为休谟原则为真的对象。如果数是数码而且休谟原则的知识既不需要直觉也不需要经验，甚至不需要关于数的思想，那么我们能把数码理解为逻辑对象。但弗雷格为什么不采取这种解决方案呢？如果我们把数辨认为数码，而且如果根据从概念到数码的映射存在性解释休谟原则的真性，那么我们认出休谟原则的真性依赖我们认出存在如此映射而且使得存在足够数码构成如此映射的范围。对休谟原则真性的如此解释不表明它成为逻辑真性。宁可如此解释表明休谟原则成为关于数码的相关真性是什么种类的真性。那么休谟原则的认识论地位依赖关于数码相关知识的认识论地位。由此我们得出弗雷格的解释顺序：不是因为我们把休谟原则认作逻辑真性，我们才把数理解为逻辑对象；而是因为我们把数理解为逻辑对象且把休谟原则认作对逻辑对象对阵，我们才把休谟原则当作逻辑真性。我们最后再次考虑第五基本定律和休谟原则间的关系。它们间的区分不是实质性的，而是辩证性的。也就是说，如果从逻辑基本定律的角度出发，相比休谟原则，第五基本定律有着辩证上的优势。

1. 弗雷格知道弗雷格定理

弗雷格的许多数学的和哲学的工作致力于尝试表明，给定恰当定义，所有算术定理能单单从逻辑定律中被证明出来。在《算术基本定律》中，他呈现形式证明旨在表明"算术是逻辑的一个分支且不需要不管或者从经验或者从直觉中借来的任意证明根据"（弗雷格，1893，第 0 节）。然而，弗雷格证明算术基本定律的形式系统是不协调的，由于在全二阶逻辑中从弗雷格的第五基本定律出发罗素悖论是可推导的。出于当前目的，第五基本定律可以被认作：

$$\grave{\epsilon}(F\epsilon) = \grave{\epsilon}(G\epsilon) \equiv \forall x(Fx \equiv Gx)。$$

第五定律支配项形成算子 $\grave{\epsilon}(\phi\epsilon)$，从它出发形成代表"值域"的项：它陈述的是 $F\xi$ 的值域与 $G\xi$ 的值域是相同的假使 Fs 恰好是 Gs。在《算术基本定律》第 II 部分中弗雷格证明算术公理和各种相关结果，自始至终使用值域（value-ranges）。然而，有两个例外，弗雷格使用值域仅仅为了方便，使得他的证明的某些部分变得更容易；以一致方式能消除大多数他对它们的使用。出现在弗雷格的有时被称为"HP"的两个方向的证明中的两个不可消除用法归入概念 $F\xi$ 的对象数，与归入 $G\xi$ 的对象数是一样的，当且仅当 Fs 与 Gs 是 1-1 对应关联的。弗雷格在《算术基础》中陈述 HP，而且他在各种关于自然数的基础事实的非形式证明中使用它，包括算术公理。然而，在《算术基础》中弗雷格从作为概念外延的数的显性定义出发推导 HP——非常像在《算术基本定

136

律》中他从作为值域的数的定义出发推导它。但再次,尽管使用外延对从显性定义出发证明 HP 是必要的,弗雷格在从 HP 推导算术公理期间不实质使用外延。因此他的草证相当于单单从 HP 非形式推导算术定律。类似地,由于在《算术基本定律》只有在 HP 的证明中实质使用第五基本定律,弗雷格为算术公理给出的证明相当于从 HP 出发对它们的二阶形式推导,以第五基本定律的非实质使用为模。

如同弗雷格算术——有 HP 作为单个"非逻辑"公理的二阶逻辑——与二阶算术是等协调的,由此推断能在《算术基本定律》形式理论的协调子理论内部执行弗雷格的算术公理的形式证明。此外,弗雷格非常清楚他对值域的其他使用仅仅出于方便。因此我们讨论的要点如下:弗雷格知道能在他的从排除第五基本定律得到的形式系统子系统中从 HP 推导算术基本定律。那么形式地讲,在收到罗素的信之后,弗雷格没理由本来不放弃第五定律,把 HP 当作公理,对他的证明做出大量一致的改变由此消除对值域的非实质使用,且然后宣称他本人从 HP 推导算术公理,这是对数概念是分析的原则,如同新弗雷格主义者表达它的那样。这本来绝非易事。此外,弗雷格不仅知道他本来用 HP 替代 BLV,而且他明确考虑这样做。在写给罗素的 1902 年的信中,讨论他可能如何避免使用第五定律,弗雷格写道:

> 我们也能尝试下述权宜之计,而且我在《算术基础》中已经暗示过它。如果我们有下述命题成立的关系 $\Phi(\xi, \eta)$:(1)从 $\Phi(a, b)$ 我们能推断 $\Phi(b, a)$,且(2)从 $\Phi(a, b)$ 和 $\Phi(b, c)$ 我们能推断 $\Phi(a, c)$;那么能把这个关系转变成一个等式或者恒等,而且能通过例如"$\S a = \S b$"取代 $\Phi(a, b)$。如果关系是例如几何相似性关系,那么能通过说"a 的性质与 b 的形状是相同的"取代"a 是相似于 b"。这也许是你称为"根据抽象定义"的东西。但这里困难是与把恒等一般性转变成值域恒等一样的(弗雷格,1980,第 141 页)。

这个想法确实在《算术基础》中是熟悉的：如果 $\Phi(\xi,\eta)$ 是等价关系，那么我们可以把下述当作函数表达式（functional expression）"$\mathrm{fnc}(\zeta)$" 的"语境定义"：

$$\mathrm{fnc}(a)=\mathrm{fnc}(b)\equiv\Phi(a,b),$$

作为在形式系统中支配它的公理。当然，HP 是有点不同的情况：尽管作为可证明的等价关系，等数性关系是概念间而不是对象间的关系，所以 HP 是二阶抽象原则。用"$\mathrm{Eq}_{xy}(\Phi x,\Psi y)$"表示"$\Phi s$ 与 Ψs 1-1 关联"，而且用"$\mathrm{N}x:\Phi x$"表示"Φs 的数"，那么可以把 HP 表述如下：

$$\mathrm{N}x:\mathrm{F}x=\mathrm{N}x:\mathrm{G}x\equiv\mathrm{Eq}_{xy}(\mathrm{F}x,\mathrm{G}y)。$$

因此，采用 HP 作为基础公理恰恰是遵循弗雷格在他写给罗素的信中提出的建议。我们的问题是为什么弗雷格不接受他自己的劝告：放弃第五基本定律，把 HP 设置为公理，而且捍卫 HP 自身的逻辑特性。

2. 恺撒问题阻止休谟原则认识逻辑对象

在引用的写给罗素的信中，弗雷格察觉到存在与采用 HP 作为原始公理联系的某些困难，这些事实上是与折磨第五基本定律的某些困难一样的。我们认为弗雷格不是建议 HP 是不协调的。那么他心目中可能有什么困难？他没有明确地说，但在《算术基础》中寻找它们是自然的。弗雷格讨论是否精神上类似于 HP 的原则能被当作解释方向概念的问题。在此情况下，该原则是：

$$\mathrm{dir}(a)=\mathrm{dir}(b)\equiv a\parallel b。$$

也就是：a 的方向与 b 的方向相同当且仅当 a 平行于 b。弗雷格考虑对该原则解释方向概念的声称的三种异议，他反驳头两个异议。在最后，尽管他拒绝所提议的解释，根据它无法判定被称为的形式为"$t=\mathrm{dir}(a)$"的混合恒等陈述的真值，这里 t 是自身不具有形式"$\mathrm{dir}(x)$"

的项。弗雷格的例子是"英格兰是地轴的方向"（弗雷格，1884，第66节）。正是这个所谓的恺撒问题阻止弗雷格把 HP 认作解释数的概念——所以在形式理论内部，阻止弗雷格把它用作公理。重要的是意识到逻辑主义计划的形式部分不依赖恺撒问题的解决方案——而且意识到弗雷格知道这些事实。弗雷格知道算术公理从 HP 出发是可推导的，而且明显的是这个推导不需要恺撒问题的解决方案。

弗雷格提出恺撒问题作为对他的方向概念"语境"解释的异议，这个解释是回答《算术基础》第 62 节著名问题的部分尝试："那么，数如何给予我们，当我们不能有它们的任意观念或者直觉。"根据弗雷格，为回答这个问题，必要的是解释数词发生的恒等陈述的含义；类似地，为了回答方向如何给予我们的问题，必要的是解释方向名称发生的恒等陈述的含义。当弗雷格提出恺撒问题，他考虑的建议在于凭借上述考虑的抽象原则可以给出这个解释；在数的情况下，类似的建议在于凭借 HP 可以解释包含数名称的恒等陈述含义。然而，根据弗雷格推断的根据，从相关抽象原则无法判定是否英格兰是一个方向，它无法作为包含方向名称的恒等陈述含义的解释是远非明显的。当然，恺撒问题确实表明抽象原则独自不为包含方向名称的所有恒等陈述提供一种含义，由于它不为"英格兰是地轴的方向"提供一种含义。

但为什么应该把这个认作一个困难？我们将回到这个问题。目前，要点恰好在于弗雷格引入概念外延以及后来的值域为了解决恺撒问题（弗雷格，1884，第 68 节）。与其凭借 HP 尝试解释包含数名称的恒等陈述的含义，弗雷格明确把 Fs 的数定义为"能与概念 F 处于 1-1 关联的概念"这个概念的外延，"假设众所周知概念外延是什么"（弗雷格，1884，第 68 节）。那么弗雷格从这个显性定义推导 HP 而且从它证明算术公理，不进一步使用外延，也不实质使用值域。如同已经说过的，弗雷格知道他能不用外延形式地完成。因此，在某种意义上，他对逻辑主义纲领的放弃不是罗素发现矛盾的结果。当然罗素表明第五基本定律是不协调的，但这个公理在弗雷格的证明中只起到非常有限的作用。最终迫使弗雷格放弃他的逻辑主义的是,他不能解决恺撒问题,而且不指向值域他就不能够回答我们如何理解逻辑对象的问题。确实,恰好在向罗素提到 HP 可以取代第五定律之前而且提到面对这个建议的"困难",弗雷格写道:

> 我自己是长时间不情愿承认值域且因此类的存在性;但我们看不到为算术放置逻辑基础的其他可能性。但问题是,我们如何理解逻辑对象?而且我找不到不同于下述的对它的其他答案,即我们把它们理解为概念外延,或者更一般地,理解为函数值域。我们常常注意到这个是有困难的,而且你对矛盾的发现已经加给它们;但存在其他方式吗?(弗雷格,1980,第 140—141 页)。

我们如何理解逻辑对象的问题与《算术基础》第 62 节中提出的问题大致相同:因为逻辑对象是我们理解的不依赖直觉或者经验而辨认它们中的任意一个或者对象中的任意一个的那些对象。因此,弗雷格把概念外延引入他的系统以解释我们如何理解逻辑对象。正是因为不如此他不能解释我们如何理解逻辑对象他才若无外延不能如此完成任务。从而弗雷格对逻辑主义方案的放弃是无法解决并非形式问题而是认识论问题的结果。如果我们要理解弗雷格的逻辑主义,因此我们必须首先理解,通过我们如何理解逻辑对象的问题弗雷格意指什么,其次,为什么恺撒问题挫败凭借诸如 HP 的抽象原则回答这个问题的尝试。

3. 外延恺撒问题与值域恺撒问题

我们已经论证弗雷格不愿采用 HP 作为基础公理,因为他不认为不指向值域他能解决恺撒问题。在本小节中,我们将看到弗雷格的关于恺撒问题的某些后期讨论:在《算术基础》中弗雷格对恺撒问题的试探性"解决方案"后很久它继续萦绕于他。确实,我们将看到弗雷格从未能够令他满意地解决恺撒问题。弗雷格在《算术基础》中对恺撒问题的"解决方案"在于认为数等同于某些概念的外延。然而，如同常常谈论的，这个解决方案行得通仅当我们假设我们知道如何解决外延恺撒问题自身：认为数等同于外延判定恺撒是否一个数，仅当人们已经判定恺撒是否一个外延且要是这样他是哪一个外延。弗雷格的评论说在给出他的解决方案起见，他"假设的是众所周知概念外延是什么"被自然地解释为对这个事实的承认（弗雷格，1884，第 68、107 节）。因此，恺撒问题甚至不是由弗雷格的认为数等同于外延解决的。

在《算术基本定律》中，指向外延被形式化为指向值域，而且值域项是由与 HP 有显著形式相似性的第五基本定律支配的。因此弗雷格在《算术基本定律》第 1 卷第 10 节中应该提出是否真和假的真值中的任意一个是一个值域且要是这样它们是哪个值域的问题不是令人惊讶的。弗雷格论证说，与第五基本定律协调的是，人们可以认为真和假等同于任意外延不同的函数的值域。弗雷格选择认为它们中的每个等同于它自己的单元类。因此，像恺撒问题的某物出现在《算术基本定律》，而且弗雷格通过做出关于某些项指称的规定解决它。现在，弗雷格的理论定域仅仅由真、假和值域构成：所以，不管出于什么形式目的弗雷格本来可能需要解决恺撒问题——出于不管什么理由他可能需要固定形式主义混合恒等陈述的真值——他的规定可能足够。

不过，如同在《算术基础》中提出它的那样，恺撒问题无疑不是弗雷格通过仅仅可应用到诸如处在形式理论定域中对象这样的规定准备解决的问题。类似的"规定性"解决方案会行得通也恰好处于由 HP 所加强的二阶逻辑语境中：真等同于 1；假等同于 0。在长脚注中，弗雷格考虑是否能以他在真值情况下提供的部分解决方案为模型作为对恺撒问题的一般解决方案的问题："自然的建议是要一般化我们的规定以便每个对象被认作一个值域，也就是被认作它且单单它归入的概念外延。"（弗雷格，1893，第 10 节）弗雷格的反对这个提议的论证在于它仅仅对诸如不"作为值域已经给予我们的"这样的对象行得通。考虑作为概念 Fξ 的值域的 $\acute{\alpha}(F\alpha)$，第五定律蕴涵 $\acute{\alpha}(F\alpha)$ 的单元类 $\acute{\epsilon}(\epsilon = \acute{\alpha}(F\alpha))$ 与 $\acute{\alpha}(F\alpha)$ 是一样的，假使归入 $\xi = \acute{\alpha}(F\alpha)$ 的对象恰好是归入 Fξ 的对象，也就是：

$$\acute{\alpha}(F\alpha) = \acute{\epsilon}(\epsilon = \acute{\alpha}(F\alpha)) \equiv \forall x(Fx \equiv x = \acute{\alpha}(F\alpha)).$$

然而，如同弗雷格说的，"由于这……不是必要的，我们的规定不能以它的一般形式保持完整"：并非每个对象能与它的单元类一样；尤其，没有并非恰好有一个元素的类能是它自己的单元类。最自然的修正会是这个：不同于值域的对象是与它们的单元类一样的。但这也行不通：如果 x 不是一个值域，该规定会蕴涵它是一个值域，也就是，它自己的单元类，由此它不应当等同于它自己的单元类。一个事物不能同时既是一个值域也不是一个值域。所以我们被迫说明显不是值域的每个对象，"并非作为值域给予我们"，是等同于它的单元类。因此侵扰给出对象的各种方式。弗雷格对这个提议的讨论令人想起在《算术基础》中他对下述建议的讨论，即恺撒不是一个数，因为只有诸如"凭借 HP 引入"的对象才是数：

> 如果……我们要采用这种出路，我们应该预设只能以一种单独方式给出对象；因为否则从不凭借我们的定义引入对象的事实不会推出本来不能凭借定义引入对象（弗雷格，1884，第 67 节）。

《算术基本定律》第 I 卷第 10 节中考虑的提议是根据类似根据被拒绝的：

> ……无法忍受的是允许这个规定仅仅对诸如不作为值域给予我们这样的对象成立；给出对象的方式不是它的不变星雉，由于我们能以不同方式给出相同对象。

因此,当弗雷格将作出关于某些恒等陈述真值的规定,处于他可能需要如此做的不管什么形式理由,他再次拒绝尝试以如此规定作为恺撒问题一般解决方案的模型。因此弗雷格没有恺撒问题的一般解决方案,也没有他考虑的其他所提议的解决方案。然而,要是这样,恺撒问题表明不能单单凭借抽象原则回答我们如何把数理解为逻辑对象的问题。类似地,对值域来说的恺撒问题的类似物应该表明,我们把值域理解为逻辑对象不能单单根据第五基本定律被解释。但弗雷格关于值域是什么必须说的仅有的事物在于:

> 我使用语词"函数 $\Phi(\xi)$ 与函数 $\Psi(\xi)$ 有相同值域"一般用来指示与函数 $\Phi(\xi)$ 和 $\Psi(\xi)$ 常常对相同自变量有相同值"一样的东西"(弗雷格,1893,第 3 节)。

而且这相当于凭借第五基本定律的元语言版本解释值域是什么。由于弗雷格没有值域恺撒问题的解决方案,由此推断他不能解释我们如何能把值域理解为逻辑对象。由于他的观点在于我们把所有逻辑对象理解为值域,因此他不能解释我们究竟如何能理解逻辑对象。然而,我们尚未看到恰好为什么弗雷格认为恺撒问题是如此的一个威胁,因为我们尚未看到为什么他认为它表明抽象原则凭它们自己成为解释无能的(explanatorily impotent)。

4. 作为逻辑对象的数与成为逻辑真性的休谟原则间的解释顺序

在第 1 小节,我们论证阻止弗雷格采用 HP 作为他的形式理论的原始公理的是他不诉诸值域就不能解决恺撒问题;在上个小节,我们论证弗雷格根据类似根据本来应当推断诉诸值域无法完成需要它的事物——由此他没有对我们对逻辑对象理解的描述。然后,人们可能怀疑是否这是正确的:一方面,弗雷格似乎愿意接受第五基本定律作为原始公理,尽管他似乎已经知道不能解决与它有关而出现的恺撒问题版本,和他不能解决与 HP 有关而出现的版本一样。然而,我们不应该夸大叙述弗雷格对第五基本定律的喜爱。甚至在罗素对矛盾的发现之前他也对它不满意。在《算术基本定律》导论中弗雷格写道:

> 就我目前能看到的而言,只有相对于我的第五基本定律涉及值域才出现争议,也许逻辑学家们尚未清楚地阐明它,而且尚未是人们心目中有的东西,例如,在哪里他们谈论概念外延。我主张它是纯粹逻辑定律。无论如何我们应该指出作出决策的地方(弗雷格,1893,第 vii 页)。

但这里必须作出什么决策? 下述是在这个评论之前的:

> 当然常常作出的声明在于算术仅仅是更高度发展的逻辑;然而仍有争议的是只要出现在证明中的转换不是根据公认的逻辑定律作出的,而似乎宁可基于由直觉所知的某物。仅当这些转换被分为逻辑简单步骤我们才能被说服事情的根源单单是逻辑(弗雷格,1893,第 vii 页)。

似乎对我们来说,弗雷格设想的争议不是关于第五基本定律真性的争议而宁可是关于它的认识论地位的争议:关于它是不是逻辑定律的争议。表明从某些公理推导算术是可能的,不管它们可能是什么,不能独自判定算术的认识论地位问题。要点应该是明显的:如果算术定律逻辑地从第五基本定律推断出来,若第五定律是逻辑定律,那么它们是逻辑定律;如果算术定律从 HP 推断出来,若它是逻辑定律,那么它们是逻辑定律。原则上常常能出现有关公理和推理规则的逻辑特征的争议,而且弗雷格知道这些事实。他对这个要点的最透明陈述出现在 1897 年的标题为《论皮亚诺先生的概念记法和我自己的概念记法》

的论文中：

> 我注意到当我寻找整个数学依赖的基础原则或者公理时，需
> 要概念记法。只有在回答这个问题之后才能希望成功地追溯这
> 门科学兴旺的知识源泉（弗雷格，1984，第362页）。

如果"整个数学依赖的公理"是《算术基本定律》形式理论的公理，那么
第五基本定律的认识论地位问题变为一个重要的问题，一个算术自身
的认识论地位依赖的问题。但是，如同弗雷格注意的，关于它而"出现
的争议"，是他几乎明确承认他不能解决的争议：弗雷格主张"它是纯
粹逻辑定律"，但他没有它是纯粹逻辑定律的令人信服的论证。因此
弗雷格不满意第五基本定律，出于两个理由种类。一方面，他不能够
解决恺撒问题当它与第五基本定律相联出现；另一方面，他没为他的
它是逻辑定律的声称辩护。这两个困难不是不相关的。为理解这个
关联，比较欧几里得集合公理的情况是有用的。弗雷格主张这些公理
是非逻辑真性因为他认为我们的关于它们的知识取决于直觉：更精确
地讲，他的观点在于，对几何对象的理解需要对它们的直觉，我们的关
于公理真性的知识是基于这种直觉的。类似地，是否第五基本定律是
逻辑真性的问题对弗雷格来说是我们对它的真性的承认需要直觉或
者感官经验的问题。

转而弗雷格把这个问题还原到我们如何理解在第五基本定律中
指向对象的问题：仅当我们能把值域理解为逻辑对象我们才能承认独
立于直觉和经验的第五基本定律的真性；直到那时我们才能承认第五
基本定律作为逻辑定律而非作为一门"特殊科学"的定律。在HP的
情况下，弗雷格的人们如何能把数理解为逻辑对象的提问是提问人们
如何能知道HP为真的一种方式。如果HP是要成为逻辑真性，那么
我们必须能够不依赖经验或者直觉认出它的真性，由此我们必须能够
理解数项指称而不知觉或者直觉它们。重要的是记得弗雷格在特定

145

论证的语境中提出恺撒问题：它是容易由它的一般性转移的，以忘记它不是在真空中提出的，犹如弗雷格断言它是单项的任意可接受定义上的要求使得它判定包含项的所有恒等陈述的真值。恺撒问题是作为对可以把 HP 当作完全解释包含数名称恒等陈述的声称的反对而提出的。现在再次在《算术基础》中这时候讨论中的问题是我们如何把数理解对对象。所以提出恺撒问题作为反对的观点如下：我们把数理解为形式为"Fs 的数"的名称的对象指称物，而且我们对这些名称的理解完全在于我们对 HP 的领会。现在，如同已经说过的，广为同意的是，弗雷格对这个观点的反对在于：

> 例如，HP 将不为我们判定是否恺撒与数零是一样的——若原谅我提出这个看上去无意义的例子。自然地讲，没有人将混淆恺撒与数零；但这不归功于我们对数的定义（弗雷格，1884，第 66 节）。

因为不认为它是重要的，所以几乎不提及弗雷格认为的我们确实承认恺撒不是一个数是理所当然的：弗雷格的反对不在于抽象原则不判定是否零集的单元素集是数零，而根据弗雷格的显定义这碰巧成立。弗雷格选择的是关于他认为我们有强直觉的一个例子：不管数可能是什么，恺撒不在它们中间。因此，比仅仅承认它们是满足 HP 的对象必定存在更多的我们对数的理解。某物解释为什么"没人将混淆恺撒与数零"。因此弗雷格的结论在于，我们把数理解为对象的理解的任意完全的描述必定包括我们如何认出恺撒不是一个数的描述。但单单HP 不产生如此的解释。恺撒问题的意图不是仅仅表明，不能根据我们的它们满足 HP 的知识解释我们的数作为逻辑对象的理解。毕竟，弗雷格对恺撒问题的讨论发生在讨论方向名称的语境，而且方向无疑不是逻辑对象。在方向的情况下，因此恺撒问题的预期教训在于，我们的方向满足恰当抽象原则的知识不解释我们的方向作为逻辑对象的理解。

假设的教训在于不能根据我们的它们满足抽象原则的知识解释我们的方向作为对象的理解。因为再次：如果我们仅仅通过认出它们理解方向以满足恰当的抽象原则，我们会没有要声称英格兰不是地轴方向的基础；但所有我们确实认出的是英格兰不是地轴的方向，所以必定存在关于我们对方向理解的某物，关于我们有指向它们的能力的某物，这不是由抽象原则所捕获的。如同这里解释的，由于恺撒问题仅仅关注我们有合理强直觉的混合恒等陈述，它可能不是与弗雷格在《算术基本定律》第Ⅰ卷第10节提出的相同的问题，这关注值域项出现的所有形式主义的语句。为解决以在《算术基础》中提出的形式的恺撒问题，我们必须解释凭借什么我们认出恺撒不是一个数。如此做需要我们固定所有混合恒等的真值不是明显的。

此外，即使弗雷格已经能够固定所有混合恒等的真值，不只是如此做的任意方式本来会解决恺撒问题。为看到这一点，注意原则上通过把数等同于非逻辑对象能固定所有如此语句的真值。如果暂时我们假设仅有的基数是可数数，那么可以把数（numbers）等同于数码（numerals）。而且如果我们冒昧认为弗雷格确实如此且假设数码是什么是已知的——也就是，如果我们假设我们已经知道诸如是否恺撒是一个数码的事物，而且要是这样，他是哪一个——那么这个规定将判定混合恒等陈述的真值。比如，不是数码的恺撒也不是一个数。无疑弗雷格本来会接受对恺撒问题的一个如此解决方案。为什么不是？为什么数等同于非逻辑对象应该对弗雷格的逻辑主义造成威胁？

把数等同于数码需要造成对逻辑主义任意真正的威胁是远非清楚的。例如，人们可能论证恺撒问题不提出关于 HP 的真性或者根据的任意问题：它的真性是优先于或者独立于任意如此的恒等而构建的，这只用来固定某些陈述的真值。据此观点，我们把数理解为 HP 为真的对象。转而我们独立于任何直觉或者经验知道 HP 为真，因为我们认出它对基数概念是分析的。因此，我们把数理解为逻辑对象，因为我们对 HP 的真性的识别既不需要直觉也不需要经验。注意解释次序：对该论证实质的是我们的 HP 是真的知识不依赖任意的对数的优先理解。总结起来：据此观点，我们把数理解为 HP 为真的对象；如果数是数码而且关于 HP 的知识既不需要直觉也不需要经验甚至不需要关于数的思想，我们能把数码理解为逻辑对象。

这可能是令人惊讶的，但似乎没有荒谬出现：如同弗雷格不断强调的，人们可以以不同方式给出对象。那么为什么弗雷格本来会拒绝把数等同于数码？人们想要说的在于，如果数是数码，我们的关于数的知识——尤其，我们的关于 HP 及其结论的知识——会是由我们的关于数码相关事实的知识破坏的。现在诚然我们的关于数的某些知识不会是逻辑知识：例如，我们的数，零是整数的知识不会具有逻辑特性。但不存在明显的关于数的所有人的知识会是如此"损坏的"理由，而且我们已经看到以一种有原则方式拒绝这种声称是可能的，通过主张我们的对 HP 的真性的理解不需要对数自身的任意优先理解。然而，我们建议对弗雷格来说把数等同于另一种类的对象是对 HP 的真性的部分解释，如何能知道它是真的部分描述，由此知道它的认识论地位的部分解释。

出于这种考虑，如果我们再描述把数等同于数码完成什么，我们马上看到为什么弗雷格本来会拒绝它：如果把数等同于数码，而且如果 HP 的真性是根据从概念到数码的映射存在性解释的，那么如此理解的我们对 HP 的真性的识别依赖我们的存在如此映射的识别，而且以致存在足够数码构成至少可数多个如此映射的范围。HP 的真性的如此解释不会表明它成为逻辑真性：宁可，它会表明它成为关于数码的相关真实是不管什么种类的真性；那么 HP 的认识论地位会依赖关于数码相关知识的认识论地位。因此弗雷格主张我们的关于 HP 的真性的知识依赖我们的关于把数等同于对象的知识。为在较弗雷格主义语言中表达这个要点，他的观点不在于我们把数理解为逻辑对象，因为我们把 HP 认作逻辑真性；他的观点在于我们把 HP 认作逻辑真性,因为我们把数理解为逻辑对象,且把 HP 认作对它们为真。这是弗雷格的观点,是清楚地来自在《算术基本定律》中凭借抽象原则即"语境解释"他的关于对项的解释的讨论。关于如此解释,弗雷格写道:

> ……通过定义符号或者语词出现的表达式我们不可能定义它,它的剩余部分是未知的。因为使用来自代数的容易理解的隐喻,首先研究是否能为未知数解决这个等式,而且是否不含糊地决定未知数会是必要的(弗雷格,1903,第 66 节)。

如果我们要把 HP 当作数名称的语境解释,那么会出现两个问题:首先,是否存在满足 HP 的任意对象;其次,是否存在满足它的任意独特对象集。后一个问题是弗雷格的在《算术基础》中的注意力焦点,问题可以说是这些数是哪些对象。然而前一个问题自然由对恺撒问题的反思引起。如前所述,恺撒问题的意图是表明,单单根据我们的数满足 HP 的知识我们不能解释我们能够指向数:如果我们把 HP 当作数名称的语境解释,那么我们没有如何把数理解为对象的解释。但如果情况相反,我们不为存在如此对象的声称辩护。恺撒问题导致的问题如下:如果当作原始逻辑定律,那么什么把 HP 从"创造性定义"区分出来,这里给出一种对象的创造性定义就是规定它们必须满足的等式且然后规定存在成为满足该等式的对象吗? 至少在弗雷格写作《算术基本定律》的时候,他不仅认为他不能回答这个问题,而且他认为它是不可回答的:被解释为语境解释的 HP 仅仅是一个创造性定义。现在,如同我们已经强调的,弗雷格也没有恺撒问题的解决方案,当它出现在值域的情况下。确实,他的仅仅通过把数等同于值域能满意地解决恺撒问题的声称威胁到使它不可能解决恺撒问题,当它作为值域自身出现:尝试把值域等同于值域明显是无用的,而且弗雷格放弃任意其他的解决方案种类。因此出现是否第五基本定律不是创造性定义的问题：

> ……不过有人可能指明我们自身已经构造新对象也就是值域(弗雷格,1893,第3、9、10节)。那么哪里我们做什么？或者首先宁可我们不做什么？我们不枚举性质且然后说：我们构造要有这些性质的事物(弗雷格,1903,第146节)。

这里重要的是弗雷格的第五基本定律如何从创造性定义区分出来的概念。首先,他坚持他不仅仅是规定不存在满足第五基本定律的对象。那么他论证他真正说的是：

> 如果一个自变量的第一层函数和另一个函数常常有对相同自变量的值,那么反之我们可以说第一个的值域与第二个的值域是相同的。那么我们认出对这两个函数某个共同的东西,而且我们把这个称为第一个函数的值域而且也是第二个函数的值域(弗雷格,1903,第146节)。

也就是：在作出从 $\forall x(Fx \equiv Gx)$ 的思想到 $\dot{\varepsilon}(F\varepsilon) = \dot{\varepsilon}(G\varepsilon)$ 的思想的转换中,我们"认出某个对函数 $F\xi$ 和 $G\xi$ 共同的东西"。现在,把弗雷格的语词"相反我们可以说"解读为建议这个转换仅仅是词语的或者概念的是极其有诱惑力的,以至我们不需要证实作出这个转换。但我们已经看到弗雷格必定否认能根据我们认出它们满足第五定律解释我们对值域的识别或者理解。恺撒问题阻止这种形式的解释。相反这种解释必定换种方式继续进行：

> 我们必须把它认作基础逻辑定律使得因此为我们证实认出对两者共同的某物,而且相应地我们可以把一般成立的等式转换为一个等式或者恒等(弗雷格,1903,第146节)。

因此,它是要成为我们可以认出对共延函数共同的某物的逻辑定律:它是因为我们能如此认出值域以致允许从函数的共延性到它们值域恒等的推理,然后在第五基本定律中形式化这个推理。因此我们对第五定律真性的识别是基于我们的值域作为对象的理解:因此它的作为逻辑定律的地位需要我们能够把值域理解为逻辑对象,也就是,不依赖直觉或者经验。但是如同我们已经看到的,弗雷格没有论证值域是逻辑对象。而且他没有论证存在任意的如此对象。

5. 相比休谟原则第五基本定律的辩证优势

为什么弗雷格不愿意放弃第五基本定律,把 HP 设为原始公理,而且从它推导算术定律? 我们已经作出如下结论:根据外延没有数的显定义,弗雷格不能解决恺撒问题,当它为数出现时;他不能解释我们如何把数理解为对象——逻辑的或者相反——由此不能解释我们如何知道 HP 为真。然而,另一方面,弗雷格也没有恺撒问题的解决方案,当它作为值域出现时:因此他不能够解释我们如何把值域解释为对象——逻辑的或者相反——由此不能够解释我们如何知道第五基本定律为真。因此我们已经看到的在于反对把 HP 处理为原始公理,也能被提出反对弗雷格的第五基本定律作为原始公理的处理:该情形似乎恰恰是平行的,而且弗雷格把它们认作平行的。那么为什么他愿意接受第五基本定律而非 HP 作为原始公理? 对这个问题,存在令人不满意的简单回答。尽管他没有论证外延是逻辑对象,弗雷格不指望在这个点上应对如此多的反对。他同意他不能够引出如此论证是由像下述的评论跟随的:

很久以前逻辑学家已经谈论概念外延,而且数学家已经使用集合、类和流形这样的项;这个背后的东西是相似的从恒等一般性到值域一般性的转换;因为我们很可能假设数学家称为集合的东西仅仅是概念外延,即使他们不常常清楚地注意到这个事实

（弗雷格，1903，第 147 节；弗雷格，1893，第 vii 页）。

辩证地讲，存在值域且它们满足第五基本定律的假设对弗雷格来说不是不合理的一个。然而，相对于 HP 的辩证情形不能是更不寻常的。建议我们把它认作逻辑基础定律，使得为我们证实认出对两个等数概念某个共同的东西，而且使得相应的逻辑允许我们把等数性陈述转换为数的恒等（弗雷格，1903，第 146 节），会是乞求算术是否逻辑分支的论点。要从第五基本定律推导算术，且然后要建议第五定律被当作逻辑基础定律，就是要作出实质辩证的进展，该进展被正确地描述为表明"必定在哪里作出决定"（弗雷格，1893，第 vii 页）。要从 HP 推导算术，且然后仅仅要谈论它必定被认作逻辑基础定律，就是要不作出如此进展。这不意味着 HP 事实上不是作出正确决定的地方。

第三节　恺撒问题家族

这里我们要提出恺撒问题家族：恺撒问题、反恺撒问题和胡里奥·恺撒问题。恺撒问题说的是如何构建得自不同论域理论的表达式指称不同事物，比如数论和历史年鉴。反恺撒问题说的是如何构建得自不同论域理论的表达式指称相同事物，比如弗雷格算术和皮亚诺算术。这里的问题在于即使一种理论能以另一种理论为模型也无法构建共享主题甚或共享认识地位。因为欧几里得几何在实数系统中的成功模型也不表明欧几里得点是实数原则也不表明欧几里得几何与分析分享它的认识地位。反恺撒问题实际上是要求来自相同语言的不同理论的表达式指向相同事物。如果我们考虑从家族的角度考虑，那么对反恺撒的改造能得到家族的另一个成员胡里奥·恺撒，也就是胡里奥·恺撒问题。与反恺撒不同的是，它实际上要求来自不同语言的表达式指向属于相同本体论范畴的项。对单项的描绘不为解决胡里奥·恺撒问题提供手段。这是因为单项和量词的纠缠阻止我们构建得自不同语言的哪些表达式是单数的由此哪些表达式挑选出对象。为避免这种僵局,达米特针对在日常语言中对存在量词的掌握描绘单项。但怀特对这一做法持否定态度,认为这种做法不保证关于弗雷格希望推进的数学对象的柏拉图主义是真正的"国际柏拉图主义"。

弗雷格主义者期望通过提供单项的语言中立概念摆脱这种困境,具体来讲,当在特殊语言中充当辨认单项类基础的时候也允许得自不同语言的表达式指称对象的可能性。这种方案是由黑尔提出的,他给出了对有效性问题的两种描述。一种是构成性描述,它需要我们说清楚有效推理是什么。另一种是判准性描述,它是辨认哪些推理是有效的手段。有了这两类描述我们就有可能看到如何维护单项性进而对象性的语言中立描绘。但单项的构成性描述是以陷入某种循环为代价的。这种循环就是单项的语义功能是挑选出对象而对象与由单项所挑选的东西一样。单项和对象间的关系如此紧密使得这种方案是无效的。我们来看另一种解决方案。胡里奥·恺撒问题给弗雷格主义者造成的困难源自名称与量词间的互相依赖以及对象和单项概念间的互相依赖。这样的互相依赖对弗雷格主义纲领设置了障碍。在戴维森的建议下,弗雷格主义者必须采用处理胡里奥·恺撒问题的一种不同策略。不是尝试打破互相依赖的循环而是扩大循环。为保证这种策略的执行,我们需要单项原则。这条原则说的是在原子语句中单项的角色是引入语句剩余部分要说的对象。最后我们总结说使恺撒问题难以解决的一种因素在于我们不能逻辑地排除不同对象种类可能占有数学和外数学性质的可能性。

1. 三类恺撒问题

……举一个粗糙的例子,凭借我们的定义,我们从未能判定是否任何概念有属于它的恺撒数,或者是否同样熟悉的高卢征服者是一个数(弗雷格,1884,第 56 节)。

由此弗雷格把恺撒问题传递给我们。但这个问题是什么？从周围文本的解读中明显的是，弗雷格在这段和相关段落中使用的东西是数值表达式的各种不同候选定义无法固定数值恒等陈述的含义。通过这些定义无法处理所谓的"混合恒等陈述"表明这种无效。在这个陈述种类中恒等符号只有一边出现形式为"属于概念 F 的数"的表达式，另一边出现不同表达是种类，也是一个变元或者具体单项。例如，考虑"属于概念 F 的数＝恺撒"或者"属于概念 F 的数＝x"。尽管恺撒问题关注某些定义不能够处理这种恒等陈述的事实，弗雷格的《算术基础》文本仍对至少三种不同解释开放，虽然并非必然不相容。弗雷格本来可能不满意这些定义，因为它们不提供来自混合恒等陈述的数值表达式的可消除性，仅仅不让我们知道如何理解如此语境。但弗雷格本来更关心折磨这些定义的不可解决的语义非决定性(semantic inde-terminacy)，这种非决定性出现在它们无法解决恺撒是否一个数，而且导致由这些概念引出的概念缺乏对它们"应用"的"清晰界线"的指控（弗雷格，1884，第 67 节）。

仍然存在不同于其他两个的进一步的对恺撒问题的认识解释。从指向方向的表达式定义出现的调换弗雷格的对相似困难的讨论："自然地讲没有人将要混淆"恺撒与属于概念 F 的数，"但这不归功于我们的定义。"（弗雷格，1884，第 66 节）就弗雷格来说，我们自始至终已经知道这个建议，恺撒或者就此而言，任意其他人或者具体事物不是一个数。所以它是任意可接受数论上的充足约束，使得该理论为从我们已经知道不成为数的其他事物区分出数提供手段。但无法处理混合恒等陈述的定义无法满足这种充足性约束；它们无法为我们确保我们已经知道的东西，也就是恺撒与属于概念 F 的数是一样的是假的而不是真的。怀有这第三个解释的一个优点——不管它是否对弗雷格的宣告背后的作者意图是真的——在于它使我们能够看到恺撒问题作为理论构造一般困难的实例：也就是，如何构建得自不同论域理论或者延伸的表达式指称不同事物。恺撒问题使这种更不容许立即或者直接解决的困难事实变得清楚。假设相反的事实毫无疑问是有吸引力的。卡茨对相反观点给出有效表达：

> 现在容易回答恺撒问题。根据恺撒有成为具体对象的性质我们能拒绝像"17＝恺撒"这样的恒等陈述，而数 17 有成为抽象性质的性质，或者恺撒是一个有知觉生物，一个人，一个罗马人等等，而数 17 不是这些事物中的任何一个（卡茨，1998，第 103 页）。

但这条清楚的论证路线无法考虑的是数论描述它的主题的方式。因为当根据数与其他数的关系数论抽象地描述数，数论不把数 17 描述为我们希望直接从数区分具体的偶然的恺撒的抽象的或者必要的或者任意其他的特征。所以从我们对数论的领会不直接推出数学书相对于人的不同事物种类。近似于恺撒问题的这个版本存在我们称为"反恺撒"（counter-Caesar）的另一个版本。这里是靠近反恺撒引出的问题的一种方式。我们自始至终已经知道我们用数 1，2，3……计数。因此它是任意可接受数理论的充足性约束，使得该理论为把它引入的对象等同于这些熟悉的计数工具提供手段。但我们如何说出弗雷格引入的算术系统表达式与得自日常或者皮亚诺算术的表达式共指（co-refer），例如 1 和 $Nx:(x＝Nx:x\neq x)$ 是一吗？再次，我们装上理论构造一般困难的实例：也就是，如何构建得自不同论域理论或者延伸的表达式指称相同事物。这里也看似可以容易解决这个问题。我们仅仅需要构建在弗雷格算术中能够解释或者成为日常和皮亚诺算术的模型。但这也会是一个错误。即使一个理论能以另一个理论为模这并不构建共享的主题甚或认识地位。

　　见证在实数系统中欧几里得几何的成功模化（modelling）的事实既不表明欧几里得点是实数原则，也不表明欧几里得几何与分析分享它的认识地位。可行的是假设恺撒问题和反恺撒问题仅仅被搁置一旦统一的解决方案一起表达它们两者，这是对得自不同理论的表达式要指向相同或者不同事物的统一描述。但也可行的是恺撒问题和反恺撒问题是扩充恺撒问题族仅有的两个元素，而且存在在那里等待被发现的其他族的元素。如此的一个问题一般化的是反恺撒。正如我们要求确保在相同语言中表达的来自不同理论的表达式指向相同事物，我们能寻求再确保得自不同语言的表达式指向相同事物种类。把构建得自不同语言的表达式指向属于相同本体论范畴的项这后一个问题称为胡里奥·恺撒问题（the Julio César problem）。现在让我们研究能够以合适术语设法解决这个恺撒表亲的弗雷格主义本体论的前景。如同我们立即看到的已经宣称对胡里奥·恺撒问题的弗雷格主义解决方案，尽管根据作出的与其他恺撒问题族的关联既非框定所处理问题的表述也非框定所提供的解决方案。

2. 达米特和怀特关于单项与存在量词关系的争论

如果本体论范畴——存在的最基础事物种类——独立于语言被给予我们，那么胡里奥·恺撒问题是容易被解决的。从不同语言中得到的表达式将指向同种类事物当它们指称的项属于相同本体论范畴。但是当然，弗雷格主义者不能利用这个解决方案。对弗雷格主义者不能存在对不通过语言蒙蔽的现实的检查，根据弗雷格主义理由项属于本体论范畴实质上由指称它的表达式语言范畴给定。对弗雷格主义者存在与成为对象一样的成为单项指称物的东西；存在与成为对象一样的成为谓词指称物的东西。所以除非弗雷格主义者能表明语言范畴单项和谓词以一致方式应用到不同语言不能确保本体论范畴对象和概念是全称的，考虑到从不同语言表达式以某种一致含义挑选出对象和概念的可能性。所以不容易被驳回的胡里奥·恺撒问题似乎对弗雷格主义者成为有效的担忧。

存在什么必然性考虑使这个问题变得紧迫的语言学术语中的本体论范畴？弗雷格主义者使用胡萝卜加大棒策略强加他的视角的必然性在我们身上。大棒是下述威胁，即如果我们采用相反观点——把

156

语言学问题从本体论问题分离出来的观点种类——那么涉及关于适合用专名表示对象是什么将完全不知道（达米特，1973，第56—57页）。相比之下，如果我们采用关于这些事情的弗雷格主义观点那么将直接推出对能够用专名表示的对象是什么的描绘。胡萝卜是对数学的令人满意的哲学描述的有希望的吸引力。我们对数的领会实质上是通过用我们理解的语言描述它们传达的——不存在对数的直接的哥德尔主义洞见。所以如果完全独立于语言解决数的性质和存在性，那么对数学语言的理解如何应该有利于对数学对象的领会是完全神秘的。但如果语言和实在像弗雷格主义的声称那样是紧密缠绕的，那么变得可理解的是对语言表达式理解和它们在真语句中的部署如何可能有利于对相应对象和概念的性质和存在的领会（怀特，1983，第52页）。大概弗雷格主义者寻求用他的世界观迷住我们。

但甚至如同弗雷格主义者提出胡里奥·恺撒问题那样假定语言范畴和本体论范畴间的紧密联系可能似乎不呈现对他的立场的任意不可克服的障碍。因为人们不需要追随乔姆斯基，主张不同语言是单个普遍形式的语法变换以相信以使它们一致可应用到不同语言的方式描绘的单项和谓词概念。在单项情况下要说的事情似乎是足够明显的：表达式"a"是一个单项仅当相对于"a"的出现对一阶存在一般化的推断是有效的。这里不明显诉诸特殊语言特性；它是应用到任意的一阶存在一般化起作用的语言的描绘。至少对这种语言来说似乎可以一致应用单项概念。因此也似乎从不同哲学语言中得到单项以相应一致的含义挑选暗处对象。然而，可疑的是明显要说的事物是否将实际上行得通（怀特，1983，第58—59、第63页；黑尔，1984，第42页；黑尔，1987，第41页）。因为人们将只能够使单项的这个一般描绘派上用场——在给定语言中要辨认单项范畴——当人们已经能够挑选出这门语言中的量词。但假设人们能辨认语言中的量词是不可行的，不用已经能够挑选出语句中的位置由它们约束的单项。怀特以下述术语提出这个困难：

无疑必要的是如果有人要理解和应用这种一般表述,那么他一般知道存在量词是什么;而且退一步说,不清楚的是人们如何能在所有种类语言中占有量词或者至少存在量词辨认的一般标准,当完全缺少单项辨认的一般标准(怀特,1983,第58—59页)。

由此推断明显的单项描绘不为解决胡里奥·恺撒问题提供手段。它不如此做,因为单项和量词的纠缠阻止我们构建从不同语言中得到的哪些表达式是单项的且由此哪些表达式挑选出对象。为避免这个僵局人们可能追随达米特的领导而且相对于英语中对存在量词的实际掌握描绘单项类(达米特,1973,第57—69页)。例如,人们可能声称它是表达式"a"成为单项的必要条件使得可能从包含"a"的语句推断另一个由用英语语词"某个事物"替代"a"造成的语句。由于对单项性的描绘仅仅依赖使用语词"某个事物"的实际能力而非语句位置类的优先描绘使得能熟练避免占据或者约束名称和量词恶性纠缠的"某个事物"。但这不使作为根本问题的胡里奥·恺撒问题自行走开。

暂时单项概念由此对象概念是相对于一门语言被描绘的,相对于"某个事物"的使用和一连串其他的在英语中单项陈规地互相作用的表达式。再次我们不确保从其他语言得到的表达式以与英语一样的含义谈论对象。达米特自己似乎不曾认真对待这个困难。他写道:"制定的目标使能给出强烈标准变得可行,这在依赖它们是可应用的语言的高度偶然特征上不是特别的"(达米特,1973,第69页)。达米特评论表明的乐观主义似乎并非不合理。在英语中单项与量词表达式互相作用的陈规方式紧密反映在我们熟悉的其他语言,所以只要我们能够把其他语言中可用的量词化习语翻译为英语,我们应该能够辨认呈现在这些语言中的单项。然而,怀特宣告关于这个程序的怀疑性注解。让它假定存在熟悉的在"某个事物"和在其他附近语言中呈现的量词化习语间翻译的约定。

但基础地讲,这个问题有关我们的认出约定充足性的能力:实地语言学家能合理地说服他自己"某个事物"到某个部落语言的特殊翻译的正确性,实际上不诉诸存在量词化独特角色和具有存在量词化特征的一般描述吗?当如此表述这个问题难以避免正确答案将证明成为否定的感觉;而且要是这样,没有对单项性的一般描述能由达米特的描述产生,而且不可避免狭隘主义或者更好的相对主义的指控,在对对象的弗雷格主义描述中将不被断然拒绝(怀特,1983,第64页)。

如果这里保证怀特的怀疑论——如果不开始了解另一门语言的量词化结构,缺少在该语言下存在量词化的独特角色和具有存在量词化特征的一般描述时——那么似乎我们确实处于困境。看似我们既不能在了解它的单项相应特征前面在语言中开始了解存在量词化的独特角色,我们也不能在前一个前面开始了解后一个。要是这样,那么不能存在一般的来自不同语言的表达式以某种一致意义挑选出对象的保证。也不能存在特殊保证——如同怀特表达这个要点那样——关于弗雷格希望推进的数学对象的柏拉图主义真正是"国际性柏拉图主义"(怀特,1983,第63页)。

3. 对单项的构成性和判准性描绘

弗雷格主义者许诺通过提供单项性的语言中立概念,从这个困境中释放我们使得当在特殊语言中充当辨认单项类的基础允许在对象的意义上得自不同语言的表达式指称对象的可能性。由黑尔提出的被声称的解决方案是经由类比靠近的(黑尔,1984,第45—50页;黑尔,1987,第43—44页)。不同推理模式在不同语言中是有效的。但我们不假设在任何有破坏性的意义上有效性概念是相对于语言的。这是因为我们认为存在语言中立的有效概念——必然保真概念——体现在不同语言中的不同句法结果。区分下述问题:

(1) 有效推理是什么?

(2) 哪些推理模式是有效的且我们如何把它们认作有效的?

前一个问题需要构成性答案。它需要我们说有效推理是什么。答案是直接的:必然保真的模式的实例。相比之下,后一个问题需要判准性(criterial)答案——辨认有效推理的手段。一旦分开这些问题我们能看到对这个判准性问题的回答对一门语言是相对的,即不同句法模式在不同语言中将是有效的,这不指责对构成性问题回答的语言中立性。确实明显的是在对这些问题的回答中间存在重要的关系。这是因为我们有对有效性的语言中立的领会使得我们能够认出在给定语言中哪些推理模式是有效的。所以我们对什么构成有效性的领会规定在英语中我们对有效推理标准的构造。有效性的构成性描述和判准性描述间的对比而且在心目中有它们间的规范关联,那么可能看到可以如何维护单项性且因此对象性的语言中立特征。考虑下述两个问题:

(3) 作为单项的表达式是什么?

(4) 如何认识作为单项的表达式?

像(1)那样,(3)提出可以给出答案的构成性问题:单项的功能是指向一个对象。相比(4),像(2)那样,提出判准性问题,要求辨认执行单项功能的表达式的工具。现在我们能看到对单项类规定的要求是模糊不清的,在(3)和(4)间模糊不清。一旦注意到模糊性对隐含在弗雷格主义路径的单项和对象概念存在破坏性,相对性的表象立刻溶解。如果它是要求我们提供单项的构成性描述,那么语言中立描绘是容易掌控的——单项是挑选出对象的表达式。由于这种描绘是语言中立的,它决不排除来自不同语言的表达式以相同意义挑选出对象的可能性。如果它要求我们提供的是判准性描述,那么我们给出的描绘是相对于

160

一门语言或者相似语言类是不可避免的但是无害的。它是不可避免的,因为不同表达式在不同语言中起到单项的作用。然而它也是无害的,因为规定语句具体标准的构造的单项概念是语言间中立的,而且使我们能够看到不同语言中的不同表达式体现相同的语义功能。

4. 单项的构成性描述与内循环间的张力

这个解决方案无效。重新考虑与有效性的类比。把有效性包含在相互关联概念的循环:语句——真性——有效。正是因为我们有关于这些概念的独立处理,我们才能够应用有效性的构成性描述,以规定在特殊语言中有效推理模式的辨认。我们首先在特殊语言内部辨认语句范围,我们或多或少有对它们真值条件的初步领会。然后我们看到这些语句的哪些安排必然看似保真的,而且这提供逻辑常项的初始辨认。以此方式有效性的构成性描述规定有效推理模式的语言具体标准的构造。根据弗雷格主义描述相互关连的循环也包含对象和单项概念,只有更紧的循环包含仅有的两个概念:单项的语义功能是挑选出对象但存在不多于由单项挑选出的对象。

正是这个循环的紧密性的结论才不存在重要的意义,在此意义下单项性的构成性描述能在特殊语言中规定单项标准的构造。因为我们从哪里开始?我们不知道哪些事物是对象,由于我们尚未知道哪些表达式是单项。但我们也不知道哪些表达式是单项,由于我们尚未知道世界中的哪些项是对象。因此构成性描述成功成为语言中立的,但只有在付出成为如此循环的代价,使得从提供不管什么的有关在给定语言中哪些表达式是单数的任意指导出发,它是有缺陷的;结果它不能为特殊语言规定单项性标准的构造。当然,真正的是我们全有自己的关于在我们的本土语言中哪些表达式是单数的知觉,这些直觉施加指导性影响到本土表达式的辨认。因此如同黑尔那样,假设下述不是不合理的:

修正单项性标准而且提出和为问题"存在什么对象种类"的回答辩护的特殊哲学任务不是我们空手靠近的任务,没有哪些表达式作为单项且因此代表对象的观念(黑尔,1984,第53页)。

然而,关于哪些表达式是单数的语言具体直觉的可用性,在胡里奥·恺撒问题的解决过程中不能帮助弗雷格主义者。在弗雷格主义者通向本体论路径的语境下,弗雷格主义者旨在提供相当于提供单项角色语言中立规定的必要性的普遍对象概念。然而,如果对象和单项概念间的关系是如此紧的,以致我们必定依赖那些单数表达式以应用这些概念的语言具体领会,那么不清楚的是诉诸单项的语言中立描述是否除了机制中空转齿轮的任何事物。它的据称规范性的角色似乎通过语言具体直觉是完全消除的,这实际上对在特殊语言中指导我们的单项标准构造负责。由于不同语言中的话语者依赖不同的直觉以在它们的本土语言中辨认单项,仍需构建的是不同语言的话语者使用表达式以在"对象"的某种普遍意义上指称对象。

5. 弗雷格关于日常论域本体论范畴的看法

我们要如何处理胡里奥·恺撒问题?首先注意非常可能的是弗雷格本人本来不会极度关注这个问题。弗雷格打算构造出于科学和数学目标足够严格和精确的数的理论。这意味着建造允许免缺口(gap-free)证明的构造且消除诉诸直觉的系统。但人们可能非常成功地构造无缺口证明,不用偶然遇见独立于包括概念文字的任意语言的对象概念。人们也可能不用诉诸直觉捕获对象存在,即使它仅仅被处理为某个特殊语言中的对象。所以弗雷格主义者必须解决胡里奥·恺撒问题以便实现为算术提供认识论基础的目标不是直接明显的。也需要记起弗雷格不要求对算术的可接受描述甚至保留日常算术论域的指称。毕竟,像罗素那样,弗雷格认为以不同的但仍然可接受的方式定义数是可能的(弗雷格,1884,第107节;罗素,1914,第209—

162

210页）。最终弗雷格不再坚持保留日常论域的本体论范畴。虽然如此信念深深植根于我们的来自不同语言的能够指称相同事物种类的思想。无疑正是本土实在论的标志才导致实在独立存在于言语的奇特和紧急。所以除非我们愿意放弃这个信念，胡里奥·恺撒问题继续要求我们的注意。

6. 严格解释与单项原则

胡里奥·恺撒问题向弗雷格主义者呈现的困难起因于下述两者间的互相依赖：(i)名称和量词；(ii)对象和单项概念。如此的互相依赖造成对彻底解释计划的熟悉的障碍。戴维森注意到另一个他反思说话者的言语是两个力的向量：信念和意义。说话者坚持言语真部分因为通过言语他意指什么且部分因为他相信的是什么。所以如果我们仅有的说话者意指什么的证据是由他说出的言语给定的，若不知道他意指什么，那么我们不能告诉他相信什么，若不能告诉他相信什么，也不知道他意指什么。戴维森通过诉诸外在于信念和意义的实在寻求闯入这个特殊循环，坚持我们最早学习的内容和最基本的语句是由它们日常被主张为真的情形固定的(戴维森，1974)。但当然弗雷格主义者不能采用这种策略。对弗雷格主义做法至关重要的是不存在位于我们表达式范畴背后的外部实在，没有语言独立试金石固定对象和单项概念的意蕴。

这建议弗雷格主义者必须采用不同策略以探讨胡里奥·恺撒问题。代替尝试闯入问题(i)和(ii)中互相依赖循环的弗雷格主义者必须争取扩大它。通过扩大表达式和概念的循环新弗雷格主义者可能希望解除令人不安的威胁接着发生的结论。远非明显的是存在某种唯一的应该扩大概念和表达式循环的方式。不过假设弗雷格主义者遭遇的麻烦仅仅起因于向上看取代单项以获得角色洞见的量词表达式似乎是可行的。如果弗雷格主义者也横转且指望与单项结合的谓词形成原子语句，那么单项和量词间的互相依赖似乎没那么恶性。这种策略的成功将依赖处理单项和谓词互相作用角色的程度,且因此依赖单项和量词的对比角色。它是原子语句中单项的角色以引入语句剩余部分要说什么的对象。我们把这个角色概述在下面的原则:

(P) 如果 S 是结合 n-位谓词 R 与 n 个单项 t_1, …, t_n 的原子语句,那么 S 是真的当且仅当,<t_1 的指称物……t_n 的指称物>满足 R。

存在两种显著不同的解读这个原则的方式。一方面,可以把(P)解读为获取已经通过某些其他手段辨认的两个表达式类单项和谓词间的语义关系的描述。另一方面,可以把(P)解读为根据与真性关系指称和满足的同时定义。与其预设单项和谓词的独立辨认这个定义构建单项、谓词和语句互相依赖的循环。按此方式解读(P)为彻底解释者着手辨认语句的认为提供一个基础,而语句的成分以(P)描述的方式相互关连。不能存在(P)将一劳永逸地消除由彻底翻译者碰到的所有不确定性的前景。例如,如果弗雷格主义者在他的从指称到谓词的指派是正确的——仍值得怀疑的有争议策略——那么(P)将不孤立地从谓词区分出名称:必须把注意力集中到约束名称和谓词的各自位置的不同量词顺序,这是部分依赖在表达式范畴间获得的差异的量词中间的区分,也要注意指示词和限定摹状词,谓词差异行为如此等等的出现。

但是连同一系列其他陈腐的有关名称、谓词和量词间的原则一起(P)真正构建的是单项属于扩充整体论,这个整体论由推理互相依赖和语义交织表达式构成。如果彻底解释者能找出与在陌生语言中一样复杂整体论的证据,那么所获取的证据确实将为在该语言中单项类的辨认提供合理基础。当然这些中间没有一个将减轻怀特的怀疑论。根据怀特的观点,彻底解释者将只能够说服自己,通过诉诸"存在量词化独特角色且具有存在量词化特征的一般描述"表达式类是单项或者量词的假设的正确性(怀特,1983,第64页)。但既非存在量词化的一般描述,也非谓项在任意绝对意义上为辨认单项类提供手段,当我们不能辨认存在量词和谓词,而且这些表达式的辨认将转而预设单项类是给予我们的。但这不表明像(P)这样的原则不能成功释放解释中的重要的甚或不可或缺的角色。因为沿着其他原则(P)可以帮助单项、谓词和量词的同时辨认。

彻底解释者将推进给定表达式类是单数的假设,因为这些表达式属于更大的组件,它的互相激励在本土语言中反映单项、谓词和量词的行为,这是(P)部分描述的行为种类。如果这个假设属于解释性理论而且得到高预测分数,那么考虑中的表达式类是真正单数的声称将收到高证实度。当然在彻底解释交易中既非安全的也非有保证的。对戴维森重复强调的理由种类,彻底解释是实质开放式过程:无疑我们不能排除下述情形的可能性,即使解释者吃惊且通过他的主题的语言行为向他揭露迄今被认为是单数的表达式属于掩饰它们表面单数特性的更广整体论。但这不意味着在如此掩饰行为之前且如此掩饰行为缺场的情况下使得为解释理论集聚的证据无法提供证实理论假设的合理根据。对在陌生语言中的表达式类是单项且结果这个表达式类指称与从我们自己语言得出的单项一样熟悉种类的对象的声称可能存在压倒性的证据。这个证据可能是压倒性的,尽管我们对它从未有笛卡尔式的确定性。

7. 对象的数学和外数学性质

归于解释理论的证据是整体论的且可废止的。一旦认出且接受这个事实单项和量词间的互相依赖需要呈现在不同语言中没有辨认单项的不可克服的障碍。重要的是在语言中单项分类属于的解释理论触及不同根据,互相连接单项用法与不同语言表现范围以便使语言话语者为可理解的(intelligible)。胡里奥·恺撒问题比它应当有的更赫然耸现,因为没有人能给出由怀特和黑尔所要求的解释确定性。相

165

同笛卡尔主义过剩（Cartesian excess）——引起反实在论的过剩种类——在我们对恺撒问题和反恺撒问题的理解中至少以它们的认知伪装也可能有着歪曲因素。使恺撒问题难以解决的一个因素是我们不能逻辑地排除不同抽象和具体对象种类——在我们对它们的标准描述背后且无法补救地不为我们所知的——占有数学和外数学性质的可能性的事实。不存在假设恺撒不仅仅是一个人也是零的一个后继的逻辑不协调性（logical inconsistency）。但不再存在假设外部世界是由恶魔生成的幻觉或者它是僵尸的逻辑不协调性，而不是在日常生活中陪伴我们的每个人。因此我们不推断外部世界或者其他心智是超出我们的范围的。反之重新配置我们构建外部世界或者其他心智知识的感觉。以相同方式我们无法排除恺撒是数的逻辑可能性不应该被当作排除我们的恺撒不是数的认知。重要的是以一种有原则的方式重新配置我们的构建如此知识的感觉。

第四节　对黑尔—怀特的恺撒问题解决方案的重构

　　根据新弗雷格主义，通过抽象原则引入的概念是真类。也就是说，概念有两条标准，一条是应用标准，一条是恒等标准。应用标准说的是什么对象归入概念，而恒等概念告诉我们如何区分对象。恺撒问题的出现就是由于新弗雷格主义纲领只提供恒等标准而未提供应用标准。黑尔和怀特曾经尝试解决恺撒问题，他们持一种类本体论观点。佩德森尝试对黑尔—怀特的恺撒问题解决方案进行重构，一方面是认清楚类本体论的结构，另一方面是让黑尔—怀特的恺撒问题解决方案与莱布尼茨律和谐共处。当然他们间的最大区别是黑尔和怀特采用范畴类，而佩德森不使用范畴类。我们可以把佩德森策略看作黑尔—怀特策略的延伸。在对恺撒问题的处理上，到目前为止，最权威的处理方式是黑尔—怀特的方式，任何后面的处理都绕不开他们的工作。当然，库克的恺撒问题解决方案是对黑尔—怀特方案的最好推进。具体的重构过程是通过给出五个定义、三条原则和两条定理给出的。我们把定理 2 总结为条件性结果。它说的是如果与数的类概念和人的类概念联系起来的恒等标准是不同的，那么数不能是人。当然，我们可以对这种证明策略进行调整。也就是去掉与范畴类相关的定义和原则，最终还是能得到恺撒问题的解决方案。通过引入莱布尼茨律，我们发现能为概念提供普遍恒等标准。这意味着黑尔—怀特的有范畴类策略和佩德森的无范畴类策略的破产。但黑尔和怀特不同意莱布尼茨律作为普遍恒等标准。那么如何兼容两者呢？这里我们使用弱化的子范畴类而非无子范畴类作为恢复黑尔—怀特策略的工具。当然，我们在附录给出定理 1 和定理 2 的证明。

1. 概念的应用标准和恒等标准

在新弗雷格主义纲领语境中理解的抽象原则具有下述形式：

$$(\forall\alpha)(\forall\beta)(\Sigma(\alpha)=\Sigma(\beta)\leftrightarrow\alpha\sim\beta),$$

这里 Σ 是把类型为 α 和 β 的表达式当作输入的项形成算子且 $\sim$ 是由该类型的表达式所指称的实体上的等价关系。由黑尔和怀特支持的新弗雷格主义是提供基于抽象原则的对经典数学描述的尝试。在算术情况下，新弗雷格主义者诉诸文献中被称为休谟原则的东西：

$$(\forall X)(\forall Y)(\sharp X=\sharp Y\leftrightarrow X\approx_{1\text{-}1} Y),$$

也就是，对任意概念 X 和 Y，Xs 的数与 Ys 的数一样，当且仅当在 X 和 Y 间存在 1-1 对应。皮亚诺算术公理在通过把休谟原则加入纯粹二阶逻辑所获得的系统中是可解释的。这个结果被称为弗雷格定理。根据新弗雷格主义，由抽象原则引入的概念是真类（genuinely sortal）。也就是说，概念应该有应用标准和恒等标准。应用标准告诉我们什么对象归入概念，而恒等标准把一个对象从另一个对象中区分出来。恺撒问题出现在新弗雷格主义纲领的语境中，因为尽管抽象原则为归入概念的对象提供恒等标准，不过它们不以直接方式提供应用标准。尤其,休谟原则提供概念数的恒等标准但无法交付应用标准。换句话说,当该原则产生是否任意两个数是恒等的问题的答案,它留下数是哪些对象的问题悬而未决。结果,悬而未决的是恺撒是否一个数的问题。当然,恺撒不能是一个数是显然的。然而,新弗雷格主义的问题是要讲述一个赋予他主张情况如此的哲学故事。

在我们继续呈现恺撒问题的黑尔—怀特的解决方案之前,让我们先给出本节的预期范围。要追求的计划在性质上是内在的。黑尔和怀特的基础本体论即有某些特征的基于类的本体论贯穿本节始终。在作出这个假设期间,我们不建议类本体论是无争议的,或者不存在它的替换方案。然而我们允许自己作出这个假设,因为本节的目标不是说服不支持通向本体论和恺撒问题新弗雷格主义解决方案的基于类的路径的某个人。相反,目标是要通过呈现他们的是什么使深层本体论的结构变得更清楚的解决方案的版本,阐明黑尔和怀特的对恺撒问题的解决方案,而且要表明如何能消除实质存在假设不由此丧失对恺撒问题的解决方案。这个计划是值得进行的,因为它有助于更好地理解对恺撒问题的近期的且突出的解决方案。此外,它阐明类本体论的结构,这在通向本体论的基于类的路径的文献中是不常见的。

2. 黑尔—怀特的有范畴类策略

黑尔和怀特让步说抽象原则不以直接方式提供概念应用标准。然而,他们主张类概念框架和恒等标准确实提供对恺撒问题的解决方案。黑尔和怀特的基本策略是讲述关于新弗雷格主义本体论的结构。在简短的概述中,他们设想的本体论在于:

> 属于非常一般范畴的短小范围的一个或者另一个的所有对象,它们中的每个再分成它自己各自或多或少的一般纯粹类;而且在这里所有对象有它们属于的通过最具体纯粹类给定的本质。在一个范畴内部,对象间的所有区别通过指向有范畴特色的恒等标

准是可描述的,而遍及范畴,对象恰好是由范畴区分的——它们属于不同范畴的事实。这无疑是因为我们不成熟地以诸如与恺撒不是数一样明显的术语思考(黑尔和怀特,2001,第390—391页)。

对象归入给定纯粹类或者纯粹类概念是对象的必要特征。如果 x 归入纯粹类F,那么它必然归入类,而且如果它不是F那么不能归入类。数和人的概念是纯粹类的例子。纯粹类与函数概念形成对比。如果对象归入函数概念,那么不需要成为它的必要特征。黑尔—怀特的对恺撒问题的解决方案的实质的合理重构如下进行,这里F和G表示纯粹类概念,与任意概念截然相反。本体论的所有对象都归入类概念,假设它们中的每个有唯一的恒等标准。在类中间我们找到范畴,这些是下述意义上的极大广延类:(i)给定范畴F的所谓子类分享它们的恒等标准而且(ii)对任意对象 x,如果 x 不属于F,那么 x 归入的任意类G不与F分享它的恒等标准。内在地,通过归入分享它们的恒等标准的类在范畴中统一对象,当不同范畴的对象恰好在它们归入的任意类不分享它们的恒等标准的方面相异。

　　一旦这幅图景就位,能表明的是任意两个范畴F和G或者是共延的或者没有共同的对象。由于恺撒和数属于不同范畴,恺撒不能是一个数。下面我们将讲清楚这个推理。我们将提供关键概念的严格定义且陈述在推理中所依赖的原则。我们将陈述五个定义和三个原则。定义中的两个用来引入对由黑尔和怀特采用的范畴的可供选择的描绘。出于两个理由提供可供选择的描述。首先,它使下述变得明确,即范畴在关系"……与……分享恒等标准"下是等价类,由此阐明成为黑尔—怀特的恺撒问题解决方案基础的本体论结构。其次,出于指出下述要点的目的可供选择的描绘将是有用的,即新弗雷格主义者能废除范畴且仍从抽象物领域成功驱逐帝国居民。有了这些,让我们继续填充重构黑尔—怀特解决方案的细节。首先,应该讲两个类分享它们的恒等标准是什么。与黑尔和怀特一道,我们将假设每个类有唯一一个恒等标准。这里"□"指的是形而上学必然性，而且"eq_F"和"eq_G"指的是分别给出 F 和 G 的恒等标准的等价关系。

定义 1：(分享恒等标准)两个类 F 和 G 分享恒等标准当且仅当 $\square(\forall x)(\forall y)(x\ eq_F\ y \leftrightarrow x\ eq_G\ y)$。我们记为"$SH^=(F, G)$"。

也就是，两个类 F 和 G 分享它们的恒等标准，假使为了形而上学必然性起见，任意两个对象是由为 F 给出恒等标准的等价标准关联的，假使它们是由给出为 G 给出恒等标准的等价标准关联的。注意 $SH^=$ 是类上的等价关系。令"$F \sqsubseteq G$"是"$(\forall x)(Fx \rightarrow Gx)$"的缩写且定义类包含如下：

定义 2：(类包含)对任意两个类 F 和 G，F 是类包含于 G 的当且仅当 $F \sqsubseteq G$ 且 $SH^=(F, G)$。我们记为"$F \leqslant G$"。

这个定义说的是 F 是类，包含于 G 的或者是 G 的一个子类，假使 F 和 G 分享它们的恒等标准而且每个 F 是 G。在给以定义 1 期间，假设类 F 产生恒等标准的等价关系 eq_F 能在并非 F 的对象间成立。每当 F 是类包含于 G 的而且存在并非 F 的恒等 Gs，那么该假设会出现。因为在该情况下，任意如此的 Gs 是由为 G 给出恒等标准的等价关系关联的，但不是 Fs，由此不是相同的 F。作为结果，我们不能把 eq_F 描绘为规定是什么把无论如何的两个对象当作相同的 F，相反描绘为规定是什么把两个 Fs 认作相同的。如同定义 2 蕴涵 $(\forall x)(\forall y)(F \leqslant G \rightarrow SH^=(F, G))$，我们能把达米特-黑尔—怀特的范畴描绘简化为：

定义 3：(范畴)类 F 是范畴当且仅当 $(\forall x)(\neg Fx \rightarrow (\forall G)(Gx \rightarrow \neg SH^=(F, G)))$。我们记为"$Ctg(F)$"。

如果类 F 是范畴,在不能存在包括某个 F 的类 G 不包括且分享 G 的
与 F 的恒等标准的意义上,F 是极大广延的。如上述,$SH^=$ 是类上的
等价关系。我们把 $SH^=$ 下类 F 的等价类定义如下:

定义 4:($SH^=$ 下的等价类)$SH^=$ 下类 F 的等价类是根据
$SH^=$ 与 F 关联的类的类(the class of sortals),也就是,$|F|_{SH^=} =$
$\{G : SH^=(F, G)\}$。

引入范畴类概念如下:

定义 5:(范畴类)类 F 是范畴类当且仅当在 $SH^=$ 下 F 与它的
等价类并集是共延的,也就是,F 是范畴类当且仅当对任意 x, x
归入 F 假使 x 归入 $|F|_{SH^=}$ 中的类。

定义 5 是上述呈现的范畴概念的可供选择的描绘。为了表明定义
5 确实为范畴概念提供忠实的可供选择的描绘,我们需要表明下述:

定理 1:对任意类 F, F 是范畴当且仅当 F 是范畴类。

我们把定理 1 的证明放在附录。根据定理 1,我们将允许自己在范畴
(categories)和范畴类(categorical sortals)间自由切换。通过引入范
畴类概念获得什么? 使用定义 4 和定义 5 取代定义 3 的好处在于使
新弗雷格主义本体论的结构变得更清楚。定义 4 使在 $SH^=$ 下的等价
类中如何捆扎成类变得明确,而且定义 5 把范畴类密切绑到这些等价
类。明确谈论成为等价关系的 $SH^=$ 的另一个优势在于,这是在恺撒
问题的解决方案中要做的所有工作,而非范畴的极大广延性。我们将
在第 3 小节论证这个要点。现在我们将继续陈述黑尔—怀特的恺撒

问题解决方案的三条原则。第一条原则是下述这个：

原则 1:SH$^=$ 是类上的等价关系。

严格地讲,我们不需要把这个原则陈述为一条单独原则,因为它得自直接的推理而且不作出关于形而上学必然性性质的实质假设。第二条原则在于如果两个类重叠,那么它们分享它们的恒等标准。也就是:

原则 2:对任意类 F 和 G,如果($\exists x$)($Fx \wedge Gx$)那么 SH$^=$(F,G)。

原则 2 是等价于没有对象能归入有不同恒等标准的类的陈述,我们把这个陈述称为原则 2$'$。原则 2 和原则 2$'$ 类似于黑尔和怀特的原则 U,根据它没有对象能属于多于一个范畴。然而,在原则 U 明确指向范畴的意义上它们是更一般的,而能把原则 2 和 2$'$ 吸收进无范畴的框架。我们这里采用原则 2,因为在他们对原则 U 的讨论中,黑尔和怀特实际上隐含地支持它。这个原则将在后面起到重要的作用。最后一个原则解读如下:

原则 3:令 X$_1$,…,X$_\alpha$ 都是类使得它们中的任意两个分享它们的恒等标准。那么存在与它们的并集共延的类。

因此,每当我们有包括相同恒等标准的类的范围,存在全都类包含它们的类。尤其,原则 3 确保存在与在 SH$^=$ 下每个等价类并集共延的类。根据定义 5,这些类都是范畴类。这完成定义和原则列表,而且我们现在转向新弗雷格主义的对恺撒问题的解决方案。让我们通过标明关于等价类的一般事实开始:在给定等价关系下任意两个等价类或

172

者是恒等的或者是不交的。尤其,SH⁼下的任意两个等价类或者是恒等的或者是不交的,也就是,或者如此的等价类恰好包含相同类或者没有共同的类。这告诉我们处于类层次的某物,但我们回顾恺撒问题造成处于对象层次的恒等问题。幸运的是,给定我们已经定义范畴类的方式,我们获得处于对象层次的类似结果:

定理 2: 对任意两个范畴类 F 和 G, $(\forall x)(Fx \leftrightarrow Gx)$ 或者 $\neg(\exists x)(Fx \wedge Gx)$。

这说的是范畴类 F 和 G 或者是共延的或者没有共同的对象。我们把证明过程放在附录。给定定理 1,直接推论在于对任意范畴 F 和 G, $(\forall x)(Fx \leftrightarrow Gx)$ 或者 $\neg(\exists x)(Fx \wedge Gx)$。我们这里对定理 2 感兴趣是因为它是通向新弗雷格主义的恺撒问题解决方案的一大步。我们使用"条件性结果"(The Conditional Result)简称为 CR 捕获它的意蕴:

条件性结果: 如果分别与数的类概念和人的类概念相联系的唯一恒等标准是不同的,那么没有数能是人。

黑尔和怀特认为我们可以获得前件。根据这个假设直接推理后件。假设分别与类概念数和类概念人相联系的恒等标准是不同的。根据定义 4,数和人属于 SH⁼下的不同等价类。根据定义 5 和原则 3,存在对应每个等价类的范畴类。令这些范畴类是 F 和 G。数是类包含于一个范畴类且人类包含于另一个范畴类。由于 F 和 G 是不同的范畴类,根据定理 2,我们能推断恺撒不能是一个数。

3. 佩德森的无范畴类策略

在前面小节中提供的黑尔—怀特的恺撒问题的解决方案的重构,

173

实际上给出的是范畴概念可供选择的描述,这有助于使由黑尔和怀特设想的本体论结构变得相当清楚。对这些的关注仍然存在。潜在的关注来源是依赖于范畴类。有人可能对基于类的本体论持同情态度,但不情愿承认范畴类的存在性。存在用这种保留意见满足一个人的任意方式吗?结果证明是存在如此方式。人们通过放弃存在范畴类的假设,且仍然提供恺撒问题的解决方案能简化来自前面小节的框架。采用前面小节的框架,但不考虑定义5和原则3,也就是假设我们抛弃范畴类。为什么这种更小的框架坚持对恺撒问题的解决方案?

理由如下:极大广延性对所提议解决方案不是实质的。要紧的是 $SH^=$ 是类上的等价关系。一旦这种关系就位,在该关系下的等价类中捆扎类。$SH^=$ 下的任意两个等价类或者是恒等的或者是不交的,也就是包含相同类或者没有共同的类。由于假设恒等标准是唯一的,没有包括不同恒等标准的类能是 $SH^=$ 下的相同等价类。观察到这些,假设承认条件性结果的前件,如同黑尔和怀特。我们已经看到在他们的框架内部,这蕴涵数和人是类包含于不同的范畴。在我们框架的裁减版本,我们没有权利主张这个,由于我们已经把范畴抛在后面。然而,根据定义4,我们有权利主张数和人两个类属于 $SH^=$ 下的不同等价类。根据原则2或者原则2′推断恺撒不能归入数概念。

4. 莱布尼茨律为概念提供普遍恒等标准

在本小节中,我们将讨论在第2小节和第3小节呈现的关于通向恺撒问题两条路径的担忧。当我们考虑是否对任意两个对象决定它们是否恒等的存在单个恒等标准的问题,这个担忧就会出现。我们把这个担忧表述为两步论证。第一步使下述变得清楚,即它会是成问题的,当存在能解决所有恒等问题的诉诸的单个标准。该论证的第二步旨在表明确实存在如此的恒等标准。让我们转向第一步:为什么它会是上述提出的恺撒问题解决方案的问题,当对任意对象存在决定它们是否恒等的单个恒等标准?

为回答这个问题，让我们退后一步且反思黑尔怀特和"无范畴"解决方案背后的基础观念，也就是两个对象仅仅对成为恒等的是合格的，倘若它们归入分享它们的恒等标准的类概念。根据这个图景，如果人和数的类概念不分享它们的恒等标准那么恺撒不能是一个数。然而，如果存在能解决所有恒等问题的诉诸的单个恒等标准，那么会削弱这条思路。因为在该情况下，根据新弗雷格主义恺撒会对恒等于数是合格的。现在让我们转向论证的第二步。目标结论在于存在由莱布尼茨律(Leibnitz's Law)提供的能解决所有恒等问题诉诸的单个恒等定义。根据莱布尼茨律，任意两个对象是恒等的假使它们分享所有它们的性质。我们把这个原则当作标准二阶逻辑中的一阶对象恒等定义。我们能把该原则表述如下：

$$(\text{LL}) \qquad (\forall x)(\forall y)(x = y \leftrightarrow (\forall X)(Xx \leftrightarrow Xy)),$$

这里二阶量词的范围是一阶定域上的所有性质。也就是，二阶量词的范围是一阶定域的任意子类。分享所有性质的关系是对象上的等价关系。令"eq_U"表示这种等价关系而且考虑它提供普遍恒等标准的声称，也就是对任意对象，这是一条允许我们决定它们是否恒等的标准。现在，由于(LL)是一个定义，它应该对形而上学必然性成立，也就是：

$$(\text{LL}\square)\square(\forall x)(\forall y)(x = y \leftrightarrow (\forall X)(Xx \leftrightarrow Xy)),$$

或者使用分享所有性质的关系的缩写$\square(\forall x)(\forall y)(x = y \leftrightarrow x\ eq_U\ y)$。回顾对类 F 存在下述形式的原则：

$$(1)\ (\forall x)(\forall y)(x = y \leftrightarrow x\ eq_F\ y),$$

这里嵌入双条件的右手边给出 F 的恒等标准。部分地，类是由它们的

恒等标准个体化的,而且因此能把(1)加强到:

$$(1\square)\,\square(\forall x)(\forall y)(x=y\leftrightarrow x\ eq_\mathrm{F}\ y)。$$

最后,回顾两个类 F 和 G 分享它们的恒等标准假使

$$(2)\ \square(\forall x)(\forall y)(x\ eq_\mathrm{F}\ y\leftrightarrow x\ eq_\mathrm{G}\ y)。$$

因此,为了表明 eq_U 是一个普遍恒等标准需要构建的是对类 F 的任意恒等标准 eq_F,$\square(\forall x)(\forall y)(x\ eq_\mathrm{F}\ y\leftrightarrow x\ eq_\mathrm{U}\ y)$。给定刚刚陈述的原则,人们能论证如下:考虑任意类 F,任意对象 x 和 y,而且假设 $x\ eq_\mathrm{F}\ y$。根据(1$\square$),$x=y$,由此根据(LL$\square$),$x\ eq_\mathrm{U}\ y$。因此,$x\ eq_\mathrm{U}\ y\to x\ eq_\mathrm{F}\ y$。相反,假设 $x\ eq_\mathrm{U}\ y$。根据(LL$\square$),那么 $x=y$,由此根据 (1$\square$),$x\ eq_\mathrm{F}\ y$。因此,$x\ eq_\mathrm{U}\ y\to x\ eq_\mathrm{F}\ y$。结合这些结果,我们得到 $x\ eq_\mathrm{F}\ y\leftrightarrow x\ eq_\mathrm{U}\ y$。由于 x 和 y 是任意的,我们得到$(\forall x)(\forall y)(x\ eq_\mathrm{F}\ y\leftrightarrow x\ eq_\mathrm{U}\ y)$。这些原则依赖根据形而上学必然性成立的推理,由此我们得到$\square(\forall x)(\forall y)(x\ eq_\mathrm{F}\ y\leftrightarrow x\ eq_\mathrm{U}\ y)$。总结起来,与新弗雷格主义的恺撒问题解决方案的支持者主张的相反,存在普遍恒等标准。引出不管是黑尔—怀特或者无范畴种类的新弗雷格主义解决方案都无效:不管我们处理的是人,数还是任意其他对象种类,莱布尼茨律提供恒等标准。

5. 使用子范畴类兼容黑尔—怀特策略和莱布尼茨律

在新弗雷格主义框架内部莱布尼茨律的地位是什么?黑尔和怀特只顺带提出这个问题。他们说"不管莱布尼茨律是否提供对恒等的正确分析,清楚的是分享性质的项的观念不能充当可行的恒等标准"(黑尔和怀特,2001,第 388 页)。这建议他们主张即使莱布尼茨律是真的,它能否提供普遍恒等标准是进一步的问题,而且是他们认为应

该否定回答的问题。黑尔和怀特呈现支持否定答案的两个论证。然而,它们两者都是非常浓缩的而且依赖无论据证实的假设。全面分析这两个论证会是相当繁重的任务。与其尝试分析我们将转向完全不同的回应思路也就是一个妥协性的思路。这个回应以承认莱布尼茨律提供普通恒等标准开始,但继续论证这不削弱对恺撒问题的解决方案以符合最初提出的解决方案的精神。辩证地讲这是新弗雷格主义者要打的一张好牌。现在,为详细地讲清楚这种退让性回应思路,假设莱布尼茨律确实提供普遍恒等标准且继续引入新的然而看上去有点熟悉的术语:

定义 1*:(子分享恒等标准)两个纯类 F 和 G 子分享恒等标准当且仅当□$(\forall x)(\forall y)(x\ eq_F\ y \leftrightarrow x\ eq_G\ y)$,这里 eq_F 和 eq_G 是 G 和 G 各自的非普遍恒等标准。我们记为"SSH$^=$(F, G)"。

在当前情境下,想法在于 SSH$^=$(F, G)成立,假使 F 和 G 分享某个没有由莱布尼茨律提供的标准那样一般的恒等标准。给定定义 1*,通过用"SSH$^=$"取代"SH$^=$",我们从原则 1—3 和定义 4—5 得到原则 1*—3* 和定义 4*—5*。定义 4* 在 SSH$^=$ 下定义等价类,而定义 5* 引入与在 SSH$^=$ 下与等价类共延的作为类的子范畴类。原则 1* 说的是 SSH$^=$ 是类上的等价关系,而根据原则 2*,有共同对象的任意类是由 SSH$^=$ 联系起来的。原则 2* 确保没有对象能归入不子分享某个恒等标准的类。原则 3* 陈述的是存在由 SSH$^=$ 联系起来的与任意类 $X_1 \cdots X_n$ 的并集共延的类。这保证存在 SSH$^=$ 下的任意等价类的子范畴类。我们能构建定理 2 的下述类似物:

定理 2*:对任意两个子范畴类 F 和 G,$(\forall x)(Fx \leftrightarrow Gx)$ 或者 $\neg(\exists x)(Fx \wedge Gx)$。

也就是任意子范畴类 F 和 G 或者是共延的或者没有共同的对象。通过修改定理 2 的证明,我们能构建这个结果。定理 2* 是与我们目前的关注相关的,也就是如何恢复新弗雷格主义的恺撒问题解决方案。我们使用对来自第 2 小节的条件性结果的修正简称为 CR* 捕获定理 2* 的意蕴:

> CR*:如果数的类概念和人的类概念不子分享恒等标准,那么没有数能是一个人。

倘若这个前件成立,那么容易推出后件:假设数和人不子分享恒等标准。根据定义 4*,数和人在 SSH= 属于不同等价类。根据定义 5* 和原则 3*,存在对应于每个这些等价类的子范畴类。令这些子范畴类是 F 和 G。数是类包含于这两个中的一个,且人类包含于另一个。由于 F 和 G 是不同的子范畴类,根据定理 2*,我们能推断恺撒不能是一个数。CR* 依赖原则 2*。原则 2* 确保对象生根于恰好一个子范畴类。本着无范畴解决方案的精神,我们可以建议原则 2* 在不包括原则 3* 的框架中使我们能够恢复恺撒问题的解决方案,也就是,在抛弃子范畴类的框架中。在我们目前的情景中,这种无子范畴提议会承诺人们接受普遍或者无所不包范畴的存在性而拒绝子范畴的存在性。关于这个存在某些奇怪的东西。

因此,如果要追求退让性策略,我们推荐以它的子范畴形式追求它。让我们以对恢复解决方案的评论结束本小节。这个解决方案背后的驱动思想在于,尽管存在普遍恒等标准和 SH= 下包含每个类的对应等价类,不过这个等价类的内部结构仍足以数和人分离。普遍恒等标准和相应等价类对最初的新弗雷格主义提议的字面意思不利。然而,它不需要对它的精神不利。因为恢复后的新弗雷格主义解决方案背后的本体论结构保持最初解决方案背后的本体论特征不变。子范畴类是黑尔—怀特框架的想要成为的范畴在于它们是最一般的类,除普遍的无所不包的范畴类以外。在下述意义上它们也是如此，即如果 F 是子范畴类，那么不能存在其他类 G 使得 $(\forall x)(Fx \leftrightarrow Gx)$，$SSH^=(F, G)$ 和 $(\exists x)(\neg Fx \wedge Gx)$。

6. 总结

在第 1—3 节，我们完成两个事物。首先，我们呈现对使他们的对恺撒问题解决方案如何工作变得清楚的黑尔—怀特框架的重构。尤其，定义 5 用来引入范畴类概念，这通过把范畴类紧密联系到 $SH^=$ 下的等价类阐明成为黑尔—怀特解决方案基础的本体论结构。其次，有人主张能在假设没有范畴类存在的框架中给出恺撒问题的解决方案。这是值得指出的，当有人怀疑接受范畴类的存在性，尽管他们同情基于类的本体论的想法。从这里学到的是下述教训：对恺撒问题的基于类的解决方案真正要紧的不是极大广延性，而是在 $SH^=$ 下的等价类中捆扎类的事实。第 4 节呈现对恺撒问题的黑尔—怀特和无范畴解决方案的挑战。挑战在于：莱布尼茨律提供普遍恒等标准，也就是将为任意两个对象决定它们是否恒等的标准。这个论点在于这削弱了所提议的解决方案，因为它们关键依赖数和人的恒等标准是不同的假设。在第 5 小节，我们陈述对这个挑战的退让性回应思路。理所当然的是莱布尼茨律提供普遍恒等标准，而且存在相应的普遍范畴。然而，然后有人论证这个普遍范畴的内部结构是与由黑尔和怀特信奉的本体论一致。作为结果，退让性回应路线支持恺撒问题的解决方案，尽管这种方案不符合初始新弗雷格主义提议的字面意思，不过它确实遵照它的精神。

7. 附录

定理 1：对任意类 F，F 是范畴当且仅当 F 是范畴类。

证明：

左推右：假设 $Ctg(\mathrm{F})$。为表明：F 是它的等价类 $|\mathrm{F}|_{SH^=}$ 的范畴类，也就是对任意 x，$\mathrm{F}x$ 当且仅当 x 归入 $|\mathrm{F}|_{SH^=}$ 中的类。

从左到右：假设 $\mathrm{F}x$。根据定义 2，$\mathrm{SH}^=(\mathrm{F}, \mathrm{F})$，由此，根据定义 4，$x$ 归入 $|\mathrm{F}|_{SH^=}$ 中的类，也就是 F。

从右到左：假设 x 归入 $|\mathrm{F}|_{SH^=}$ 中的类。令它是 G。我们使用归谬法假设 $\neg \mathrm{F}x$。由于 $Ctg(\mathrm{F})$ 且 $\mathrm{G}x$，$\neg \mathrm{SH}^=(\mathrm{F}, \mathrm{G})$。矛盾！所以，$\mathrm{F}x$。

右推左：假设 F 是范畴类。假设 $\neg \mathrm{F}x$ 和 $\mathrm{G}x$。由于 $\neg \mathrm{F}x$，根据定义 5，x 不归入 $|\mathrm{F}|_{SH^=}$ 中的类。所以，根据 $\mathrm{G}x$，G 不属于 $|\mathrm{F}|_{SH}$。根据定义 4，$\neg \mathrm{SH}^=(\mathrm{F}, \mathrm{G})$。G 和 x 是任意的，所以 $(\forall x)(\neg \mathrm{F}x \rightarrow (\forall \mathrm{G})(\mathrm{Y}x \rightarrow \neg \mathrm{SH}^=(\mathrm{F}, \mathrm{G}^=)))$。∎

定理 2：对任意两个范畴类 F 和 G，$(\forall x)(\mathrm{F}x \leftrightarrow \mathrm{G}x)$ 或者 $\neg (\exists x)(\mathrm{F}x \wedge \mathrm{G}x)$。

证明：对任意范畴类 F 和 G，使用归谬法假设并非 $(\forall x)(\mathrm{F}x \leftrightarrow \mathrm{G}x)$ 或者 $\neg (\exists x)(\mathrm{F}x \wedge \mathrm{G}x)$，也就是 $\neg (\forall x)(\mathrm{F}x \leftrightarrow \mathrm{G}x)$ 且 $(\exists x)(\mathrm{F}x \wedge \mathrm{G}x)$。由于 $(\exists x)(\mathrm{F}x \wedge \mathrm{G}x)$，根据原则 2 我们有 $\mathrm{SH}^=(\mathrm{F}, \mathrm{G})$。现在 $\neg (\forall x)(\mathrm{F}x \leftrightarrow \mathrm{G}x)$，也就是 $(\exists x)((\mathrm{F}x \wedge \neg \mathrm{G}x) \vee (\neg \mathrm{F}x \wedge \mathrm{G}x))$。假设 $\mathrm{F}x \wedge \neg \mathrm{G}x$。由于 $\neg \mathrm{G}x$ 和 G 是范畴类，x 不归入 $|\mathrm{G}|_{SH^=}$ 中的任意类。所以，由于 $\mathrm{F}x$，F 不属于 $|\mathrm{G}|_{SH^=}$，因此 $\neg \mathrm{SH}^=(\mathrm{F}^=, \mathrm{G}^=)$。另一种情况类似。不管哪种方式：$\neg \mathrm{SH}^=(\mathrm{F}, \mathrm{G})$。矛盾！

文献推荐：

库克和埃伯特在论文《抽象与恒等》中把恺撒问题限制到 C-R 问题。他们两人提出解决 C-R 问题的两种不同策略。他们更倾向于第二种方案并提出执行这种策略的三种方式。最后得出这种策略无效[51]的结论。赫克在论文《朱利叶斯·恺撒与第五基本定律》中研究弗雷格对恺撒问题的诸多讨论。他建议休谟原则与第五基本定律间的关键区分是辩证的而不是实质的区分[52]。麦克布莱德在论文《胡里奥·恺撒问题》中提出朱利叶斯·恺撒问题的两个版本,一个是反恺撒问题,另一个是胡里奥·恺撒问题。胡里奥·恺撒问题是对反恺撒问题的一般化[53]。黑尔和怀特曾经提出对恺撒问题的经典解决方案。这种解决方案诉诸范畴类概念。佩德森在论文《解决无范畴类的恺撒问题》中提供对黑尔和怀特解决方案的重构,优势在于弄清楚背景本体论的结构是什么。他们表明我们可以在免除范畴类的框架中解决恺撒问题。佩德森基于莱布尼茨律给出普遍恒等标准的观念,讨论对已提议新弗雷格主义解决方案的一种反对意见[54]。

第三章
良莠不齐

第一节　良莠不齐问题

　　良莠不齐问题是一个通向数学的最令人兴奋哲学路径的最严肃问题。这个路径是新弗雷格主义(neo-Fregean)逻辑主义,广泛地被解释为把数学基于抽象原则的计划,也就是,基于下述形式的原则:

$$(*) \quad \S(\alpha) = \S(\beta) \leftrightarrow \alpha \sim \beta,$$

这里变元 α 和 β 管辖某种实体,而且这里 $\sim$ 是此种实体上的等价关系。问题并非每个抽象原则是可接受的:某些是彻头彻尾不协调的,而其他的更精细理由是不可接受的。从而具有合意的哲学和基数性质的抽象原则是由"坏同伴"(bad companions)所围绕的。某些哲学家声称这引起对新弗雷格主义纲领的毁灭性反对,而其他的回应声称它提出的挑战是完全可克服的。我们首先提供简短的历史背景,然后概述当前被争论的良莠不齐问题,还有由该问题引起的更宽泛问题。在如此过程中我们提供这些贡献的综述。

1. 为新弗雷格主义纲领提供可能性的两个技术发现
　　弗雷格是关于算术和数学分析的一位逻辑主义者(logicist)。也

182

就是，他取纯粹逻辑以提供这些数学分支的知识来源，从而使它们成为先天的（a priori）。他对该观点的辩护以两个步骤进行。第一步在于对数的指派（ascriptions of numbers）和它们恒等条件的描述。弗雷格论证数是被指派到概念的。比如，当我们说存在八颗行星，我们把八这个数（the number eight）指派到成为行星的概念（the concept of being a planet）。令♯是算子"……的数"（the number of）。那么弗雷格的声称是♯应用到任意概念词项 F 以形成表达式"♯F"，意指"Fs 的数"。接下来弗雷格论证 Fs 的数学是恒等于 Gs 的数，当且仅当 Fs 和 Gs 是 1-1 相关联的。该原则被称作休谟原则且可以被表述为：

$$（HP）\quad ♯F = ♯G \leftrightarrow F \approx G，$$

这里"F≈G"是在二阶逻辑中下述声称的形式化性，即存在 1-1 关联 Fs 和 Gs 的关系 R。弗雷格的为逻辑主义辩护的第二步提供形式为"♯F"的数项的显性定义。弗雷格在由二阶逻辑和他的"第五基本定律"构成的理论中完成这个，其陈述的是概念 F 的外延是等同于概念 G 的外延，当且仅当 Fs 和 Gs 是共延的（co-extensional）：

$$（V）\quad \hat{x}Fx = \hat{x}Gx \leftrightarrow \forall x(Fx \leftrightarrow Gx)。$$

在该理论中，弗雷格把♯F 定义为概念"x 是与 F 等数的某个概念的外延"的外延。也就，他定义

$$♯F = \hat{x}\,\exists G(x = \hat{y}Gy \wedge F \approx G)。$$

该定义容易被视为使（HP）生效。更有趣的是，弗雷格（1884）小心翼翼地详细证明该定义和他的外延理论如何蕴涵所有普通算术（ordinary arithmetic）。然而，他巨著的第 2 卷（1903）在 1902 年将要印刷时，弗雷格收到来自罗素（1902）的信件，报告说他遭遇弗雷格的

外延理论的"一个难题"。罗素曾经碰到的难题是现在以他的名字命名的悖论。弗雷格的外延理论实际上是朴素集合理论（a naïve theory of sets）。从而我们可以考虑并非自身元素（not members of themselves）的所有集合集。那么在弗雷格的理论中我们能证明这个集合既是也不是它自身的元素。罗素悖论最终导致弗雷格放弃逻辑主义。直到20世纪80年代逻辑学家和哲学家都把弗雷格逻辑主义（Fregean logicism）认作一个死胡同，而且被吸引到逻辑主义观念的人追求它的其他版本，诸如罗素的逻辑主义或者逻辑实证主义者的逻辑主义。所有这些随着怀特（1983）著作的出版而发生改变。怀特这里建议由罗素悖论所提出的问题能通过设法应付弗雷格路径的第一步而被避免，完全放弃第二步和它的不协调的外延理论。这条路径的可能性是由两个较新的基数发现保证的。

第一个发现在于不像（V），（HP）是协调的。更准确地讲，令弗雷格算术是以（HP）为它的单独非逻辑公理的二阶理论。那么我们能表明弗雷格算术是协调的，当且仅当二阶皮亚诺算术是协调的。第二个发现在于弗雷格算术和某些非常自然的定义足以推导二阶皮亚诺算术的所有公理。这个重要结果被称为弗雷格定理。一个多世纪以来，非形式算术几乎毫无例外被给予某个皮亚诺-戴德金风格可公理化性，这里自然数被当作有限序数（finite ordinals），由它们在 ω 序列中的位置所定义。弗雷格定理表明可替换的和概念上完全不同的算术可公理化性是可能的，基于自然数是有限基数（finite cardinals）的观念，由数是多少的概念的基数所定义。从而由怀特（1983）发起的新弗雷格主义纲领在技术上曾经是相当成功的。但仍有许多工作要做。我们需要搞清楚刚刚所描述的技术性结果的哲学意蕴。而且人们需要扩充该纲领以超过算术。良莠不齐问题与这两个关注是高度相关的。

2. 对可接受抽象的数学与哲学描述

最古老的"坏同伴"当然是弗雷格的不协调的第五基本定律。然而,存在其他不协调的甚至更灾难性的抽象原则。这里有一个例子。注意概念等数性恰好是概念的成为同构的事情。所以考虑处置休谟原则对概念所做的二元关系的抽象原则,也就是,该抽象原则说的是两个二元关系的同构类型是恒等的,当且仅当该关系是同构的:

$$(\text{H}^2\text{P}) \quad \dagger R = \dagger S \leftrightarrow R \simeq S。$$

尽管该原则似乎正如休谟原则那样无罪,事实上它是不协调的,如同它允许我们再生布拉利-福蒂悖论。这意味着诸如休谟原则这样的有吸引力抽象原则是由"坏同伴"围绕的。该事实的哲学意蕴是什么?值得吸取的适度教训在于我们需要对弗雷格主义抽象(Fregean abstraction)可接受的条件有一个更好的理解。观念上地,我们想要数学上有信息的和哲学上动机良好的可接受抽象描述。该教训是适度的理由在于,它是数学和哲学两者的部分非常性质以寻求无论哪里都可能的一般解释。其他人已经从"坏同伴"里吸取更有争议的教训。尤其,达米特似乎声称"坏同伴"对新弗雷格主义纲领(the neo-Freguan programme)是直接致命的。比如,他声称:

> 如果由怀特详述的语境原则足够使引入基数算子,也就是凭借休谟原则引入♯的"语境"方法生效,那么它必定足够使凭借第五基本定律引入外延抽象原则的类似手段生效(达米特,1991,第188页)。

如果该条件句是真的,那么根据否定后件律直接推断新弗雷格主义纲领是注定失败的。然而,我们相信经过仔细的和慷慨的解读,最好把达米特理解为首先吸取上述提到的适度教训,然后论证作为结果的解释要求不能被满足。他对后一个声称的论证与新弗雷格主义纲领的对非直谓推理的不可消除使用有关。该论证太复杂以致无法在这里分析。但我们将在下面讨论良莠不齐问题的因而发生的诊断。

3. 描述可接受抽象的各种尝试

在本节我们描述已经作出的发展可接受抽象描述的主要尝试。我们以出于技术理由失效的两个尝试开始。然后我们转向目前被争论的主要提议。这里存在许多未解决的问题，而且我们的目的将仅仅是要辨认这些，而不去回答它们。

3.1 无效的协调性与保守性标准

第一个明显的想法在于抽象原则是可接受的，当且仅当它是协调的。但该建议失效，因为协调性抽象原则甚至是不可接受的。因为存在彼此相冲突的协调性抽象原则。比如，我们知道假设选择公理（HP）是在所有且仅有的无穷定域（infinite domains）中可满足的。但存在在所有且仅有的有限定域（finite domains）中可满足的其他抽象原则。比如考虑在两个概念 F 和 G 间成立的等价关系恰好假使它们是共延的，且不说至多有限多个例外。我们能表明相关的抽象原则在所有的，且仅有的有限定域中是可满足的。

所以尽管（HP）和该抽象原则是单个协调的，不过它们彼此矛盾。更精制的建议在于抽象原则是可接受的，当且仅当它是保守的。抽象原则说是保守的当它不蕴涵任何关于由不同于被引入抽象物的所有对象构成的"旧本体论"的新结果。该建议足以排除上述提到的"坏同伴"。因为仅仅在有限定域中可满足的抽象原则清楚地蕴涵关于旧本体论的某些新东西，也就是它是有限的。不幸的是，甚至合意的保守性质无法确保抽象原则是可接受的。因为韦尔已经描述第五基本定律的限制类，它尽管是保守的，但需要论域满足不相容基数要求。

3.2 稳定性标准面临的技术与哲学挑战

修正建议在于抽象原则是可接受的，当且仅当它是稳定的，这里抽象原则（＊）说是稳定的当存在基数 κ 使得（＊）在基数为 λ 的模型

186

中是可满足的,对任意 $\lambda > \kappa$。事实上,稳定性是等价于抽象原则上的另一个所提议的要求。说抽象原则是和平的,当它是保守的,且与所有其他保守抽象原则是相容的。韦尔已经证明抽象原则是稳定的,当且仅当它是和平的。无疑不相容抽象原则的问题恰恰是它们无法成为稳定的。从而稳定性概念提供对可接受性的有希望的描述。事实上,这可能是最有影响的路径。但这条路径面对某些严重的技术上和哲学上的挑战。一个挑战来自法恩(2002)对抽象原则系统(systems of abstraction principles)的研究。法恩描述每个是稳定的但是联合不协调的抽象原则系统,假设关于不同抽象原则如何相互作用的某些可行条件。这里有一个例子。对每个概念 X,考虑 F 和 G 的等价关系 R_X 恰好仅当或者 F 和 G 与 X 相符或者不相符。相关的抽象原则无疑是稳定的,由于它在有两个或者更多对象的任意定域中是可满足的。但根据两个抽象物是恒等的仅当它们相应的概念等价类是恒等的可行假设,允许每个 R_X 上的抽象的任意理论是不协调的。因为在任意如此理论中我们通过把概念 F 的外延解释为相对于关系 R_F 的 F 的抽象物能解释不协调第五基本定律。

另一个挑战是由乌斯基亚诺(2009)发展的。乌斯基亚诺首先描述把良莠不齐问题扩充到通向集合论的结构主义路径(a strucralist approach to set theory)。问题在于,当有人量词管辖每个绝对事物(absolutely everything),存在要求论域具有不同基数的不同协调和可行的集合论。稳定性要求似乎既提供对最初良莠不齐问题,也提供对它的这个扩充的有吸引力解决方案。然而,乌斯基亚诺证明没有带无穷公理和弱形式替换公理的集合论是稳定的。从而稳定性的这个要求似乎与集合论的某些核心原则是不相容的。由于这些原则在数学和哲学上是声誉良好的,他论证最好的回应就是拒绝稳定性的要求。最后,一个为充分发展的担忧与稳定性概念有关。该难解性的一个例子在于以非乞求论点的(in a non-question begging way)方式难以解决是否一个抽象原则是稳定的,由于它的稳定性取决于关于集合论层级范围的争议性问题。从而关于抽象原则可接受性的分歧将常常翻译为元理论中关于集合论层级范围的类似分歧。

关于稳定性的非常简单的问题如何远超出什么是目前数学上易驾驭的另一个显著的例子，从库克的构造中显露出来。库克论证我们不仅能计数对象也能计数不同层次的概念。为了表示这个我们令基数算子 ♯ 附加到层次高于 1 的概念词项，而且我们令等价关系 ≈ 在给定层次的概念间成立恰好假使它们是 1-1 相关联的。令 HP_i 是休谟原则的类似物这里 ♯ 附加到层次为 i 的概念词项。然后库克表明这些原则的可满足性依赖集合论中开放的和极其困难的问题。与 **ZFC** 协调的是广义连续统假设应该成立，在其情况下每个 HP_i 在每个无穷基数 κ 的模型中是可满足的。但与 **ZFC** 也协调的是广义连续统假设如此坏地失效以致 HP_i 根本没有模型对 $i>2$ 且 HP_2 无法成为稳定的。

3.3　法恩失效的解决方案

回顾前面小节中法恩抽象原则系统的例子，它们中的每个似乎无罪但是联合不协调的，给定可行的假设的话。为回应该问题，法恩（2002）提议抽象原则系统是可接受的恰好假使每个原则是非膨胀的，在每个绝对事物定域中成为可满足的意义上，而且每个满足逻辑性约束，这是按照塔斯基根据置换不变性而定义的。该提议分享大量有吸引力的技术上和哲学上的特征。它也能充当良莠不齐问题的解决方案吗？不幸的是，答案似乎是否定的。首先，该提议被限制到一元二阶逻辑，也就是，被限制到量词化管辖概念而不是多远关系的二阶逻辑。另一个缺陷在于它的逻辑强度是限定的。

3.4　林内波把模态引入直谓性

根据达米特，"坏同伴"起因于某个不正当的非直谓性（impredicativity）。这建议弗雷格主义抽象是可接受的恰恰在它是直谓的（predicative）范围内。能被强加的一个直谓性要求是关于背景二阶逻辑。更准确地讲，我们能把下述二阶概括模式限制到直谓实例，也就是，限

制到 φ 不包含任意约束二阶变元的实例：

$$(\text{Comp}) \quad \exists R \forall x_1, \cdots, x_n [Rx_1, \cdots, x_n \leftrightarrow \phi(x_1, \cdots, x_n)]。$$

即使我们接受所有抽象原则，包括第五基本定律，人们知道这种限制是为确保协调性的。然而，人们知道作为结果理论的逻辑强度是严重限定的。能被强加的另一个直谓性要求关注抽象原则自身。休谟原则和大多数其他有趣的抽象原则是非直谓的，在它们的右手边量词管辖左手边尝试引入的非常对象。容易看到通过禁止这种非直谓性，协调性是被确保的。但这种禁令也会消除新弗雷格主义纲领的最与众不同的特征；尤其，它会削弱人们所珍视的存在无穷多个数学对象的证明。总而言之，曾经被讨论的两条直谓性要求太具有限制性以致无法提供可接受抽象的有吸引力分析。

移除所有非直谓性会移除新弗雷格主义的非常要点。林内波的贡献发展出对良莠不齐问题的回应，这与直谓的那些是相关的但更加自由。把抽象原则认作根据一种个体化另一种实体的手段，林内波探索个体化过程必定是良基的观念。该观念是在模态语言中被发展的，这里◇φ 意味着我们能继续个体化实体以便使 φ 的情况出现。使用该模态框架他论证所有抽象原则是可接受的，而且那个矛盾反而应该被避免，通过限制什么公式被允许定义概念。然后他提供对其该路径引起的强理论的某些例子。

4. 内在论者、外在论者与默认权利

假设在前面小节中被审视的争论终有一天是要逼近可接受抽象的某个描述。该收敛的哲学意蕴会是什么？而且作为结果的描述为我们做什么哲学工作？埃克隆德（Matti Eklund）的研究贡献的是，能为任何在其上该讨论可以逼近的可接受性技术概念提供什么种类的哲学支撑（philosophical underpinning）。埃克隆德考虑如此支撑的几

189

种可能资源,但论证说没有一个起作用。在被检查的和被驳回的可能资源中间的是:先天证实的一般描述,抽象原则是"再概念化性"的观念,"真性是先于指称"的观念,和据其不同事物依赖我们说什么语言而存在的相对主义观点。埃伯特(Philip Ebert)和夏皮罗(Stewart Shapiro)的贡献讨论可接受抽象或者隐性定义的标准会有什么认识地位。在一个极端,内在论者声称为了通过抽象或者隐性定义获得知识,人们将必须知道或者无可非议地相信该标准是满足的。部分利用哥德尔的第二不完全性定理,埃伯特和夏皮罗以无希望严格驳回这个。在另一个极端,外在论者声称事实上满足的标准是足够的。以太不严格且以通过"容易的数学知识"问题被削弱这个是被驳回的:为什么我们应该费心证明数学定理,当如此知识是通过直接规定更容易可用的?

怀特提议的是这两个极端中间的某个地方,这是基于默认权利(default entitlement)的观念。埃伯特和夏皮罗分析这个观念但仍不是满足的。他们以概述对他们问题的可替换整体论回应而结束。麦克法兰(John MacFarlane)的贡献讨论黑尔和怀特的下述声称,即通过规定休谟原则,我们能同时固定基数算子♯的意义和有权利相信所规定的原则。麦克法兰检查黑尔和怀特诉诸的语义和认识论原则以便支持这个声称。他论证就这些原则成功的范围,它们不为抽象原则保留任何优先的地位。尤其,我们平等地有权利直接规定戴德金—皮亚诺公理。黑尔和怀特的贡献回应了麦克法兰,聚焦他的把可接受抽象原则从其他形式的隐定义中区分的问题。他们的回应清楚地表达了"非傲慢"的认识论要求,这里规定说是傲慢的当"它是获得关于其要求独立保证是合理的条件的抵押品(hostage)"。黑尔和怀特论证戴德金—皮亚诺公理的直接规定会是傲慢的,反之休谟原则的规定不是傲慢的。对该论证核心的是下述思想,即休谟原则固定数值恒等标准陈述的真值条件,且以此方式提供数恒等标准。附录回应埃伯特和夏皮罗的"容易数学知识的问题"。

190

第二节　广义良莠不齐问题

赫克观察到不存在判定抽象原则是否协调的能行程序。布劳斯注意到休谟原则与其他协调抽象原则不是协调的。这使得人们要去寻求适合于新弗雷格主义目标的可接受性的充分必要条件。我们要从夏皮罗提议的外部视角出发分析可接受性的条件。在对可接受性不同标准的研究中,我们自由使用带有选择公理的策梅洛—弗兰克尔集合论,而且考虑相关文献给出的提议的模型论等价物。韦尔分离出各种保守性表述共有的模型论特征。他论证无界抽象在大多数保守性描绘中是保守的。由于休谟原则是无界的,那么无界性作为可接受性可能的充分必要条件出现。如果无界抽象在综合定域中是不可满足的,那么我们能用它来规定不由任意集合—尺寸定域反射的论域的结构特征。

我们不仅假设为综合定域做准备的模型中满足与真性的一般化,而且谈及无法形成集合的定域的基数。然而无界性对可接受性不是充分条件。韦尔表明了如何分离并非联合可满足的无界抽象对。既然无界性失效,现在让我们进入稳定性。无界抽象联合不可满足对的问题在于它们在定域大小上强加不相容要求。稳定性标准保证任意两条可接受抽象最终在一个足够大集合中是同时可满足的。我们来考虑稳定性作为可接受性充分必要条件的可能性。林内波和乌斯基亚诺曾经表明稳定性不是可接受性的充分条件。现在我们要考察的是稳定性是否可接受性的必要条件。在进入到对稳定性作为必要条件的考察之前,我们来看看其他的可接受性标准。

抽象原则是和平的,当且仅当这个抽象原则是保守的,且与任意其他保守抽象原则是联合可满足的。韦尔表明抽象原则是和平的,当且仅当这个抽象原则是稳定的。黑尔和怀特提出的无匹敌性是强于稳定性的。当然,和平性与无匹敌性都是与稳定性相关的。不同于稳定性的一条路径是要考察膨胀性。抽象原则是非膨胀的，当这个抽象原则不需要比存在的对象更多的抽象物。这是法恩着重考察的问题。他的一般抽象理论就是用来处理超膨胀问题的。不同于稳定性的另一条路径是达米特对非直谓概括的考虑。他认为概念非直谓概念是弗雷格系统非协调性问题的根源。新弗雷格主义者遭遇的困难并不是个案。数学结构主义者也碰到类似的困境。

如果没有对数学实践是如何能够固定数学理论主题的描述，那么数学结构主义是不完的。这时算术为结构主义提供最好的案例研究。算术命题是真的当且仅当这个算术命题在二阶戴德金—皮亚诺公理的所有模型中都是真的。受到算术描述成功的鼓舞，结构主义者打算把这种策略扩充到更强有力的理论。但拉约和乌斯基亚诺注意到当把这种描述扩充到集合论时会招致一种困境。这是因为纯粹集合的结构是否完全是由范畴性二阶公理化可描绘的是一个开放式问题。策梅洛曾表明如此的范畴性描绘甚至与集合论宇宙的无限制特征相冲突。策梅洛建议的是一种全局反射。但阿古斯丁·拉约（Agustin Rayo）表明，如果全局反射是真的，那么没有二阶集合论语言的递归的和可满足的真语句集是范畴的。

麦吉注意到当我们取不纯集合论二阶公理化的变元无限制管辖综合定域时，它能够规定纯粹集合论宇宙的结构。由此纯粹集合论的命题是真的当且仅当该命题在带有综合定域的 ZFCSU2 的所有模型中是真的。良莠不齐问题同样出现在数学结构主义者身上。这就是广义良莠不齐问题。由于当我们用二阶公理化变元无限制管辖综合定域时，并非每个二阶公理化成功规定一个结构，那么就会出现用什么标准把成功公理化从不成功公理化中区分出来的问题。如果把稳定性作为解决问题的方案，我们会看到稳定性要求会自动排除 ZFCSU2 和 MKSU2 作为可接受尝试以分别规定集合论和类理论的主题。

192

1. 良莠不齐问题解决方案与新弗雷格主义纲领间的张力

良莠不齐问题一般作为新弗雷格主义寻求规定不同数学理论主题的异议而被提出，凭借形式为下述的抽象原则：

$$(*) \quad \S(\alpha) = \S(\beta) \leftrightarrow \alpha \equiv \beta,$$

这里 α 和 β 是特定类型的变元且 $\equiv$ 代表位于变元范围内项上的等价关系。新弗雷格主义寻求使模式某些持有的实例的可接受性作为隐性定义变得可行，从其推导算术、实分析和集合论。但并非模式的每个实例是作为隐性定义可接受的；某些注定是成功抽象的"坏伙伴"。在它最粗糙的形式中，良莠不齐问题是模式的某些实例是不协调的观察。有人可能把此认作协调性是可接受性必要条件的温馨提示。然而，良莠不齐问题不久作为协调性对可接受性也不是充分的再度出现。毕竟存在不是联合可满足的成对协调性抽象，更不用说真的。对新弗雷格主义来说，该观察要求对可接受性的更多约束。

然而，该约束越是精制的，它们无法作为可接受性充要条件的理由越是精细的。作为旁观者，人们可能倾向于对良莠不齐问题作为新弗雷格主义纲领的局部化挑战持一种超然态度（a detached attitude）：越来越精细的观察系列被设计来挑战越来越精心制作的可接受性充要条件的候选者。然而，这会是一个错误。我们想要论证良莠不齐问题的更一般版本出现，当在高阶或者复数量词化和绝对一般性（absolute generality）表达资源的帮助下我们同意清楚表达我们的理论承诺。作为结果，本节主要关心的不是各种形式的良莠不齐问题对新弗雷格主义纲领的冲击，而是作为更一般现象实例的问题，它要求在我们的理论化过程中对某些表达资源的使用谨慎起来。

因为我们直接关心的是更一般的问题，我们将主要聚焦对良莠不齐意义的特定回应路线，若成功的话，它可能履行双重职责且也表达更一般的关注。不过，本节的结论大部分将是否定的。就新弗雷格主义纲领而言,我们应该在是否该提议是技术上可行的问题和是否新弗雷格主义能够为它提供哲学基本原理(a philosophical rationale)的问题间做出区分。我们将在两方面声明某个悲观情绪,而且论证所提议的解决方案与新弗雷格主义为标准集合论提供基础的抱负关系紧张。至于更一般的问题,我们将论证问题中的提议与明显的数学实践自由度关系紧张,而且应该被拒绝。

2. 解决良莠不齐问题的三条路径

新弗雷格主义计划的核心在于休谟原则是作为数的隐性定义的可接受的声称:

$$(\text{HP}) \quad \#F = \#G \leftrightarrow F \sim G,$$

这里 $F \sim G$ 陈述的是 F 和 G 是等数的。最近关于新弗雷格主义前沿大量的工作聚焦对隐性定义描述的寻找,为抽象原则充当隐性定义腾出地方。但不管什么理由休谟原则有资格作为隐性定义,它们最好不相当于(HP)是(∗)的实例的事实。在一个实例中,良莠不齐异议作为下述观察而出现,即不管什么描述,最好不把(∗)的每个实例分类为隐性定义。因为某些抽象是不协调的而且作为结果,是休谟原则的"坏伙伴"。明显的例子当然是弗雷格的第五基本定律(**Basic Law V**):

$$(\text{BLV}) \quad ext(F) = ext(G) \leftrightarrow \forall x (Fx \leftrightarrow Gx)。$$

但第五基本定律不是一个孤立的情况。不仅存在不协调抽象,它们中的某些具有与休谟原则使人紧张不安的相似之处。例如:

$$(\text{HP}^{\dagger}) \quad \dagger R = \dagger S \leftrightarrow R \cong S,$$

这里 R 和 S 管辖二元关系且 R≅S 陈述的是它们是同构的。该抽象陈述的是两个关系的同构类型是恒等的当且仅当这两个关系是同构的。HP⁺ 对二元关系同构有效的正是休谟原则对概念等数性有效的东西。然而,HP⁺ 是不协调的,由于它深受布拉利-福蒂悖论之害。有人本来认为协调性恰恰是从像 HP⁺ 或者第五基本定律的不可接受抽象中分离出像休谟原则的可接受抽象的东西。但是,为了再次预演熟悉的范围,至少存在该回应的两个问题。一个是赫克(1992)的观察,即不存在判定是否抽象原则是协调的能行程序(effective procedure)。第二个困难是与其他协调抽象原则是不协调的。布劳斯以奇偶性原则(the Parity Principle)作为例子,它仅仅在有限模型中是可满足的:

(PP) $par(R)=par(S)↔R$ 和 S 偶数上相异。

由于休谟原则仅仅在无穷模型中是可满足的,这两个原则不是联合可满足的,更不用说联合可接受为隐性定义。似乎新弗雷格主义辩护休谟原则作为数的隐性定义要成功,人们必然会辨认附加约束以便从其他协调的然而推测起来假的抽象中分离出休谟原则。该观察点燃对适合新弗雷格主义目标的可接受性的充要条件的寻找。某些最近的努力包括各种形式的保守性想要说出下述思想,即可接受原则不应该有不同于被引入抽象物的对任意对象的新结论。从新弗雷格主义视角,人们已经写过很多关于如何最好清楚表达可接受抽象应该在背景假设上是保守的思想。然而,这时候,我们与承诺过的新弗雷格主义有分歧,而且相反移动到夏皮罗(2000)曾经称为外部视角(external perspective)的东西,这说的是以标准数学为背景的对新弗雷格主义计划的前景感兴趣的旁观者的视角。韦尔(2003)曾经分离出为各种保守性表述所共有的模型论特征。

说抽象 Σ 是无界的当且仅当对每个基数 $κ$,存在某个基数 $λ>κ$ 使得 Σ 在尺寸为 $λ$ 的定域中是可满足的。尤其,他论证无界抽象在保守性的大多数合理描绘上是保守的。由于作为新弗雷格主义首要目标的休谟原则是无界的，无界性以对可接受性充要条件的初始可行候选的形式出现。这时候我们需要小心。由于我们已经定义该词项，休谟原则是无界的因为它在每个无穷集合尺寸（set-sized）定域中是可满足的。但新弗雷格主义把休谟原则当作真的，即使当在所有对象的总体定域（a comprehensive domain）上被解释。由于不存在所有对象的集合，人们可能怀疑是否抽象原则仅仅的无界性自动为我们提供充分理由认为它在总体定域中是可满足的。该问题不需要由标准模型论的视角引起，据其每个模型都有作为定域的集合。然而，我们很可能在模型中选择满足和真性标准描述的一般化为定域无法形成集合的模型作好准备。

在我们准备采用无界性以给我们总体定域中可满足性的表面证据的范围内，我们作出实质性的假设。我们也许能激发一个通过诉诸未形成的论域应该是不可言喻的思想：论域的每个结构性特征是由某个集合尺寸定域所反映的。如果特定无界抽象 Σ 在总体定域中揭露为不可满足的，那么我们能使用它以规定不会由任何集合尺寸定域所反映的论域的结构性特征。在下文中我们将不仅在模型中假设满足和真性的一般化为总体定域做好准备，我们将同样常常无法形成集合的定域的基数。当我们行动时，我们指向以二阶术语理解的如此话题。例如，断言总体定域是强不可达的，不是断言它的基数不是由强不可达冯诺依曼序数所测量的，而是断言它是不可数的，且断言由取幂集或者并集自下它不能被到达的声称的正式二阶翻译。然而，无界性对可接受性不是充分的。韦尔（2003）表明如何分离出并非联合可满足的成对无界抽象。在每种情况下，抽象是第五基本定律的协调性限制（consistent restrictions of Basic Law V）而且尤其是下述模式的实例：

$$(RV) \quad ext(F) = ext(G) \leftrightarrow ((\Phi(F) \vee \Phi(G)) \vee \forall x(Fx \leftrightarrow Gx)),$$

196

这里 Φ(F)陈述的是 F 是尺寸至少为 κ 的而且是某个 θ 尺寸概念 H 的子概念。然而,θ 是仔细被选择的以确保存在每个 θ 尺寸和非 θ 尺寸概念的无界序列。如果 Σ 是 RV 的如此实例,那么它将是协调的,仅当 Φ(F)对某个概念 F;否则,Σ 会坍塌为不协调第五基本定律。不过,Σ 能被表明仅仅在 θ 尺寸定域中是可满足的。恰当选择的成对公式 Φ₁ 和 Φ₂ 引起 RV 的两两不可满足实例:Σ₁ 和 Σ₂。例如,取 Φ₁(F)以陈述 F 是尺寸至少为 κ 的概念而且是某个后继 ℵ 尺寸概念 H 的子概念,取 Φ₂(F)以陈述 F 是尺寸至少为 κ 的概念而且是某个极限 ℵ 尺寸概念 H 的子概念。Σ₁ 和 Σ₂ 的每个都是协调无界抽象。但是 Σ₁ 仅仅在后继 ℵ 尺寸定域中是可满足的,而 Σ₂ 仅仅在极限 ℵ 尺寸定域中是可满足的。所以,它们不是联合可满足的。

现在进入稳定性,这是本节的一个主要话题。说抽象原则 Σ 是稳定的,当且仅当存在某个 κ 使得 Σ 在尺寸为 λ 的所有定域中是可满足的,对任意 λ>κ。联合不可满足成对无界抽象 Σ₁ 和 Σ₂ 的问题恰恰在于,它们在定域尺寸上强加不相容要求的事实。但通过要求可接受抽象成为稳定的,我们确保任意两个可接受抽象将最终在足够大集合中是同时可满足的。稳定性初看起来可能是可接受性的可行充要条件。不仅我们知道我们将找不到成对联合不可满足稳定抽象,而且注释应用到任意稳定抽象集合。把抽象集 S 称为稳定的,当且仅当存在某个 κ 使得 S 的所有元素在尺寸为 λ 的所有定域中都是联合可满足的,对任意 λ>κ。我们有下述:

注释 1:(ZFC)每个稳定抽象集都是稳定的。

这意味着任意稳定抽象族是稳定的吗? 未必。或者至少不是当我们让出地方给抽象原则真类的可能性。林内波(2009a)注意到法恩(2002)最初设计的阐明超膨胀问题的例子可以被认作对稳定性作为可接受性充分条件的前景产生怀疑。对每个概念 H,考虑概念 F 与概念 G 具有的等价关系 R_H 恰好假使或者 F 和 G 两者与 H 是共延的或者不是共延的。相关联的抽象原则把概念定域划分为两个等价类：与 H 共延的概念类和不与 H 共延的等价类。现在，根据不同抽象（abstractions）引起不同抽象物（abstracts）的假设，我们必然推断对每个概念 F 来说与 R_F 相联的抽象不是联合可满足的。否则，我们能通过认为概念 F 的外延等同于相对于 R_F 的 F 的抽象物解释不协调第五基本定律。

仍存在操作的余地：人们可以怀疑抽象原则真类能在合理语言中被陈述，或者可选择地，人们能质疑不同抽象必定引起不同抽象物的预设（presupposition）。回应第一个关注，我们能用参数简单地规定相关的抽象原则。林内波和乌斯基亚诺（2009）讨论两条回应路线，建议它们不是成功的而且更一般地，论证除非新弗雷格主义诉诸与它们纲领似乎相当不相关的观念，不然稳定性作为可接受性的充分条件注定失败。不管该论证是否成功，关于是否稳定性是可接受性的可行必要条件的问题仍然存在，而且这事实上是下文中许多内容的焦点。据我们所知，作为良莠不齐问题解决方案的候选稳定性第一次出现在赫克（1992）论文中。然而，该提议大部分由于出现在黑尔和怀特（2001）与韦尔（2003）的文献中，最近才开始广泛传播。但在我们更详细地考虑稳定性之前，让我们快速提到两个理由以把稳定性认真对待为可接受性必然条件的候选者。

与可接受性必然条件的其他候选相连一个理由出现。为回应上述的韦尔例子，人们本来可能坚持抽象原则应该不仅仅是保守的，而且与任意其他保守原则是联合可满足的。这立刻建议可接受性的另一个必然条件：抽象原则是和平的，当且仅当它是保守的，且与任意保守抽象原则是联合可满足的。因为没有一个上述考虑的无界 RV 的实例与任意其他无界抽象是联合可满足的，它们不是和平的且所以作为隐性定义不是可接受的。然而，韦尔（2003）已经表明抽象原则是和平的当且仅当它是稳定的。黑尔和怀特就他们本人而言，曾经唤起一个相关条件的注意。推测起来，不管什么优点被认作可接受性的标志，可接受抽象不应该与恰恰有相同优点的抽象不相容，也就是，他们应该保持不匹配的（unmatched）。而且他们继续说道：

> 我们猜想不匹配逻辑抽象（the unmatched logical abstractions）将与法恩（1998）称之为稳定的那些相符：这些抽象是可满足的而且使得，如果在基数为 κ 的定域处是可满足的，那么在每个大于 κ 的基数处也是可满足的（黑尔和怀特，2001，第 427 页，脚注 14）。

他们的条件是稍微强于我们曾经称为稳定性的东西，因为它允许在满足的抽象的基数中间没有"缺口"。例如，假设抽象 Σ 仅仅在 $\aleph_0$ 和每个基数 κ 上是可满足的，这里 $\kappa > \aleph_4$。那么 Σ 按理说是稳定的，但它无法满足文章中的要求。由于它们的要求是更强的，它将是可接受性的必要条件，仅当稳定性仍然是一个必要条件。稳定性作为可接受性必然条件的情况当然不会是完备的，若无作为新弗雷格主义纲领首要目标的休谟原则事实上是稳定的事实。而且休谟原则确实是可证明稳定的（provably stable），当我们假设选择公理时。当稳定性以可接受性必然条件的候选形式出现，它决不支配关于良莠不齐问题的文献。

相反，很多近期的且非常有趣的关于良莠不齐问题的工作集中在膨胀（inflation）上。抽象原则是非膨胀的（non-inflationary），当它不需要比存在的对象更多的抽象物。如果论域是无穷的，那么休谟原则是非膨胀的（non-inflating），因为它需要比对象更少的数的存在性。相比之下，不管论域的尺寸是什么，第五基本定律是膨胀的（inflationary），因为它需要比存在的对象更多的外延。然而，出于至少两个理由非膨胀（non-inflation）不自动是良莠不齐问题的令人满意的回答。一个理由是需要补充回应以对论域无穷性的某个独立保证——不然，休谟原则毕竟会是膨胀的。

199

另一个理由是法恩（2002）曾经称为超级膨胀（hyperinflation）问题的东西，它出现在稳定性对可接受性是否充分的问题的讨论中，有人考虑上述提到的对应每个等价关系 R_H 的抽象族。法恩（2002）曾经发展出大部分被设计来处理超级膨胀问题的一般抽象理论（a general theory of abstraction）。对良莠不齐异议有分歧的不同工作系列大部分是由达米特（1991）的建议所激发的，即概念的非直谓概括是因弗雷格系统的不协调性受责备的。然后，该建议是要强加某个直谓限制在哪些公式定义概念且希望仍能够继续新弗雷格主义纲领。林内波的贡献提供对该策略的具体阐明且讨论它的动机。即使这样，在下文中我们部分聚焦稳定性，由于它表现为我们现在转向的对良莠不齐问题广义版本的潜在解决方案。

3. 从狭义良莠不齐问题到广义良莠不齐问题

新弗雷格主义有好伙伴（in good company）。RV 的两两不可满足实例的例子探索由新弗雷格主义独立带来的两个承诺。一个承诺是二阶量词化，且另一个承诺是抽象原则的绝对一般性（the absolute generality）。毕竟新弗雷格主义的问题不完全是：两个推定可接受抽象在集合尺寸定域中不是联合可满足的。就它们不是的范围而言，我们有理由认为它们在总体定域中将不是联合可满足的。然而，若为真，它们在总体定域上应该是可满足的。但成问题抽象对的元素是能够把不相容约束强加到定域基数的类型上，而不管是否总体的。所以它们不能全是真的，更不用说是先天的，而且新弗雷格主义需要某些手段辨别它们。

不过，新弗雷格主义在它们的困境中不是孤单的。比如，我们在头脑中有由数学理论的主题是数学结构（a mathematical structure）的论题所描绘的数学哲学中的观点家族（a family of views）。这是逐渐为人们所知的数学结构主义（mathematical structuralism）。那么数学真性是根据每个例证结构的模型中的真性被解释的。例如，一个算术语句是真的,当且仅当它在每个例证自然数结构的模型中是真的,这是构成算术主题的数学结构。数学结构主义会是不完备的,若无数学实践如何能够固定数学理论的主题的描述。而且在这时候,算术为结构主义提供了最好的案例研究。例如,我们想要知道数学家们如何确定自然数系统作为算术的主题。

幸运的是,对我们的问题似乎存在一个现成的答案:他们凭借二阶戴德金—皮亚诺公理规定自然数系统——或者等价地,例证自然系统的模型类 $\mathcal{N}$。人们把 $\mathcal{N}$ 辨认为所有的且仅有的使公理为真的模型类。这建议在答案上的首过(a first pass)。数学家们凭借适当的二阶可公理化性应该能够规定数学理论的主题。但为了二阶可公理化性对任务成为适当的,它应该满足至少三个条件。首先,公理应该是可满足的,也就是,它们应该有一个模型,以确保至少一个结构是由它的模型所例证的。其次,公理应该是范畴的,也就是,它们应该只有两两同构模型,以确保至多一个结构是由 $\mathcal{C}$ 中的模型所例证的。

最后,公理必须是递归的,以确保它们可以是至少在原则上由像我们这样的有限存在所陈述的。例证地满足所有三个条件的戴德金—皮亚诺公理使数学家们能够描绘自然数系统,这是算术的主题。一个算术陈述是准的当且仅当它在二阶戴德金—皮亚诺公理的所有模型中是真的。受到算术描述成功的鼓舞,结构主义者倾向于把策略扩充到更强力理论。但拉约(Agustin Rayo)和乌斯基亚诺(2004)曾经提醒注意特定的窘境当它要把该描述扩充到集合论。因为是否它的主题,即纯粹集合结构事实上通过范畴二阶可公理化性是完全可描绘的,是一个开放问题。事实上,如此范畴描绘甚至似乎与集合论论域的开放式特征关系紧张,这是由策梅洛(1930)接近尾声的地方所表达的:

> 现在如果我们提出一般假设,即每个范畴决定定域以某种方式也能被解释为一个集合,也就是,能表现为正规定域的元素,由此推断对每个正规定域存在有着相同基的更高定域。

策梅洛的一般假设建议下述种类的反射原则:

全局反射:存在集合 M 使得二阶集合论语言中的每个真语句仍是真的当量词被限制到 M。

但如同拉约(2005)注意到的那样,当全局反射是真的,没有二阶集合论语言的真语句的递归和可满足集合 A 是范畴的。留给我们的是一个谜题。当不存在集合论语言的真二阶语句的递归和范畴集,集合论者的时间如何能够规定他们学科的主题? 也许他们的集合论可公理化性只能够提供论域的部分描绘,而且我们不应该要求更多。或者可替换地,我们可以说并非集合论的每个陈述都有确定的真值条件。像"存在强不可达数"的陈述可能不是确定真的或者假的,由于存在它是真的二阶 **ZFC** 的模型和它是假的二阶 **ZFC** 的模型。当它来到集合论,我们可能没有选择该建议,但要学会忍受真值的不确定性(indeterminacy)。然而,我们可能仍期待纯粹集合论定域的完整描绘,倘若我们利用绝对一般性(absolute generality)的资源。即使没有集合论语言的真二阶语句的递归和范畴集存在,我们有仅次于完美的事物当我们思考不纯集合论的二阶公理化性,也就是,有本元的集合论,它的变元被允许无限制地管辖所有对象的总体定域。

更准确地讲,令 **ZFCSU2** 是带有选择和本元的二阶策梅洛—弗兰克尔加入本元形成集合的公理的结果。麦吉的结果告诉我们,带有总体定域的 **ZFCSU2** 的任意两个模型有同构纯粹集。该观察为结构主义者提供集合论者如何能挑出集合论主题的精妙描述,在其上纯粹集合论的每个陈述都有确定真值。数学家凭借适当的绝对一般可公理化性能够规定数学理论的主题,这里适当的绝对一般可公理化性起码应该是可满足的、递归的和几乎范畴的(almost-categorical),也就是,它们应该只有两两部分同构的带有绝对无限制定域的模型。该建议会继续说,纯粹集合的结构是由不纯集合论的绝对一般可公理化性所

202

描绘的。纯粹集合论的陈述是真的,当且仅当它在带有总体定域的 **ZFCSU2** 的所有模型中是真的。但现在我们能够提出对坚持集合论主题的完整描绘的结构主义版本的良莠不齐异议。因为人们可能怀疑,是否任意可满足的且递归绝对一般二阶可公理化性事实上作为结构规范(a specification of a structure)是可接受的。

但答案最好是"不"。因为二阶可公理化性经常把实质约束强加到定域基数类型,而且在最总体定域上被解释时,它们在它的基数上强加实质约束。但更重要的是,竞争的二阶可公理化性可能强加不相容要求到最总体定域,当我们取它们的变元成为真正无限制的。作为结果,它们在总体定域上不是联合可满足的,且至少它们中的一个本来必定无法规定一个结构。为使该问题生动起来,考虑带有本元加本元形成集合的公理的二阶莫尔斯—凯利类理论 **MKSU2** 的情况。当 **ZFCSU2** 要求论域成为强不可达的,**MKSU2** 要求论域有强不可达的幂的基数。而且,当两个可公理化性推测起来是协调的,它们在总体定域中不是联合可满足的。该结论是不可逃避的:至多它们中的一个可以被用作规定数学理论的主题。另一个作为数学结构规范不是可接受的。

我们具有数学结构主义广义良莠不齐问题的条件。由于并非每个二阶可公理化性在规定结构上是成功的,当它的变元被用来无限制地管辖总体定域,该问题起因于用什么标准把成功的可公理化性与不成功的可公理化性区别开来。稳定性以该问题的首过答案形式出现。我们只需要补充结构主义描述以可接受二阶可公理化性是稳定的要求,假设在于稳定性为总体定域中的可满足性提供表面根据。该思想在于通过把注意力限制到稳定二阶可公理化性,我们将能够它们在总体定域中可能不是联合可满足的担忧。不幸的是在下个小节中,目前出于启发性理由的回应将在详细审查下无法生存。尤其,我们将看到稳定性要求会自动排除 **ZFCSU2** 和 **MKSU2** 作为可接受尝试以各自规定集合论和类理论的主题,而且我们必然会为它们寻找稳定的替换物。迄今为止,我们有数学哲学中两个相当不同立场的问题,但我们认为该问题甚至是更一般的,由于每当我们同意在高阶资源和绝对一般性的帮助下清楚表达我们的理论承诺,它就出现。

这个一般问题是在乌斯基亚诺(2006)文章中被呈现的且被讨论的,这里样本案例研究与原子主义经典外延分体论——经典外延分体论和所有融合都有作为真部分的原子的公理——的二阶或者复数表述和 ZFCSU2 间的冲突有关。这两个不是联合可满足的当在总体定域上被解释,由于它们会要求定域要有不相容的基数类型。稳定性也以对该问题的初始可行回答的形式出现。因为人们可能认为,该现象要求在我们的理论化过程中对绝对一般性的使用谨慎,而且稳定性要求会构成该提议的具体实施。为了确保我们所有的绝对一般化是到头来联合可满足的,我们应该采用认识保守主义(epistemic conservatism)的政策且只接受稳定的绝对一般化。然后,如同我们后面将看到的,该提议会是高度修正的当它会再次直接排除作为不可接受多个的我们的绝对一般理论承诺。如此过度的谨慎事实上可能阻碍我们的理论化。

4. 稳定性作为广义良莠不齐问题和狭义良莠不齐问题解决方案的可行性

虽然看上去很有吸引力,现在我们想要论证稳定性无法胜任广义良莠不齐问题的总括解决方案。至于它是否胜任新弗雷格主义问题局部版本解决方案的问题,它将在很大程度上依赖新弗雷格主义能够放弃为标准集合论还有其他普通数学提供基础的野心,而且依赖他们是否能够为稳定性是抽象、要充当隐性定义的必要条件的声称提供原则基本原理。我们倒序地阐述这些要点。

第一个要点是由马蒂·埃克隆德提出的。一个任务是分离出满足要求(fit the bill)的形式约束,且完全不同的另一个任务是为下述声称提供哲学基本原理,即有问题中约束的所有抽象应该被当作数学

204

概念的隐性定义。诚然，该要求是相当清楚的。真正想要的是由某些有吸引力抽象原则类的元素所分享的形式约束。它的元素应该不仅仅是协调的而且是联合可满足的。此外，它们应该包括休谟原则，这是新弗雷格主义的首要目标，而且包括声称为实分析和集合论提供基础的抽象。我们已经暗示稳定性可能无法胜任可接受性的充分条件当我们为抽象真类腾地方。然而，新弗雷格主义仍然能把稳定性视作必要条件，其仍能被补充以便分离出可接受抽象的标志。

但为该解决方案成为完全令人满意的，它必然会伴随以稳定性——这自身是模型论约束——和有能力充当隐性定义间联系的基本原理。位于新弗雷格主义的某些抽象易于充当隐性定义的主张的核心的是下述观点，即成功的抽象原则是在概念化性的实例，在其不诉诸抽象物被描述的事态是在抽象物的帮助下被再设想的。推测起来，根据考虑下的提议，只有稳定抽象会为我们提供再概念化性实例。但人们想要知道假设稳定性恰恰在再概念化性中扮演什么角色或者也许补充以进一步的形式约束如何假设稳定性帮助抽象原则变为一个再概念化性。

现在移向第二点。稳定性符合新弗雷格主义的要求吗？不符合除非他们准备好宣布放弃一点点集合论的新弗雷格主义基础。因为首先注意要求集合论的稳定可公理化性会是无希望的，从其 **ZFCU2** 的所有公理相当独立于关于是否本元构成一个集合的任意假设是可推导的。这是因为，相当一般地：

注释 2：(**ZFC**)**ZFCU2** 在基数为 κ 的定域处是可满足的，当且仅当存在强不可达基数 λ 使得 $\kappa^{<\lambda} \leqslant \kappa$。

当然问题出在"仅当"方向。因为如果基数 κ 有共尾性 ω 且 $\omega < \lambda$，那么 $\kappa < \kappa^{\omega} \leqslant \kappa^{<\lambda}$。由于存在共尾性为 ω 的基数的无界序列，那么该结论似乎是不可逃避的：

第三章　良莠不齐

注释 3：(ZFC)ZFCU2 不是稳定的。

这种总结性的技术观察为从稳定抽象推出集合论的前景设定一个上界，因为它蕴涵没有稳定抽象蕴涵 ZFCU2 的公理。

    注释 4：(ZFC)没有匹配 ZFCU2 的抽象原则 Σ 是稳定的。

但存在共尾性为 ω 的基数的无界序列的观察事实上确实为找到集合论的稳定抽象的抱负上设定一个下界。尤其，它告诉我们没有稳定抽象能蕴涵所有的下述公理：

> 外延性：$\forall x \forall y (Set(x) \wedge Set(y) \rightarrow (\forall z(z \in x \leftrightarrow z \in y) \rightarrow x = y))$；
> 无穷性：ω 存在。
> 可数替换：对每个可数集 x 和每个函数关系 F，像 $F[x] = \{F(y) : y \in x\}$ 是一个集合。

因为结构 $\langle M, E, S \rangle$ 将是基数为 κ 的前述三个公理的模型仅当 $\kappa^{\omega} \leqslant \kappa$。

    注释 5：外延性、无穷性和可数替换在基数为 κ 的模型中是可满足的仅当 $\kappa^{\omega} \leqslant \kappa$。

这是因为它们对 $[M]^{\omega}$ 的每个元素在模型中蕴涵集合的存在性，也就是，基数为 ω 的 M 的子集集。由于至少存在 κ^{ω} 个如此集合且在模型中只存在 κ 个合格个体，我们需要确保 $\kappa^{\omega} \leqslant \kappa$。不幸的是，存在任意高基数 κ 使得 $\kappa < \kappa^{\omega}$。但不难发现具体的例子。令 ZF_cCU2 是以本元、选择和可数替换公理补充二阶策梅洛集合论的结果。那么：

    注释 6：(ZFC)ZF_cCU2 在基数为 κ 的定域中是可满足的仅当

$\kappa^\omega \leqslant \kappa$。

由于存在对其这个条件无效的任意高基数：

注释 7：(**ZFC**)**ZF**$_c$**CU2** 不是稳定的。

当 **ZF**$_c$**CU2** 是非常适度的集合论,没有资源以完全一般性根据超限递归证实定义的一个。这告诉我们的是通过坚持稳定抽象,新弗雷格主义通过远射没打中目标。新弗雷格主义的两个明显急需物似乎关系紧张(in tension)。一个急需物是从可接受抽象原则发展尽可能接近标准集合论的最低限度集合论的抱负,而且另一个急需物是要求稳定性作为可接受性的必然条件。它们中没有一个是可忽略的。我们曾经在第一小节讨论稳定性的重要性。另一个急需物似乎也是相当重要的。对新弗雷格主义重要的是能够把算术的成功扩充到数学的其他既有的更丰富的分支。实分析是恰当的例子,而且许多近期的和非常有趣的工作在新弗雷格主义前沿上已经被完成以容纳它。然而,集合论为新弗雷格主义从可接受原则推导大量既有数学的抱负提供尤为重要的案例研究。

因为不管人们是否喜欢它,集合论已经在标准数学中扮演基础性角色,而且除非新弗雷格主义从可接受抽象能够发展出 **ZFC**,他必须将忍受当代数学关键部分的删除。虽然如此,不清楚的是在何种程度上,这是对基于稳定性的良莠不齐异议的新弗雷格主义回应前景的打击。因为人们可能怀疑是否它对新弗雷格主义设法应付弱于 **ZFCU2** 不是开放的。也许存在发展大量经典数学的集合论的更弱片段的稳定可公理化性。事实确实如此。我们只需要完全删除替换以获得集合论的如此可公理化性。照例,令 **ZCU2** 是带有本元加选择公理的策梅洛集合论。再次,**ZCU2** 是适度强力集合论,无疑足够强大到交付 ω,ω 的幂集,ω 的幂集的幂集,ω 的幂集的幂集的幂集,如此等等。而且

这可能足以再捕获实分析,泛函分析,复分析和大多数普通数学——当然除了集合论。我们有下述:

注释8:(ZFC)ZCU2 在基数为 κ 的定域是可满足的,对每个 $\kappa > \beth_\omega$。

这告诉我们,倘若论域是足够大的,据其我们指基数大于或者等于 $\beth_\omega$,ZCU2 事实上是集合论的稳定可公理化性。

注释9:(ZFC)ZCU2 是稳定的。

这也许是对新弗雷格主义受欢迎的新闻,对他们 ZFCU2 的全范围是可协商的。如此的新弗雷格主义可能满足于所有 ZCU2 是可推导的稳定抽象。而且没有什么已经排除如此抽象的存在性。即使新弗雷格主义仍怀有希望克服本小节中已提出的某些困难,现在我们想要提议开始的关键观察给予该建议决定性打击以强加稳定性的更多要求,以便处理广义良莠不齐异议。

　　这次的问题不是缺乏稳定性的哲学基本原理。从讨论中的数学结构主义版本的立足点出发,某些可公理化性在总体定域中是可满足的而其他不是可满足的。可满足的那些确实在数学结构的完整规范中取得成功,而不可满足的那些情况相反。要求稳定性的要点是为我们提供我们所选的可公理化性在总体定域中事实上是可满足的某个再保证。但关于如何它们成功而其他不成功不存在神秘因素。换句话说,稳定性以有吸引力约束的形式出现的理由,仅仅是因为它为不同数学理论在我们对可公理化性的选择上更加谨慎。宁可问题在于稳定性在与标准集合论的情况一样核心的情况中是不可企及的目标。因为不管对结构主义的广义良莠不齐的得体回应可能完成任何其他的东西,它应该最低限度允许标准集合论主题的可接受规范。但根据考虑中的提议看起来像等待由标准集合论的稳定可公理化性被满足会是没有希望的。更多的是，上述结果告诉我们没有 **ZF_cCU2** 的扩充将是稳定的。因此，纯粹集结构的稳定规范前景似乎是完全无希望的。

也非通过质疑 **ZFCU2** 的合法性回应该问题是更有希望的，更不用说 **ZF_cCU2**，根据没有稳定可公理化性对它是可用的。因为对我们来说似乎数学真性的可行描述应该遵循的一个特征是数学实践的自主，这应该决不是由某人的数学真性描述所约束的。而且建议数学家们应该把注意力限制到稳定可公理化性应该可能的数学理论是不可接受的。本小节核心结果的准则当然不是标准集合论是有点可疑的，而是数学真性的结构主义描述需要精化（refinement）。最后两个注释一般化到该问题的最一般版本。似乎怀着排除我们对精细不相容绝对一般理论承诺的承诺的希望，把可接受性限制到我们相信成为稳定的一般化最初是有希望的。缺点再次在于苛刻的限度，该举措会把它带到，它会需要我们把可接受性限制到，我们常常当作相对不成问题理论承诺的严重枯竭变体的范围，诸如由应用集合论和原子主义外延分体论所招致的那些。

5. 两个注释的证明

注释 2 和 8 的证明：

注释 2：(**ZFC**) **ZFCU2** 在基数为 κ 的定域处是可满足的，当且仅当存在强不可达基数 λ 使得 $\kappa^{\triangleleft} \leqslant \kappa$。

证明：

左推右：令 $\langle M, E, S \rangle$ 是基数为 κ 的 **ZFCU2**——这里 M 是定域且 E 和 S 各自是谓词 $\in$ 和 Set 的解释。如果 $a \in S$，令 $(a)_E = \{x \in M : xEa\}$。对每个 $a \in S$，$|(a)_E| < \kappa$。因为不然，根据 $\langle M, E, S \rangle$ 中的二阶替换，会存在 $b \in S$ 使得 $(a)_E = M$，这是不可能的。令 λ 是 $\leqslant \kappa$ 的

最小基数使得 $|(a)_E| \leqslant \lambda$ 对每个 $a \in S$。一般地,如果 $a \in S$,那么 $(a)_E \in [M]^{<\lambda}$。但如果 $x \in [M]^{<\lambda}$,那么,根据 λ 的极小性存在 $a \in M$ 使得 $|X| \leqslant |(a)_E|$。令 F 是从 $(a)_E$ 到 X 的函数。因为二阶替换在 $\langle M, E, S \rangle$ 中是满足的,存在某个 $b \in S$ 使得 $(b)_E = X$。因为 $\langle M, E, S \rangle$ 是外延性的模型,我们知道如此的 b 是唯一的。因此,一般地,对 $[M]^{<\lambda}$ 的每个元素 X,$X = (a)_E$ 对某个 $a \in S$。由于 $\langle M, E, S \rangle$ 是 **ZFCU2** 的模型,λ 必定是强不可达的。但 $|M| = \kappa$。因此 λ 是 $\leqslant \kappa$ 的强不可达使得 $\kappa^{<\lambda} \leqslant \kappa$。∎

注释 8:(ZFC)ZCU2 在基数为 κ 的定域是可满足的,对每个 $\kappa > \beth_\omega$。

证明:

令 $\langle V_\gamma(A), \in \cap (V_\gamma(A) \times V_\gamma(A)) \rangle$ 是 **ZFCU2** 的模型这里 $|A| = \kappa$。令 N 是传递闭包最多包含 A 的有限多个元素的 $V_{\omega+\omega}(A)$ 的元素集。$\langle N, \in \cap (N \times N) \rangle$ 是基数为 κ 的 **ZCU2** 的模型。为检查 N 有基数 κ,对 A 的每个有限子集,令 N(X) 是所有传递闭包至多包含 X 作为 A 的子集的 $x \in V_{\omega+\omega}(A)$ 的集合。N 是所有 N(X) 的并集,这里 X 是有限本元集。对本元 X 的每个有限子集,N(X) 有基数 $\beth_\omega$。因此 N 有基数 $\beth_\omega \cdot \kappa = \kappa$。∎

第三节　高阶休谟原则与连续统假设

良莠不齐异议不是对抽象主义的单个反对,而是一串担心。良莠不齐的单纯版本说的是存在类似于休谟原则的抽象原则,但这些原则有着令人反感的形式或者哲学性质。这里的担心在于,如果抽象原则的令人反感的性质排除这些原则作为数学概念的合法定义,我们就不能为一般抽象方法辩护。罗素悖论为我们提供良莠不齐异议的第一个版本，它说的是存在不协调的抽象对象。弗雷格的第五基本定律允许我们推出一个矛盾。这说明并非所有抽象原则都是协调的。布劳斯为我们提供良莠不齐异议的第二个版本，它说的是存在与休谟原则不相容的协调抽象原则。休谟原则不仅是可满足的，而且是保守的。我们声称可满足性和保守性是可接受抽象原则的必要条件。然而，韦尔表明保守性不是抽象原则可接受性的充分条件。韦尔提出作为良莠不齐异议第三个版本的富有窘境异议，它说的是存在每个原则单个地既是可满足的和保守的，但配对是联合不可满足的抽象原则配对。

到目前为止我们看到下述结论：保守性是抽象原则可接受性的必要条件，和平性是抽象原则可接受性的充分条件。保守性不是可接受性的必要条件。那么我们需要考虑两种情况：一种是和平性仅仅作为可接受性的充分条件；另一种是和平性既作为可接受性的必要条件也作为可接受性的充分条件。如果我们接受计数概念也就是把数指派到二阶和高阶概念的假设是抽象主义描述的一个部分，那么接下来要表述沿着抽象主义路线允许我们获得这些数的原则。为表述高阶休谟原则类似物也就是把基数指派到二层和高层概念的原则，我们需要引入术语。首先，我们需要有每个有限阶变元。其次，我们用作为上标的自然数指定变元层次。有了这些术语，我们就能表述允许我们计数一层对象的原则也就是把基数指派到二层概念的休谟原则变体。我们把这个原则称为上休谟原则。表述把基数指派到二层或者高层的抽象原则是直接的。然而表明这些性质有想要的性质是另一回事。

我们来考虑休谟家族的模型。如果广义连续统假设成立，每个休谟家族成员在任意无穷基数上是可满足的，所以每个休谟家族成员是稳定的，由此是可满足的、保守的和和平的。把二阶理论处理为多类一阶理论，定义数的抽象原则类有亨金也就是非标准模型。这时有人会问：是否存在休谟家族的任意标准二阶模型？使用伊斯顿力迫，结果是否定的。推论说的是休谟家族成员是否有必要的性质以便成为合法的抽象主义定义是独立于 ZFC 的。有了这些形式结果，我们需要考虑抽象原则的技术或者哲学特征。我们考虑的是由背景理论和认识关系组成的约束模式。基于 ZFC 至少存在两种策略：第一种是强 ZFC 约束；第二种是弱 ZFC 约束。

第二种策略看上去似乎更可行，但它会碰到两个问题：动机不良且技术不可靠。如果我们想采用第二种策略，我们需要重述可接受原则的定义。可行的方案就是用超和平取代和平性。第一种策略是动机良好的且技术上可靠的，但它的问题在于它排除上休谟和所有休谟家族的可接受性。尽管强弱 ZFC 约束有着种种问题，作为它的替代物的抽象主义集合论的前景也并不乐观。上述两种集合论都是标准集合论，我们可以对二阶量词的采用非标准理解。一种方式是复数量词，另一种是亚布隆—拉约原则，它的特点在于不管辖任意事物。我们还可以通过改变背景逻辑来避免上述问题。最后也要考虑对二阶逻辑如何有助于抽象主义计划进行详尽描述。

1. 良莠不齐异议的三个版本

某些逻辑预备知识：抽象原则的形式为下述的任意公式：

$$(\forall\alpha)(\forall\beta)(@(\alpha)=@(\beta)\leftrightarrow E(\alpha,\ \beta))$$

这里"@"指的是把由 α 所管辖的实体类型映射到对象的一元函数，而且"E（ ，）"是相同实体上的等价关系。抽象原则允许我们引入新项，且因此推测起来获得通向项指称物的优先认识论入口，通过已经被理解的使用语言资源的对象定义恒等条件，也就是，出现在等价关系"E（ ，）"中的资源——在这里有趣的"E（ ，）"将是纯粹逻辑公式的情况下，尽管一般地它不需要如此。因此，抽象原则旨在担当某种隐性定义，提供对形式为"@（α）"的新鲜项的意指的描述。也许抽象原则的第一个值得注意的出现发生自弗雷格的对算术的逻辑主义重建中。弗雷格几乎注意到，在《算术基础》中标准高阶皮亚诺算术公理从现在为人所知的休谟原则的抽象原则中推断出来，从休谟原则对皮亚诺公

212

理的先行推导是从弗雷格的评论被外推出来的（怀特 1983；布劳斯 1990；赫克 1993；布劳斯和赫克 1998）。休谟原则是下述思想的形式化，即给定两个任意的第一层概念 X 和 Y，Xs 的数等同于 Ys 的数当且仅当 Xs 和 Ys 能被放到 1-1 对应。更形式地，我们有：

$$HP: (\forall X)(\forall Y)(\#(X) = \#(Y) \leftrightarrow (X \approx Y)),$$

这里 X≈Y 缩写的是 X 和 Y 是等数的二阶声称，也就是，从 Xs 到 Ys 存在双射函数。根据数值算子"♯"我们能表述诸如"自然数""后继"和"加法"这样的相当自然的算术概念定义。给定这些定义，从休谟原则推断二阶皮亚诺算术公理的事实作为纯粹数学结果是相当显著的，而且该结果逐渐被称为弗雷格定理。对该结果的详细检查，和它的各种流线型版本，可参考赫克（1997）。对休谟原则作为数的隐定义的兴趣曾经是由怀特（1983）复燃的。关于抽象主义各种文献内部的一个主要批判线程逐渐被人们称为良莠不齐异议。常常发生的情况是，"良莠不齐异议"实际上不是对抽象主义的单个反对，而是一群担忧，所有这些采用像下述形式的某物：

良莠不齐（简单版本）：

　　存在类似于 **HP** 的抽象原则，但它们有不吸引人的形式或者哲学性质。

这里的担忧在于，如果存在有不吸引人性质的抽象原则排除它们作为数学概念的合法定义，那么一般抽象方法不能被辩护的。但如果抽象原则不是全面可接受的，那么我们有什么理由认为休谟原则是不错的？关于哪些原则是可接受的问题是临界的一个（a critical one），当抽象原则计划是要从它的作为算术的有前途基础的目前状态被扩充到对诸如集合论和分析这样的更大片数学的充足处理。罗素悖论为

我们提供良莠不齐异议的第一个和最简单版本。众所周知,并非所有抽象原则都是协调的——例如,第五基本定律:

$$\textbf{BLV}: (\forall X)(\forall Y)(\S(X) = \S(Y) \leftrightarrow (\forall z)(X(z) \leftrightarrow Y(z))),$$

允许我们推导矛盾。所以:

良莠不齐 1:存在不协调的抽象原则。

对此担忧的回应是相当明显的——我们仅仅需要把注意力限制到协调的抽象原则。换句话说,协调性是抽象原则可接受性的必要条件。即使我们搁置休谟原则协调性上的担忧,而且接受它是协调的,由于它与二阶皮亚诺算术是等协调的,容易看到把抽象主义描述限制到协调抽象原则不是足够的。第一个注意到这点的是布劳斯,他指出存在协调的但彼此不相容的抽象原则。因此:

良莠不齐 2:存在与休谟原则不相容的协调抽象原则。

因此,如果休谟原则是可接受的,那么仅仅协调性对抽象原则成为可接受的不是充分的,尽管它是必要的。如此原则的最著名例子实际上归功于抽象主义计划的辩护者。怀特(1997)指出下述公害原则(**N**uisance **P**rinciple):

$$\textbf{NP}: (\forall X)(\forall Y)[NUI(X) = NUI(Y) \leftrightarrow FSD(X, Y)],$$

能在任意有限基数的定域而不是无穷基数的定域上是满足的,这里"FSD"是有限对称差(**f**inite **s**ymmetric **d**ifference)的缩写。作为结果,NP 是可满足的且因此是协调的,但通过结合 NP 和 HP 所获得的

214

理论是不可满足的,由于 HP 蕴涵自然数的存在性,且因此只有在无穷定域上是可满足的。然而,抽象主义者在这时候有一个回应。像上述公害原则这样原则的问题,在于这些原则是非保守的:它们蕴涵关于若无问题中的抽象原则不被蕴涵的非抽象物的陈述。保守性表述需要把公式 P 相对化到开公式 A(x) 的概念。令 A(x) 是仅仅带有自由变元 x 的公式。那么我们能定义相对于 A(x) 的公式的相对化如下:

(1) $P^A = P$,这里 P 是原子公式;

(2) $(\neg\Phi)^A = \neg(\Phi)^A$;

$(\Phi\wedge\Psi)^A = (\Phi)^A\wedge(\Psi)^A$;

$(\Phi\vee\Psi)^A = (\Phi)^A\vee(\Psi)^A$;

$(\Phi\rightarrow\Psi)^A = (\Phi)^A\rightarrow(\Psi)^A$;

$(\Phi\leftrightarrow\Psi)^A = (\Phi)^A\leftrightarrow(\Psi)^A$;

(3) $(\forall y)(\Phi)^A = (\forall y)(A(y)\rightarrow\Phi^A)$;

$(\exists y)(\Phi)^A = (\exists y)(A(y)\wedge\Phi^A)$;

$(\forall Y)(\Phi)^A = (\forall Y)((\forall x)(Y(x)\rightarrow A(x))\rightarrow\Phi^A)$。

在下文中我们对是否特殊抽象原则 AP 在 T 上是保守的感兴趣,这里 T 是语言 L 中不包含由 AP 所引入的抽象算子 @ 的理论,而且 L^+ 是凭借 @ 的加入通过扩大 L 获得的语言。抽象原则 AP 在理论 T 上是保守的当且仅当:

如果 $T^{\neg(\exists Y)(x=@Y)}$, $AP\Rightarrow C^{\neg(\exists Y)(x=@Y)}$,那么 $T\Rightarrow C$。

换句话说,如果被限制到非抽象物的理论 T 的原则加 AP 证明某个被限制到非抽象物的声称 C,那么单单无限制的 T 证明无限制的 C。给定特殊背景逻辑,比如标准二阶逻辑,让存在需要被解决的问题:在上述定义中我们用"⇒"指的是演绎即证明论后承还是语义即模型论后

215

承？在下文中我们将把注意力限制到语义后承。这么做出于两个理由——第一个与哥德尔主义不完全性现象相关，且第二个更实际。开始时，有理由认为在评估由抽象主义者所作出的各种形式声称中，语义后承关系是恰当的目标概念。如果抽象主义者旨在问题中的蕴涵成为演绎的一个，那么哥德尔的不完全性结果，或者更仔细地应用这些结果以表明二阶逻辑是不完的会蕴涵，例如，存在事实上从休谟原则推断不出来的算术真性。但休谟原则旨在成为算术的基础。所以语义关系必定是有问题的一个。

其次，且更实际的是论证演绎保守性结果的困难。例如，人们知道休谟原则是保守的当后承关系被当作语义的一个。然而在不管哪种意义上，休谟原则是否在这些定义的演绎解读上是保守的是一个开放问题。因此，当相对于演绎后承关系的保守性结果会是有趣的且重要的，对本节的余下部分我们将把注意力限制到多一点可达到的结果，也就是，语义保守性/非保守性结果（semantics conservativeness/non-conservativeness results）。在把我们的注意力限制到语义即模型论概念中，我们必须将在元理论中显性地假设 ZFC，为了提供作为集合论语义学基础的实质集合理论。作为结果，这里采用的路径是"外在"的一个，在从传统集合论者视角出发我们检查抽象主义前景的范围内。

理想地，抽象主义立场最终应该被"内在地"发展和辩护，也就是，从抽象主义可接受集合论版本的视角出发。然而，由于关于如此的抽象主义集合论可能看上去像没有什么共识，而且关于如此理论的非常可能性的某个怀疑，我们这里保留外部视角。现在，如同曾经注意到的，休谟原则不仅仅是可满足的，它也是保守的。另外，公害原则无法成为保守的，由于它蕴涵非抽象物在数量上是有限的。所有现在我们能凭良心声称可满足性和保守性两者对可接受抽象原则是必然条件。不幸的是，韦尔已经论证，尽管也许是抽象原则可接受性的必要条件，保守性不能是充分的。首先，追随韦尔，让我们定义无界抽象原则如下：

    AP 是无界的当且仅当对任意基数 κ，存在 $\lambda > \kappa$ 使得 AP 在尺寸为 λ 的定域上是可满足的。

换句话说，当不存在该原则模型尺寸的上界，抽象原则是无界的。然后韦尔证明下述：

    定理：(韦尔,2003)所有无界抽象原则是保守的。

当相当地简化事情时，这个结果也允许我们表述良莠不齐异议的第三个版本，韦尔称之为"富有的窘境"：

    良莠不齐 3：
    存在每个原则是单独地既是可满足的也是保守的，然而配对是联合不可满足的成对抽象原则。

难以得到例子。比如，我们能利用归功于赫克的技巧，他注意到，对不包含抽象算子的任意公式 Φ，下述抽象原则：

$$AP_\Phi : (\forall X)(\forall Y)(@(X) = @(Y) \leftrightarrow (\Phi \lor (\forall z)(X(z) \leftrightarrow Y(z)))),$$

是在尺寸为 κ 的非空定域上是可满足的当且仅当 Φ 是可满足的。所以，下述成对原则将获得成功：

$$(\forall X)(\forall Y)(@_1(X) = @_1(Y) \leftrightarrow (Succ \lor (\forall z)(X(z) \leftrightarrow Y(z)))),$$
$$(\forall X)(\forall Y)(@_2(X) = @_2(Y) \leftrightarrow (Lim \lor (\forall z)(X(z) \leftrightarrow Y(z)))),$$

这里"*Succ*"是对断言论域是后继基数的尺寸的二阶公式的缩写,而且"*Lim*"是对断言论域是极限基数尺寸的二阶公式的缩写。根据韦尔定理,这两个原则都是保守的,然而它们是相当明显不相容的。韦尔进一步推进,建议可能要求抽象原则满足的进一步跳进,也就是它们是和平的:

> AP 是和平的,当且仅当 AP 与任意保守抽象原则是相容的。

如同他早前处理保守性那样,韦尔为我们提供和平性的简单模型论测试。首先,一个定义:

> AP 是稳定的当且仅当存在一个基数 κ 使得 AP 在尺寸为 $\gamma \geqslant \kappa$ 的定域上是可满足的。

韦尔证明下述:

> **定理:**(韦尔,2003)抽象原则是和平的,当且仅当它是稳定的。

因此,和平抽象原则恰恰是某个高于给定基数的所有定域上可满足的那些。在这时候我们会原谅有读者认为良莠不齐异议的另一个版本是即将来临的,也就是将再次存在单独和平的,但以某种方式不相容的原则。但如此结果在特定意义上是不可能的,如同下述结果表明的:

> **定理 1:**任意和平原则集是可满足的。

> **证明:**令 X 是和平抽象原则的集合,且 S={κ:存在 AP∈X 使得 κ 是最小基数使得 AP 在≥κ 的所有基数上是可满足的}。那么 X 在基

218

数至少是 S 的上确界的任意定域上是可满足的。■

假设 ZFC 为何种原则是可接受的提供好的指南，因此似乎不存在任意理由怀疑和平抽象原则收集的可接受性，由于我们这里检查的异议种类不即将来临。所以，保守性对抽象原则的可接受性是必然的，而且和平性是充分的。此外，上述的例子表明保守性对可接受性不是必然的，当然假设可接受抽象原则收集必定是联合可满足的。不过，问题仍然存在：和平抽象原则收集恰恰是可接受抽象原则收集吗？也就是，和平性既是必然的也是充分的吗？或者存在所有元素都是可接受的更广泛原则类吗？至少存在某个表面理由认为和平性对可接受性既是必然的也是充分的。假设它不是：那么必定存在可接受的某个保守但非和平抽象原则 AP_1。但是由于 AP_1 是非和平的，将存在另一个保守的但非和平原则 AP_2，使得 AP_1 和 AP_2 是不相容的。

所以再次，假设可接受抽象原则收集必定是协调的，AP_2 不能是可接受的。但为什么是 AP_1 而不是 AP_2 使可接受的？毕竟，正像 AP_1 那样，AP_2 与所有和平原则是协调的。AP_1 而不是 AP_2 的可接受性看上去有点特别。当然，该评论仅仅是建议性的。毕竟，可能存在某个到目前为止尚未发现的性质，弱于和平性然而强于保守性，它恰恰对可接受原则有效，而且它解释 AP_1 而不是 AP_2 的可接受性。尽管如此，关于良莠不齐异议的近期文献似乎把和平性呈现为对可接受性是充要的。作为结果，我们将仔细讲清楚受到审查的各种原则的地位，既从仅仅作为可接受性充分条件的和平性视角出发，也从作为可接受性充要条件的视角出发。

2. 计数对象与计数概念

如同我们已经看到的，休谟原则提供从概念到它们相关数的映射。换句话说，HP 为我们提供计数对象的资源，由于要计算对象收集，我们仅仅需要决定 HP 把在收集中恰恰对对象有效的概念联系起来的基数。但当然，对象不仅仅是我们能计数的"事物"。考虑下述陈述：

$$\text{猫的数量是 8。}$$

利用由休谟原则提供的数算子,这个公式形式化的明显方式是：

$$\sharp(x \text{ 是一只猫}) = 8。$$

这里"8"是数 8 的某个标准名称。当尝试把该描述一般化到直接数话题的其他实例,我们的问题就会出现。尤其,考虑下述概念—计数(concept-counting)声称：

$$\text{对不多于 } a,b \text{ 和 } c \text{ 成立的概念数是 8。}$$

如以前,沿着弗雷格主义或者抽象主义者路线形式化这个的明显方式会是像下述的某物：

$$\sharp((\forall y)(X(y) \rightarrow (y=a \lor y=b \lor y=c))) = 8,$$

这里"8"再次是数 8 的某个标准名称。在目前语境下,问题在于休谟原则只把数指派到第一个概念,也就是,对对象有效的概念。然而谓词：

$$(\forall y)(X(y) \rightarrow (y=a \lor y=b \lor y=c))$$

只有二阶自由变元"X"。假设全三阶概括模式,因此该谓词"指定"第二层概念,也就是,对第一层概念有效的概念。在进一步检查抽象主义者为什么需要担心如此高阶数话题之前,值得注意的是弗雷格本人不受如此问题的折磨。理由在于弗雷格有第五基本定律,而且作为结果,任意第一层或者第二层或者更高层概念都有唯一的外延。因此,他能把外延用作会充当问题中概念代理的对象,且从而他能只满足于定义第一层概念的数算子。例如,暂时忽视第五基本定律的不协调性,弗雷格本来能把上述语句形式化为像下述的某物：

$$\sharp((\exists X)(z = \S(X) \land (\forall y)(X(y) \rightarrow (y=a \lor y=b \lor y=c)))) = 8。$$

然而,幸亏罗素悖论,第五基本定律对抽象主义者是不可用的,由于任意阶的每个概念能有唯一对象作为它的外延的观念。作为结果,如果抽象主义者希望被允许指派任意阶的任意谓词以一个数,也就是,如果抽象主义者希望能够计数不仅对象也有概念,那么如此做的某个其他资源必定被发现。当然,人们可能最初怀疑抽象主义者可能不需要计算概念。我们有什么理由认为单单由休谟原则获得的数不足以完成我们需要的所有算术? 毕竟,单单休谟原则为我们提供所有自然数。存在大量互联的为什么抽象主义者需要能够计数不仅对象还有概念的理由。第一个且最实际的理由恰好如下:我们似乎能够在每日语言中计数概念——似乎不存在无论哪里出错的下述语句:

对不多于 a,b 和 c 成立的概念数是8。

如果抽象主义描述只在提供对算术知识的描述——也就是,所有我们的算术知识——那么乍看它应该提供对计数概念如此显然实例的意义和知识的描述。换句话说:抽象主义依赖二阶且也许高阶逻辑的合法性。不管高阶逻辑最终辩护的细节看上去像什么,在某个或者其他意义上,它将相当于量词化管辖如此实体不比一阶事物即对象更是成问题的声称的某个版本。但如果量词化管辖不管什么阶的概念不比量词化管辖对象是更成问题的,由于毕竟量词化仅仅是非常简单的计数方式——"所有"(all)、"没有一个"(none)、"至少一个"(at least one),如此等等,为什么计数概念应该比计数概念是更多成问题的? 第二个更有原则的理由认为,完整的抽象主义数学描述应该包括计数,不仅对象还有概念的资源是良莠不齐异议的一个版本。

如果它证明是我们需要以便计数概念的抽象原则,也就是为第二层和更高层概念提供基数的那些原则是不可接受的,例如它们证明是非和平的,那么这似乎会对由休谟原则所提供的基数无罪地位产生怀疑,由于推测起来没有什么概念上新的事物发生,当我们从计数对象移动到计数概念。换句话说,似乎不存在人们需要学习以便计数概念的具有数学重要性的任意额外事物,若有人已经能够胜任计数对象。无论如何,人们倾向于认为如果休谟原则是可接受原则,那么允许我们把基数指派到概念的类似原则也应当是可接受的。如果它们不是可接受的,那么抽象主义者会面对解释为什么这些高阶原则不是贴切地类似于休谟原则的相当困难的任务。

在它们的模型论中指出某个技术差异无疑不是足够的——若如此高阶休谟变体被排除,必须做的事情是提供关于为什么计数概念原则上不同于计数对象的某个哲学解释。尽管如此论证有可能存在,它的一般型式(general shape)不是明显的。从而我们默认假设应该是如此"高阶"数的描述是合意的。所以如果我们采用计数概念,也就是把数指派到第二层或者更高层概念应该是部分抽象主义描述的默认假设,下一步是表述将允许我们沿着抽象主义路线获得如此数的原则。如同我们将在下个小节看到的,表述如此原则不是困难的,尽管这些休谟原则的高阶类似物不是比休谟自身更良态的(well-behaved)。

3. 休谟家族

为了表述休谟原则的高阶类似物,也就是,把基数指派到第二层或者更高层概念的原则,我们将需要引入一点术语。首先,我们将需要有对每个有限阶的变元。为简单起见我们将把注意力限制到一元变元,由于这些将具有主要兴趣,类似编码约定将被理解为对 n 元谓词有效,对 $n>1$。带上标的自然数将被用来指定变元的"层次",所以"X^1"是第一层变元也就是把项当作主目的变元,X^2 将是第二层变元也就是把第一层变元当作主目的变元,而且一般地,"X^i"是第 i—层变元也就是把第 $i-1$ 层变元当作主目的变元。沿着这些路线,我们能重述休谟原则如下:

$$\text{HP}: (\forall X^1)(\forall Y^1)(\#(X^1)=\#(Y^1)\leftrightarrow(X^1\approx_1 Y^1)),$$

这里 $X^1 \approx_1 Y^1$ 是对 X^1 和 Y^1 是等数的,也就是存在从 X^1s 到 Y^1s 的双射函数的二阶声称的缩写。有高阶资源就绪,我们也能表述将允许我们"计数"第一层对象的原则,也就是,把基数指派到第二层概念的休谟原则变体。我们将把该原则称为上休谟(Upper Hume):

$$UH: (\forall X^2)(\forall Y^2)(\sharp(X^2) = \sharp(Y^2) \leftrightarrow (X^2 \approx_2 Y^2)),$$

这里 $X^2 \approx_2 Y^2$ 是对 X^2 和 Y^2 是等数的也就是存在从 X^2s 到 Y^2s 的双射函数的三阶声称的缩写。当然,然后我们能表述为第三层概念提供基数的原则:

$$HP_3: (\forall X^3)(\forall Y^3)(\sharp(X^3) = \sharp(Y^3) \leftrightarrow (X^3 \approx_3 Y^3)),$$

这里 $X^3 \approx_3 Y^3$ 是对 X^3 和 Y^3 是等数的,也就是存在从 X^3s 到 Y^3s 的双射函数的四阶声称的缩写。更一般地,我们能获得如此原则的 ω-序列根据下述模式:

$$HP_i: (\forall X^i)(\forall Y^i)(\sharp(X^i) = \sharp(Y^i) \leftrightarrow (X^i \approx_i Y^i)),$$

这里 $X^i \approx_i Y^i$ 是对 X^i 和 Y^i 是等数的也就是存在从 X^is 到 Y^is 的双射函数的第 $i+1$ 阶声称的缩写。注意 $HP = HP_1$ 且 $UP = HP_2$。我们将把由结合 HP_i 的所有实例获得的理论称为休谟家族(Hume's Family):

$$HF = \{HP_i : i \in \omega\}.$$

当然我们本来能进一步沿着序数层级上升,甚至表述休谟原则的高阶版本,例如 HP_ω,把基数指派到任意第 ω 层概念——也就是,仅仅对小于 ω 层次的对象或者概念有效的一个。当如此做可能是有趣的,既是技术上的也是哲学上的,目前的可数无穷原则收集已经足够复杂到对本节的剩余部分保持忙碌。无论如何,有关对越来越高阶数概念的原则的需求,前面小节所勾画的论证明显不一般化到超限,由于抽象主义者需要支持量词化管辖非有限阶的概念不是清楚的。所以,表述把基数指派到第二层或者更高层概念的抽象原则是直接的。然而,如同将在下节中被论证的那样,表明这些原则有预期形式是另一回事情。

4. 休谟家族成员的模型

在本小节中,我们将检查是否上休谟,而且休谟家族这个理论有怀特、韦尔和其他人已建议的对可接受抽象原则必然的元理论性质。尤其,我们将提问这些原则是否可满足的、保守的和和平的。然而,如同我们将看到的,对这些问题的回答不以简单的"是"或者"否"的形式出现。首先,我们引入下述定义:

$$C_{(1,\,\kappa)} = \kappa,$$
$$C_{(\gamma+1,\,\kappa)} = 2^{C_{(\gamma,\,\kappa)}}。$$

下述结果总结我们的休谟原则一般化的重要模型论行为:

定理 2:HP_i 有尺寸为 κ 的模型当且仅当 κ 是无穷的且这里 α 是序数使得:

$$C_{(i,\,\kappa)} = \aleph_\alpha$$

我们有:

$$|\alpha| \leqslant \kappa。$$

证明:假设 HP_i 有尺寸为 κ 的模型。首先,κ 必定是无穷的,由于任意 HP_i 证明弗雷格定理的类似物。所以,存在 κ 多个对象,2^κ 多个第一层概念,……和 $C_{(i,\,\kappa)}$ 多个第 i—层概念。因此,如果 $C_{(i,\,\kappa)} = \aleph_\alpha$,那么必定存在 $\omega + \alpha$ 多个基数,也就是 ω—多个有限基数,加 α—多个

224

$\aleph$。所以 κ 必须包含至少 $|\omega+\alpha|$ 一多个对象以充当这些数。所以 $|\alpha|\leqslant\kappa$。逆命题是类似的。∎

为更直观地看到这里发生了什么事情,让我们考虑上休谟(Upper Hume)。根据定理 1,上休谟(Upper Hume)将在 κ 上是可满足的当且仅当在 $\aleph_\alpha=2^\kappa$ 的地方我们有 $|\alpha|\leqslant\kappa$。由于 κ 是无穷的,如果 $|\alpha|>\kappa$ 那么 $|\alpha|$ 是出现在 κ 和 2^κ 中间的基数数量。因此,笼统地讲,如果上有界在基数 κ 处是可满足的,那么在 κ 和 2^κ 中间不能存在多于 κ 多个基数。更笼统地讲,上休谟在基数为 κ 的定域中是可满足的,当且仅当广义连续统假设在该基数处不太糟糕地无效。然而,我们不知道是否广义连续统假设在所有基数、没有基数或者某些基数处成立,此外,我们没有关于在这些基数处 GCH 无效有多糟糕的真正观念。因此,计数概念出了问题。然而,在我们更紧密考虑这些问题之前,我们应该注意并非每个事物变得糟糕。尤其,我们能证明下述:

定理 3:ZFC+GCH 证明休谟家族有尺寸为 κ 的模型,对任意无穷 κ。

证明:假设 $\kappa=\aleph_\beta$ 是无穷的。给定 GCH,$C_{(i,\kappa)}=\aleph_{\beta+i-1}$。所以,对休谟家族中的每个 HP_i,HP_i 在 κ 处将是可满足的,当且仅当 $|\beta+i-1|\leqslant\kappa$。所以,休谟家族在 κ 处将是可满足的,当且仅当 $|\beta+\omega|\leqslant\kappa$。最后一个是从 $\beta\leqslant\kappa$ 和 κ 是无穷的事实中推断出来的。∎

假设我们的二阶演绎系统是可靠的,我们获得:

推论 4:Con(ZFC+GCH) 蕴涵 Con(HF)。这里 HF 是休谟家族的简称。

由于哥德尔的内模型方法为我们提供:

$$Con(\mathrm{ZFC})\text{蕴涵} Con(\mathrm{ZFC}+\mathrm{GCH})\text{。}$$

根据假言三段论,我们获得:

推论 5:$Con(\mathrm{ZFC})$蕴涵 $Con(\mathrm{HF})$。

因此,没有理由担忧休谟原则任意高阶类似物的证明论不协调性,或者至少没有超过关于 **ZFC** 自身我们可能有的理由。定理 3 也为我们提供与上休谟和休谟家族成员的和平性相关的结果:

推论 6:$Con(\mathrm{ZFC}+\mathrm{GCH})$蕴涵 HP_i 是和平的,对 $i \geq 1$。

换句话说,如果广义连续统假设成立,那么每个 HP_i 能在任意无穷基数 κ 上是满足的,所以每个 HP_i 是稳定的,且从而是可满足的,保守的和和平的。到目前为止,所有这些看上去很好——我们已经证明被需要把基数指派到第二层和更高层概念的抽象原则是证明论地协调的(proof-theoretically),而且它们是和平的当 **GCH** 成立。把二阶理论处理为多类一阶理论,前面结果也保证我们的数定义(number-defining)抽象原则类将有一个亨金模型也就是非标准模型。但我们尚未得知是否存在休谟家族的任意标准二阶模型,甚或 HP_i 的任意单个实例的任意标准二阶模型,这里 $i > 1$。因此,要提问的问题是:不依赖诸如广义连续统假设这样的有疑问原则,我们能证明不同于休谟原则自身的 HP_i 的任意实例有一个标准模型吗?不幸的是,答案是"不"。为表明这个,我们将需要归功于伊斯顿(1970)的结果:

伊斯顿力迫:伊斯顿函数是从基数到基数的函数 f 使得:
对所有正则基数 κ, γ,这里 $\kappa < \gamma$, $f(\kappa) < f(\gamma)$。
对所有正则基数 κ, $cf(f(\kappa)) > \kappa$。

226

如果 f 是伊斯顿函数,那么存在 ZFC 的模型,这里 $2^\kappa = f(\kappa)$ 对每个正则基数 κ。使用伊斯顿力迫,我们能获得我们的核心结果。首先,我们构造必要的伊斯顿函数:

引理 7: 令 $f(\kappa) = \aleph_\gamma$ 这里 γ 是 $> \kappa$ 最小正则基数。那么 f 是伊斯顿函数。

给定上述已定义的 f,我们获得:

定理 8: 与 ZFC 协调的是不存在 HP_i 的模型对任意 $i > 2$。

证明: 需要证明与 ZFC 协调的是对每个 κ,$2^{(2^\kappa)} = \aleph_\alpha$ 这里 $|\alpha| > \kappa$。令

$$f(\kappa) = \aleph_\gamma \text{ 这里 } \gamma \text{ 是 } > \kappa \text{ 的最小基数}。$$

所以存在 ZFC 的模型这里对每个正则基数 κ,$2^\kappa = \aleph_\gamma$ 这里 γ 是 $> \kappa$ 的最小正则基数。因此,对任意基数 κ,$2^\kappa \geqslant \kappa^+$,所以 $2^{(2^\kappa)} \geqslant 2^{\kappa^+}$,但由于后继基数是正则的,这给我们 $2^{(2^\kappa)} \geqslant \aleph_\gamma$ 这里 γ 是 $> \kappa$ 的正则基数,所以 $2^{(2^\kappa)} = \aleph_\delta$ 对某个 δ,这里 $\delta \geqslant$ 最小正则基数 $> \kappa^+$。所以 $2^{(2^\kappa)} = \aleph_\delta$ 这里 $\delta > \kappa$。∎

换句话说,如果广义连续统在每个正则基数处足够糟糕地失效,那么与 ZFC 协调的是(a)上休谟即 HP_2 在奇异基数处是可满足的,当它究竟是可满足的,而且(b)对 $i > 2$,HP_i 根本没有模型。定理 8 加定理 3 提供下述推论:

推论 9: 对所有 $i > 2$:"HP_i 是保守的"且"HP_i 是可满足的"是独立于 ZFC 的。

证明:对所有 $i>2$,定理 8 提供 **ZFC** 的模型这里 HP_i 没有模型。∎

推论 10:对所有 $i>1$:"HP_i 是和平的"是独立于 **ZFC** 的。

证明:对所有 $i>1$,定理 8 提供一个模型这里 HP_i 不是稳定的,由于 HP_i 或者没有模型,或者在 $i=2$ 的情况下仅仅在奇异基数处有模型。∎

注意推论 10 而不是推论 9 对上休谟有效。总结这些形式结果:是否各种 $HP_i s$ 有必要的性质以便成为独立于 **ZFC** 的合法抽象主义定义。在继续前进之前值得注意的是这些结果提供良莠不齐异议的新版本,这是不在前面的担忧和回应系列中不出现的带有新转折的一个。上述第 2 小节中被详细讨论的良莠不齐版本全部关心决定可接受和非可接受抽象原则间我们应该在哪里划线。在该争论的结尾,我们试验性地选定和平性作为对抽象原则至少充分的且可能必要的以提供数学概念的合法定义,而且保守性作为必然的。上述结果中没有任何事物似乎会对该分类学结果产生质疑——和平性和保守性仍是可接受的标准。相反,我们已经用认识论担忧,即如何和何时我们能知道是否抽象原则满足好性标准,取代逻辑的或者形而上学的担忧,即什么是好性。

5. 由背景理论与认识关系组成的约束模式

前面小节的形式结果乍一看是最坏的一些,但关键问题仍然是:它们有多糟糕? 根据看待事物的一种方式,答案似乎会是"相当坏的"。尽管我们已经表明上休谟和休谟家族的成员是演绎协调的,我们可能应该不过分重视这个——毕竟,不完全性现象允许所有种类可论证不可满足且因此假的理论的协调性——例如,二阶皮亚诺算术假相对于这些公理的哥德尔语句的否定。如同已经建议的,如果抽象原

228

则的可接受性取决于协调性,那么我们感兴趣的证实语义协调性也就是可满足性。然而,要是这样,那么重要的问题赫然耸现。推测起来,为了有人能够成功规定抽象原则作为数学概念的合法定义,该原则仅仅有正确的形式性质不是足够的。另外,必定存在被满足的某种认识要求——也就是,下定义的人必须确保问题中的原则是可接受的。

事实上,归入"良莠不齐"主题的来来回回反对—回应—再反对的逻辑论证法的部分要点是要决定恰恰这些标准是什么。如果情况如此,那么用来辩解的故事必定以下述方式进行下去:人们能成功规定抽象原则当且仅当他有理由相信问题中的原则显示某些哲学或者技术特征。上述的讨论已经建议保守性和和平性恰恰是可接受抽象原则要求得到的正当特征种类,但现在我们需要思考通过"有理由认为"(reason to believe)特殊原则有这些特征中的一个还是两个指的是什么。简单来说,至少存在需要被检查的与该概念有关系的两个重要的成分:首先,我们的辩护必须有多强? 我们需要一个证明,或者某些更弱的足够吗? 其次,在其内部我们能提供如此辩护的恰当背景理论是什么? ZFC 吗? 还是其他的事物? 换句话说,我们应该如何填充下述中的变元:

> **约束模式**:我们有理由认为 AP 是可接受的,当且仅当 BT "表明"AP 是和平的或者保守的或者不管什么性质。

这里"BT"是我们背景理论(background theory)的占位符,而且"表明"是恰当认识关系的占位符。现在相当确定的是,也许在诸如范畴论或者逻辑自身这样的数学的特定非典型基础性领域外部,ZFC 或者也许 ZFC 加恰当大基数公理是数学合法性的实际裁决人。事实上,贯穿本节的前面部分,我已经恰恰以此方式使用 ZFC。所以也许我们应该按传统继续且从这个受人尊敬的有利地点评估抽象原则的地位。如果这是正确的,那么至少存在人们可能采纳的两种策略:

强 ZFC 约束：我们有理由认为 AP 是可接受的，当且仅当 ZFC 证明 AP 是和平的或者保守的或者不管什么性质。

弱 ZFC 约束：我们有理由认为 AP 是可接受的，当且仅当 ZFC 不证明 AP 不是和平的或者保守的或者不管什么性质。

然而这些路径每个都存在大量问题。初看弱约束是相当有希望的：休谟家族的所有成员在该表述上证明是可接受的，由于休谟原则是和平的，且高阶变体的和平性是独立于 ZFC 的。不过根据更仔细的检查，这种具体化所需要可接受性标准的方式存在两个严重的问题。开始时，弱约束似乎有点无动机的。它建议所要求的辩解不需要采取问题中的原则是和平的正面证据的形式——相反我们仅仅需要缺乏证明论证据。但这似乎太弱，若非完全奇异的——尤其面对不完全性现象。领会这个的一种方式是要注意不管出于什么理由，如果我们开始怀疑 ZFC 且用更弱理论取代它，那么该结果会是更抽象原则会结果是可接受的，由于很少有原则能被证明是非和平的。

其次，似乎存在折磨如同上述被表述的弱约束的严重技术问题。注意定理 1 论证任意和平原则集是可满足的，但它不表明不能被证明成为非和平的任意原则集是可满足的。后一个声称是显著强于前一个声称的，而且我们怀疑它是假的。作为结果，根据目前表述似乎可能的是弱 ZFC 约束可能为我们提供接受不相容原则的理由。而且这恰恰是起初让我们在良莠不齐中陷入混乱的情形类型。所以，如果我们想采用像弱 ZFC 约束的某个事物，那么我们需要返回且重述我们的可接受原则定义。用诸如特级和平（Super-irenic）的更强条件取代和平性：

AP 是特级和平的，当且仅当 AP 与不能被证明为非可保守的所有抽象原则是相容的

230

可能获得成功。需要证实的是这个或者像它的某个事物提供的可接受性概念使得我们不能证明成为不可接受的原则收集有一个模型。然而，即使如此修正行得通，清楚的是这时候我们仅仅会把循环附加到起初有缺陷的初始路径。作为结果，我们应该放弃弱路径，而且考虑其他选择方案。在目前语境下，另一个主要竞争者是强路径——我们有理由认为抽象原则是可接受的，当且仅当我们能证明它是如此。这个选项不遭受弱路径的问题，由于它是动机良好的且技术上可靠的。然而，问题在于它排除上休谟的可接受性且事实上排除所有休谟家族。然而，也许这不是它起初看上去的问题。如同我们已经观察到的，ZFC 目前是凭其判断大多数数学理论合法性的石蕊实验（the litmus test），但这不自动意指它需要成为我们凭其判断抽象原则可接受性的理论。

事实上 ZFC 是我们判断抽象原则可接受性背景的假设，似乎排除可能存在数学真性的可能性，诸如某些抽象原则是好的，或者关于"基数"行为的某些秘传事实成立的声称，这些真性自身凭借抽象是可知的，但它们超过或者至少不同于 ZFC 自身的资源。如同通常表述的，抽象主义是相对保守的立场，在它首要寻求再捕获现存数学理论，而且不寻求发现新的数学真性的范围内。虽然如此，部分抽象主义故事涉及特殊数学理论的抽象主义发展是优于相同理论的其他公理化处理的观念，在抽象原则是捕获和清楚显示什么对问题中的数学理论是实质的一种定义的范围内。作为结果，它应该不是令人惊讶的，当偶尔地如此精妙地重述导致新的数学洞见，甚至独立于标准集合论的那些洞见。如果这是正确的——如果至少存在某些可接受抽象原则可能允许我们证明不能在 ZFC 中被证明的集合论声称的可能性，那么也许 ZFC 不是正确地在其内部解决可接受性问题也就是证明保守性和和平性结果的理论。

那么，什么是在其内部我们应当检查抽象原则的恰当理论？正确的答案既是明显的，也是成问题的：抽象主义集合论。乍一看如此的策略是有希望的。它可能证明不是下述情况,即我们对集合论的抽象主义重构,不像 ZFC 自身,证明存在关于广义连续统假设可能多糟糕失效的上界,且因此证明 $HP_{i}s$ 是和平的吗?毕竟,ZFC 和成为它基础的迭代集合概念实际上在特定意义上恰好是对罗素、康托尔和布拉利-福蒂的集合论悖论的特殊种类反应——这是由集合形成的"构造的"阶段理论概念和非良基性完全禁令所激发的一个。另一方面,抽象主义是对这些非常相同问题的不同种类的反应。作为结果,关于如何避免悖论的这两个不同回答可能提供不同关于集合领域其他方面的不同故事——尤其,关于集合尺寸和它的幂集尺寸间的关系的不同故事,难道这至少不是可设想的吗?

也许。但这里存在两个严重问题——一个是实际的,且另一个是原则的问题。根据制衡的实际方面,我们有著名的无法现存尝试在抽象主义框架内部重构值得尊敬的"集合论"的理论。在此领域人们已完成大量工作,诸如布劳斯(1989)、夏皮罗和韦尔(1999)、黑尔(2000)、法恩(2002)、夏皮罗(2003)、库克(2003)、乌斯基亚诺和简恩(2004),但适当直接的且足够强力的抽象主义集合形式理论尚未来临。然而,作为原则问题,给定上述讨论,不清楚的是我们会如何知道起初我们有可接受集合论,即使一个可接受的展现在我们脚下。推测起来,集合论的最后抽象主义描述将是复杂的,且因此或许将有相当精细的模型论特性。作为结果,我们需要如此理论事实上是可接受的某个保证——换句话说,我们需要证明问题中的集合论是和平的。但这看上去是可能的,由于我们正尝试证明可接受的抽象主义集合论同是裁定可接受性声称的背景理论。

因此,我们需要知道如此理论是好的,在我们能决定任意抽象主义理论包括集合论是好的之前。恶性循环赫然耸现。因此,我们似乎陷入进退两难。一方面,哲学考虑似乎建议休谟原则的更高层次类似物——上休谟和休谟家族——应当成为合法的当休谟原则自身是合法的——换句话说,如果我们能计数对象,那么我们能计数概念。另一方面,我们有似乎成为抽象原则可接受性即和平性的合法测试,然而我们必须支持的仅有的合理集合论即 ZFC——而且,事实上也许我们必须支持的仅有的合理集合论——原则上告诉我们问题中的测试不解决是否休谟的更高层次版本是数概念的合法定义的问题。进一步地,似乎几乎没有希望看到我们能打破上面概述的循环以便使用某个其他背景理论取代 ZFC,以便保证问题中这些原则的和平性。

当然,问题在于是否存在自该困境离开的任意合理路径。前面小节的数学结果当然不是考虑中的,而且如同我们已经看到的用更顺从高层抽象原则的理论取代 ZFC 的前景似乎不是有希望的。作为结果,仅有的选项似乎要论证,与表象相反,休谟原则的高层版本出了问题,且因此,与直觉相反,我们不能计数概念,至少不是以与通过利用休谟原则资源我们能计数对象的相同方式。我们将不尝试详细地发展如此策略可能看上去像什么,但仅仅将提到人们可能采用以便发展该观念的两种策略。两者都涉及成问题的出现在抽象原则中对二阶量词的非标准理解。一方面,人们可能采用布劳斯(1984,1985)的对二阶量词的复数解读。非常粗略地,根据对二阶量词的解读,我们会把

$$(\exists X)(\Phi(X))$$

解释为不是

存在概念 X 使得 Φ 对 X 成立,

而是

存在对象 X 使得 Φ 对 Xs 成立。

换句话说,据此解读,二阶量词不是管辖新事物也就是概念的量词,不是由一阶量词覆盖的。相反,根据复数解释,二阶量词管辖对象的复数性——二阶量词恰好是一般化非常相同的由一阶量词化管辖的事物的不同方式。该举措在目前情形下可能有优势的理由在于,如果这

233

是解释出现在抽象原则中二阶量词的正确方式,那么我们不需要担心上休谟和在休谟家族中被发现的高层变体。关于我们是否和如何能一般化量词解释以便描述三阶和高阶逻辑存在重大怀疑。作为结果,据此解释上休谟和休谟家族,与在第 3 小节中被作出的要点相反,不会是合法的,仅仅因为根据抽象主义词汇它们不会是可表达的。沿着有点类似的路线,抽象主义者能采用像在拉约和亚布隆(2001)中所呈现的观点,借以二阶和高阶量词不管下任何事物。高阶量词化不比位置出现高阶变元的谓词更多本体论承诺的观念逐渐被称为亚布隆—拉约原则(the Yablo-Rayo principle),而且被有用地总结在下述段落中:

> 让我们同意奎因是正确的,即"存在红色的房子、玫瑰和落日"不承诺超过房子、玫瑰和落日的任意事物,而且人们不能推断"存在它们所有共享的红性的性质"。但为什么应该"它们有共同的某物"——或者更好的,"存在它们全是的某物"——因此被视作误导人的?如果谓词不是非承诺的,人们可能认为,约束谓词位置的量词也不是承诺的(拉约和亚布隆,2002,第 79 页)。

换句话说,二阶量词承诺我们对象,由于一阶变元取代的项已经被处理为我们承诺的对象。另一方面,由于被二阶和高阶变元取代的谓词不为我们承诺任意附加的实体,那么量词化也非如此这里问题中的变元出现在谓词位置。据此解读,上休谟和休谟原则的问题有可能与根据复数路径一样平稳地消失。然而,这里与其上休谟和休谟家族成为不可表达的,不如它们是可表达的但不是数学概念的合法定义。简言之:根据亚布隆—拉约路径,上休谟可能不是可接受原则因为它允许我们利用资源"计数"概念,当事实上不存在要被计数的如此概念。当然,这些路径中的不管哪条路径,为了取得成功,将需要更详细的发展和辩护。另外,通过改变背景逻辑存在人们可能尝试避免这些问题的其他方式——例如,通过限制保证概念存在性的概括原则。然而,与其进一步发展如此可选择路径,我们将通过指出,任意如此的辩护将需要对二阶逻辑如何打算有助于抽象主义的详细描述而结束本节。独立于本节呈现的新问题,如此的描述长期以来一直是关于抽象主义文献中的显眼空隙。有希望地,上述已勾画的担忧将为更仔细检查抽象主义计划中的逻辑角色提供进一步动机。

第四节　良基过程个体化作为良莠不齐问题的解决方案

把数学基于抽象原则的新弗雷格主义计划面临的一个最严重的问题就是所谓的"良莠不齐问题"。该问题在于各种各样的不可接受抽象原则是夹杂在可接受抽象原则中间的。如此"坏同伴"的经典例子是弗雷格的不协调的第五基本定律,它是逻辑上非常类似于新弗雷格主义喜爱的抽象原则,也就是协调的和哲学上有吸引力的休谟原则。良莠不齐问题表明需要抽象是可允许的条件的更深刻理解。本节的目的是要探索提供如此理解的新尝试,基于个体化必须采用良基过程形式的观念。如此的抽象原则自然地被认作根据一类实体个体化另一类实体的工具,该观念能被用来激发我们抽象理论上的限制。在本节的头半部分也是较少技术性的部分,我们把个体化观念发展为模态框架中的良基过程。该发展的令人惊讶的结论是抽象上的极大可允许路线,据其任意概念上的任意抽象形式是被允许的,这里的悖论反而是由限制存在什么概念避免的。在本节的后半部分也是较多技术性的部分,我们清楚表达概念个体化性上的自然的和可行的限制。我们证明该限制创造抽象的安全环境,这里习惯成为"坏同伴"的东西现在再现为完全好的同伴。

1. 通向解释性要求两条路径的局限性

弗雷格掌控自然数恒等的基本定律是休谟原则,它说的是 Fs 的数恒等于 Gs 的数，当且仅当 Fs 和 Gs 处于 1-1 有相互关系的。令 F≈G 是存在 1-1 使 Fs 和 Gs 有相互关联关系的纯粹二阶陈述。这定义概念上的等价关系。那么休谟原则能被形式化为：

（HP）　$\#F = \#G \leftrightarrow F \approx G$。

该原则有两个高度合意的性质：它与全二阶逻辑是协调的；而且与某些非常自然的定义一道，它足以推导戴德金—皮亚诺算术的所有公理。受此鼓舞，新弗雷格主义对（HP）属于的更广泛原则类感兴趣，也就是形式为下述的原则：

（＊）　$\S \alpha = \S \beta \leftrightarrow \alpha \sim \beta$，

这里 α 和 β 都是某种变元，而且这里 ～ 是这种实体上的等价关系。如此原则被称为抽象原则，而且 §α 被称为相对于等价关系 ～ 的 α 的抽象物。不幸的是，并非所有抽象原则都是可接受的，不可接受抽象原则最著名的例子是弗雷格的第五基本定律，它意图描述外延是如何从概念中被抽取出来的：

（V）　$\hat{F} = \hat{G} \leftrightarrow \forall x(Fx \approx Gx)$。

众所周知，这引出罗素悖论。但其他的不可接受抽象原则甚至是更灾难性的，因为它们类似于可接受抽象原则。比如，由于概念等数性恰好是概念成为同构的事情，（HP）能被读作两个数是恒等的，当且仅当它们是与同构概念相关联的。现在考虑正如（HP）对待概念那样的对待二元关系的抽象原则，也就是，该抽象原则说的是两个二元关系的同构类型是恒等的，当且仅当这两个关系是同构的：

$$(\text{H}^2\text{P})\quad \dagger R=\dagger S\leftrightarrow R\simeq S。$$

该原则似乎正如休谟原则那样是无罪的。不过其结果是不协调的,因为它允许我们再生布拉利—福蒂悖论。各种各样的"坏同伴"也是已知的。所有这些"坏同伴"表明的是抽象是极其危险的。有吸引力的且貌似可接受抽象原则是由不可接受抽象原则围绕的,它们常常是紧紧类似的。这尚未不是对抽象原则纲领的反对。毕竟,历史充满然而已经成功的危险方案。但良莠不齐问题强调对何种抽象是合法的描述的需求。我们想要在可接受抽象原则和不可接受抽象原则间画出数学上有信息的而且哲学上动机良好的一条线。这种解释性要求似乎完全合理的。因为寻求不管哪里如此是可能的一般原则和解释正是哲学和数学两者的部分非常性质。

人们已经作出的几个尝试满足这种解释性要求。最有影响力的尝试是基于抽象原则是可接受的恰好假使它是稳定的观念,这里抽象原则(∗)被称为稳定的当存在基数 κ 使得(∗)在所有基数大于 κ 的定域中是可满足的。这条路径面临大量困难。首先,存在关于它的处理抽象原则系统的能力的担忧,与个体的这些原则截然不同的想法。其次,乌斯基亚诺(2008)表明这条路径与声誉良好的诸如 **ZFC** 集合论这样的数学理论是不相容的。最后,埃克隆德(2008)论证这条路径是哲学上缺乏动机的。由良莠不齐问题生成的解释性要求的另一条路径是非常不同的。在刚刚提到的标准路径通过把各种抽象原则视作不可接受寻求恢复协调性的地方,这种可替换路径把包括第五基本定律的所有抽象原则认作可接受的而且反而通过弱化背景二阶逻辑恢复协调性。更准确地讲,这条路径提议我们把下述二阶概括成模式:

$$(\text{Comp})\quad \exists R\forall x_1\cdots Rx_n[Rx_1,\cdots,x_n\leftrightarrow\phi(x_1,\cdots,x_n)],$$

限制到直谓实例,也就是,限制到 φ 不包含任意二阶约束变元的实例。作为结果的理论已知是协调的。但由于它的逻辑强度是严格有限的,这条路径不是非常吸引人的。

2. 作为新路径的良基过程个体化

自前面小节出现的问题是:在可接受抽象原则和不可接受抽象原则间划数学上有信息的且哲学上动机良好的一条线是否可能的。本节的目标是发展通向该问题的新路径,基于个体化必须采用良基过程的形式的观念。通过描述发展该观念的框架我们开始本小节。我们可以把个体化过程认作凭其引入数学本体论的一个。这个过程服从下述五个个体化原则(principles of individuation)。

    a. 实体是凭借良序化阶段序列连续被引入的。
    b. 实体的引入在于它的恒等条件的规范。

比如,由于集合的恒等条件是它的元素的问题,对集合的引入规定它有什么元素是足够的。而且由于概念的恒等条件是它的应用条件的问题,对概念的引入规定如此条件是足够的。

    c. 每个实体贯穿剩余过程保持它的恒等条件。

这是合理的要求,标明广为接受的实体的恒等条件对它是实质的信念。

    d. 有根性:实体 E 的恒等条件只可以预设在 E 之前被个体化的实体。

按照目前情况,这个重要的原则明显是相当模糊的。我们将在第 7 小

238

节提出使它变得精确的方式。

      e. 未来自由：没有依照个体化原则限制未来的自由以个体化新实体的实体可以被个体化。

该原则确保不管我们有个体化哪个实体的选择，我们选择继续进行的次序是不相关的。我们将把个体化过程的每个阶段称为连贯世界（a coherent world）。连贯世界的本体论由对象和到目前为止被个体化的概念组成。连贯世界也规定这些实体是如何有关联的，并以此方式决定对关于这些在相关语言中可表达的实体的每个问题的回答。因此连贯世界更像一个可能世界。仅有的差异在于连贯世界不需要包含每个数学对象，反之给定数学对象是必然存在物，可能世界必须如此做。

    我们接下来定义连贯世界上的可通达关系。说连贯世界 w 通达另一个连贯世界 w' 记为 wRw' 恰好假使 w' 是 w 的扩充，但不必然是真扩充；也就是，当且仅当 w' 包含 w 的所有实体且可能更多的东西。因此可通达性关系 R 是自反的、反对称的且传递的。紧接着我们注意到未来自由原则要求关系 R 是有向的（directed）；也就是，每当 uRv 和 uRv' 那么存在某个 w 使得 vRw 和 $v'Rw$。因为除非 R 是有向的，我们的是否把 u 的本体论扩充到 v 的本体论或者 v' 的本体论的选择会有一种持久的影响，这会破坏未来自由原则。最后，个体化是良基的要求对应 R 是良基的要求。可通达性关系 R 允许我们把连贯世界系统认作模态逻辑的克里普克模型。由于 R 的已提到的性质，相关的模型将使模态逻辑 S4.2 的某个高阶版本生效，这里 S4.2 是由把下述原则加入 S4 的某个可公理化性引起的模态命题逻辑系统：

    (G) $\Diamond p \rightarrow \Diamond p$。

此外,由于定域常常沿着可通达关系递增,这些模型也将使逆巴肯公式生效:

$$(\text{CBF}) \quad \forall x\, \phi(x) \rightarrow \Box \forall x\, \phi(x)。$$

我们的语言 $\mathcal{L}$ 将是三阶模态逻辑的一个。因此将存在各种元数的第一层关系变元,也就是被关系者(relata)是对象的关系,这里一元关系被称为概念,和各种元素的第二层关系变元也就是被关系着是第一层关系的关系。从而将存在无穷多个不同类型。我们将单单通过令小写变元管辖对象,大写变元管辖第一层概念或者关系,和粗体变元管辖第二层概念或者关系典型地指明变元类型。该语言包含两个谓词。首先存在任意相等类型的项能出现在左右两边的恒等谓词;比如,因此"F=G"是合式的。那么存在非逻辑谓词"$\text{ABST}_R(F, x)$"表达对象 x 是相对于等价关系 $\mathbf{R}$ 的概念 F 的抽象物。

通向良莠不齐问题的这条路径是哲学上非常有吸引力的。它利用且一般化已证明在集合论和语义学中成功的观念。根据盛行的迭代概念,集合是由它们的元素被个体化的,而且这种个体化或者"集合形成"被要求是良基的以便成为有信息的。但是个体化概念能被认作定义的语义概念的形而上学类似物,从而认为个体化过程也需要成为良基的以便是有信息的是自然的。尽管需要讲清楚个体化概念的这种哲学图景,这些考虑把可行性借给我们的个体化过程必定是良基的指导观念。

3. 稳定性公理

日常抽象理论(ordinary theories of abstraction)不关心实体被个体化的过程。宁可,在这些理论中我们量词管辖所有对象和所有关系,不管它们被个体化所处的阶段。这意味着日常非模态抽象理论的量词对应我们模态理论的复杂串 $\Box\forall x$ 和 $\Diamond\exists x$,而且高阶量词也是如此。我们将把如此符号串称为模态化量词（modalized quantifiers）。因此非模态抽象理论的日常量词在我们的模态框架中被分析为两个成分：如同前面小节中描述的被解释模态算子和在相关连贯世界中管辖恰当种类实体的量词。诸如联结词和恒等谓词这样的其他表达式，在两种理论种类中有相同的含义。

从而比起非模态理论模态抽象理论能够作出更精细的区分。在本小节中，我们确保在模态框架中可用的额外区分是与非模态框架的原则完全相容的。让我们变得更精确。当我们依照上述评论翻译非模态抽象理论的公式，我们到达所有量词被模态化的公式。我们说如此公式是完全模态化的。我们在本小节所做的是确保模态区分与完全模态化公式是无关的。这保证日常管非模态公式的模态翻译以日常方式表现。说所有自由变元出现的条件 $\phi(u_1, \cdots, u_n)$ 是稳定的，当且仅当它在某个连贯世界对对象序列有效或者无效，它在所有更大的连贯世界对该对象序列有效或者无效。更准确地讲，条件 $\phi(u_1, \cdots, u_n)$ 是稳定的当且仅当它满足下述两个要求：

$$(Stab^+) \quad \forall u_1 \cdots \forall u_n (\phi(u_1, \cdots, u_n) \rightarrow \Box \phi(u_1, \cdots, u_n));$$
$$(Stab_-) \quad \forall u_1 \cdots \forall u_n (\neg \phi(u_1, \cdots, u_n) \rightarrow \Box \neg \phi(u_1, \cdots, u_n)).$$

$n=0$ 的情况对应不存在量词。在日常非模态框架中谓词有绝对真值，不仅仅相对于某个连贯世界。模态框架中这种绝对性对应所有谓词都是稳定的假设。因此我们作出照惯例的恒等谓词是稳定的假设：

$$(Stab-Id^+) \quad \forall x \, \forall y (x=y \rightarrow \Box x=y);$$
$$(Stab-Id_-) \quad \forall x \, \forall y (x \neq y \rightarrow \Box x \neq y).$$

我们也假设我们的抽象谓词是稳定的：

$(Stab-Abst^+)$ $\mathbf{R}\,\forall F\,\forall x(\mathrm{ABST}_{\pmb{R}}(\mathrm{F},\,x)\rightarrow\mathrm{ABST}_{\pmb{R}}(\mathrm{F},\,x))$;

$(Stab-Abst_-)$ $\mathbf{R}\,\forall F\,\forall x(\neg\,\mathrm{ABST}_{\pmb{R}}(\mathrm{F},\,x)\rightarrow\neg\,\mathrm{ABST}_{\pmb{R}}(\mathrm{F},\,x))$。

最后我们需要每个关系 R 是稳定的：

$(Stab-Pred^+)$ $\forall x_1\cdots\forall x_n(\mathrm{R}x_1\cdots x_n\rightarrow\mathrm{R}x_1\cdots x_n)$;

$(Stab-Pred_-)$ $\forall x_1\cdots\forall x_n(\neg\,\mathrm{R}x_1\cdots x_n\rightarrow\neg\,\mathrm{R}x_1\cdots x_n)$。

我们将把这三双公理称为稳定性公理。给定稳定性公理，我们得到下述引理。

引理 1：每个全模态化 $\mathcal{L}$ 是稳定的。

证明：我们通过在 ϕ 的复杂度上作归纳继续进行。如果 ϕ 是原子公式，那么该声称直接从稳定性公理推断出来。如果 ϕ 的主要算子是真值函项联结词，归纳步骤是平凡的。最后，假设 ϕ 是 $\forall x\psi(x)$ 且该公式在 w 处成立。然后它继续在 w 的任意扩充 w' 处成立。对其他模态化量词同样适用。■

该引理确保通过完全模态化公式可定义的任意公式是稳定的，依照 $(Stab-Pred^+)$ 和 $(Stab-Pred_-)$。相比之下，包含非模态化量词的公式趋向于不稳定的。比如考虑说 x 是仅有四个对象中的一个的公式 $\phi(x)$。该公式对在一个阶段的一个对象有效，但当另一个对象被个体化不再出现这种情况。下一个引理表明模态区分与稳定公式有关的模态区分坍塌。

引理 2：令 ϕ 是稳定公式。那么 ϕ，$\Diamond\phi$ 且 ϕ 是语义等价的。

证明：照常，$\phi\rightarrow\phi$ 和 $\phi\rightarrow\Diamond\phi$ 是有效的。所以需要表明 $\Diamond\phi\rightarrow\phi$ 也是

有效的。假设◇φ在某个世界 w 是真的。那么根据稳定性我们必须在 w 处已经有 φ。但那么再次根据稳定性, φ在 w 处是真的。∎

4. 模态框架下的概念个体化

结合这两个引理与非模态公式翻译为完全模态化公式的事实,我们得到我们想要的模态区分是与把日常非模态公式翻译为我们模态框架不相关的结果。尤其,该翻译导致的完全模态化公式可以以一种绝对方式被指派真值,不仅仅相对于某个连贯世界。这不意味着模态区分是与我们的一般研究不相关的。正相反,下面的小节将表明模态区分是无价的,当分析各种实体的成功个体化需要什么。

现在我们将关心概念概括模式:

$$(X-C\exists) \quad \Diamond \exists R \; \forall x_1 \cdots \forall x_n (Rx_1 \cdots x_n \rightarrow \phi(x_1, \cdots, x_n)).$$

这个模式告诉我们从某个类 X 来的每个开公式 $\phi(x_1, \cdots, x_n)$ 能被用来个体化关系 R,它对现在的或者将来的对象 $x_1, \cdots, x_n$ 有效恰好假使 $x_1, \cdots, x_n$ 满足公式 $\phi(x_1, \cdots, x_n)$。注意 $(X-C\exists)$ 恰好是来自第 1 小节的日常非模态概念概括模式(Comp)的模态翻译。也注意公式 $\phi(x_1, \cdots, x_n)$ 可能包含不同于 x_i 的自由变元,包括高阶自由变元。如此变元被称为参数而且默认被理解为由辖域是在 $(X-C\exists)$ 中出现的整个公式的模态化全称量词约束。从而参数恰好能被认作指向恰当实体的项。我们将把可能包含参数的开公式称为条件,而且我们将只显示它的并非参数的变元的那些。也将存在第二层概念的类似概括模式。为简单起见,我们在下文中将只关注一元一层概念(monadic first-level concepts)概括模式。但我们对此特殊情况的分析能轻易被扩充到其他情况。

条件 $\phi(x)$ 要定义概念需要什么? 最小要求在于条件 $\phi(x)$ 是稳定的。但单单稳定性不保证条件是适合于个体化概念的。比如,我们将在第 6 小节看到需要生成罗素悖论版本的条件是完全模态化的且因此是稳定的。为辨认需要的更多东西,我们需要检查概念是如何被个体化的。概念个体化性的基本结构是相当简单的。我们凭借某个绝对一般应用条件规定概念,它对归入概念的对象是真的且对不归入概念的对象是假的。此外,两个如此条件规定相同概念恰好假使一个的满足确保另一个的满足。让人难以回答的问题是如何使这个粗略观念变得精确。条件成为"绝对一般"是什么且一个条件的满足要"确保"另一个的满足是什么?关于概念个体化性的标准弗雷格主义观点在于两个概念是恒等的恰好假使它们是共延的。但我们使用日常词陈述这个观点,它对应我们模态框架中的模态化量词。当弗雷格主义观点被翻译为我们的模态框架,因此我们得到下述的恒等标准:

$$(C=) \quad F=G \leftrightarrow \forall x(Fx \leftrightarrow Gx)。$$

这个概念恒等条件的描述建议条件必须占有的"绝对一般性"的分析以便规定概念。因为我们现在看到必须在绝对所有的包括诸如尚未被个体化的概念上定义如此条件。所以对在某个世界 w 定义概念的条件 $\phi(x)$,我们需要保证仍将在任意的在后面世界可以被个体化的对象上定义该条件。准确地讲该要求相当的什么取决于我们被允许个体化什么抽象物。这种弗雷格主义概念个体化性的观点不仅有高贵血统而且凭借自身能力是非常可行的。因为它是在概念性质中要在它们被个体化的阶段之前"伸出",而且甚至能够应用到还没有被个体化对象。序数概念提供这个绝对一般性的精密例子。由于只使用属于关系谓词 $\in$ 和一阶逻辑的资源能定义这个概念,它将在任意集合上被定义,包括诸如尚未被个体化的那些。此外,如果我们把这个概念认作关于任意非集合平凡地假,该概念将在绝对每个对象上被定义,包括诸如尚未被个体化的那些。相比之下,假设在某个世界通过提供在那个世界中归入概念的对象完整列表我们尝试个体化概念。

244

该尝试无法个体化概念,因为我们将不知道后面的更大的世界的哪些对象归入它。

5. 三阶逻辑下的抽象物个体化

现在我们转向如何能用概念和适当等价关系个体化抽象物的问题。由于我们在三阶逻辑中工作,凭借二位三阶关系 $\mathbf{R}(F, G)$ 我们能表示相关的等价关系。然后我们的任务是表述抽象物恒等条件。只要两个抽象物与相同的等价关系 $\mathbf{R}$ 相关联,答案是直接的:

$$\mathrm{ABST}_{\mathbf{R}}(F, x) \wedge \mathrm{ABST}_{\mathbf{R}}(G, y) \rightarrow [x = y \leftrightarrow \mathbf{R}(F, G)]。$$

但在 x 和 y 是与不同等价关系相关联的抽象物的地方一般情况怎么样? 一个可行的一般抽象物(abstracts in general)的恒等公理见下述:

$$(\mathrm{A}=_1) \quad \mathrm{ABST}_{\mathbf{R}}(F, x) \wedge \mathrm{ABST}_{\mathbf{S}}(G, y) \rightarrow [x = y \leftrightarrow \mathbf{R} = \mathbf{S} \wedge \mathbf{R}(F, G)]。$$

另一个可行的选项是把 F 的 $\mathbf{R}$—抽象物辨认为 G 的 $\mathbf{S}$—抽象物,恰好假使两个抽象物是与相同等价概念类相关联的,也就是,恰好假使 $\forall \mathrm{H}(\mathbf{R}(F, \mathrm{H}) \leftrightarrow \mathbf{S}(G, \mathrm{H}))$。但我们能简化这后一个公式。一旦已经个体化 $\mathbf{R}$, $\mathbf{S}$, F 和 G,我们也能个体化概念 $\lambda \mathrm{H}.\mathbf{R}(F, \mathrm{H})$ 和 $\lambda \mathrm{H}.\mathbf{S}(G, \mathrm{H})$。使用(C=)我们就能把上述公式重写为 $\lambda \mathrm{H}.\mathbf{R}(F, \mathrm{H}) = \lambda \mathrm{H}.\mathbf{S}(G, \mathrm{H})$。然后我们能把第二个可行抽象物恒等公理表达为:

$$(\mathrm{A}=_2) \quad \mathrm{ABST}_{\mathbf{R}}(F, x) \wedge \mathrm{ABST}_{\mathbf{S}}(G, y) \rightarrow [x = y \leftrightarrow \lambda \mathrm{H}.\mathbf{R}(F, \mathrm{H}) = \lambda \mathrm{H}.\mathbf{S}(G, \mathrm{H})]。$$

出于当前目标我们不需要取这两个恒等条件是更可行的立场。在下文中没有什么取决于我们选择的条件。稳定等价关系 $\mathbf{R}$ 和在他域中的概念 F 足以个体化抽象物。为看到这个,假设在某个连贯世界 w 我们有 $ABST_R(F, x)$,而且考虑任意对象 y。如果 y 不在 w 中,我们必须有 $x \neq y$。同样地,如果 y 不是抽象物,我们必须有 $x \neq y$。所以假设 y 在 w 中而且它是相对于某个稳定等价关系 $\mathbf{S}$ 的 G 的抽象物。那么 $(A=_1)$ 或者 $(A=_2)$ 解决是否 $x = y$。

6. 概括—友好范畴与抽象—友好路径

已经解释如何个体化概念和抽象物,现在我们转向存在什么概念和抽象物的重要问题。回顾对条件 $\phi(u)$ 要在某个连贯世界 w 定义一个概念,我们仍必须在任意的在后面世界可以被个体化的对象上定义该条件。存在实施这个要求的两种相反方式。第一种方式是要把该要求认作什么抽象物能被合法地被个体化的限制。没有不同于稳定性的最小的那个的限制被强加到概念概括模式。在无限制概念概括的假设背景下,我们仅仅允许诸如保留所有概念仍然全称被定义的事实的抽象物被个体化。实施该要求的第二种方式是把它认作关于什么概念能被合法地个体化的限制。没有不同于稳定性的最小的那个的限制被强加到抽象物的引入。这对应采用下述公理:

$$(A\exists) \quad \forall R \forall F \diamond \exists x ABST_R(F, x),$$

这里 $\mathbf{R}$ 被默认理解为管辖稳定等价关系。在无限制抽象的假设背景下,仅仅允许诸如保证仍然在任意我们可以继续个体化的抽象物上被定义的概念被个体化。目前最有影响力的通向良莠不齐问题的路径——基于稳定性概念的一个——归入前一个概括—友好(comprehension-friendly)范畴。确实,无限制概念概括常常被认作明显的和无争议的逻辑事实。反对这种流行观点现在我们将辩护可替换的抽象—友好(abstraction-friendly)的路径。我们的论证将实质利用作为良基过程的个体化观念而且根据连贯世界对此的解释。

该框架说出个体化概念和抽象物方式间的重要区分。抽象物的个体化是内在"向后看的"在于它仅仅指向已经被个体化的概念和关系。因此这种个体化性就有根性原则而言是完全不成问题的。相比之下，概念的个体化性是内在"向前看的"在于(C＝)使用关于所有对象的模态化量词，包括诸如仅仅在考虑中的问题之后将被个体化的那些。所以概念个体化性以抽象物个体化性不是的方式是危险的：它的形式使得它倾向于预设仅仅在考虑中的概念之后被个体化的实体，从而破坏有根性原则。

该论证将必须等待为它的最后表达式的关键预设概念的分析。即使如此，通过考虑罗素悖论的一个版本，我们能获得很好的概念个体化性成问题性质的意识。在相对于概念恒等等价关系 x 是 F 的抽象物的意义上，令 $Prp(F, x)$ 是"x 是成为 F 的性质"的陈述。考虑由公式 $\diamond \exists F[Prp(F, x) \wedge \neg Fx]$ 给定的"罗素条件"$\rho(x)$。假设能用该条件个体化概念 R，然后它会在某个连贯世界 w 存在。那么我们能在某个后面世界 w' 引入相关联性质 r，这里我们会有：

$$Rr \leftrightarrow \diamond \exists F[Prp(F, r) \wedge \neg Fr]。$$

但标准推理表明该公式导致矛盾。哪里出了问题？由于它的模态化量词 $\diamond \exists F$，罗素条件 $\rho(x)$ 关系的是还没有被个体化的概念，包括该条件声称要个体化的概念 R。事实上，当考虑支配性质的定律，该条件规定概念 R 是要应用到它自身性质 r 恰好假使它没如此应用。所以根据关心的是还没有被个体化的实体，罗素条件以在概念 R 的行为上的不协调要求而结束。总结起来，我们已经论证抽象物的个体化性从有根性原则的视角出发是不成问题的，反之概念的个体化性是高度成问题的。因此，在本节的余下部分，我们将关心抽象—友好理论而非受到更广泛研究的概括—友好理论。从而我们的路径以下述口号被总结为：给定无限制概括不问允许什么抽象；给定无限制抽象问允许什么概括。

7. 抽象—友好公理的模型

对抽象—友好理论的系统研究会是一项巨大的事业。这里我们所能做的只触及表面。我们目前的目的将是提供如此理论看上去能像什么,且它们使我们能够发展数学的某些例子的适度的一个。将必须等待另一个时机的一个重要任务是要表明,我们把个体化性描述为良基过程如何能被用来激发 ZFC 集合论的公理。我们目前的目标将是表明该指导思想是如何与日常集合论相容的更适度的一个。任意的抽象—友好理论将包括稳定性公理,抽象公理(A∃)和(A=$_1$)或者(A=$_2$),并且概念公理(C=)和(X−C∃)对某个适合的概括条件类 X。我们将把这个理论称为 X-AF。我们最紧迫的问题关心类 X:概括条件要适合于定义概念需要什么?

这些条件上的限制大多数来自有根性原则,这告诉我们概念的个体化性可能仅仅"预设"在考虑中的概念之前被个体化的实体。但对概念的个体化性要"预设"实体是什么?回顾概念恒等是它引出对象间区分的事情——它应用到的那些和它不应用到的那些。因此在概念的个体化性中被包含的"预设"应该是依赖什么实体做出该区分的事情。为了使这些直观考虑变得精确,现在我们将采用夏皮罗(2000)称为外部视角的东西,也就是在标准数学背景下对抽象理论感兴趣的旁观者的视角。除非另有说明,我们将在由 ZFC 集合论构成的元理论中工作。这将允许我们给出上述调用的直观判定概念的精确数学定义。非常粗略地,条件是由某些实体判定的,恰好假使这些实体的个体化性足以固定相关定域上条件的行为,因此保证条件行为仍未受我们继续个体化实体的影响。

那么我们能把有根性原则表达为对条件 φ 要个体化概念,φ 必定由已经被个体化实体判定的要求。我们对判定概念的研究将表明如何构造抽象—友好理论的集合论模型。由于我们只关心全模态化条件,我们需要考虑所有"可能实体"的定域。因为模态化量词实际上管辖所有连贯世界定域的并集,我们能把它考虑为所有可能实体的定域。我们将使用集合 D_τ 表示每个类型 τ 的可能实体。如以前，仅仅通过使用不同类型实体的不同变元风格多半将指明实体类型。令 D 是集合，对每个类型 τ 它规定如此实体的定域 D_τ，比如对每个类型 τ，通过包含第一个项是 τ 的唯一有序对 $\langle \tau, D_\tau \rangle$。出于立刻将变得清楚的理由，对要求所有定域 D_τ 具有相同无穷基数有意义。我们将把这种定域 D 称为抽象定域（an abstraction domain）。

给定抽象定域 D，我们需要一种表示什么实体已经被个体化和如何已经被个体化的方式。凭借称为 D 的个体化性报告的某些集合我们将做这个。D 的个体化性报告 I 由来自 D 的实体和如此 n 元素实体构成。当 I 包含来自 D 的实体，这表示该实体已经被个体化。当 I 包含形式为 $\langle \mathbf{R}, \mathbf{F}, x \rangle$ 的三元组，这表示 F 的 R 抽象物是 x。当 I 包含第一个元素是类型可应用到下 n 个元素的 n 元概念的 $n+1$ 元素，这表示此概念应用到这些元素。比如，$\langle \mathbf{F}, x \rangle \in I$ 表示对象 x 归入第一层一元概念 F，且 $\langle \mathbf{X}, \mathbf{F} \rangle \in I$ 表示第一层概念 F 归入第二层概念 X。最后，每个个体化报告 I 必须满足下述两个要求。当 I 表示作为被个体化的实体，它也必须规定该实体如何是被个体化的。而且当 I 把 x 表示为 F 的 R 抽象物，I 也必须表示作为被个体化的 R 和 F：因为我们仅仅凭借自身已经被个体化的概念个体化抽象物。

令 I 由 J 扩充记为 I⊑J 意指以某种方式 I 表示的作为被个体化的每个实体也是相同方式作为个被个体化由 J 表示。所以尤其，I⊑J 需要 I 表示为应用到某些实际的和可能的实体的每个概念由 J 被表示为恰恰应用到相同实体。给定某个抽象定域 D 的个体化性报告 I 我们能以明显方式解释 $\mathcal{L}$ 公式，通过令原子公式是由实体串满足的恰好假使 I 以恰当方式表示作为有关系的这些实体。比如，我们令"$ABST_\mathbf{R}(\mathbf{F}, x)$"是由 $\langle \mathbf{S}, \mathbf{G}, y \rangle$ 满足的恰好假使 I 把 y 表示为 G 的 S 抽象物。当该条件依照 I 是被解释的，令 $⟦\phi(x)⟧_I$ 是满足条件 $\phi(x)$ 的 D 的对象集。现在我们最后能给出我们的目标判定概念的精确定义。说条件 $\phi(x)$ 是根据 I 在 D 上判定的，当且仅当扩充 I 的每个

个体化性报告 J 指派与 I 一样的相同外延到 $\phi(x)$:

$$\forall J(I \sqsubseteq J \rightarrow [\![\phi(x)]\!]_I = [\![\phi(x)]\!]_J)。$$

这个要求的满足意指 D 上 $\phi(x)$ 的行为已经是由 I 表示的作为被个体化的实体判定的。不管我们继续个体化什么实体,这将不影响来自 D 的实体上条件 $\phi(x)$ 的行为。所以以此方式判定的条件适合于个体化概念,如同在下述引理中记录的。

引理 3:令 I 是某个抽象定域 D 的个体化性报告,且令 ϕ 是在 D 上由 I 判定的条件。假设 D 包含概念 F,它的类型使它由 ϕ 成为被个体化变得恰当而且 I 把它表示为还没有被个体化的。那么存在扩充 I 的个体化性报告 J,把 F 表示为由 ϕ 个体化的概念,且因此它使得 J 的任意进一步扩充 K 继续表示 F。

证明:假设考虑中的条件是 $\phi(x)$。其他类型的条件的情况是类似的。令 F 是来自 I 表示的作为还没有被个体化的 D 的一元第一层概念。令 J 与 I 一样除了 J 也把 F 表示为应用到 $[\![\phi(x)]\!]_I$ 中的所有的且仅有的对象。由于 $\phi(x)$ 是在 D 上由 I 判定的,那么我们有 $[\![\phi(x)]\!]_I = [\![\phi(x)]\!]_K$ 对任意 $K \sqsupseteq I$。这意味着 J 有预期的性质。■

我们也能用判定概念解释为什么来自上一小节的罗素条件 $\rho(x)$ 无法个体化一个概念。因此罗素悖论是以系统的和独立激发的方式而不是由特别限制避免的。

引理 4:令 I 是表示至少一个对象且至少一个作为还没有被个体化的一元第一层概念的某个抽象定域 D 的个体化性报告。那么 $\rho(x)$ 不是在 D 上由 I 判定的。

证明:令 a 和 F 各自是来自 I 表示的作为还没有被个体化的 D 的

对象和一元概念。选择概念 F 的任意个体化性，而然后把 a 个体化为它的相关联性质。那么条件 $\rho(x)$ 将根据 a 是满足的恰好假使 $\neg Fa$。但当我们个体化 F，我们有一个是否使 F 应用到 a 的选择。所以 a 上 $\rho(x)$ 的行为本来已经不能由 I 决定。■

现在我们转向构造抽象—友好理论模型的任务。但首先我们需要一个定义。考虑具有某个无穷基数 κ 的抽象定域 D 上的个体化性报告 I。说 I 是节俭的（frugal），当且仅当对每个类型 τ，I 表示作为还没有被个体化的类型为 τ 的 κ 个实体。

引理 5：令 I 是具有某个无穷基数 κ 的抽象定域 D 上的节俭个体化性报告。那么存在扩充 I 的节俭个体化性报告 J，把所有在 D 上由 I 判定的条件表示为个体化概念，而且把然后可用的所有等价关系和概念表示为个体化抽象物。尽管我们有某个选择来如何执行这些个体化性，我们的选择无关紧要，由于作为结果的个体化性报告所有是两两同构的。

证明：该证明多半是引理 3 证明的明显一般化。仅有的新挑战关注表示为还没有被个体化的 D 的实体数量。我们声称存在至多 κ 多个在 D 上由 I 判定的条件。为看到这个，注意到存在可数多个开公式，每个有有限多个能承担至多 κ 个不同值的参数。这产生至多 $\omega \cdot \kappa^{<\omega} = \kappa$ 多个如此条件。因此我们能执行已判定条件个体化概念的用途，以便确保仍然存在每个类型 τ 的 κ 个"未使用"概念。类似论证应用到抽象物。关于同构的声称是明显的。■

根据选择公理，存在把节俭个体化性报告 I 映射到得自引理 5 的个体化性报告 J 中的一个的函数 Γ。令 I_0 是某个初始节俭个体化性报告。现在我们将构造基于下述规则的个体化性报告序列：

$$I_{\alpha+1} = \Gamma(I_\alpha),$$

$$I_\lambda = \bigcup_{\gamma < \lambda} I_\gamma \text{ 对每个基数不大于 } \kappa \text{ 的极限序数 } \lambda.$$

根据引理 5 我们许可后继序数规则。而且某个简单基数算术表明能选择 Γ 以便确保每个 I_γ 仍然是节俭的,倘若 $|\lambda| \leqslant \kappa$。另一方面,如果 $|\lambda| > \kappa$ 且不存在 $\alpha < \lambda$ 使得 I_α 是 Γ 的不动点,那么我们不能执行 I_λ 的构造,因为我们会用完 D 的新实体以个体化。尽管我们需要初始个体化性报告 I_0 成为节俭的,高度重要的是我们不要求它是空的。因为这允许我们相对实体类工作,我们有对它们的个体化性的独立描述。对我们尤为重要的是有能力相对独立给定的集合概念工作,诸如迭代概念。比如假设 I_0 把 D 的某些对象表示为由 D 的其他对象承担的关系 $\in$。我们也可能假设要满足集合论各种公理的关系 $\in$。把 $\in$ 的陪域(co-domain)中的对象称为集合。然后我们能令个体化性报告 I 表示作为被个体化的集合 x 恰好假使 I 表示作为被个体化的 x 的每个元素。

定理 1: 令 I_0 是无穷抽象定域 D 上的节俭个体化性报告,且令 λ 是极限序数使得 $|\lambda| \leqslant |D|$。那么存在依照上述规则判定的个体化性报告序列 $\{I_\gamma\}_{\gamma \leqslant \lambda}$ 使得 I_λ 表示作为被个体化的 D 的每个实体。与该序列相关联的是理论 ø-AF 的克里普克模型。

证明: 有一个例外,序列 $\{I_\gamma\}_{\gamma \leqslant \lambda}$ 的构造是在上述被描述的。该例外关注如何确保 I_λ 表示作为被个体化的 D 的每个实体。如果 Γ 有不动点 $\alpha < \lambda$,那么我们选择 I_α 使得它表示作为被个体化的 D 的每个实体。如果 Γ 没有如此的不动点,那么作出有关 I_λ 的类似选择。接下来我们注意到序列 $\{I_\gamma\}_{\gamma \leqslant \lambda}$ 是与基于世界集 $\{w_\gamma : \gamma \leqslant \lambda\}$ 的克里普克模型和可通达性关系 R 相关联的,使得 $w_\gamma R w_\delta$ 当且仅当 $\gamma \leqslant \delta$。令每个世界 w_γ 的本体论是作为被个体化由 I_γ 表示的本体论,且令关于该本体论的真性恰恰是由 I_γ 表示的真性。我们声称 ø-AF 的所有公理在

该模型中成为真。稳定性公理成为真,因为我们的⊑的定义要求当个体化性报告 I 以一种特殊方式表示作为被个体化的某些实体,那么任意扩充个体化性报告 J 必须以相同方式表示作为个体化性的这些实体。与恒等,(C=)和(A=₁)或者(A=₂)相关的公理成为真,因为每个个体化性都被执行以便使这些公理生效。剩余的是(A∃)。假设 $I_λ$ 表示作为被个体化的等价关系 R 和概念 F。那么两者在某个 $I_α$ 下都是被个体化的,对 $α<λ$。那么 F 的 R 抽象物是在 $I_α$ 下被个体化的。■

清楚地,在该定理中描述的克里普克模型也使种种概念概括公理生效。但由于判定概念不能直接在我们的对象语言中被表达,那么辨认这些概括公理的任务是非平凡的。我们将尤其对以稳健的和系统的方式生效的概括公理感兴趣。说条件 $φ$ 是根据它的参数在 D 上有根的,当且仅当 $φ$ 是由表示作为被个体化的 $φ$ 的每个参数的 D 上每个个体化性报告判定的。说条件 $φ$ 是根据它的参数有根的,当且仅当 $φ$ 是根据它的每个无穷抽象定域 D 上的参数有根的。我们能把这后一种条件当作满足有根性原则,且因此对个体化概念是恰当的,不仅仅在上述的集合论模型中,而且在有原始抽象概念的理论中。

8. ND-AF 理论与直谓性

在本小节中我们辨认根据参数有根的大的且有趣的条件类。这些条件的共同特征是一种直谓性。当激发和解释这个类时,把条件认作理想化算法是有用的。然后我们通过保证相关联算法,决不利用尚未可用的资源能确保条件是有根的。让我们通过考虑两个简单例子探索这个思路。首先考虑条件"$x≠a$"我们声称该条件是根据它的单个参数 a 有根的。假设 a 属于抽象定域 D,在其上个体化性报告 I 表示作为被个体化的 a。给定对象 x,核实是否 x 是恒等于 a。如果它是恒等于 a 的,那么我们不应用这个条件。如果不是,那么应用这个条件。清楚地,该算法引用的仅有的实体是 a。因此一旦我们已经辨认出对象 a,该算法的行为是由任意抽象定域 D 判定的。所以相关联条件是根据它的参数有根的。

　　紧接着考虑条件"◇∃y∀z(Rxz↔y＝z)"。我们声称该条件是根据它的单个参数 R 有根的。假设 R 属于抽象定域 D，在其上个体化性报告 I 表示作为被个体化的 R。给定对象 x，核实是否 x 具有与某个唯一实际或者可能对象的 R。该任务是可能的，因为被个体化的 R 是定义在 D 的所有实际的和可能的对象上面的。如果有关系，那么引用这个条件。如果没有关系，那么不应用这个条件。清楚地，该算法引用的唯一实体是 R。从而一旦我们辨认出关系 R，该算法的行为是在 D 上判定的。所以相关联的条件是根据它的参数有根的。

　　现在让我们尝试从这些例子中汲取某些更广泛的教训。保证上述两个条件根据它们的参数是有根的在于，它们不包含对我们继续个体化什么实体敏感的词汇。联结词和恒等谓词对如此事物不是敏感的。我们也可能引入解释是固定的，且因此不对如此事物敏感的其他谓词。既非模态化量词，因为它们常常管辖相同可能的实体，尽管越来越多的实体被认作真实的。但谓词"ABST"是对我们继续个体化的实体敏感的，因为每当新抽象物被个体化，它将应用到新实体三元组。同样适用于谓项的原子子公式，也就是，形式为 $Rx_1\cdots x_n$ 的公式。因为每次新关系被个体化，如此公式可以是由新实体元组满足的。但如同上述第二个例子表明的，谓项的原子子公式不常常引入如此敏感性。所以我们需要区分变元的两种出现。

　　说变元出现在公式 φ 中的要求高的（demanding）位置，当且仅当该变元出现在 φ 的某个原子子公式的谓词位置或者它出现在包含谓词"ABST"的 φ 的原子子公式。所以当变元不出现在 φ 中的要求高的位置，φ 的原子子公式中变元的每个出现是在某个关系项或者恒等谓词的主目位置。但如同我们已经看到的，当关系被个体化，它是定义在整个定域上面的，包括尚未被个体化的实体。由此推断当变元只出现在要求不高（non-demanding）的位置，那么它的值不需要成为被个体化的。说条件 φ 是要求不高的，当出现在要求高的位置的所有它的变元都被用作参数,而非用作约束变元或者我们抽取的变元。因此我们已经论证的是被认作理想化算法的要求不高的条件,仅仅利用已经是可用的资源。这反映在下述定理中。

定理 2:每个要求不高的条件是根据它的参数有根的。

证明:我们根据 ϕ 上的归纳继续进行。ϕ 的任意原子子公式是根据它的参数有根的,因为这个子公式必须或者基于恒等谓词具有形式 "$Rx_1\cdots x_n$",这里 R 是参数,或者由应用到三个参数的谓词"ABST"构成。至于归纳步骤,仅有的非平凡情况是模态化量词的情况。所以假设子公式 ψ 是根据它的参数有根的且考虑公式 $\forall x\psi$。根据假设,ψ 中变元 x 的每个出现是处于要求不高的位置。这确保 $\forall x\psi$ 也是由它的参数有根的。∎

推论 1:ND-AF 是在定理 1 中所构造的任意模型种类是真的。

证明:考虑与抽象定域 D 和个体化性报告 I_λ 相关联的克里普克模型,如同定理 1 的证明中的那样。给定定理 1,所有需要我们做的是证实概括公理在该模型中是真的。所以考虑要求不高的条件 ϕ。由于 ϕ 只有有限多个参数,必定存在某个阶段 $\alpha<\lambda$ 使得 I_α 作为被个体化的所有 ϕ 的参数。根据定理 2,ϕ 是有根的。根据有根性的定义,因此 ϕ 是在 D 上由 I_α 判定的。但那么 $I_{\alpha+1}$ 且也因此 I_λ 把 ϕ 表示为个体化一个概念。∎

定义通常被称为直谓的(predicative)当它不量词管辖任意的被定义项指称属于的总体。尽管要求不高的条件类以这个日常定义的名义无法成为直谓的,根据它的精神,它们仍然是直谓的。因为在任意要求高的意义上,这些条件不量词管辖尚未被个体化的实体。所以我们将把要求不高的条件认作直谓的。但条件不需要要求不高的以成为直谓的。确保条件是直谓的另一种方式是，通过把并非参数但出现在要求高位置的所有它的变元限制到已被个体化的实体。让我们更精确一些。假设在对象语言中我们能表述条件"OLD(x)"，给定任意抽象定域 D 上的任意个体化报告 I，仅当 x 是已经在 I 下被个体化的对象。假设我们能表述其他实体类型的类似条件。使用这些条件我们能要求并非参数但出现在要求高位置的每个变元有某个已经被个体化的实体作为它的值。说条件 φ 是直谓的，恰好假使并非参数但出现在要求高位置的所有 φ 的变元以此方式被限制到已经被个体化的实体。然后我们得到下述定理。

定理 3：每个直谓条件是根据它的参数有根的。

该定理打开通向有趣基础性质的某些强理论的道路。我们在附录中提供一个例子。

9. 基数与刚性概念

通过概述把我们的作为良基过程的个体化描述应用到基数理论结束本节。根据标准新弗雷格主义描述，每个概念 F 都有一个基数 ♯F。布劳斯(1997)批评该描述，他反对我们有理由接受诸如布劳斯称为"反零"(anti-zero)的所有对象数(the number of all objects)和所有序数数(the number of all ordinals)这样的事物。本节所发展的描述允许我们把精确内容给到布劳斯的反对且表述有吸引力的回应。回顾我们已要求任意抽象物的指派都是稳定的，在一旦把抽象物指派到概念，仍把这个抽象物指派到概念不管我们继续个体化实体的意义上。假设在某个世界 w 把基数 $κ$ 指派到概念 F。根据稳定性推断仍然在任意更大世界 w' 必定把 $κ$ 指派到 F。但对在两个不同世界被指派相同基数的概念而言，在每个这两个世界该概念必须有恰恰与实例一样多的东西——否则我们不会简单谈论基数而谈论某个其他抽象物种类。

这意味着我们不能把基数指派到在任意世界的概念，在其处继续且个体化更多概念实例是可能的。由于我们能常常继续且个体化成为自我恒等概念和成为序数概念的更多实例，由此推断不存在我们能把基数指派到这些概念的世界。回应布劳斯我们宁愿把基数指派限制到不可能继续且个体化更多实例的概念。为使这个回应变得形式地精确，我们必须把模态算子 ♮ 加到我们的基础语言 $\mathcal{L}$，确保它应用到的任意子公式是在已经考虑的前一个世界被评估的。因此算子 ♮ 取消辖域掌控 ♮ 出现的最里面模态算子的影响。比如，$\diamond \exists \natural \neg \exists y(y = x)$ 说的是相对任意世界存在另一个世界，在其处存在不在前一个世界存在的对象。有这个新算子我们说概念 F 在世界 w 是刚性的（rigid），当且仅当 F 在任意晚于 w 的世界恰恰有相同实例；也就是当且仅当下述在 w 成立：

$$\forall x(Fx \leftrightarrow \natural (Fx \wedge \exists (y = x))).$$

令"RGD(F)"缩写的是 F 是刚性的声称。有该术语就位我们的声称在于在连贯世界 w 我们能把基数指派到恰恰在 w 是刚性的概念：

$$(N\exists) \quad \mathrm{RGD(F)} \leftrightarrow \exists x \mathrm{NUM}(F, x).$$

我们也想表达基数相对于 1-1 对应被个体化的声称。由于仅有的有基数的概念是刚性的概念，需要考虑概念的目前实例。所以令"F ≈ G"是通常的 Fs 和 Gs 能是 1-1 相关的声称的非模态二阶形式化。能把想要的声称形式化为：

$$(N\exists) \quad \mathrm{NUM}(F, x) \wedge \mathrm{NUM}(G, x) \rightarrow (x = y \leftrightarrow \mathrm{F} \approx \mathrm{G}).$$

注意关系≈在所有且仅有的刚性概念上是稳定的。

10. 有根直谓条件在集合论中的应用

现在我们将提供如何应用定理 3 的例子。由于该例子是在林内波(2006)文章中发展的,我们将删除某些细节。我们以允许本元的二阶集合论开始。原始谓词是"$x=y$","$x \in y$"和"$Prp(F, x)$"。我们也将使用"$x\eta y$"作为通过采纳下述的 x 有性质 y 的声称的缩写。

$$(Def\text{-}\eta) \quad x\eta y \leftrightarrow \Diamond \exists F(Prp(F, x) \wedge Fx).$$

使用集合论的表达力我们能表述 $OLD_a(x)$,说的是凭借某些基础运算 x 从某个参数 a 是可定义的。我们也能证明该条件仅仅对不晚于 a 的被个体化的实体是真的。现在考虑公式"$x\eta y$",这里"x"出现在要求不高的位置且"y"出现在要求高的位置。这意味着条件"$x\eta y \wedge OLD_a(x)$"是直谓的且因此对概括是适合的。令 $\psi_a(x, y)$ 是对该条件的缩写。通过对参数 a 的仔细选择,我们能使用该条件渐增地个体化复杂性质。首先我们令 a 是集合属于关系的性质,也就是,根据直谓条件"$x \in y$"可定义的性质。然后 $\psi_a(x, y)$ 个体化性质 e_0。紧接着我们令 a 是 e_0 且个体化更复杂性质 e_1。对任意极限序数 λ 通过令 e_λ 是集合 $\{e_\gamma : \gamma < \lambda\}$ 我们能把该过程继续到超限。林内波(2006)表明作为结果的理论层级有下述有趣性质:在每个阶段理论恰恰是在前一个阶段需要发展该理论语义学的,以允许所有它的量词有绝对全称量域(a bsolutely universal range)的方式。

第 7 小节中的机制提供需要表明所有这些理论有模型的资源。令 D 是尺寸为某个不可达基数 κ 的抽象定域。令 **ZFCU** 是被修正以便允许本元的日常 **ZFC** 集合论。所有我们做的是放松外延公理以至它仅仅需要当集合有相同元素时它们是恒等的。然后我们能构造给我们以 **ZFCU** 模型的 D 上的节俭个体化性报告 I_0。基本地,I_0 把来自

D 的少于 κ 个对象的每个复数性表示为形成一个集合。那么定理 1 使我们能够把该模型扩充到也使上述已描述的性质理论生效的克里普克模型。如同推论 1 的证明中的那样，所有我们需要做的是证实概括公理成为真。我们声称在个体化性报告 I_κ 下情况如此。为看到这一点，令 ϕ 是直谓条件。它的某些参数可以是集合。但由于所有集合是基数 $<\kappa$ 的，且由于 κ 是不可达的且更不必说是正则的那么存在 $\lambda<\kappa$ 使得所有 ϕ 的参数在 I_λ 下是被个体化的。但然后 ϕ 在 $I_{\lambda+1}$ 下个体化概念。

文献推荐：

林内波在论文《良莠不齐问题导论》中首先提供该问题的简短历史回顾。然后他提出对各种争论的回应。这是一篇关于良莠不齐问题的经典的综述论文。林内波为关于良莠不齐问题的系列论文提供概括论述[55]。乌斯基亚诺在论文《广义良莠不齐问题》中聚焦作为可接受性必然条件的稳定性前景。然而他的结论是否定的。作为良莠不齐问题的解决方案，稳定性会削弱新弗雷格主义集合论基础的前景。作为解决更一般难题的方案，它会在数学实践上强加不合理的约束。库克在论文《休谟的大兄弟：计数概念与良莠不齐异议》中提出高阶版本的休谟原则。这些高阶版本是否可接受的是独立于标准集合论的。库克认为这把抽象主义者置于一种困境：或者在计数对象与计数概念间存在某种内在的差异，或者需要发现可接受性的新标准。库克认为这两个方向似乎都没有成功的希望。林内波在论文《温驯版本的良莠不齐问题》中提出对该问题的新解决方案，基于个体化必须取良基过程形式的观念。这种方案令人惊讶的方面在于，概念抽象的每种形式是可允许的，且悖论是由限制存在什么概念避免的。

第四章
静态抽象

第一节 可接受抽象标准间的逻辑关系

本节的工作是在韦尔（2003）的基础上进行的。韦尔曾经断言任意的无界抽象原则是保守的。然而，林内波表明韦尔的断言是不正确的。他具体给出一致无界定义。由此得到的结果首先是任意一致无界抽象原则是无界的，但任意无界抽象原则不是一致无界的。其次是抽象原则是保守的，当且仅当该原则是一致无界的。而且林内波给出纯粹逻辑定义。它说的是抽象原则是纯粹逻辑的，当它不包含除了算子§的非逻辑词汇。由此得到的结果首先是，任意无界的和纯粹逻辑的抽象原则都是一致无界的。其次是，如果我们有纯粹逻辑抽象原则，那么该原则是保守的，当且仅当它是无界的、当且仅当它是一致无界的。不幸的是，保守抽象原则不是可接受的，因为根据韦尔的结果，存在保守的但不是联合可满足的纯粹逻辑抽象原则对。稳定性与强稳定性是对由该结论所提出问题的自然回应。强稳定性蕴涵稳定性，稳定性蕴涵无界性。但是无界性不蕴涵稳定性，稳定性不蕴涵强稳定性。韦尔断言稳定性等价于和平性。然而韦尔的证明是有缺陷的。所有韦尔的证明表明强稳定性蕴涵和平性，和平性蕴涵稳定性。但韦尔的证明没有表明稳定性蕴涵和平性，和平性蕴涵强稳定性。林内波证明稳定性不蕴涵和平性。但如果我们假设纯粹逻辑性,那么抽象原则是稳定的,当且仅当它是和平的。这里我们有两个推论:首先是保守性不蕴涵和平性或者稳定性,其次是存在并非强稳定的纯粹逻辑与和平抽象原则。

1. 关于标准间逻辑关系的两张图表

抽象原则是形式为下述的原则:

$$（\Sigma） \quad \S\,\alpha = \S\,\beta \leftrightarrow \alpha \sim \beta$$

这里变元 α 和 β 管辖某类实体,而且这里~是此类实体上的等价关系。弗雷格不协调的第五基本定律表明,并非每个如此的原则是可接受的。人们已提出各种各样的可接受抽象标准。这里我们要绘制某些已提议标准间的逻辑关系。我们回答某些技术性问题,它们是通过在至今这些问题最系统研究的证明和声称中对错误的发现引出的,当然这指的是韦尔(2003)的工作。通过下述严格蕴涵我们总结这些结果:

$$
\begin{array}{ccc}
和平 & \Rightarrow & 保守 \\
\Downarrow & & \Downarrow \\
稳定 & \Rightarrow & 无界
\end{array}
$$

被限制到重要的"纯粹逻辑"抽象原则类,前述图表的垂直标注坍塌以产生两个等价式和一个严格蕴涵。

$$和平 \Leftrightarrow 稳定 \Rightarrow 保守 \Leftrightarrow 无界$$

下面我们将模型论地继续进行且以标准 **ZFC** 集合论为背景工作。目前我们不打算评估所建议标准的哲学可行性。

2. 一致无界性与纯粹逻辑性

保守性标准基于相当直观的观念,也就是,抽象原则 Σ 是可接受的恰好假使它能被加到任意理论而不扰乱这个理论的关于它所关心对象的声称。也就是,把 Σ 加到理论 T 可以给我们关于 Σ 所关心的新对象的额外信息,而不是关于 T 所关系的关于旧对象的信息。使这个直观观念精确的标准方式如下。令 T 是不包含抽象算子 § 的某个基础语言 $\mathcal{L}$ 中的理论。令 $\mathcal{L}^+$ 是把算子 § 加入 $\mathcal{L}$ 而导致的语言。把谓词 '$old(x)$' 定义为 $\neg \exists \alpha (x = \S \alpha)$。令 φ^{old} 是在 φ 中把所有量词限制到旧对象的结果,且令 T^{old} 是用 φ^{old} 取代 T 的每个公理 φ 的结果。

定义 2.1:(保守性) 抽象原则 Σ 在 $\mathcal{L}$—理论 T 上是保守的,当且仅当对任意 $\mathcal{L}$—公式 φ 我们有

如果 $T^{old} \bigcup \{\Sigma\} \models \varphi^{old}$,那么 $T \models \varphi$。

Σ 是保守的,当且仅当它是在任意 $\mathcal{L}$—理论 T 上保守的,倘若 $\mathcal{L}$ 不包含算子 §。

注意我们关心的是模型论而非证明论保守性。也注意基础理论 T 上仅有的限制在于它的语言必定不包含算子 §。在基础理论上强加任意其他限制是不恰当的。因为激发保守性标准的直观观念在于,不管科学家开始表述什么理论 T,增加抽象原则不应该扰乱关于 T 所关注的对象的声称。强加任意的进一步限制会超出抽象主义的职权范围,而且会预先判断科学家们使用什么理论是合法的。人们讨论的另一条标准是无界性,我们把它定义如下:

定义 2.2:(无界性) 抽象原则 Σ 是 κ—可满足的,当且仅当 Σ 在基数为 κ 的定域中是可满足的。Σ 是无界的,当且仅当 Σ 是 κ—可满足的对基数为 κ 的无界序列。

韦尔(2003)的定理 4.2 断言任意抽象原则若是无界的则是保守的。然而,下述例子表明韦尔的断言是不正确的,给定他的和我们的公开

定义。

例 2.3：令 Σ 是抽象原则，

$$\S F = \S G \leftrightarrow \neg \exists x P x \vee \forall u (Fu \leftrightarrow Gu),$$

这里 F 和 G 都是一元二阶变元且 P 是基础语言 $\mathcal{L}$ 的原子谓词。Σ 是无界的因为它在任意定域中是可满足的，通过把 P 解释为不应用到定域中的任意对象。然而，Σ 在单独公理为 $\exists x P x$ 的理论 T 上是非保守的。因为一方面我们有 $T^{old} \bigcup \{\Sigma\} \models \bot$，因为 T^{old} 确保定域包含 P，这把 Σ 变成弗雷格的不协调第五基本定律。但另一方面我们有 $T \not\models \bot$。

哪里出了问题？难题在于保守性概念需要基础语言 $\mathcal{L}$ 的词汇保留它的在"旧的"定域上的意义，然而无界性概念是根据可满足性定义的，由此允许这个词汇被再解释。能够蕴涵保守性的任意无界性概念必须确保基础语言词汇保留它的在"旧的"定域上的意义。这建议的是下述定义。

定义 2.4：(一致无界性)　抽象原则 Σ 是一致无界的，当且仅当对任意基础语言 $\mathcal{L}$ 的任意理论 M 存在扩充语言 $\mathcal{L}^+$ 的模型 N 使得

(i) N 是 M 的扩充，它的"旧的"对象恰好是 M 的对象；

(ii) N 满足 Σ。

引理 2.5：任意一致无界抽象原则是无界的。但任意无界抽象原则不是一致有界的。

证明：第一个声称是直接的。第二个声称从例 2.3 推断出来。∎

定理 2.6：抽象原则是保守的，当且仅当它是一致有界的。

证明：

右推左：假设 Σ 是一致无界的。假设 $T \nvDash \varphi$ 对某个 $\mathcal{L}$—公式 φ。那么存在模型 M 使得 $M \vDash T \cup \{\neg \varphi\}$。根据定义 2.4(i)，M 能被扩充到 Σ 的模型 N，它的"旧"对象恰好是 M 的对象。由此推断 $N \vDash T^{old} \cup \{\Sigma, \neg \varphi^{old}\}$。这表明 $T^{old} \cup \{\Sigma\} \nvDash \varphi^{old}$。由于 $\mathcal{L}$，T 和 φ 是任意的，推断出 Σ 是保守的。

右推左：假设 Σ 是保守的。令 M 是某个基础语言 $\mathcal{L}$ 的模型。令 $\mathcal{L}_M$ 把对 M 的每个元素不同的常项加入 $\mathcal{L}$ 得到的强化基础语言。因此 $\mathcal{L}_M$ 可以是不可数语言，这在模型论中是常见的情况。令 $\mathcal{L}_M$—理论 T 由 M 的框架构成，也就是，$\mathcal{L}_M$ 中所有原子语句和否定原子语句集，它们在 M 中是真的。由于 T 不包含量词，我们有 $T^{old} = T$。假设 $T \cup \{\Sigma\}$ 没有模型。那么 $T^{old} \cup \{\Sigma\} \vDash \bot$，由此根据 Σ 的保守性，$T \vDash \bot$，这与 $M \vDash T$ 相矛盾。所以令 N 是 $T \cup \{\Sigma\}$ 的模型。那么 N 能被假设为 M 的扩充，它的"旧"对象恰好是 M 的对象。被视作 $\mathcal{L}$—模型而非 $\mathcal{L}_M$—模型，那么 N 表明 Σ 是一致无界的。∎

尽管诸如 $\mathcal{L}_M$ 的广义语言在数学上是可接受的，人们反对的是对如此语言的目前使用是哲学上成问题的，因为保守性标准是用头脑中的日常语言表述的，而不是广义语言。但这个意义是令人难以信服的。人们假设抽象原则 Σ 的保守性以确保 Σ 能被加到任意基础理论 T 而不扰乱这个理论的关于它所关心对象的声称。所以在基础理论 T 上强加任意限制会是不恰当的，不同于它的不包含算子 § 的语言。确实，是否有人能够捕获上述调用的此类无限基础理论的问题不是纯粹数学要回答的。所以纯粹数学的哲学描述必定不被迫依赖对这个问题的否定回答。此外，当我们选择研究高阶理论的模型论保守性而非证明论保守性，我们已经放弃与实际人类能力紧密联系的任意要求。一般而言，与掌握广义语言一样，我们不再能够评估高阶语义后

264

承的问题。然而,一个有趣的技术性问题在于,是否定义 2.6 不需要超出日常二阶语言而能被证明。接下来我们要定义另一个假设,且表明它的加入使我们能够证明引理 2.5 的结果的部分逆命题。

定义 2.7:(纯粹逻辑) 抽象原则 Σ 是纯粹逻辑的,当且仅当它不包含非逻辑词汇,除了算子 $\S$。

定理 2.8: 任意无界的和纯粹逻辑的抽象原则是一致无界的。

证明: 令 Σ 是无界的和纯粹逻辑的抽象对象,且令 M 是某个基础语言 $\mathcal{L}$ 的模型。由于 Σ 是无界的,它在基数大于 M 的基数的模型 N 中是可满足的。由于 Σ 是纯粹逻辑的,它与 $\mathcal{L}$ 没有共有的非逻辑词汇。回顾 $\mathcal{L}$ 曾被假设不包含算子 $\S$。这确保 N 能被当作 M 的扩充,它的"旧"对象恰好是 M 的对象。∎

推论 2.9: 令 Σ 是纯粹逻辑抽象对象,那么 Σ 是保守的,当且仅当它是无界的、当且仅当它是一致无界的。

证明: 从引理 2.5、定理 2.6 和定理 2.8 直接得出。∎

人们应该注意的是限制到纯粹逻辑抽象原则是远非平凡的。弗雷格著名的方向抽象原则——它说的是两个线条 l_1 和 l_2 的方向是相同的,当且仅当 l_1 和 l_2 是平行的——是非逻辑的,如同在通向实数的标准抽象主义路径中所依赖的某些抽象原则是非逻辑的那样。

3. 强稳定性、稳定性与和平性

不幸的是,保守抽象原则不需要是可接受的,如同韦尔的一个定理表明的(韦尔 2003,定理 4.3)。

定理 3.1:(韦尔) 存在诸对纯粹逻辑抽象原则,它们中的每个是保守的但不是联合可满足的。

定理 3.1 证明的关键要素是下述的众所周知的定理。

定理 3.2:(民间传说) 在纯粹二阶逻辑语言中,我们能描绘概念 X 的各种基数性质,诸如具有尺寸 $\aleph_n$ 对某个自然数 n,具有连续统尺寸,具有极限基数尺寸,具有后继基数尺寸且具有不可达尺寸。

证明:参考夏皮罗,1991,第 104—105 页。■

定理 3.1 的证明:考虑下述弗雷格第五基本定律的受限版本:

$$(RV) \quad _cF = _cG \leftrightarrow (BAD(F) \wedge BAD(G))\check{}\vee \forall x(Fx \leftrightarrow Gx),$$

这里 BAD(F) 是某个 $\mathcal{L}$ 公式。根据定理 3.2 我们能令 $BAD_1(F)$ 和 $BAD_2(F)$ 表达全概念——也就是,概念 U 使得 $\forall x U x$——各自是后继基数尺寸和极限基数尺寸。(RV)的作为结果的版本容易被看作在各自后继基数尺寸和极限基数尺寸的所有且仅有的定域中是可满足的。所以这两条原则不是联合可满足的。但每个是无界而且根据推理 2.9 是保守的。■

下个定义是对由定理 3.1 所提出问题的自然回应。

定义 3.3:(稳定性) 抽象原则 Σ 是稳定的,当且仅当存在基数 κ 使得 Σ 是 λ—可满足的对所有基数 $\lambda \geq \kappa$。Σ 是强稳定的,当且仅当存在基数 κ 使得 Σ 是 λ—可满足的恰好假使 $\lambda \geq \kappa$。

引理 3.4:强稳定性蕴涵稳定性,稳定性蕴涵无界性。但两个逆命题都不成立。

证明:两个蕴涵都是平凡的。为构建稳定性不蕴涵强稳定性,考虑(RV)的版本这里条件 BAD(F) 被定义以便在基数为 $\aleph_0$ 和 $\geq \aleph_\omega$ 的定域中是真的,而在任意其他基数的定域中不是真的。为构建无界性不蕴涵稳定性,我们定义条件 BAD(F) 以便在尺寸为极限—基数的定域中是真的。两个条件都能由定理 3.2 表达出来。∎

韦尔(2003)的定理 6.1 断言稳定性是等价于已被提出的另一条标准的,即和平性。

定义 3.5:(和平性) 抽象原则 Σ 是和平的,当且仅当它是保守的,且是与任意其他保守抽象原则是联合可满足的。

然而,韦尔的证明出于两个独立的原因是有缺陷的。小的缺陷是由例 2.3 说出的,它表明抽象原则是强稳定的无须成为保守的,更不用说无须成为和平的。推论 2.9 建议这个问题能通过增加 Σ 为纯粹逻辑的假设而得以避免。但甚至有这个被添加的假设,归功于夏皮罗的一个观察,表明这个证明包含第二个且更重要的缺陷,也就是,无法真正区分稳定性和强稳定性(夏皮罗 2011)。所有韦尔的证明构建的是假设纯粹逻辑性、强稳定性蕴涵和平性,它反过来蕴涵稳定性。因此证明留下任意的这些逆命题是否成立的问题悬而未决。我们现在试图研究这些问题。

引理 3.6: 令 Σ 是并非稳定的抽象原则。那么存在保守的而且纯粹逻辑的抽象原则 Γ,它与 Σ 不是联合可满足的。

证明:根据推论 2.9,它足以找出纯粹逻辑抽象原则 Γ,它恰好在 Σ 并非可满足的基数处是可满足的。我们声称表述条件 BAD(F) 是可能的,它表达的是 Σ 在全概念 U 上不是可满足的。假设这个声称,我们令 Γ 是(RV)的作为结果的版本。为看到这一点,首先假设 Σ 不是 κ 可满足的。那么尺寸为 κ 的定域上的任意概念 F 将是坏的,它使得 Γ 平凡地 κ 可满足的。其次假设 Σ 是 κ 可满足的。那么没有尺寸为 κ 的定域上的概念 F 是坏的,这意味着在如此定域,Γ 像第五基本定律由此不是 κ 可满足的。

紧接着需要证明声称。如此做的简单方法是要令 $\mathcal{R}(\Sigma)$ 是 Σ 的拉姆塞化性,这在比 Σ 的序高一阶的语言中是可用的。那么我们能选择 BAD(F) 作为 $\neg\mathcal{R}(\Sigma)$。然而,无须上升到阶高于 Σ 的语言我们也能证明这个声称。考虑 Σ 是二阶的情况;其他情况是类似的。那么二元关系 R 能被用来对象到所选择一元概念的指派,通过令 $\forall u(Fu\leftrightarrow Rux)$ 意指 x 被指派到概念 F。令 $\sim$ 是在其上 Σ 抽取的等价关系。说 F 与 x 在 R 下是相联的,当且仅当用 x 与 R 相联的 F 具有与某个概念 F' 的 $\sim$。那么 Σ 是可满足的声称能被表达为下述声称,即存在二元关系 R 使得每个概念 F 在 R 下与对象 x 相联,而且使得两个概念 F 和 G 在 R 下与相同对象相联恰好假使 F$\sim$G。∎

定理 3.7:任意和平抽象原则是稳定的。但逆命题不成立。

证明:假设 Σ 不是稳定的。那么根据引理 3.6 存在保守抽象原则 Γ,Σ 与 Γ 不是联合可满足的,这表明 Σ 不是和平的。例 2.3 表明逆命题不成立。∎

然而,如同在定理 2.8 的情况下那样,逆命题在添加纯粹逻辑性的假设后成立。

定理 3.8:令 Σ 是纯粹逻辑抽象原则。那么 Σ 是稳定的,当且仅当它是和平的。

证明：根据定理 3.7,它足以证明每个稳定的和纯粹逻辑的抽象原则是和平的。所以假设 Σ 是稳定的和纯粹逻辑的。由于稳定性蕴涵无界性,根据推论 2.9,Σ 是保守的。令 Γ 是另一个保守抽象原则。我们需要表明 Σ 与 Γ 是联合可满足的。但根据定理 2.6 和引理 2.5,Γ 是无界的,这确保存在基数 λ≥κ 使得 Γ 在基数为 λ 的定域中也是可满足的。由此推断 Σ 是和平的。∎

推论 3.9：保守性不和平性或者稳定性。

证明：根据定理 3.7,它足以表明保守性不蕴涵稳定性。假设它蕴涵稳定性。那么根据定理 3.8,为纯粹逻辑的任意无界抽象会是稳定的。但我们从引理 3.4 的证明中的例子知道情况并非如此。∎

推论 3.10：存在并非强稳定的纯粹逻辑的和和平的抽象原则。

证明：这从定理 3.8 和下述观察直接得出,即存在稳定而非强稳定的纯粹逻辑抽象原则。这个观察是在引理 3.4 的证明中构建的。∎

第二节　作为抽象原则标准的严格逻辑对称类保守性

我们将依次表述可满足抽象原则类 SAT、菲尔德—保守性抽象原则类 F-CON、无界抽象原则类 UNB、稳定抽象原则类 STB、和平抽象原则类 IRN、强稳定抽象原则类 S-STB 和严格保守抽象原则类 S-CON。它们间的关系如下：S-CON⊆S-STB⊆IRN⊆STB⊆UNB⊆F-CON⊆SAT。可接受抽象原则类 ACC 要满足两个约束：首先,UNB⊄ACC、SAT⊄ACC 和 F-CON⊄ACC；其次,ACC⊄S-CON。这两个约束条件建议我们：首先,可接受原则类位于 S-CON 和 UNB

间的某个地方；其次，可接受原则类是 S-STB，IRN 或者 STB 中的一个。与其尝试提供可接受性的显定义，我们分三步间接地给出可接受性定义。第一步是表述可接受抽象原则类必须接受的类保守性标准。第二步是辨认与描绘恰好满足标准的类。第三步是辨认哪些类事实上是 ACC。通过对抽象原则拉姆齐化，我们给出严格逻辑对称类保守与极大严格逻辑对称类保守的抽象原则类。我们证明强稳定性不仅是严格逻辑对称类保守的，同时也是极大严格逻辑对称类保守的。如果可接受抽象原则类 ACC 是极大严格逻辑对称类保守的，那么它是相对于基数上全序的强稳定的原则类。库克的结论是可接受原则 ACC 就是强稳定性 S-STB。

1. 良莠不齐挑战

新逻辑主义是所有数学都能在抽象原则基础上被重构的观点。抽象原则是形式为下述的陈述：

$$A_E : (\forall \alpha)(\forall \beta)[@_E(\alpha) = @_E(\beta) \leftrightarrow E(\alpha, \beta)],$$

这里 α 和 β 是管辖相同类型实体的变元，E 是该类型实体上的等价关系，而且 $@_E$ 是从该类型实体满射到对象上的函数。让我们首先拒绝一个技术性问题：在下文中，我们假设在其内部新逻辑主义被表述的语言 L 至少与全三阶逻辑一样强。也就是，L 允许量词管辖第一层概念和关系，它们对对象成立而且在第一层函数上把对象映射到对象，但它也允许量词管辖第二层概念和关系，它们对第一层概念、关系和函数成立，而且在第二层函数上把第一层概念、关系和函数映射到对象，参考夏皮罗（1991）关于二阶、三阶和高阶逻辑的细节。为简单起见，下面给出的结果将只为三阶情况作出明确证明，但所有结果都能被一般化到至少与三阶一样强力的任意语言。

人们打算用抽象原则充当数学概念的定义，而且由此抽象算子的

270

范围构成归入那个概念的抽象数学对象，并且这是与对象归入那个概念有关的数学知识的主题。为如此观点辩护涉及对如此定义如何被假设起作用，且作为结果它们如何为我们提供关于它们蕴涵存在性的抽象对象的特许的、先天知识的实质的新颖描述。这里我们将不直接设法解决这些宽广的哲学背景问题。反之，我们将考虑面对任意尝试发展新逻辑主义路径的具体问题——良莠不齐意义——且提出原则性的解决方案。良莠不齐异议来自相对简单的观察。有些抽象原则是好的——也就是，它们似乎是数学上和哲学上不成问题的。如此好原则的范式实例是休谟原则：

$$HP: (\forall X)(\forall Y)[\#(X) = \#(Y) \leftrightarrow X \approx Y],$$

这里"$\approx$"是对二阶公式的缩写，表达的是从 Xs 到 Ys 的 1-1 映射的存在性。大致来说，HP 对等数概念的每个等价类"引入"不同的基数。HP 是协调的，从技术上讲，它与二阶皮亚诺算术是等协调的（布劳斯，1987）。此外，与适当的后继、加法、乘法诸如此类的显定义相结合，HP 蕴涵所有二阶皮亚诺算术公理。因此，HP 似乎是新逻辑主义基数概念定义的有希望的潜在候选者。如果 HP 或者某个类似的原则，诸如有限休谟原则，不是基数的合法定义，那么新逻辑主义似乎是无成功机会的方案。另一方面，其他的抽象原则是"坏的"：它们不能充当真正数学概念的合法定义。如此"坏的"抽象原则的范式实例是弗雷格臭名昭著的第五基本定律：

$$BLV: (\forall X)(\forall Y)[\S(X) = \S(Y) \leftrightarrow (\forall z)(X(z) \leftrightarrow Y(z))]。$$

作为弗雷格在《算术基本定律》中的一个基础逻辑定律，罗素在写给弗雷格的信中表明 BLV 是不协调的（罗素，1902）。明显地，不协调原则不能充当数学概念的合法定义——不管是否是隐性的。那么,这就是良莠不齐挑战:表述从"坏的"分出"好的"哲学上有原则的描述。接下来我们将致力于迎接这个挑战。

整个论证分为四个阶段。首先,在第 2 节,我们将回顾形式情形,而且引入某些技术性概念。这个阶段设置是重要的,由于尽管直到人们尚未给出令人满意的对良莠不齐挑战的回应,大量重要的技术性工作在研究语境内部已被贯彻到这个问题。论证的第二个阶段,在第 3 节,将是对在第 2 节中提议的某个特殊技术性标准的更详细检查,这就是保守性。尽管在第 2 节中所呈现的结果阻止保守性充当可接受性的充分条件——出于纯粹技术上的原因——保守性是作为可接受性的可行必要条件。对这个可接受抽象原则应该是保守的要求背后的哲学动机的仔细检查,提供对恰好从可接受抽象原则完整描述中错过的关键深刻见解。手头上有来自第 3 节的深刻见解,那么在第 4 节,我们将表述可接受性的额外标准,而且证明强稳定原则满足这条标准。我们以许多连续性步骤执行这个构造,以便处理许多精致的技术上和哲学上的复杂化。在第 5 节,我们将注意到,尽管强稳定原则类满足在前面小节中提出的可接受性的两个必要条件,它不是要如此做的唯一抽象原则类。在最后小节中我们将把所有这些零部件放到一起以便建议,根据这里提供的证据,强稳定性是可接受抽象原则类唯一合理的候选者。

2. 各种抽象原则类间的关系

可接受抽象原则可能满足的许多条件已在各种文献中得以检查。三点激发将使我们的呈现简单化。首先,给定公式 Φ 和有一个自由变元的 $\Psi(x)$:

$$\Phi^{\Psi(x)}$$

是 Φ 到 $\Psi(x)$ 的量词相对化。其次,给定公式 Φ,Φ 的拉姆塞化:

272

$$R(\Phi)$$

是在 Φ 中用匹配类型的变元取代每个原始非逻辑表达式的结果,然后在结果前面加上约束如此被引入的每个新变元的存在量词。最后,公式 Φ 是 κ 可满足的,当且仅当存在某个模型 M 使得 M 的定域的基数是 κ 且 M 满足 Φ。相对于后者,我们注意下述:

事实 2.1:给定抽象原则 A_E,如果 A_E 是 κ 可满足的对某个基数 κ,那么尺寸为 κ 的任意模型能被扩充到 A_E 的模型。

抽象原则可能满足的第一个条件是可满足性:

定义 2.2:A_E 是可满足的,当且仅当存在基数 κ 使得 A_E 是 κ 可满足的。

SAT=可满足抽象原则类。

更强的条件是抽象原则应该是菲尔德保守的:

定义 2.3:A_E 是菲尔德保守的,当且仅当对 L 中的任意理论 Th 和公式 Φ,这里 L 不包含"@",当:

$$A_E,\ Th^{\sim(\exists Y)(x=@_E(Y))} \Rightarrow \Phi^{\sim(\exists Y)(x=@_E(Y))}$$

那么:

$$Th \Rightarrow \Phi。$$

F-CON=菲尔德保守抽象原则类。

我们将近距离地观看下面第 3 节中的保守性。第三个条件在于抽象原则是无界的:

定义 2.4：A_E 是无界的，当且仅当对任意基数 γ，存在 $\kappa \geq \gamma$ 使得 A_E 是 κ 可满足的。

UNB＝无界抽象原则类。

强于无界性的要求在于抽象原则是稳定的：

定义 2.5：A_E 是稳定的，当且仅当存在某个基数 γ 使得对所有 $\kappa \geq \gamma$，A_E 是 κ 可满足的。

STB＝稳定抽象原则类。

与保守性紧密相联的是和平性：

定义 2.6：A_E 是和平的，当且仅当对任意 $A_{E2} \in$ F-CON 存在 κ 使得 A_E 和 A_{E2} 两者都是 κ 可满足的。

IRN＝和平抽象原则类。

笼统地讲，和平原则是与每个菲尔德保守原则相容的原则。本着与稳定性相同的精神但显著更强的是强稳定性：

定义 2.7：A_E 是强稳定的，当且仅当存在某个基数 γ 使得对任意 κ，A_E 是 κ 可满足的，当且仅当 $\kappa \geq \gamma$。

S-STB＝强稳定抽象原则类。

最后，为完成图景，考虑严格保守性：

定义 2.8：A_E 是严格保守的，当且仅当对 L 中的任意理论 Th 和公式 Φ，这里 L 不包含"@"，当：

274

$$A_E, Th \Rightarrow \Phi$$

那么：

$$Th \Rightarrow \Phi。$$

$$\textbf{S-CON} = 菲尔德保守抽象原则类。$$

在其这些条件被引入的顺序不是任意的。结合在布劳斯(1990)、怀特(1997)、法恩(2002)、韦尔(2003)和林内波(2011)中发现的结果，我们能总结我们的关于这些抽象原则类的目前知识状态如下：

事实 2.9：S-CON $\subset$ S-STB $\subset$ IRN $\subseteq$ STB $\subset$ UNB $\subseteq$ F-CON $\subset$ SAT。

在两种情况下对非真子类符号"$\subseteq$"的使用是非偶然的：我们当前确实不知道和平原则类是否等同于稳定原则类的，我们也尚未决定是否每个菲尔德保守原则是无界的。然而，林内波(2011)确实包含下述结果的证明，这也是由库克独立证明的：

定理 2.10：IRN $=$ STB 当且仅当 F-CON $=$ UNB

证实我们分类法中的这两个缺口实际上是相同数学硬币的两面。当然，这里我们的任务不仅仅对各种概念分类，它们曾被提出作为可接受原则类潜在的候选者，而且要决定这些中的哪个真正是正确的类。为方便起见，我们将引入下述术语：

定义 2.11：ACC $=$ 可接受抽象原则类。

在移动到对保守性的检查前，我们注意两个约束条件。首先：

$$UNB \nsubseteq ACC,$$

$$SAT \not\subseteq ACC,$$

$$F\text{-}CON \not\subseteq ACC。$$

这个理由是简单的。存在两两不相容无界原则。例如,令 Λ 是在所有且仅有极限基数处可满足的任意二阶公式,且令 Σ 是在所有且仅有后继基数处可满足的二阶公式,下述的每个:

$$BLV_\Lambda: (\forall X)(\forall Y)[\S_\Lambda(X) = \S_\Lambda(Y) \leftrightarrow ((\forall z)(X(z) \leftrightarrow Y(z)) \vee \Lambda)],$$

$$BLV_\Sigma: (\forall X)(\forall Y)[\S_\Sigma(X) = \S_\Sigma(Y) \leftrightarrow ((\forall z)(X(z) \leftrightarrow Y(z)) \vee \Sigma)],$$

是无界的,由此是菲尔德保守原则的且可满足的,然而它们的合取不是可满足的——因此它们不能都是可接受的。另外我们注意到,如果新逻辑主义要是可行,那么

$$ACC \not\subseteq S\text{-}CON。$$

再次,理由也是简单的:既非 HP 也非 FHP 是严格保守的,事实上,蕴涵多于一个对象存在性的任意抽象原则都不是严格保守的。因此,如果新逻辑主义是要成为一般上的对我们数学知识的可行重构,而且特殊上的对我们的无穷多个不同数学对象存在性知识的可行重构,那么可接受原则类需要包含多于仅仅严格保守原则。这首先建议可接受原则类位于 S-CON 和 UNB 间的某处,其次建议可接受原则类是 S-STB, IRN 或者 STB 中的一个。如同我们将要看到的那样,有好的理由认为这两个猜疑被证实,而且尤其 ACC=S-STB。然而,下面两节给出的论证将不依赖假设 ACC 是严格处于 S-CON 和 UNB 中间,它也将不依赖 ACC 是等同于 S-STB, IRN 或者 STB 中的一个。反之,我们将从完全一般的考虑继续进行到下述结论,即 S-STB 是预期的抽象原则收集。

3. 从弗雷格到怀特的概念转变

我们为强稳定论证的关键在于仔细检查关于抽象原则的可接受

性菲尔德保守性所能得到的正确认识:尽管我们已论证菲尔德保守性对可接受性不是充分的,但菲尔德保守性对可接受性是极其可行的必要条件。具体确定为什么如此,也就是,什么使得它成为可接受性如此重要的必要条件,而且决定菲尔德保守性哪里出了问题,也就是,什么不足以阻止它成为可接受性的充分条件,将为我们在第 4 节中为可接受性提供表述第二个独立的而且相当更强条件的关键。尽管弗雷格不同于新逻辑主义者的地方在于不把抽象原则认作定义,隐性与否,不过他同意新逻辑主义者的是可接受抽象原则必须有与定义共享的某些性质。尤其,弗雷格为如此原则的完全一般性和普遍可应用性作论证:

> ……几何公理是彼此独立的且独立于逻辑的原始定律,而且结果是综合的。同样的能适用于关于数的科学的基础命题吗?这里,我们只尝试否定它们中的任意一个,且完全的混淆随之而来。甚至简单想象似乎也是不可能的。算术的基础位于比任意一门经验科学更深的地方,而且甚至比几何更深。算术真性掌控所有可计数的东西。这是所有的最广泛定域,因为属于它的不仅是实际的东西和可直觉到的东西,而是所有能想到的东西。那么,数定律不应该与思维定律非常紧密地联系起来吗?(弗雷格,1884,第 21 页)

这当然是在弗雷格主义文库中最富有意义的段落,但对它的全剖析和解释超出我们这里的范围。不过,出于我们的目的,它足以注意到弗雷格认为对数的真正定义应该允许我们把该定义应用到任何定域——也就是,对数的真正定义应该允许我们包含任意事物。数的真正定义应该是完全一般的和普通可应用的观念的一个结果是,如此的数定义应该不蕴涵可能与某个描述我们可能希望计数的对象定域理论相冲突的实质非数值声称。换句话说,数定义应该在任意地描述我们应该能够计数的任意对象的理论上是保守的，准确地讲，是菲尔德保守的。实际上，菲尔德保守性论证并非如此简单。在上述隐喻中作出的声称不在于数的真正定义应该应用到不管什么的事物，宁可它应该应用到能想到的每个事物。可能的是弗雷格对不能想到的对象存在性持开放态度。然而，如果我们接受由理论描述的任意对象是能想到的，那么数的真正定义的完全一般性和处处可应用性仍将蕴涵问题中的定义是菲尔德保守的（field-conservative）。当然，弗雷格手头上没有相关的保守性概念，而且作为结果不能够作出概念转变，从他的松散的完全一般性和普通可应用性概念，到定义是保守的技术性要求。不过，这个举措是由怀特弄明白的：

> 简而言之，合法抽象应该只是引入概念，通过固定有关该概念实例的陈述真值条件合法……有时、有地存在多少匹斑马是该概念和世界间的问题。没有仅仅把真值条件指派到有关相当无关联、抽象种类的对象陈述的原则——且没有合法的二阶抽象能做多于它的事情——能对这个事情有任何影响。在紧要关头的……实际上是菲尔德在他的唯名论阐释中所展开的在该概念意义上的保守性（怀特，1997，第296页）。

在这个要点上的非形式实例可能是有帮助的。想象我们有一个理论 Z——我们的斑马理论——它的量词管辖所有且只有斑马。在这点上我们判定我们能够计数斑马，所以我们把 HP 加到我们的理论 Z。然而，如此做将需要重述 Z——毕竟，Z 可能蕴涵每个事物是有条纹的陈述，这在我们关于斑马的最初理论中是精细的，但它在我们的新理论中是不太可行的，这里量词管辖斑马和数两者。因此，我们的新理论将由 HP 加 Z 的变体组成，这里 Z 中的所有量词被限制到非数——换句话说，$HP+Z^{\sim(\exists Y)(x=\#(Y))}$。现在，如果 HP 是要成为基数概念的定义且没有别的，那么我们的新理论应该不蕴涵关于斑马自身的任意新的事物,尽管 $HP+Z^{\sim(\exists Y)(x=\#(Y))}$ 将蕴涵一般上的关于数的各种各样的新声称和特殊上的斑马数量。

因此,给定 Z 的最初语言中的任意公式 Φ,也就是,不包含"$\#(\cdots)$",当我们的新理论 $HP+Z^{\sim(\exists Y)(x=\#(Y))}$ 蕴涵 Φ 对由非数组成的子定域是真的,也就是,$HP+Z^{\sim(\exists Y)(x=\#(Y))}$ 蕴涵 $\Phi^{\sim(\exists Y)(x=\#(Y))}$,那么 Z 最好蕴涵 Φ 自身。然而,这恰好是 HP 必须在 Z 上是菲尔德保守的要求。因此,这是认为菲尔德保守性是抽象原则要成为可接受的必要条件的好的哲学动机。尤其,菲尔德保守性告诉我们抽象原则必须有什么特征以便它被结合到理论——诸如我们的斑马理论 Z——它的量词被限制到某个限定的、不变的定域。然而,如同已经注意到的那样,它不是充分的:存在两两不相容的菲尔德保守性抽象原则。当这排除作为可接受性充分条件的保守性时,它也为我们提供表述可接受性第二条标准的手段。

4. 强稳定性与严格逻辑对称类保守性

我们以上述第 2 节中所使用的例子开始,这里 Λ 是某个在所有且只有极限基数处可满足的二阶公式,而且 Σ 是某个在所有且只有后继基数处可满足的二阶公式。那么下述的每个:

$$BLV_\Lambda : (\forall X)(\forall Y)\big[\,\S_\Lambda(X)=\S_\Lambda(Y)\leftrightarrow((\forall z)(X(z)\leftrightarrow Y(z))\vee\Lambda)\big]$$

$$BLV_\Sigma : (\forall X)(\forall Y)\big[\,\S_\Sigma(X)=\S_\Sigma(Y)\leftrightarrow((\forall z)(X(z)\leftrightarrow Y(z))\vee\Sigma)\big]$$

是无界的,因此是菲尔德保守的和可满足的。然而,它们的合取不是可满足的,所以它们不能都是可接受的。要注意的第一个事情是下述事实:由于 BLV_Λ 和 BLV_Σ 两者都是菲尔德保守的,由此推断

$$BLV_\Lambda+BLV_\Sigma^{\sim(\exists Y)(x=\S_\Lambda(Y))}$$

$$BLV_\Sigma+BLV_\Lambda^{\sim(\exists Y)(x=\S_\Sigma(Y))}$$

两者都是可满足的,但

$BLV_\Sigma + BLV_\Lambda$

不是。哪里出了问题？答案是简单的：菲尔德保守性为我们提供下述标准，即抽象原则必须以便让它被成功结合到理论——诸如上述的 **Z**——它的量词被限制到某个定域，我们例子中的斑马类。然而，BLV_Σ 和 BLV_Λ 在此方面不同于 **Z**，也就是它们的量词必定被解释为管辖整个定域，不管该定域是什么。如果论域通过增加新对象被扩充——比如，通过引入新抽象原则——那么 BLV_Σ 和 BLV_Λ 中的量词范围必定被扩充到也管辖这些新对象。因此，尽管把 BLV_Σ 加到包含 BLV_Λ 的可满足理论 T 是可满足的，只要我们把 BLV_Λ 的量词和包含在 T 中的任意其他原则中的量词只解释为管辖由 T 所描述的最初对象，且反之亦然，这个事实与我们手头的任务是不相关的，由于 BLV_Λ 中的量词应该是非受限的。然而，在进入这个观察的结果前，关于非受限量词概念的边注是恰当的。在是否能存在绝对非受限量词化上有着激烈的辩论——也就是，关于是否存在一次管辖绝对所有对象的量词用法。对前面段落的表明解读可能引导读者认为新逻辑主义者必须对这个问题表明立场。毕竟，我们不是刚刚争论说抽象原则中的量词必须被解释为管辖绝对每个事物吗？不完全是。我们能区分两种方式在其某个表达式中的量词可能是非受限的：

(i) Φ 中的量词是绝对非受限的，当且仅当它们管辖所有对象。

(ii) Φ 中的量词是适度非受限的，当且仅当它们管辖被包含在当前论域中的所有对象。

上述给出的且下面继续的论证不依赖存在任意的量词在此意义上是绝对非受限的原则。反之，声称仅仅在于抽象原则中的量词必须适度非受限。如果绝对非受限量词化是不可能的，那么顺其自然——这无论如何不影响抽象原则中量词是适度非受限的可能性。然而，如果存

280

在其绝对非受限量词化是可能的语境,那么在这些语境中抽象原则,由于是适度非受限的,也将是绝对非受限的。采用该方法,我们能回到论证。如同已注意到的那样,可接受抽象原则是菲尔德—保守的要求回答下述问题:

> **问题1:**什么把 A_E 认作可接受的相对于量词被限制到某个特殊定域 Δ 的理论 T,而且它的量词仍被限制到 Δ 即使量词化定域转入某个 Δ^* 使得 $\Delta \subseteq \Delta^*$,诸如我们的斑马理论 **Z**?

要求原则仅仅是菲尔德—保守的无法解决第二个同等重要的问题:

> **问题2:**什么把 A_E 认作可接受的相对于理论 T——诸如包含某个其他可接受抽象原则 A_E 的理论——至少它的某些量词是适当非受限的?

回答如下:由于抽象原则是隐定义而且应该是完全一般的和普遍可应用的,通过把抽象原则 A_{E2} 加入理论 T_1 而获得的理论 T_2,包含某个其他的抽象原则 A_{E1},不应该蕴涵关于 A_{E1} 抽象物的任意实质的新声称,其已不是由最初理论 T_1 所蕴涵。这个非形式观念是通过对上述给出的引自怀特(1997)段落的轻微修改而捕获的:

> 简而言之,合法抽象应该只是引入概念,通过固定有关该概念实例的陈述真值条件合法……有时、有地存在多少个集合是该概念和世界间的问题。没有仅仅把真值条件指派到有关相当无关联、抽象种类的对象——比如,数——陈述的原则——且没有合法的二阶抽象能做多于它的事情——能对这个事情有任何影响。

然而,精确地表述这个观念需要花费一点时间。乍看之下,上述勾画的标准看上去无非严格保守性的特殊情况:

尝试 1:$A_{E1} \in ACC$ 当且仅当对任意抽象原则 A_{E2} 和公式 Φ,这里 Φ 不包含抽象算子,如果:

$$A_{E1}, A_{E2} \Rightarrow \Phi,$$

那么:

$$A_{E2} \Rightarrow \Phi。$$

然而,这明显是太强的,遭受与在第 2 节中给出的严格保守性原初定义的相同缺陷。因此,我们需要某个更弱的——捕获下述观念的标准,即把 A_{E1} 结合到 A_{E2} 不蕴涵关于 A_{E2} 抽象物任何新的事物,但它允许算作可接受的好抽象原则的范式实例,诸如 HP 或者 FHP。表述如此标准的关键在于下述观察:尝试 1 要求可接受抽象原则在不管什么的任意抽象原则上是保守的,包括不协调的,假的,或相反不可接受的那些。然而,可接受抽象原则只需要在其他可接受原则上是保守的,由于毕竟不管什么抽象原则结果是可接受的,正是这些,且只有这些根据新逻辑主义的描述是真的。这建议下述可能提供对可接受性的更好描述:

尝试 2:$A_{E1} \in ACC$ 当且仅当对任意抽象原则 $A_{E2} \in ACC$ 和公式 Φ,这里 Φ 不包含抽象算子,如果:

$$A_{E1}, A_{E2} \Rightarrow \Phi,$$

那么:

$$A_{E2} \Rightarrow \Phi。$$

然而,对可接受性的这个表述存在直接的和明显的异议。如果尝试

282

2 意指可接受性的定义，也就是，ACC 中属于关系的显性标准，那么 ACC 在定义项中出现的事实使它变为循环的。这个异议是合法的，不过尝试 2 似乎在正确道路上。即使尝试 2 不能充当可接受性定义，给定保守性的上述非形式讨论，似乎合理的是由尝试 2 所编成的条件，或者很像它的某物，应当对抽象原则类 ACC 证明不管什么，东西都是真的。出于这种考虑，策略中轻微的改变是被批准的。与其尝试提供可接受性的显定义，我们将分为三步朝着如此定义间接地继续进行。第一步是要表述恰当的类保守性的可接受抽象原则类必须满足的标准。第二步将是要辨认且描绘恰好满足标准的那些类。第三步是要辨认那些类的那个事实上是 ACC。有了这个想法，现在我们能重述尝试 2 以至它不再是 ACC 的不可接受定义，反之它是各类抽象原则可能满足或者可能不满足的特殊条件：

定义 4.1：抽象原则类 C 是严格类保守的，简称为 SC 保守的，当且仅当 C 中的每条原则是可满足的，且对任意 A_{E1}，$A_{E2} \in C$，和公式 Φ，如果：

$$A_{E1}, A_{E2} \Rightarrow \Phi,$$

那么：

$$A_{E1} \Rightarrow \Phi。$$

不幸的是，这个条件仍是太狭窄的以至在这里没有作用，如同下述证实的那样：

定理 4.2：对任意 SC 保守抽象原则类 C，如果

$$A_{E1} \in C 且 A_{E2} \in C,$$

那么：

$$A_{E1} \Leftrightarrow A_{E2}。$$

证明:假设 C 是 SC 保守的,且 A_{E1},$A_{E2} \in C$。A_{E1},$A_{E2} \Rightarrow A_{E2}$,所以 $A_{E1} \Rightarrow A_{E2}$。$A_{E2}$,$A_{E1} \Rightarrow A_{E1}$,所以 $A_{E2} \Rightarrow A_{E1}$。因此 $A_{E1} \Leftrightarrow A_{E2}$。■

然而,我们的 SC 保守性定义中的缺陷是容易辨认的:给定抽象原则 A_{E1} 和 A_{E2} 使得 A_{E1},$A_{E2} \Rightarrow \Phi$,为什么应该是 A_{E1} 而不是 A_{E2} 蕴涵 Φ 呢?换句话说,严格类保守性有着把前提的顺序处理为重要的这种奇异的不想要的性质。因此,我们需要同等处理 A_{E1} 和 A_{E2} 的保守性概念——也就是,对称地。下面的概念纠正这个缺陷:

定义 4.3:抽象原则类 C 是严格对称类保守的,简称为 SSC 保守的,当且仅当 C 中的每条原则是可满足的,且对任意 A_{E1},$A_{E2} \in C$,和公式 Φ,如果:

$$A_{E1},\ A_{E2} \Rightarrow \Phi,$$

那么或者:

$$A_{E1} \Rightarrow \Phi,$$

或者:

$$A_{E2} \Rightarrow \Phi。$$

不幸的是,SSC 保守性仍不是相当正确的:给定任意不同的抽象原则 A_{E1} 和 A_{E2}——也就是,抽象算子不同的抽象原则 A_{E1} 和 A_{E2}——平凡地 A_{E1},$A_{E2} \Rightarrow (A_{E1} \wedge A_{E2})$ 但既非 $A_{E1} \Rightarrow (A_{E1} \wedge A_{E2})$ 也非 $A_{E2} \Rightarrow (A_{E1} \wedge A_{E2})$。当然,问题是非逻辑抽象算子的出现,由于两个不同的抽象原则的合取将蕴涵包含不单单由任一原则所蕴涵的抽象算子两者的原则。不过,我们能回避这种复杂化,通过重述我们的根据问题中抽象原则拉姆塞化的条件。如此的重述是有原则的,由于存在精确的在其抽象原则的拉姆塞化恰好捕获该原则内容的含义:新逻辑主义仅仅需要存在从概念到对象的恰当函数,而且不同于引入非逻辑项以指向某个如此的函数,新逻辑主义者在如此函数的性质上不强加进一步的要求。因此,我们到达对相关保守性条件的最终表述。

284

定义 4.4：抽象原则类 C 是严格逻辑对称类保守的，简称为 SLSC 保守的，当且仅当 C 中的每条原则是可满足的，且对任意 A_{E1}，$A_{E2} \in C$，和公式 Φ，如果：

$$R(A_{E1}), \ R(A_{E2}) \Rightarrow \Phi,$$

那么或者：

$$R(A_{E1}) \Rightarrow \Phi,$$

或者：

$$R(A_{E2}) \Rightarrow \Phi。$$

注意 SLSC 保守性不遭受与 SC 保守性或者 SSC 保守性相联系的问题。而且，SLSC 保守性以与菲尔德保守性回答我们的第一个问题相同的方式回答我们的第二个问题：抽象原则类是可接受的，仅当包含在它里面的原则能适当彼此相结合，当保留对它们量词的适度非受限解读，而且 SLSC 保守性为当抽象原则类满足标准时提供精确的标准。因此，只要存在 SLSC 保守性抽象原则类，就存在好的理由认为可接受原则类是它们中的一个。当然，我们本来不会完成所有这些工作，当不存在 SLSC 保守类。如同我们将在下一节看到的那样，存在许多如此的类。然而，它们中的一个脱颖而出：强稳定原则类 S-STB。不过，在证明 S-STB 是 SLSC 保守之前，我们将把更多的机制加入到描述。这个添加的动机是简单的。推测起来，可接受抽象原则类 ACC 不仅仅是任意旧的 SLSC 保守类。另外，我们宁愿它成为"最大的"如此类。我们能形式化相关的"大性"概念如下：

定义 4.5：抽象原则类 C 是极大 SLSC 保守的，当且仅当：
(1) C 是 SLSC 保守的。
(2) 对任意 $A_E \notin C$，$C \cup \{A_E\}$ 不是 SLSC 保守的。

强稳定原则类 S-STB 不仅是 SLSC 保守的——也是极大的，这是我们现在要证明的事实。

引理 4.6：给定 A_{E1}，$A_{E2} \subseteq$ S STB，或者：

$$R(A_{E1}) \Rightarrow R(A_{E2})，$$

或者：

$$R(A_{E2}) \Rightarrow R(A_{E1})。$$

证明：直接得自 S-STB 的定义。∎

定理 4.7：S-STB 是 SLSC 保守的。

证明：假设 A_{E1}，$A_{E2} \in$ S-STB 且 Φ 是任意公式使得：

$$R(A_{E1})，R(A_{E2}) \Rightarrow \Phi。$$

根据上述引理，或者：

$$R(A_{E1}) \Rightarrow R(A_{E2})，$$

或者：

$$R(A_{E2}) \Rightarrow R(A_{E1})。$$

因此，或者：

$$R(A_{E1}) \Rightarrow \Phi，$$

或者：

$$R(A_{E2}) \Rightarrow \Phi。∎$$

定理 4.8：S-STB 是极大 SLSC 保守的。

证明：令 $A_{E1} \notin$ S-STB 这里 A_{E1} 是可满足的，而且令：

$$\Sigma = R(A_{E1}) \wedge \sim (\exists X)(|X| < |U| \wedge R(A_{E1})^X)。$$

Σ 在所有且仅有基数为 κ 的模型中是真的,这里 κ 是最小基数使得 A_{E1} 在 κ 上是可满足的。由于 $A_{E1} \notin$ S-STB,存在最小 $\gamma > \kappa$ 使得 A_{E1} 在尺寸为 γ 的模型上不是可满足的,由于 Σ 在尺寸为 γ 的模型上是假的。令:

$$\Gamma = \sim R(A_{E1}) \wedge (\exists X)(R(A_{E1})^X \wedge (\forall X)((|X| < |U| \wedge R(A_{E1})^X) \rightarrow$$
$$(\forall Y)(|X| < |Y| < |U| \rightarrow R(A_{E1})^Y))\,)。$$

Γ 是在所有的且仅有的尺寸为 γ 的模型上是可满足的。令:

$$A_{E2} = (\forall X)(\forall Y)\big[\,\S_{\Gamma}(X) = \S_{\Gamma}(Y) \leftrightarrow$$
$$((\exists Z)(\Gamma^Z) \vee (\forall z)(X(z) \leftrightarrow Y(z)))\big]。$$

A_{E2} 是在尺寸 $\geq \gamma$ 的定域的任意模型上是可满足的。因此 $A_{E2} \in$ S-STB。最后,令:

$$\Theta = (\exists X)(|X| < |U| \wedge \Gamma^X)。$$

Θ 是在尺寸 $> \gamma$ 的定域的模型上是可满足的。因此:

$$R(A_{E1}),\ R(A_{E2}) \Rightarrow \Theta,$$

但既非:

$$R(A_{E1}) \Rightarrow \Theta,$$

也非:

$$R(A_{E2}) \Rightarrow \Theta。$$

所以 S-STB$\cup\{A_{E1}\}$ 不是 SLSC 保守的。 ∎

在文献中被辨认的和上述讨论的可接受性候选类中,S-STB 在这方面是唯一的:

定理 4.9:SAT,F-CON,UNB,STB 和 IRN 没有一个是 SLSC 保守的。

证明：令 Θ 是尺寸为 κ 的模型上为真的二阶公式，这里 κ 是有限的或者 $\kappa > \aleph_0$，且考虑：

$$BLV_\Theta : (\forall X)(\forall Y)[\S_\Theta(X) = \S_\Theta(Y) \leftrightarrow$$

$$((\forall z)(X(z) \leftrightarrow Y(z)) \vee \Theta)].$$

HP 和 BLV_Θ 两者属于 SAT，F-CON，UNB，STB 和 IRN。令 Π 是尺寸为 κ 的模型上为真的二阶公式，这里 $\kappa > \aleph_0$。那么：

$$R(HP), R(BLV_\Theta) \Rightarrow \Pi,$$

当下面两个都不成立：

$$R(HP) \Rightarrow \Pi,$$

$$R(BLV_\Theta) \Rightarrow \Pi。\blacksquare$$

定理 4.10：S-CON 是 SLSC 保守的，但不是极大 SLSC 保守的。

证明：由于 S-CON $\subset$ S-STB，且 S-STB 是极大 SLSC 保守的。$\blacksquare$

这已经足以支持强的猜疑，即 ACC = S-STB。毕竟，这个恒等从两个声称中推出来：(i) ACC 必定是 SLSC 保守的，且 (ii) ACC 是在现存的良莠不齐文献中已被辨认的诸类中的一个。不幸的是，如此论证中的弱点是 (ii)：事实证明存在很多其他极大 SLSC-保守抽象原则类。因此，接下来我们的任务是更一般地描绘这些类。

5. 基数上全序的强稳定性

为描绘 SLSC 保守和极大 SLSC 保守抽象原则类空间，我们将需要一个最后的工作机制，它是对抽象原则类是强稳定的观念的一般化：

定义 5.1：给定基数上的全序 $\gg$，抽象原则 A_E 是强 $\gg$—稳定的,当且仅当存在某个基数 γ 使得对任意 κ,A_E 是 κ 可满足的,当且仅当 κ⩾γ。

注意强稳定性恰好是强⩾—稳定性这里⩾是基数上的标准序≥,也就是,≥-STB=S-STB。下述定理提供对极大 SLSC 保守抽象原则类的描绘:

定理 5.2:如果 C 是极大 SLSC 保守抽象原则类,那么存在基数上的全序⩾使得 C=⩾-STB。

证明:假设 C 是极大 SLSC 保守的。对基数 κ, λ,令:

γ⩾κ 当且仅当

或者:存在 A_E∈C 使得 A_E 是 λ 可满足的,且 A_E 不是 κ 可满足的;

或者:对每个 A_E∈C,A_E 是 κ 可满足的,当且仅当 A_E 是 γ 可满足的,而且 γ≥κ。

假设 A_E∈C。为归谬假设 A_{E1}∉⩾-STB。那么存在 γ, κ 使得 γ⩾κ,且 A_{E1} 是 κ 可满足的,但不是 γ 可满足的。所以,根据⩾的定义,存在 A_{E2} 使得 A_{E2} 是 γ 可满足的,但不是 κ 可满足的。平凡地:

$$R(A_{E1}),\ R(A_{E2}) \Rightarrow R(A_{E1}) \wedge R(A_{E2}),$$

但既非 $R(A_{E1})$ 也非 $R(A_{E2})$ 单单蕴涵 $R(A_{E1}) \wedge R(A_{E2})$,由于 $R(A_{E1})$ 在尺寸为 κ 的模型上是可满足的,$R(A_{E2})$ 在尺寸为 γ 的模型上是可满足的,而且 $R(A_{E1}) \wedge R(A_{E2})$ 不在两个中的任一个模型中是可满足的。所以 C 不是 SLSC 保守的。矛盾!因此 A_{E1}∈⩾-STB。

假设 A_{E1}∈⩾-STB。根据这个假设,A_{E1} 是可满足的。为归谬假

设 $A_{E2} \in C$ 和 Φ 使得：

$$R(A_{E1}), R(A_{E2}) \Rightarrow \Phi,$$

但既非 $R(A_{E1})$ 也非 $R(A_{E2})$ 单单蕴涵 Φ。那么存在 γ，κ 使得 $R(A_{E1})$ 是 γ 可满足的但不是 κ 可满足的，$R(A_{E2})$ 是 κ 可满足的但不是 γ 可满足的，且 Φ 不在任一尺寸的模型上是真的。根据 $A_{E2} \in C$ 的事实和 $\geqslant$ 的定义，$\kappa \geqslant \gamma$。由于 $A_{E1} \in \geqslant$-STB，$\gamma \geqslant \kappa$。矛盾！所以对任意 $A_{E2} \in C$ 和 Φ 使得

$$R(A_{E1}), R(A_{E2}) \Rightarrow \Phi,$$

或者：

$$R(A_{E1}) \Rightarrow \Phi,$$

或者：

$$R(A_{E2}) \Rightarrow \Phi。$$

由于 C 是极大 SLSC 保守的，这蕴涵 $A_{E1} \in C$。因此 $C = \geqslant$-STB。∎

定理 5.3: 给定基数上的任意全序 $\geqslant$，$\geqslant$-STB 是 SLSC 保守的。

证明: 假设 $\geqslant$ 是基数上的全序。令 A_{E1}，$A_{E2} \in \geqslant$-STB 使得：

$$R(A_{E1}), R(A_{E2}) \Rightarrow \Phi。$$

由于 A_{E1}，$A_{E2} \in \geqslant$-STB，或者：

$$R(A_{E1}) \Rightarrow R(A_{E2}),$$

或者：

$$R(A_{E2}) \Rightarrow R(A_{E1})。$$

所以，或者：

$$R(A_{E1}) \Rightarrow \Phi,$$

或者：

$$R(A_{E2}) \Rightarrow \Phi。$$

因此, $\gg$-STB 是 SLSC 保守的。■

因此,如果可接受抽象原则类 ACC 必须是极大 SLSC 保守的,那么它是相对于某个序 $\gg$ 的"强稳定"的原则类。

6. 可接受性与强稳定性

让我们评估状况:如果上述论证是正确的,那么可接受抽象原则类是极大 SLSC 保守的,因此 ACC=$\gg$-STB 对基数上的某个全序 $\gg$。强稳定抽象原则类 S-STB 是如此的一个类,但它远非仅有的一个。例如,令:

$\gamma \gg_1 \kappa$ 当且仅当

或者:γ 是有限基数且 κ 是无穷基数,

或者:γ 和 κ 两者都是有限基数且 $\gamma \geq \kappa$,

或者:γ 和 κ 两者都是无穷基数且 $\gamma \geq \kappa$。

换句话说,$\gg_1$ 由标准序上的无穷基数构成,紧接标准序上的有限基数。$\gg_1$-STB 是极大 SLSC 保守的。现在考虑布劳斯的奇偶原则:

$$PP: (\forall X)(\forall Y)[\wp(X)=\wp(Y) \leftrightarrow FE(X \wedge \sim Y) \vee (Y \wedge \sim X))]。$$

这里"FE(Φ)"缩写的是断言存在 Φ 的有限偶数数量的二阶公式。PP 对所有有限 κ 但不对无穷 κ 是 κ 可满足的。因此,PP$\in \gg_1$-STB。然而,注意 HP$\notin \gg_1$-STB——事实上,没有蕴涵无穷多个对象存在性的原则是属于 $\gg_1$-STB 的。不过,存在排除 $\gg_1$-STB 作为可接受原则类潜在候选的直接手段:PP 不是菲尔德—保守的。由于菲尔德—保守性是可接受性的必要条件,$\gg_1$-STB 无法满足我们可接受性两条标准中的一条。不幸的是,当把我们的注意力限制到形式为 $\gg$-STB 的类,这里 $\gg$-STB$\subseteq$F-CON 相对缩小我们的选择——而且保留 S-STB 作为可行选项——这些标准仍不为我们提供 ACC 的唯一候选者。事实上,甚至更严格的要求(i)ACC 是极大 SLSC 保守的,且(ii)ACC⊆STB,将无法孤立 S-STB 处理作为我们唯一的选项,如同下述例子证实的:

$\gamma \geqslant_2 \kappa$ 当且仅当

或者:$\gamma \geqslant \aleph_0$,$\kappa < \aleph_0$ 且 $\gamma > \kappa$,

或者:$\gamma > \aleph_1$,$\kappa \leqslant \aleph_1$ 且 $\gamma > \kappa$,

或者:$\gamma = \aleph_0$ 且 $\kappa = \aleph_1$。

换句话说,$\geqslant_2$ 是在基数的标准序中交换 $\aleph_0$ 和 $\aleph_1$ 的结果。$\geqslant_2$-STB 是极大 SLSC 保守的,且 $\geqslant_2$-STB⊆STB。然而 $\geqslant_2$-STB≠S-STB:令 Ω 是在尺寸为 κ 的模型上为真的二阶公式,这里 $\kappa = \aleph_0$ 或者 $\kappa > \aleph_1$。那么:

$$\mathrm{BLV}_\Omega: (\forall X)(\forall Y)\big[\S_\Omega(X) = \S_\Omega(Y) \leftrightarrow ((\forall z)(X(z) \leftrightarrow Y(z)) \lor \Omega)\big]$$

属于 $\geqslant$-STB,然而 BLV_Ω 无法成为强稳定的。因此,可接受的两个必要条件——可接受抽象原则必须是菲尔德—保守的,且如此的原则类必须是极大 SLSC 保守的——无法孤立把唯一原则类孤立出来。不过,这可能不是它初看上去的危机。毕竟,我们确实知道任意如此类具有形式 $\geqslant$-STB 对某个 $\geqslant$。因此,也许要问的正确问题是:如果 ACC=$\geqslant$-STB 对某个序 $\geqslant$,能存在什么可能的理由对序成为不同于基数上标准序的任意事物?回答是:不存在且不能存在如此的理由。因此,ACC＝S-STB。如果这是正确的,那么它维护的是由黑尔和怀特在他们的《理性真正研究》附言中作出的关于可接受抽象原则类的猜想。他们首先建议可接受性的关键在于可接受抽象原则是无匹敌的:

......在可接受抽象中不管什么其他优点是必要的,它的规定不能是有充分动机的,除非它是无匹敌的——也就是,除非不存在与它不相容的恰好有相同其他优点的其他抽象原则(黑尔和怀特,2001,第 426 页)。

这个段落中所暗示的可接受性概念听上去像 SLSC 保守性,而且这些评论中隐含的路径——原则的可接受性至少部分是它与其他可接受原则相互作用的一个功能——恰好是在上述第 4 节中所采用的路径。在下一页的脚注中,他们猜想可接受原则恰好是强稳定的那个:

我们猜想不匹敌逻辑抽象将与法恩(1998)称为稳定的那些一致:可满足的而且使得,若在基数为 κ 的定域处是可满足的抽象,在每个大于 κ 的基数处也是可满足的(黑尔和怀特,第 427 页,脚注 14)。

S-STB 是正确性仅有的非专门、可行的候选者的建议相当于对这个猜想的辩护。当然,也许存在某个尚未出现的理由,使我们更喜欢某个非标准序$\gg$-STB,而非 S-STB。我们不能想象如此的描述看上去可能像什么,但想象的无效达不到先天的证明。不过,即使结果是 S-STB 不是可接受抽象原则类,上述给出的论证已相当缩小候选类。因此,为了绝对确定性和透明度,我们将作出下述结论:可接受抽象原则类 ACC 是$\gg$-STB 对基数上的某个序$\gg$,而且似乎成为好的理由认为这种序是标准序——也就是,ACC=S-STB——而且没有好的理由会持相反的看法。

第三节 赫克与可接受抽象原则标准分类

通向良莠不齐问题的统治路径把抽象可接受性处理为在某些基

数处它是可满足的特征。这条路径最近遭到赫克的质疑，他观察到存在似乎可疑的但如同休谟原则那样恰好在相同基数处是可满足的抽象，而休谟原则是好抽象原则的范例。贯穿本节的主题在于，以前对可接受抽象的研究过分关注在某些定域处抽象原则是可满足的基数，而很少关注抽象原则需要定域具有相关基数的方式。赫克倾向于把稳定性当作可接受抽象标准。然而他注意到这条标准让某些直观上可疑的抽象顺利通过。赫克提议我们能捕获可疑原则而且通过采用保守稳定抽象原则消除它们。赫克的观察表明我们需要一种看待既有可接受抽象原则的新鲜视角。我们把韦尔的菲尔德—保守性和恺撒—中立保守性重新定义为强保守性和弱保守性。根据同样的思路，我们把和平性分为强和平性和弱和平性。这样就丰富了我们的可接受抽象原则间的关系图表。现在让我们来分析赫克的保守稳定性概念背后的思想。从临界点出发我们给出一系列定义，把"赫克"加到形容词 X 的结果指的是强 X 和临界全性。这里有赫克保守性、赫克和平性和赫克稳定性。由此进一步加强了我们的可接受抽象原则间的关系图表。我们需要给出关系图表的具体证明。前面我们找出赫克提议背后的第一个观念是全性，现在我们要找到赫克提议背后的第二个观念，这就是单调性。说抽象原则是基数单调的，当且仅当移动到更大定域从未减少由该原则提供的抽象物数量。而且抽象原则是单调的，当且仅当相关联的等价关系是内在的。

1. 赫克的观察

抽象原则是形式为下述的原则：

$$(\Sigma) \quad @F = @G \leftrightarrow F \sim G,$$

这里 F 和 G 是二阶变元且~指等价关系。某些如此的原则表现为可接受的——比如休谟原则：

（HP）　♯F＝♯G↔F≈G，

这里 F≈G 是 F 和 G 是等数的声称的二阶形式化，反之其他的明显不是——例如弗雷格的第五基本定律：

（BLV）　§F＝§G↔F≡G，

这里 F≡G 是 F 和 G 是共延的声称的二阶形式化。提供对恰好把好原则从坏原则分离出来的哲学上有原则和技术上充足的描述以良莠不齐问题著称。为解决这个问题，抽象主义纲领的辩护者们需要提供动机良好的可接受抽象标准。通向良莠不齐问题的占优路径把抽象的可接受性处理为在其他是可满足的基数的特征。这条路径由赫克最近的观察而受到质疑（赫尔，2011），他注意到存在似乎"似鱼的"（fishy）但恰好与（HP）一样在相同基数处是可满足的抽象，而后者正是好抽象的范式情况。在解释赫克的观察之后，我们论证他提出的修补仍允许漏网的似鱼原则。紧接着我们讨论赫克的观察如何影响以前的对可能的可接受抽象标准的分类。这导致与它们的逻辑强度相关的对现存标准的完整分类。最后，我们检查是否可能存在更好的方式以发展成为赫克所提议修补基础的观念，也就是可接受抽象必须生成它需要成为可满足的对象。贯穿始终的核心议题在于，以前的对可接受抽象的研究过分集中于在其处抽象原则是可满足的定域基数，而没充分关注以其原则需要定域成为关于相关基数的方式。

2. 纯粹逻辑性、强稳定性与保守稳定性
在我们能解释赫克的观察之前，我们需要某些解释和定义。

　　定义 2.1: 抽象是纯粹逻辑的，当且仅当出现在右手边的等价关系在纯粹二阶或者高阶逻辑中是可表达的。抽象是 κ 可满足

的，当且仅当它在基数为 κ 的定域处是可满足的。抽象是无界的，当且仅当它对基数为 κ 的无界序列是 κ 可满足的。抽象是稳定的，当且仅当存在 κ 使得它是 λ 可满足的对所有 $\lambda \geq \kappa$；最小的如此 κ 是稳定化点。抽象是强稳定的，当且仅当：存在 κ 使得它是 λ 可满足的，当且仅当 $\lambda \geq \kappa$。最后，两个抽象原则是基数等价的，当且仅当：对任意基数 κ，一个原则是 κ 可满足的，当且仅当另一个原则是 κ 可满足的。

赫克（2011）积极倾向于稳定性作为可接受抽象标准，或者也许强稳定性——他这里有点犹豫不决。不过，他注意到这条标准允许直观上似鱼的某些抽象通行。例如，令 $\Phi_{\geq \kappa}$ 是下述声称的二阶形式化，即至少存在 κ 多个对象对某个在纯粹二阶或者高阶逻辑中可描绘的 κ。现在考虑：

$$(\text{Fishy}_{\geq \kappa}) \qquad @F = @G \leftrightarrow (F \equiv G \vee \Phi_{\geq \kappa}).$$

尽管这条原则以稳定化点 κ 是强稳定的，它似乎是不可接受的，因为它只提供单个抽象对象，这是任意概念的抽象物。简言之，$(\text{Fishy}_{\geq \kappa})$ 只需要论域成为鱼数足够稠密以便避免被刺入罗素悖论，但实际上不提供需要完成这个的任意对象。比较下述两种论证存在无穷多个对象的方式。一个选项是调用（HP），它允许我们证明零的存在性和任意给定数后继的存在性，因此确保存在无穷多个数，这是被称为弗雷格定理的显著数学事实。另一个选项是调用（$\text{Fishy}_{\geq \aleph_0}$），大致来说，它说的是或者至少存在 $\aleph_0$ 多个对象不然第五基本定律成立。由于不协调选项根本不是选项，这仅仅是存在无穷多个对象的假定，精心装扮的披着抽象原则的外衣。然而第一个选项看上去通过劳作（honest toil）生成无穷多个对象，第二个似乎依赖行窃（pretty theft）。赫克提议似鱼原则是通过采用下述修正可接受性标准而被捕捉和消灭的。

定义 2.2: 抽象 Σ 是保守稳定的,当且仅当(i)Σ 是有稳定化点 κ 的强稳定,且(ii)在 Σ 的任意模型中,至少存在由 Σ 所描绘种类的 κ 个抽象物。

然而,下述定理带来麻烦。

定理 2.3: 令 Σ 是任意抽象原则:

$$(\Sigma) \quad @F = @G \leftrightarrow F \sim G。$$

那么存在纯粹逻辑抽象原则 Σ^+:(i)它与 Σ 是基数等价的,且(ii)它在基数为 κ 的任意模型中生成 κ 个抽象物。

证明: 令 $\mathcal{R}(\Sigma)$ 是 Σ 的拉姆塞化。那么令

$$(\Sigma^+) \quad @^+F = @^+G \leftrightarrow ((\mathcal{R}(\Sigma) \wedge F \cong G) \vee (\neg\mathcal{R}(\Sigma) \wedge F \equiv G))。$$

这里 $F \cong G$ 是下述声称的二阶形式化,即或者 F 和 G 都是共延单件或者既非 F 也非 G 是单件。令 D 是基数为 κ 的定域。假设 Σ 在 D 处不是可满足的。那么 ¬R(Σ) 在 D 处是真的,由此出于基数考虑推断 Σ^+ 在 D 处也不是可满足的。反之假设 Σ 在 D 处是可满足的。那么 $\mathcal{R}(\Sigma)$ 在 D 处是真的。所以 Σ^+ 将在 D 处提供 κ 多个抽象物,由于它将提供 κ 多个不同抽象物,为 D 上的每个 κ 多个单件概念。∎

现在一个推论是直接的。

推论 2.4: 假设 Σ 是强稳定的,那么 Σ^+ 是纯粹逻辑的且保守稳定的。

赫尔所提议修补的问题现在变得明显起来。假设 Σ 是强稳定的但"似鱼的"。赫克的可接受性改进条件拒绝 Σ 为不可接受的,因为它无法满足保守稳定性定义的条件(ii)。然而,推论表明 Σ 能被用来定义另

一个抽象 Σ^+，它满足可接受性的改进标准。但 Σ^+ 与 Σ 自身一样是"似鱼的"。为了更清楚地看到这一点，让我们回到（$\text{Fishy}_{\geq \aleph_0}$）的例子，它似乎是不可接受的，因为它仅仅要求论域是无穷的。现在考虑相关联的抽象（$\text{Fishy}_{\geq \aleph_0}$）$^+$。这实际上说的是：或者论域是有限的，且第五基本定律成立，不然论域是无穷的，且我们为每个单件概念获得不同抽象物，并且为所有其他概念获得单个"虚拟"抽象物。由于罗素悖论表明前一个析取支是不可接受的，（$\text{Fishy}_{\geq \aleph_0}$）$^+$ 实际上恰好要求论域是无穷的——有单件抽象恰好随之而来。但如果仅仅以（$\text{Fishy}_{\geq \aleph_0}$）的形式规定对无穷的要求是不可接受的，那么规定这个要求外加单件抽象良性形式依旧是不可接受的。

由于 Σ 的可接受性坚持或者属于 Σ^+ 的可接受性，这会留给我们两个选项。一个选项是要推断赫克引起我们注意的似鱼原则比他意识到的更滑且它们中的许多仍滑过他改进的网。哪里出了问题？赫克提议的改进是基于由抽象原则所需要的对象必须是真正"生成的"直观思路。那么这个思路被解释为由抽象原则所需要的对象必须处于它的抽象算子的范围内的要求，至少在适当的基数处。据此观点，我们发现的准则在于这种解释无法确保可允许抽象。因此留给我们的是没有为良莠不齐问题的这个版本提供可接受解决方案，而且有一种感觉，即也许我们应该寻找表述抽象主义数学描述的可替换手段，这将完全避免这个特殊的令人烦恼的问题。

另一个选项是推断我们对赫克的似鱼原则的初始拒绝太轻率。发展此观点的一种方式会是强调抽象原则不应该逐个地被判决为可接受的或者不可接受的，反之我们应该把抽象原则收集考虑为一个整体（库克 2012，法恩 2002）。根据此类路径，刚刚被证明的结果不会被用来表明抽象原则 Σ^+ 是"似鱼的"，因为 Σ 是似鱼的，宁可表明 Σ 是可接受的由于 Σ^+ 是可接受的，也就是，由于 Σ^+ 是保守稳定的。因此，就其本身而言，（$\text{Fishy}_{\geq \aleph_0}$）编码它不满足"本体论义务"——也就是，提供它需要的无穷多个对象的存在性。不过，（$\text{Fishy}_{\geq \aleph_0}$）$^+$ 履行这个义

抽象主义集合论（下卷）：从怀特到林内波

务,通过提供足够的对象以填充由$(Fishy_{\geq \aleph_0})^+$所需要的尺寸种类的任意模型。简言之,根据这种观点我们不要求抽象原则是保守稳定的,由于我们知道对任意强稳定原则,将存在完成填充工作的相应保守稳定原则。这里我们不为这些困难的哲学问题提供最后的解决方案,而是满足于澄清利害攸关。

3. 强弱保守性与强弱和平性

赫克的观察表明人们需要新视角看待某些前述已提出的可接受抽象标准。韦尔(2003)考虑两个保守性概念。为解释它们,首先我们需要一个定义。给定公式 Φ 和一元谓词 $\Psi(x)$,Φ 到 $\Psi(x)$ 的相对化,记为 $\Phi^{\Psi(x)}$,是由下述递归定义的:

(i) 把每个原子谓词 $Ft_1, \cdots, t_n$ 翻译为 $Ft_1, \cdots, t_n \wedge \Psi(t_1) \wedge \cdots \wedge \Psi(t_n)$;

(ii) 把所有一阶和二阶量词限制到 Ψ;

(iii) 令翻译与真值函项联结词交换。

出于马上将变得明显的理由,我们把韦尔的两个概念改为下述。

定义 3:令 Σ 是一个抽象。

(i) Σ 是强保守的当且仅当对任意理论 T 和语句 ϕ 我们有

$$T^{\neg \exists F(x=@F)}, \Sigma \models \phi^{\neg \exists F(x=@F)} \Rightarrow T \models \phi;$$

(ii) Σ 是弱保守的当且仅当对任意理论 T 和语句 ϕ 我们有

$$T^{P(x)}, \Sigma \models \phi^{P(x)} \Rightarrow T \models \phi,$$

这里 P 是新的 1—位谓词。

保守性的两个概念容许非常有启发性的模型论重述。

定理 2：

（a）Σ 是弱保守的，当且仅当对每个 $\mathcal{L}$ 模型 $\mathcal{M}$，存在 $\mathcal{L}_@$ 模型 $\mathcal{N}$ 使得 $\mathcal{M} \sqsubseteq \mathcal{N}$ 且 $\mathcal{N} \vDash \Sigma$。

（b）Σ 是强保守的，当且仅当对每个 $\mathcal{L}$ 模型 $\mathcal{M}$，存在 $\mathcal{L}_@$ 模型 $\mathcal{N}$ 使得 $\mathcal{M} \sqsubseteq \mathcal{N}$，$\mathcal{N} \vDash \Sigma$，且 $\mathcal{N} \backslash \mathcal{M}$ 保守所有且仅有的 @抽象物。

证明： 直接把保守性要求重写如下：

Σ 是弱保守的，当且仅当对任意理论 T 我们有

（1）$\exists \mathcal{M} \vDash \mathrm{T} \Rightarrow \exists \mathcal{M} \vDash \mathrm{T}^{P(x)}, \Sigma$。

Σ 是强保守的，当且仅当对任意理论 T 我们有

（2）$\exists \mathcal{M} \vDash \mathrm{T} \Rightarrow \exists \mathcal{M} \vDash \mathrm{T}^{\neg \exists \mathrm{F}(x=@\mathrm{F})}, \Sigma$。

在两个蕴涵中，前件被理解为量词管辖 $\mathcal{L}$ 模型而且后件量词管辖 $\mathcal{L}_@$ 模型。这个观察是由考虑在定义 3 中所发现的蕴涵逆否和理论 T，$\neg \phi$ 而证明的。

为证明（a），假设 Σ 是弱保守的，且考虑 $\mathcal{L}$ 模型 $\mathcal{M}$。令 $\mathcal{L}^M$ 是把对 $\mathcal{M}$ 的定域 M 的每个元素的常项加入 $\mathcal{L}$ 的结果。令 T 是 $\mathcal{M}$ 的初等框架，也就是，由 $\mathcal{M}$ 中为真的所有文字构成的 $\mathcal{L}^M$ 理论。由于 T 是免量词的，我们有 $\mathrm{T}^{P(x)} = \mathrm{T}$。因此，根据（1），存在 T，$\Sigma$ 的模型 $\mathcal{N}$。令 $\overline{\mathcal{N}}$ 是 $\mathcal{N}$ 到语句 $\mathcal{L}_@$ 的约简。由于 $\mathcal{N} \vDash \mathrm{T}$，我们可以假设 $\mathcal{M} \sqsubseteq \overline{\mathcal{N}}$。由于我们也有 $\overline{\mathcal{N}} \vDash \Sigma$，这是我们预期的模型。对另一个方向，假设（a）的右手边成立。它足以证明（1）。所以假设存在 $\mathcal{M}$ 使得 $\mathcal{M} \vDash \mathrm{T}$。应用（a）的右手边且把 P 解释为对 M 的所有且仅有的元素为真产生预期模型 $\mathcal{N}$ 使得 $\mathcal{N} \vDash \mathrm{T}^{P(x)}, \Sigma$。

300

为证明(b)，首先假设 Σ 是强保守的，而且考虑 $\mathcal{L}$ 模型 $\mathcal{M}$。令 $\mathcal{L}^{M}$ 依旧，这里 $\{a_\gamma\}_{\gamma<\kappa}$ 是 $\mathcal{M}$ 的所有元素的枚举。令 T 是由 $\mathcal{M}$ 的初等框架和下述语句构成的理论：

$$(3) \quad \forall x(\bigvee_{\gamma<\kappa} x=a_\gamma).$$

根据(2)，存在 $T^{\neg\exists F(x=@F)},\Sigma$ 的模型 $\mathcal{N}$。直观地，T 在 $\mathcal{N}$ 中是真的当被解释为成为单单关于非@抽象物。由于因此 $\mathcal{N}$ 是 $\mathcal{M}$ 的初等框架的模型，我们可以假设 $\mathcal{M}\sqsubseteq\mathcal{N}$。接下来，根据相对化定义的子句(i)，推断每个 a_γ 是非@抽象物。这意味着所有@抽象物被包含在 $\mathcal{N}\backslash\mathcal{M}$ 中。直观地，不存在"恺撒情况"，也就是，@抽象物等同于已在 M 中的一个旧对象的情况。最后，由于 $\mathcal{N}\models(3)^{\neg\exists F(x=@F)}$，每个非@抽象物都属于 $\mathcal{M}$，这说的是 $\mathcal{N}\backslash\mathcal{M}$ 只包含@抽象物。如前，令 $\bar{\mathcal{N}}$ 是 $\mathcal{N}$ 到语句 $\mathcal{L}_@$ 的约简。由于 $\bar{\mathcal{N}}\models\Sigma$，证毕。对另一个方向，它足以证明(b)的右手边蕴涵(2)。这个的证明是直接的。■

推论 2： 强保守性蕴涵弱保守性，但不由弱保守性格所蕴涵。

证明： 根据定理 2 蕴涵是明显的。我们能用赫克的观察表明逆蕴涵不成立。比如，令 T 是下述一阶语句：

$$(\exists x)(\exists y)(x\neq y \land(\forall z)(x=z \lor y=z)).$$

那么 $\{T^{P(x)},(\text{Fishy}_{\geq\aleph_0})\}$ 有一个模型，而 $\{T^{\neg\exists F(x=@F)},(\text{Fishy}_{\geq\aleph_0})\}$ 没有。■

关键吸收赫克的观察我们已经整理好保守性两个概念间的关系，作一些忏悔是符合程序的。林内波(2011)和库克(2012)没有注意到强保守性和弱保守性间的区别，这导致两人这些工作中某些陈述是错误的。然而,这些错误是表明的且容易被清理。倘若改变林内波(2011,定义 2.1)以便把标签"保守性"贴到现在我们称为弱保守性的关系,而不是贴到强保守性如同事实上完成的那样,所有的声称和证明都是没有问题的。所以尽管林内波(2011)混淆定义,他以一种完全系统的方式如此做。类似地,库克(2012)错误地声称弱保守性和强保守性是等价的,而且提供强保守性的定义当他明显意指弱保守性,但论证是正确的当同种类的一致替代是被执行的——因此几乎没有哲学实质受到影响。把保守性分为强保守性和弱保守性后我们继续区分被称为和平性的条件。

定义 4:抽象是弱和平的,当且仅当它是弱保守的而且与任意其他弱保守抽象是余可满足的。抽象是强和平的,当且仅当它是强保守的而且与任意其他强保守抽象是余可满足的。

韦尔(2003)、林内波(2011)和库克(2012)对和平的定义也是系统地模糊的。沿着上述勾画的路线消除歧义使它们等价于弱和平性。林内波(2011)的主要结果——像所有其他结果那样仍然成立一旦实施上述澄清——现在能由下述图表描绘,这里所有单箭头标记严格蕴涵。

此外,在纯粹逻辑性的简化假设下前述图表的水平维度坍塌,当我们能够证明上述每个水平箭头的逆方向。然而,由赫克的发现所促进的区分表明上述分类是不完全的:强保守性和强和平性概念放在哪里?为了让事情可控,我们在纯粹逻辑性的简化假设下工作,对这条通

向良莠不齐问题路径持同情态度的大多数哲学家无论如何都准备好支持它。我们通过下述图表把结果描画出来。

强稳定性
↓
稳定性 ↔ 弱和平性 ← 强和平性
↓ ↓ ↓
无界性 ↔ 弱保守性 ← 强保守性

4. 赫克保守性、赫克和平性与赫克稳定性

回顾赫克所提议的保守稳定性概念,它把下述要求加入强稳定性,即抽象的任意模型应该包含 κ 多个抽象物,这里 κ 是稳定化点。让我们尝试分析赫克提议背后的观念以看到是否我们可能抽取比最初提议更好的某物。我们在本节辨认和检查如此的一个观念,并且在最后一节辨认和检查另一个观念。根据前一个观念,当可接受抽象需要定域大于抽象前的定域,这应该是实际上由抽象生成的新抽象物的结果。为使这个观念变得精确,这里称之为丰满度,我们不仅需要注意强稳定抽象的稳定化点也要注意更大的相似点类。

定义 5: 基数 κ 是抽象 Σ 的临界点,当且仅当 Σ 是 κ 可满足的,而且存在 $\gamma < \kappa$ 使得对所有 λ 使得 $\gamma \leq \lambda < \kappa$,$\Sigma$ 不是 λ 可满足的。抽象 Σ 是临界丰满的,当且仅当对 Σ 的每个临界点 κ,尺寸为 κ 的 Σ 的任意模型包含由 Σ 所描绘种类的 κ 抽象物。抽象 Σ 是赫克保守的,当且仅当它是强保守的和临界丰满的。抽象是赫克和平的,当且仅当它是强和平的且临界丰满的。抽象是赫克稳定的,当且仅当它是强稳定的和临界丰满的。因此,把"赫克"添加到形容词 X 的结果意味着:强 X 和临界丰满的。

我们主要的结果是由下述图表所描画的,这是我们在下节要证明的。

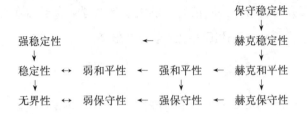

当然,我们在第 2 节中的结果表明强保守性不足以确保抽象原则是可接受的,而且因此,最右边一列中的较弱要求也是保守的。甚至更强的丰富度要求可能起作用吗？最自然的选项会是要求 Σ 的任意模型包含由 Σ 所描绘种类的 κ 多个抽象物,这里 κ 是模型的基数。然而,这个丰满度要求会是不可行的:尤其,它会由(HP)破坏,它在基数为 $\aleph_1$ 的定域上只生成 $\aleph_0$ 个抽象物。

5. 对抽象原则间关系图表的证明

图表的最左边一般是林内波(2011)的主要结果。首先,除了一个蕴涵所有的蕴涵是定义的直接后承。我们用下述引理来处理这个例外。

引理 1:强和平性蕴涵弱和平性。

证明:这需要我们表明与抽象 Σ 相容的每个强保守性与更大的弱保守性族的每个元素也是相容的。我们通过诉诸定理 1 表明这一点,它确保对每个弱保守 Γ,对应基数等价的强保守 Γ^+。由于我们假设 Σ 是纯粹逻辑的,与 Σ 的相容性在基数等价下是保持的,证毕。■

引理 2:第一列或者第二列中没有项蕴涵第三列的任意项。

证明:观察到强稳定性不蕴涵强保守性足够。这从赫克的观察中是直接的:(Fishy$_{\geq \aleph_0}$)是强稳定的但不是强保守的。■

引理 3: 第三列没有项蕴涵第四列的任意一个项。

证明: 观察到强和平性不蕴涵赫克保守性足够。对赫克观念的轻微复杂化也将在这里起作用。考虑:

$$(\Sigma_1)\quad @F = @G \leftrightarrow ((\Phi_{<\aleph_0} \wedge X \equiv Y) \vee (\Phi_{\aleph_0}) \vee (\Phi_{\geq\aleph_1} \wedge F \cong G)),$$

这里 $\Phi_{<\aleph_0}$ 表达的是论域有限的声称的二阶形式化，$\Phi_{\aleph_0}$ 说的是论域可数无穷声称的二阶形式化，$F \cong G$ 如以前。Σ_1 在有限定域上是等价于(BLV)的，在可数无穷定域上生成单个对象，且在不可数无穷定域上对每个单件概念生成不同对象。因此 Σ_1 是强和平的但不是赫克保守的。∎

我们现在处理垂直非蕴涵和剩余的对角线非蕴涵。

引理 4: 底排没有项蕴涵向上一排的任意项。

证明: 表明赫克保守性不蕴涵弱和平性足够。考虑:

$$(\Sigma_2)\quad @F = @G \leftrightarrow ((\Phi_{Succ} \wedge X \equiv Y) \vee (\Phi_{Lim} \wedge F \cong G)),$$

这里 Φ_{Succ} 表达论域是后继基数尺寸声称的二阶形式化，Φ_{Lim} 表达论域是极限基数尺寸声称的二阶形式化，而且 $F \cong G$ 如以前。Σ_2 在后继基数上是等价于(BLV)的而且提供极限基数上的单件抽象。因此 Σ_2 是赫克保守的而非弱和平的。∎

引理 5: 最低第二排没有项蕴涵向上一排的任何项。

证明:表明赫克和平性不蕴涵强稳定性足够。考虑:

$$(\Sigma_3) \quad @F = @G \leftrightarrow ((\Phi_{<\aleph_0} \land F \cong G) \lor (\Phi_{\aleph_0} \land X \equiv Y) \lor$$
$$((\Phi_{\geq \aleph_1} \land F \cong G)),$$

所有缩写如以前。Σ_3 在可数无穷定域上是等价于(BLV)的,而且提供有限和不可数无穷定域上的单件抽象。因此 Σ_3 是赫克和平的而非强稳定的。∎

引理 6:赫克稳定性不蕴涵保守稳定性。

证明:考虑

$$(\Sigma_4) \quad @F = @G \leftrightarrow ((\Phi_{<\aleph_0} \land F \equiv G) \lor (\Phi_{\aleph_0} \land X \cong Y) \lor$$
$$((\Phi_{\geq \aleph_1})),$$

这里 F≡G 如以前是下述声称的二阶形式化,即或者 F 和 G 两者无法成为单件概念,或者 F 和 G 是共延单件概念。Σ_4 在有限定域上等价于(BLV)的,提供可数无穷定域上的单件抽象,而且提供不可数无穷定域上的单个对象。因此 Σ_4 是赫克稳定的而不是保守稳定的。∎

这就完成前面第 4 节末尾图表正确性的证明。最后,为了完备起见,我们勾画下述声称的证明,即赫克保守性或者和平性能作为弱保守性或者弱和平性和临界丰满度的可替换的但等价的定义而给出。给定主要引理和引理 1 和平性的证明是直接的。对主要声称,有临界丰满度在场,证明弱保守性蕴涵强保守性足够。所以假设 Σ 是弱保守的和临界丰满的。考虑 $\mathcal{L}$—模型 $\mathcal{M}$,且令 κ 是它的基数。由于 Σ 是弱保守的当且仅当它是无界的,Σ 有基数≥κ 的模型。令 $\mathcal{N}$ 是此类有最小基数 $\lambda \geq \kappa$ 的模型。由于 λ 因此是临界点,$\mathcal{N}$ 有 λ 个抽象物。我们现

306

在声称如果 Σ 有基数为 λ 的模型且有 λ 多个抽象物,那么 Σ 也有一个模型,恰好对任意 $\kappa \leq \lambda$ 有 κ 多个非抽象物。给定这个声称,我们完成任务,当 κ 个非抽象物能被选择称为 $\mathcal{M}$ 的复本。为证明这个声称,我们注意到与我们的纯粹逻辑抽象 Σ 相联系的等价关系不知道任何关于对象是否抽象物的事情。因此,由 1-1 函数组成 Σ 的任意模型的抽象映射的结果产生 Σ 的另一个模型。声称现在从下述推断出来,即通过注意 $\mathcal{N}$ 的 λ 个抽象物能与 $\mathcal{N}$ 的某个选定的所有除了 κ 多个元素 1-1 关联起来。

6. 基数单调抽象原则与内在等价关系

除了丰满度,我们声称存在第二个观念成为赫克提议把保守稳定性作为可接受抽象标准的基础。为使这第二个观念变得清楚,让我们考虑为什么保守稳定性如此强于我们已考虑的其他标准,诸如弱保守性、强保守性和赫克保守性,弱和平性、强和平性和赫克和平性。理由是相对容易定位的。弱保守性/无界性、弱和平性/稳定性和强稳定性都是根据在其处抽象为满足的基数类性质而表述的条件,或者等价于根据基数类性质表述的条件。抽象原则是 κ 可满足的,当且仅当等价关系不把定域划分为太多个等价类——也就是,划分为多于 κ 多个等价类。因此,需要抽象为弱保守的,或者弱和平的,或者强稳定的,相当于要求问题中的原则不生成太多抽象物。作为结果,每个这些类是在基数等价下封闭的。

强保守性、强和平性、赫克保守性、赫克和平性和强赫克和平性要求都比这个要多。这些条件都是由下述思想激发的,即抽象原则不提供太多对象(too many objects)不是足够的,也就是,在足够基数上是可满足的。此外,位于这些范畴下面的思想是,可接受原则应该提供足够的对象以填充定域。简言之,强保守性要求我们经常能把理论 T 的模型扩充到 Σ 的全模型,而赫克保守性要求我们经常能如此做而不用越过下一个在其处 Σ 为可满足的基数。不过,保守稳定性把另一个考虑加进混合物。除了要求抽象 Σ 提供 κ 多个抽象物,任何时候把 Σ 加入理论将要求我们从较小定域移动到尺寸为 κ 的定域;保守稳定性也要求 Σ 继续提供那么多抽象物,当我们移动到甚至更大定域。我们能到达像赫克的保守稳定性的某物,通过把强赫克和平性与像下述单调性要求的某物结合起来。

定义 6: 抽象 Σ 是基数单调的当且仅当对任意 κ 和 γ 使得 $\kappa \leq \gamma$ 且 Σ 既是 κ 可满足的也是 γ 可满足的,由尺寸为 κ 的定域上的 Σ 所描绘的这种抽象物类的基数是不大于由尺寸为 γ 的定域上的 Σ 所描绘的这种抽象物类的基数。

简言之,抽象是基数单调的当且仅当移动到更大定域决不减少由那个原则所提供的抽象物数量。赫克建议可接受抽象为基数单调的要求是动机良好的:

其他种类存在更多个对象如何能影响存在多少个抽象物? (赫克,2011,第 233 页,脚注 10)

而且他有可能是正确的——可能确实存在好的理由要求这个额外的条件对抽象原则成立。如同我们在第 2 节看到的,这仍不足以排除不比赫克引起我们注意的那个更少似鱼原则。然而,更强的单调性概念自然建议自身。令 $\Sigma[\mathcal{M}]$ 是当抽象 Σ 被应用到模型 $\mathcal{M}$ 而生成的抽象物集。因此,基数单调性要求对所有模型 $\mathcal{M} \subseteq \mathcal{N}$,$\Sigma[\mathcal{M}]$ 的基数不超过 $\Sigma[\mathcal{N}]$ 的基数。但我们也能强加更强的要求即 $\Sigma[\mathcal{M}] \subseteq \Sigma[\mathcal{N}]$。下面是执行这个观念的一种方式。

定义 7: 等价关系 $\Phi(X, Y)$ 是内在的当且仅当:

308

$$\Phi(X，Y)当且仅当 \Phi^{XUY}(X，Y)，$$

这里 Φ^{XUY} 是把 Φ 的所有量词限制到或者归入 X 或者归入 Y 的对象的结果。抽象是单调的，当且仅当相关的等价关系是内在的。

容易看到这个单调性要求排除我们已考虑的所有"似鱼的"抽象。这个要求也排除被称为新五的抽象，它像第五基本定律，除了与论域等数的所有概念被映射到单个虚拟抽象物。有人可能发现这个排除不可取。各种各样的数学上和哲学上有趣的抽象不是被排除的，比如：(HP)，(BLV)和经由或者戴德金分割或者柯西序列在有序对、整数、有理数还有实数的构造中所使用的所有抽象。直接证实的是单调性蕴涵基数单调性。但单调性的要求不限制在其处抽象能为可满足的基数。我们不知道是否这个要求对丰满度问题有任何意义。我们把下述问题留给另一个时机，即凭借单调性要求结合某个稳定性要求且/或丰满度要求是否良莠不齐问题能被解决。

第四节　不变性抽象原则

休谟原则和第五基本定律两者都是纯粹逻辑抽象原则，也就是说假设人们把标准二阶逻辑语言当作逻辑的情况下，抽象原则右手边的等价关系是根据纯粹逻辑词汇表达的。纯粹逻辑抽象原则的特殊之处在于：这些原则通过提供对象恒等条件而引入抽象算子范围内的对象。纯粹逻辑抽象原则引入特殊对象种类的观念建议详细审视如此原则的类是值得的，着眼于决定如此原则有什么特殊性质，而且它们如何区别于其他抽象原则。实际上我们这里的研究主题并不是纯粹逻辑抽象原则，而是不变性抽象原则。如同逻辑抽象原则是用纯粹逻辑术语表达等价关系的抽象原则，不变性抽象原则是不变等价关系的抽象原则。接下来我们依次定义六种不同的不变性等价关系：弱不变性、单不变性、双不变性、内在不变性、单内在不变性和双内在不变性。由于单不变性与双不变性是等价的,那么我们可以把这六种不变性简化到四种不变性:双内部不变性、双不变性、内部不变性与弱不变性。对应四种不变性,我们有三类等价关系:共延性、等数性和双等数性。我们把概念范围划分为三类范畴:指数小、指数余小和指数大与指数余大两者。根据三类范畴,我们就能画出不变性概念与相对应的等价关系表格。紧接着我们使用基底等价关系、特级基底等价关系与超级基底等价关系证明上述四种不变性蕴涵关系的逆命题不成立。使用通用模式重述四种性的结果就是得出休谟原则是最细粒的双内在不变等价关系。我们无法把休谟原则的这种特殊性质推广到更多数学分支。这就为新逻辑主义者招致二难困境:要不他们找出重建标准集合论的不同工具,要不他们接受新逻辑主义不是普遍的数学哲学,而只是算术哲学。前者是困难的,而后者是令人失望的。

1. 逻辑性与不变性

根据新逻辑主义,我们能提供对数学的认识论和形而上学基础的描述经由下述形式的抽象原则的规定:

$$(\forall \alpha)(\forall \beta)[@_E(\alpha)=@_E(\beta)\leftrightarrow E(\alpha, \beta)],$$

这里 α 和 β 管辖相同类型的实体,或者管辖相同类型的两两实体序列,而且这里 $E(\cdots, \cdots)$ 是此类型实体上的等价关系,或者是恰当类型实体序列上的广义等价关系。抽象原则是用来充当抽象算子 $@_E(\cdots)$ 的像中对象归入其下的概念的隐定义。这里我们将把注意力限制到一元概念抽象原则——也就是,初始全称量词管辖个体概念或者性质的抽象原则:

$$A_E:(\forall X)(\forall Y)[@_E(X)=@_E(Y)\leftrightarrow E(X, Y)]。$$

两个最出名的且最认真被研究的抽象原则是休谟原则：

$$HP: (\forall X)(\forall Y)[\sharp(X) = \sharp(Y) \leftrightarrow X \approx Y],$$

这里 $X \approx Y$ 缩写的是表达 Xs 是等数于 Ys 的纯粹逻辑二阶公式和第五基本定律：

$$BLV: (\forall X)(\forall Y)[\S(X) = \S(Y) \leftrightarrow X \equiv Y],$$

这里 $X \equiv Y$ 缩写的是表达 Xs 恰好是 Ys 的纯粹逻辑二阶公式，也就是，X 和 Y 是共延的。对新逻辑主义者来说，休谟原则是好抽象原则的范式实例。根据新逻辑主义者，它提供基数概念的隐定义，基数自身恰好是基数算子 $\sharp(\cdots)$ 范围中的那些对象，而且我们能把休谟原则规定为基数概念的隐定义，且由此到达对二阶皮亚诺算术真性的先天知识，它在二阶逻辑中从休谟原则加某些直接的显定义推理出来，经由著名的被称为弗雷格定理的结果。另一方面，第五基本定律是坏抽象原则的范式实例。被一般地应用到函数而非仅仅到概念的这条原则的一个版本是由弗雷格在逻辑主义的最初表述中提出的，且两个版本都能被表明成为不协调的，众所周知归功于罗素的构造。因此，不像休谟原则，第五基本定律不能有助于引入概念，或者提供对我们的关于取值范围或者集合的知识的描述。

　　新逻辑主义者希望把休谟原则成功的故事扩充到所有数学，并且避免明显的折磨第五基本定律的问题。如此做需要对把好抽象原则从坏抽象原则分离出来的路线的精确描述，以至我们能确保如此重构单单依赖好抽象原则——这个谜题逐渐被称为良莠不齐问题。良莠不齐问题的简短历史由复杂的提议、反例、反提议诸如此类的序列构成，它的细节无须在这里反复讨论。反之，我们将跳到结局，总结目前的工艺水平。首先，一个定义：

定义 1.1：抽象原则 A_E 是强稳定的，当且仅当存在基数 κ 使得，对所有基数 γ，A_E 有一阶定域为基数 γ 的模型当且仅当 $\gamma \geq \kappa$。

库克（2012）争论说强稳定性是抽象原则成为可接受的充要条件——也就是，成为良莠不齐分水岭的好的一边。事实上，库克不再相信强稳定性描写好抽象原则和坏抽象原则间的精确线条。反之，库克（2012）给出的论证仅仅表明强稳定性是可接受性的必要条件。库克改变心意的原因是与这里所发展的材料相关的。因此，良莠不齐问题仍是开放的。然而，这里我们将不直接呈现良莠不齐问题。解决这个问题的直接尝试典型地表述"好性"标准，且然后推断满足那条标准的所有抽象原则共享由休谟原则所展现制作精良的特征。不过，如此的路径典型地几乎不提供对这些制作精良的特征是什么的洞见，除了标准自身的满足性。因此，一种不同的更间接的策略这里被采纳：与其尝试辨认好的原则类，且然后根据类元素共有的特征读出好性的特征，反之我们将尝试辨认休谟原则自身的某些特质——也就是，使它特别适合充当基数概念隐定义的那些性质——带着至少某些这些性质证明是一般地抽象原则的制作精良的特征的希望。

当然，休谟原则是强稳定的，如同下面被详细检查的所有抽象原则那样。因此，尽管我们采纳通向良莠不齐问题的第二个间接的路径，有点安心的是在下面讨论中证明重要的所有抽象原则都满足这个以前被辨认出的好性标准。出于这种考虑，让我们返回比较和对照好的休谟原则和坏的第五基本定律。当然，人们可能怀疑这两条特殊原则分别成为新逻辑主义者好性和坏性范式实例的理由是相当历史偶然的——毕竟，它们是两条弗雷格本人在《算术基础》和《算术基本定律》中花费最多精力的原则。然而，结果是在这些争辩中它们的核心地位不仅仅归功于历史。确实，我们能以相当更形式的术语在逻辑主义的讨论和发展中解释这两条原则的核心性——这些术语帮助我们

312

解释休谟原则作为基数隐定义的令人震惊的成功在于不仅使第五基本定律的无效，而且作为尝试，表述了类似的新逻辑主义的集合概念定义的第五基本定律的协调性受限于版本。

我们能开始朝向这些结果的工作，通过作出下述有点缺乏想象力的观察：休谟原则和第五基本定律两者，而且事实上新逻辑主义文献讨论的其他抽象原则的大多数是纯粹逻辑抽象原则——也就是，由这些抽象原则右手边调动的等价关系能以纯粹逻辑词汇被表达出来，假设人们接受作为逻辑的标准二阶逻辑语言——尤其，第一层概念上的二阶量词化。存在关于纯粹逻辑抽象原则某些特别的东西：如此的原则在它们的抽象算子范围内经由提供那些对象的恒等条件引入对象——能以纯粹逻辑术语被表达的恒等条件。例如，基数的恒等条件是由休谟原则根据纯粹逻辑等数性关系而给出的。如果特殊种类对象的非平凡恒等条件能以纯粹逻辑术语被表达出来，那么这一建议存在的某种意义在于这些对象自身是逻辑对象。而且如果由纯粹逻辑抽象原则生成的抽象物是真正的逻辑对象，那么这会对朝向在新逻辑主义中维护逻辑主义非常有效，尽管有休谟原则不是逻辑定律的事实，如同由大多数新逻辑主义者所承认的。

"经由纯粹逻辑抽象原则的成功规定所评估的抽象对象是逻辑对象"的观念在某种重要的意义上是挑衅性的，而且值得进一步的检查和发展。不过这里我们将不尝试执行如此的检查。反之，出于当前目的注意到纯粹逻辑抽象原则引入特殊的且特别有趣的对象种类的观念建议详细检查如此原则的类是足够的，不管那个种类是否逻辑种类，着眼于决定如此原则有什么特殊性质，并且它们如何与其他抽象原则区分开。这里余下的任务就是执行如此的检查。在如此做之前，我们需要决定恰好哪类原则正是我们感兴趣的。简而言之，我们需要决定哪些原则是逻辑的，而且如此做需要我们首先决定哪些算子、联结词、量词和其他词汇是要算作逻辑的。当然，存在许多不同的把逻辑从非逻辑分离出来的线条恰好如何被决定，而且作为结果那个线条恰好在哪里的描述。例如,谢尔(2008)争论说逻辑算子是置换—不变的那些算子,而达米特(1993)建议逻辑概念是能被完全解释的那些概念,根据保守性、和谐引入和消除规则。另外,并非所有理论家同意存在唯一的清晰线条把逻辑的从非逻辑的区分出来:奎因(1986)争论说恒等关系根据实用理由不是逻辑的,而瓦尔兹(2002)建议塔斯基本人是有关逻辑算子和非逻辑算子间线条种类的多数论者。

与其参与这场争辩,我们不如通过轻微地改变主题回避它。换句话说,我们将不呈现纯粹逻辑抽象原则的研究,而是研究概念上和外延上不同的抽象原则种类:不变性抽象原则。正如逻辑抽象原则是等价关系能以纯粹逻辑术语被表达的那些抽象原则,不变性抽象原则在下述被引入的许多技术意义的一个或者多个上是等价关系不变的那些原则。存在大量的对这个举措的证实。首先是问题中的举措用精确概念不变性取代不精确的和定义上有争议的逻辑性,前者是更易于形式操作和数学证明的。简言之,这条路径允许我们完成更多事情。其次,这是在大量早前对抽象原则检查中所采取的路径,包括法恩(2002)和安东内利(2010),而且作为结果我们能把目前结果和现存的早前工作联系起来。第三,即使置换不变性和逻辑性不是共延的,极其可行的是所有的逻辑概念都是置换不变的——正是逆蕴涵,即所有不变概念都是逻辑的,通常在反置换不变性文献中是被挑战的。因此,发现置换不变性无趣但逻辑性有趣的读者,仍然能使用下述被证明的结果,通过注意如果它们对所有不变抽象原则成立,那么它们对所有纯粹逻辑抽象原则成立。

最后,与刚刚给出的建议相反,即使存在结果是在逻辑性和置换不变性间没有任何种类的深刻关联,那么在下述被引入的各种意义上不变的抽象原则类有大量独立的趣味,阐明许诺对理解抽象原则数学极其多产的许多技术性现象。尤其,在下面小节中要探索的置换不变性加强版为我们提供对什么恰好是关于休谟原则如此特别的新鲜描述的要素——也就是,什么特征不仅把它从不协调第五基本定律中区分出来，而且从在现有文献中关于新逻辑主义被提出和研究的大多数协调性抽象原则中区分出来。在出发前，方法论注解是符合程序的。这里我们将在二阶路基标准或者全语义学内部工作，这里二阶定域，也就是二阶概念量词范围，是或者至少是同构于一阶定域的幂集的。许多结果尤其安东内利（2010）中的那些一般化到非标准情况，也就是，亨金模型。为了使讨论保持简单，我们将不提供这些更一般结果的细节。

2. 四种不变性概念

如同由谢尔（2008）文章中的处理所阐明的那样，表述置换不变性不是一件简单的工作，它应用到出现在表达力足够丰富形式语言的所有各种表达式类型。对我们幸运的是，这个任务通过我们能把注意力限制到一元概念上的等价关系的事实是被简化的。首先，一点记法：

定义 2.1：给定集合 Δ，函数 $f:\Delta\to\Delta$ 和子集 $X\subseteq\Delta$：

$$f[X]=\{x:(\exists y)(y\in X\land f(y)=x)\}。$$

简言之，$f[X]$ 是 f 下 X 的像。我们在这里能对有趣的特殊情况定义最简单的且最直接的意义上的置换不变性——定域上概念的等价关系，或者等价地至少出于基数的目的，定域子集上概念的等价关系——如下：

定义 2.2：（安东内利，2010；法恩，2002）　等价关系 E(X，Y)是弱不变的当且仅当对任意模型 $\mathcal{M}=\langle\Delta,I\rangle$ 和 Δ 的置换 π，E(X，Y)当且仅当 E(π[X]，π[Y])。

这恰好是常常认为与逻辑性共延的或者有密切关系的概念的特殊情

况,尽管如同在前面小节中注意到的那样我们不需要作出这个假设以便紧跟着的结果有哲学和数学意义。存在我们能加强这个不变性概念的大量有趣方式。结果是等价的头两个归功于安东内利(2010)的结果:

定义 2.3:(安东内利,2010) 等价关系 $E(X, Y)$ 是双重不变的当且仅当对任意模型 $\mathcal{M}=\langle \Delta, I\rangle$ 和 Δ 的两个置换 π_1 和 π_2,$E(X, Y)$ 当且仅当 $E(\pi_1[X], \pi_2[Y])$。

定义 2.4:(安东内利,2010) 等价关系 $E(X, Y)$ 是单纯不变的当且仅当对任意模型 $\mathcal{M}=\langle \Delta, I\rangle$ 和 Δ 的置换 π,$E(X, \pi[X])$。

双重或者单纯不变性是绝对不变性的自然的由此内在有趣的一般化。但它也捕获相当可行的可能被强加可接受抽象原则上的约束。如果抽象原则意味着数学概念的隐定义,那么一个自然的想法在于它们应该充分规定归入那个概念的抽象对象的结构。沃尔什和埃贝尔斯—达根(Sean Walsh and Sean Ebels-Duggan, 2015)形式化对这个约束的一条理解,他们称之为相对范畴性。给定一元概念抽象原则:

$$A_E : (\forall X)(\forall Y)[@_E(X)=@_E(Y)\leftrightarrow E(X,Y)],$$

他们要求我们考虑双倍原则:

$$A_E^2 : (\forall X)(\forall Y)[@_E^1(X)=@_E^1(Y)\leftrightarrow E(X, Y) \wedge @_E^2(X)=@_E^2(Y)\leftrightarrow E(X, Y)],$$

这里:

316

$$\delta(@_E^1(X)) = @_E^2(X)$$

是$@_E^1(X)$抽象物的结构和$@_E^2(X)$抽象物的结构间的同构。他们也研究他们称为满射相对范畴性的较弱条件,这里抽象原则 A_E 是满射相对范畴的,当只使用 A_E^2 和$@_E^1(X)$,且$@_E^2(X)$两者都是满射的假设,我们能证明δ是$@_E^1(X)$抽象物的结构和$@_E^2(X)$抽象物的结构间的同构。沃尔什和埃贝尔斯—达根(2015)头两个主要结果是下述证明,即满射相对范畴抽象原则恰好是基于双重不变等价关系的抽象原则。因此,双重不变性是与抽象原则必须充分规定它们引入的抽象物结构的观念紧密相联的。法恩(2002)也引入不变性的较强形式——内在不变性:

定义 2.5:等价关系 $E(X, Y)$ 是内在不变的当且仅当对任意模型 $\mathcal{M}=\langle\Delta, I\rangle$ 和 1-1 映射 $f: X\cup Y\rightarrow\Delta$,$E(X, Y)$ 当且仅当 $E(f[X], f[Y])$。

像双倍不变性,内在不变性从形式的角度是绝对不变性的自然一般化,但也像双倍不变性,它变成自然的想法,即人们可能有关于需要什么使抽象原则起到数学概念合法隐定义的作用。如果等价关系是内在不变的,那么给定定域为 $\Delta_{\mathcal{M}}$ 的模型 $\mathcal{M}$,且 X, $Y\subseteq\Delta_{\mathcal{M}}$,若 $E(X, Y)$ 在 $\mathcal{M}$ 中成立那么 $E(X, Y)$ 在定域为 $\Delta_{\mathcal{M}'}$ 的任意模型 $\mathcal{M}'$ 中成立,只要 X, $Y\subseteq\Delta_{\mathcal{M}'}$。更直观地,等价关系 $E(X, Y)$ 的内在不变性指的是我们不需要考虑不同于归入 $X\cup Y$ 那些的任意事物,当决定 $E(X, Y)$ 是否成立,且因此当决定是否 X 和 Y 接收相同抽象物根据对应的抽象原则 A_E。简言之,要求基于等价关系的合法抽象原则是内在不变的相当于要求根据抽象原则的定义应该把抽象物指派到概念,且解决概念抽象物间的恒等,单单基于那些概念的内在特征,也就是,单单基于归入那些概念的对象,不管超出相关概念自身外延的其他对象或

317

者对象收集的特征。通过结合单纯或双重不变性和内在不变性，我们获得下述另个额外的概念，它们结果也是等价的：

定义 2.6：等价关系 E(X, Y) 是双重内在不变的，当且仅当对任意模型 $\mathcal{M}=\langle\Delta, I\rangle$ 和 1-1 映射 $f_1:X\rightarrow\Delta$ 且 $f_2:X\rightarrow\Delta$, E(X, Y)，当且仅当 E($f_1[X]$, $f_2[Y]$)。

定义 2.7：等价关系 E(X, Y) 是单纯内在不变的，当且仅当对任意模型 $\mathcal{M}=\langle\Delta, I\rangle$ 和 1-1 映射 $f:X\rightarrow\Delta$, E(X, $\pi[X]$)。

值得注意的是这个非常强的不变性种类也能被给出一个哲学动机，由于沃尔什和埃贝尔斯—达根（2015）证明相对范畴抽象原则恰好是基于双重内在不变等价关系上的抽象原则。因此，双重内在不变性与更强的另一种发展下述观念的方式紧密相联，即被理解为隐定义的抽象原则必须充分规定它们引入的抽象物的结构。因此，我们现在有六个不同的能对概念上特殊等价关系成立的不变性概念：弱的、单纯的、双倍的、内在的、单纯内在的和双重内在的。归功于安东内利（2010），下述结果把这个数量归约到五个：

命题 2.8：等价关系 E(X, Y) 是双重不变的，当且仅当它是单纯不变的。

我们能进一步把不同的不变性概念数量归约到四个，经由下述：

命题 2.9：等价关系 E(X, Y) 是双重内在不变的，当且仅当它是单纯内在不变的。

有了这些推断，接下来所有结果将是根据"双倍"而非"单个"被表述。

318

然而在证明中,这两个概念将根据需要自由切换。这四个不变性概念是不同的,如同我们将要看到的。在如此做之前,值得注意下述蕴涵:

命题 2.10:(安东内利,2010) 如果等价关系 E(X,Y)是双重不变的,那么它是弱不变的。

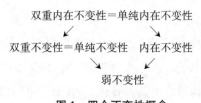

图1 四个不变性概念

命题 2.11:(法恩,2002) 如果等价关系 E(X,Y)是内在不变的,那么它是弱不变的。

命题 2.12:如果等价关系 E(X,Y)是双重内在不变的,那么它是内在不变的。

命题 2.13:如果等价关系 E(X,Y)是双重内在不变的,那么它是双重不变的。

我们把这些结果总结在图1中,它提供对我们四个不变性概念间成立的蕴涵的完整规定,尽管我们后面才论证相关的非蕴涵。如同我们可能期望的,双倍内在不变性实际上不过是双倍不变性,等价地,单纯不变性和内在不变性的合取:

定理 2.14:如果 E(X,Y)既是双重不变的也是内在不变的,那么它是双重内在不变的。

严格来讲,尽管这些各种的不变性概念只应用到等价关系,有时我们说抽象原则是不变的,当所意指的东西在于右手边的等价关系是不变的。这节的余下部分将致力于描绘恰好在这四种不同方式的每个中不变的那些抽象原则。为如此描绘所要求的一个首要任务已经被提到:我们需要表明每个这些不变性概念事实上是不同的,且因此指明相关蕴涵和非蕴涵的图表是正确的,通过提供弱不变而非双重不变的等价关系和对应抽象原则的例子,双重不变的而非双重内在不变的等价关系,诸如此类。但我们能比这个做得更多。尤其,我们能选择如此例子以至它们不仅归入一个而非另一个不变性概念,而且它们是要如此做的最细粒的等价关系。首先,它论证是否在上述四个含义的一个所定义的抽象原则是不变的是与下述紧密相联的,即抽象原则如何精细地划分二阶概念定域,也就是,是与根据那个抽象原则存在多少个等价类紧密相联的,且哪些等价类是多大。然而,其次且更重要的是,以此方式继续进行允许我们吸取某些有趣的教训,关于休谟原则在新逻辑主义发展中扮演的角色。

3. 基底、特级基底与超级基底等价关系

我们需要两个进一步的机制。首先是将被使用的第三个等价关系,沿着共延性≡和等数性≈以构造问题中的抽象原则——双基数等数性。

定义 3.1: $X \approx_{BC} Y =_{df} X \approx Y \land \neg X \approx \neg Y$。

直观地,概念 X 与另一个概念 Y 是双基数等数的,当且仅当 X 和 Y 是等数的,且它们的补集是等数的。注意双基数等数性,不像绝对等数性,与基础定域相关:正整数和偶正整数是双基数等数的,当基础定域是正整数和负整数,但不是双基数等数的,当基础定域是正整数。由法恩(2002)引入的第二个新的概念是指数大概念和指数小概念的

320

观念：

定义 3.2：

$$^E \mathrm{B}ig(X) =_{df} |\{Y \subseteq \Delta : |Y| \leq |X|\}| > |\Delta|;$$

$$^E \mathrm{S}m(X) =_{df} \neg\,^E \mathrm{B}ig(X)。$$

这里 Δ 是基础定域。因此，给定定域 Δ 和概念 $X \subseteq \Delta$，X 是指数小的当不大于 X 的来自 Δ 的概念收集的基数是不大于 Δ 的基数的——也就是，当比起存在的 Δ 的元素在 Δ 中不存在尺寸小于或者等于 X 的更多概念。值得注意的是，在下面的结果中，我们将使用这个区分以把概念范围划分为三个范畴：指数小的范畴；补集为指数小的范畴，也就是，指数余小的范畴；既是指数大也是指数余大的范畴。并非每个弱不变抽象原则是可满足的，而且事实上并非每个内在不变抽象原则是可满足的，由于第五基本定律是内在不变的，因此是弱不变的。因此，需要把我们的注意力限制到可满足的抽象原则。事实上，这里的两者和下述对内在不变性的讨论中，把注意力限制到至少有一个无穷

表 1　不变性概念和对应等价关系

		$X \equiv Y$	$X \approx_{BC} Y$	$X \approx Y$
弱不变性	$^E \mathrm{S}m(X)$	×		
	$^E \mathrm{B}ig(X) \wedge\,^E \mathrm{B}ig(\neg X)$		×	
	$^E \mathrm{S}m(\neg X)$	×		
双重不变性	$^E \mathrm{S}m(X)$		×	
	$^E \mathrm{B}ig(X) \wedge\,^E \mathrm{B}ig(\neg X)$		×	
	$^E \mathrm{S}m(\neg X)$		×	
内在不变性	$^E \mathrm{S}m(X)$	×		
	$^E \mathrm{B}ig(X) \wedge\,^E \mathrm{B}ig(\neg X)$			×
	$^E \mathrm{S}m(\neg X)$			×
双重内在不变性	$^E \mathrm{S}m(X)$		×	
	$^E \mathrm{B}ig(X) \wedge\,^E \mathrm{B}ig(\neg X)$			×
	$^E \mathrm{S}m(\neg X)$			×

模型的抽象原则证明是最有用的——也就是,至少的一个模型,它的一阶定域至少包含$\aleph_0$个对象。出于这种考虑,我们能描绘最细粒的可满足抽象原则,它在每种意义上是不变的,根据$\equiv$、$\approx$和$\approx_{BC}$的哪个被应用到指数小、指数余小、指数大和指数余大概念。表1编成对应于我们四个不变性概念的每个的等价关系。

因此,最细粒的可满足弱不变抽象原则是基于下述的概念上的等价关系——基底等价关系:

定义3.3:

$$\flat(X,\ Y)=_{df}(^E Sm(X)\wedge^E Sm(Y)\wedge X\equiv Y)\vee$$
$$(^E Sm(\neg X)\wedge^E Sm(\neg Y)\wedge X\equiv Y)\vee$$
$$(^E Big(X)\wedge^E Big(Y)\wedge^E Big(\neg X)\wedge^E Big(\neg Y)\wedge X\approx_{BC}Y)$$

简单点说:$\flat(X,\ Y)$行为像指数小概念上的$\equiv$,和补集为指数小概念上的$\equiv$,否则行为像$\approx_{BC}$。我们现在获得法恩的基底抽象原则:

BA:$(\forall X)(\forall Y)[\S_{\flat}(X)=\S_{\flat}(Y)\leftrightarrow\flat(X,\ Y)]$。

基底抽象原则不仅是可满足的而且是强稳定的。另外,基底等价关系是弱不变的:

命题3.4:(法恩,2002) $\flat(X,\ Y)$是弱不变的。

进一步地,基底抽象原则是有无穷模型的最细粒弱不变抽象原则:

命题3.5:(法恩,2002) 给定任意抽象原则A_E,这里$E(X,\ Y)$是弱不变的,如果$\mathcal{M}=\langle\Delta,\ I\rangle$是$A_E$的无穷模型,那么:

$$\mathcal{M} \vDash (\forall X)(\forall Y)[\flat(X, Y) \to E(X, Y)]。$$

换句话说,有无穷模型的任意弱不变抽象原则辨认与任意两个概念 X 和 Y 相关联的抽象物,当基底抽象原则在那个定域上辨认 X 和 Y 的抽象物。最后,我们释放来自第 2 小节的两个允诺的注解。首先,尽管所有内在不变等价关系是弱不变的,逆命题无效:

定理 3.6:$\flat(X, Y)$ 不是内在不变的。

同样地,当所有双重不变等价关系是弱不变的,逆命题也无效:

定理 3.7:$\flat(X, Y)$ 不是双重不变的。

接下来是双倍不变性。最细粒的双重不变抽象原则是双基数休谟原则:

$$\mathbf{BH}: (\forall X)(\forall Y)[\S_{BC}(X) = \S_{BC}(Y) \leftrightarrow \flat(X, Y)]。$$

双基数休谟把双基数等数性应用到所有三个概念类——指数小、指数余小、指数大和指数余大。双基数休谟是可满足的且强稳定的。对我们的目的更重要的是,双基数等数性是双重不变的:

命题 3.8:$X \approx_{BC} Y$ 是双重不变的。

另外,双基数休谟是最细粒双重不变抽象原则:

命题 3.9:给定任意双重不变等价关系 $E(X, Y)$,和任意模型 $\mathcal{M} = \langle \Delta, I \rangle$:

323

$$\mathcal{M} \vDash (\forall X)(\forall Y)[X \approx_{BC} Y \rightarrow E(X, Y)]_\circ$$

我们现在获得"细粒性"结果经由容易的推论：

推论 3.10：给定任意抽象原则 A_E，这里 $E(X, Y)$ 是双重不变的，如果 $\mathcal{M} = \langle \Delta, I \rangle$ 是 A_E 的一个并非必然是无穷的模型，那么：

$$\mathcal{M} \vDash (\forall X)(\forall Y)[X \approx_{BC} Y \rightarrow E(X, Y)]_\circ$$

注意推论 3.10，不像命题 3.5，且不像下面的命题 3.15 不要求问题中的模型是无穷的。我们现在释放第 2 小节更允诺过的注解。首先，我们注意并非所有双重不变等价关系是内在不变的：

定理 3.11：$X \approx_{BC} Y$ 不是内在不变的。

并非所有双重不变等价关系是双重内在不变的事实是直接的推论：

推论 3.12：$X \approx_{BC} Y$ 不是双重内在不变的。

为描绘内在不变抽象原则，我们需要下述特级基底等价关系：

定义 3.13：
$$\mathfrak{sb}(X, Y) =_{df} (^E Sm(X) \wedge {}^E Sm(Y) \wedge X \equiv Y) \vee (^E Big(X) \wedge {}^E Big(Y) \wedge X \approx Y))_\circ$$

简单点说：$\mathfrak{sb}(X, Y)$ 表现像指数小概念上的 $\equiv$，且表现像既在指数余小概念上也在指数大和余大概念上的 $\approx$。给定特级基底等价关系，我们现在获得法恩的特级基底抽象原则：

SBA：$(\forall X)(\forall Y)[\S_{\mathfrak{sb}}(X)=\S_{\mathfrak{sb}}(Y)\leftrightarrow\mathfrak{sb}(X,Y)]$。

特级基底抽象原则是强稳定的,且它的等价关系也是内在不变的：

    命题 3.14：(法恩,2002)　$\mathfrak{sb}(X,Y)$是内在不变的。

特级基底抽象原则也是有着无穷模型的最细粒的内在不变抽象原则：

    命题 3.15：(法恩,2002)　给定任意抽象原则 A_E，这里 $E(X,Y)$是内在不变的,当 $\mathcal{M}=\langle\Delta,I\rangle$ 是 A_E 的无穷模型,那么：

$$\mathcal{M}\vDash(\forall X)(\forall Y)[\mathfrak{sb}(X,Y)\rightarrow E(X,Y)]。$$

最后,我们释放第 2 节的最后一个允诺过的注解。首先,并非所有内在不变等价关系是双重不变的：

    定理 3.16：$\mathfrak{sb}(X,Y)$不是双重不变的。

并非所有内在不变等价关系都是双重内在不变的事实是直接推论：

    推论 3.17：$\mathfrak{sb}(X,Y)$不是双重内在不变的。

最后的概念是双倍内在不变性。我们的检查以超级基底等价关系开始：

    定理 3.18：

$$\mathfrak{ub}(X,Y)=_{df}(^E Sm(X)\wedge{}^E Sm(Y)\wedge$$
$$X\approx_{BC}Y)\vee(^E Big(X)\wedge{}^E Big(Y)\wedge X\approx Y))。$$

简单点说:ub(X, Y)表现得像指数小概念上的$\approx_{BC}$,且表现得像既在指数余小概念上也在指数大和余大概念上的$\approx$。给定超级基底等价关系,现在我们获得超级基底抽象原则:

$$UBA: (\forall X)(\forall Y)\left[\S_{ub}(X) = \S_{ub}(Y) \leftrightarrow ub(X, Y)\right]。$$

超级基底抽象原则是强稳定的,而且它的等价关系是双重内在不变的:

定理 3.19:ub(X, Y)是双重内在不变的。

接下来是,超级基底等价关系是最细粒双重不变抽象原则的事实。然而,像早前的双倍不变性和双基数休谟的情况,我们实际上能证明某些稍微更强的东西:

定理 3.20:给定任意双重内在不变等价关系 E(X, Y),和任意模型 $\mathcal{M} = \langle \Delta, I \rangle$:

$$\mathcal{M} \vDash (\forall X)(\forall Y)[ub(X, Y) \rightarrow E(X, Y)]。$$

推论 3.21:给定任意抽象原则:

$$A_E: (\forall X)(\forall Y)[@_E(X) = @_E(Y) \leftrightarrow E(X, Y)],$$

这里 E(X, Y)是双重不变的,如果 $\mathcal{M} = \langle \Delta, I \rangle$ 是 A_E 的一个非必然无穷的模型,那么:

$$\mathcal{M} \vDash (\forall X)(\forall Y)[ub(X, Y) \rightarrow E(X, Y)]。$$

这就完成了我们的分类法。

4. 使用通用模式重述不变性

如同第 3 节开始处注意到的,根据两个三元组对所有四个相关不变性概念,我们能描绘最细粒的不变抽象原则。这些的第一个是必定被分开考虑的概念类三元组,当陈述如此极大细粒抽象原则:指数小概念,指数余小概念,和指数大且指数余大概念。第二个三元组是被应用到这三个概念类的每个的等价关系三元组:共延性≡,双基数等数性$\approx_{BC}$和等数性$\approx$。这些等价关系从最多细粒到最少细粒排序:

命题 4.1: 给定任意模型 $\mathcal{M} = \langle \Delta, I \rangle$:

$$\mathcal{M} \models (\forall X)(\forall Y)[X \equiv Y \to X \approx_{BC} Y];$$

$$\mathcal{M} \models (\forall X)(\forall Y)[X \approx_{BC} Y \to X \approx Y]_\circ$$

因此四个不变性概念是一般模式的实例:$\langle E_1, E_2, E_3 \rangle$等价关系和基于它们上面的抽象原则:

定义 4.2: 给定概念 E_1,E_2 和 E_3 上的三个等价关系,$\langle E_1, E_2, E_3 \rangle$等价关系是:

$$\langle E_1, E_2, E_3 \rangle(X, Y)$$
$$=_{df} ({}^E Sm(X) \wedge {}^E Sm(Y) \wedge E_1(X, Y)) \vee$$
$$({}^E Big(X) \wedge {}^E Big(Y) \wedge {}^E Big(\neg X) \wedge {}^E Big(\neg Y) \wedge E_2(X, Y)) \vee$$
$$({}^E Sm(\neg X) \wedge {}^E Sm(\neg Y) \wedge E_3(X, Y))$$

定义 4.3: 给定概念 E_1,E_2 和 E_3 上的三个等价关系,$\langle E_1, E_2, E_3 \rangle$抽象原则是:

$$A_{\langle E_1, E_2, E_3 \rangle}: (\forall X)(\forall Y)[@_{\langle E_1, E_2, E_3 \rangle}(X) = @_{\langle E_1, E_2, E_3 \rangle}(Y) \leftrightarrow$$
$$\langle E_1, E_2, E_3 \rangle(X, Y)]_\circ$$

简言之,$\langle E_1,E_2,E_3 \rangle$ 抽象原则把 E_1 应用到指数小概念,把 E_3 应用到指数余小概念,且把 E_2 应用到指数大和指数余大概念。我们甚至能更密切关注问题中的现象,通过把注意力限制到不变抽象原则:

> **定义 4.4**:$\langle E_1,E_2,E_3 \rangle$ 抽象原则是不变抽象原则,当且仅当:
>
> $$E_1,E_2,E_3 \in \{\equiv,\approx_{BC},\approx\}。$$

因此,基底抽象原则是 $\langle \equiv,\approx_{BC},\equiv \rangle$ 不变抽象原则,双基数休谟是 $\langle \approx_{BC},\approx_{BC},\approx_{BC} \rangle$ 不变抽象原则,特级基底抽象原则是 $\langle \equiv,\approx,\approx \rangle$ 不变抽象原则,超级基底抽象原则是 $\langle \approx_{BC},\approx,\approx \rangle$ 不变抽象原则。我们能从第 2 小节重述图 1,表示四类不变等价关系间的关系,根据类内部极大细粒性用描绘每个类的抽象原则标签取代每种不变性,得到图 2。当我们从较强移动到较弱不变性概念,三元组中的一个或者多个等价关系是由更细粒的等价关系所取代的。此外,与双重内在不变抽象原则相关联的三元组 $\langle \approx_{BC},\approx,\approx \rangle$ 现在容易被看作与双重不变抽象原则和内在不变抽象原则相关联的分别是 $\langle \approx_{BC},\approx_{BC},\approx_{BC} \rangle$ 和 $\langle \equiv,\approx,\approx \rangle$ 的三元组的"最大下界",如同我们期盼的那样。

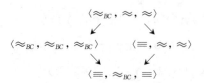

图 2 四种不变等价关系

对不变抽象原则的全面检查是超出本节范围的,但我们注意到下述两个相当简单的事实。首先,提供对哪些不变抽象原则是可满足的且哪些不是可满足的完全规定是简单的:

定理 4.5：任意不变抽象原则是可满足的，当且仅当 E_2 不是 $\equiv$。

其次，我们注意到许多句法上不同的不变抽象原则事实上是等价的：

命题 4.6：给定任意模型 $\mathcal{M} = \langle \Delta, I \rangle$ 这里 $|\Delta| \geq \aleph_0$，且任意两个等价关系 E_2 和 E_3：

$$\mathcal{M} \models (\forall X)(\forall Y)(\langle \approx, E_2, E_3 \rangle(X, Y) \leftrightarrow \langle \approx_{BC}, E_2, E_3 \rangle(X, Y)).$$

这个命题有下述有趣的推论：

推论 4.7：给定任意模型 $\mathcal{M} = \langle \Delta, I \rangle$ 这里 $|\Delta| \geq \aleph_0$：

$$\mathcal{M} \models (\forall X)(\forall Y)[ub(X, Y) \rightarrow X \approx Y].$$

换句话说，超级基底等价关系是等价于等数性的——这是在休谟原则中发现的等价关系。表达这个的另一种方式如下：休谟原则是直到等价关系等价性（up to equivalence of equivalence relation）的最细粒双重内在不变抽象原则。

5. 新逻辑主义者的困境

因此，休谟原则在特别强意义上是不变的，即双重内在不变的，而且是有这个性质的最细粒一元概念抽象原则。如同在导论中所建议的，如果弱不变性是等价于逻辑性，那么这蕴涵休谟原则是本体论上最慷慨的抽象原则，它也满足这个尽管相当强的逻辑性概念的一般化。我们能更进一步，声称休谟原则比诸如第五基本定律、双基数休谟、基底和特级基底抽象原则这样的无法成为双重内在不变的原则是更逻辑性的。但如此的声称是连贯的这一点是不清楚的，因为逻辑性分程度到达似乎相当不可行。然而,这些结果确实表明存在关于休谟原则的特殊事物。如同在第 2 小节所讨论的,要求可接受抽象原则中的等价关系是内在不变的,相当于要求抽象原则把抽象物指派到概念,且解决如此抽象物间的恒等,基于相关概念的内在特征,也就是,我们只需要考虑归入相关概念的对象,或者考虑相关概念并集的子概念。进一步地,要求这些等价关系是双重不变的对应于一种弱的方式要求抽象原则充分固定它们引入的抽象物的结构——也就是,以沃尔什和埃贝尔斯-达根(2015)的术语它们是相对范畴的。满足这两个迫切需要物的任意抽象原则必定是双重内在不变的,且休谟元则是最细粒的如此原则。

诚然,这里没有提供对任意可接受抽象原则必须满足这些急需物中的任一或者全部的声称的正面论证。即便如此,休谟原则满足两个条件的事实导致有趣的和挑衅的最后观察:凭借成为双重内在不变的,休谟原则有着不为任意一元概念抽象原则所共享的性质,其对任意单个概念而非空概念提供唯一的抽象物。换句话说,在不管什么的任意概念上表现像第五基本定律的任意抽象原则——也就是,提供作为仅仅单个概念抽象物的抽象物的任意抽象——将无法成为双重内在不变的。作为结果,现在我们至少有下述事实的部分解释,即在新逻辑主义框架内部现存的重构集合论的尝试无效,或者至少证明远远不及相应的把基数重构为等数概念类抽象物有吸引力,基于诸如新五(布劳斯 1989)这样的第五基本定律的一种或者另一种受限版本:

$$新五:(\forall X)(\forall Y)[\S(X) = \S(Y) \leftrightarrow (X \equiv Y \vee (Big(X) \wedge Big(Y)))],$$

这里 $Big(X)$ 缩写的是表达 Xs 是与整个定域等数的纯粹逻辑二阶公式。这些重构是以新逻辑主义的非凡成功故事为模型的——休谟原则。但不像休谟原则,没有引入集合作为唯一概念抽象物的一元概念抽象原则能是双重内在不变的。因此,新逻辑主义者重建基数的标准表现出细微的经由第五基本定律的某个修正必定无法对任意类似的集合论重构成立的形式性质。因此,休谟原则不仅仅出于历史的原因是中心重要的抽象原则,比如因为弗雷格在《算术基础》中对它花费如此多的精力,而且也是中心重要的,因为它有着非常特殊的、极其有趣且技术上便利的形式性质,这些性质不由其他的抽象原则所共享,甚至有着所有其他制作精良特征的那些,诸如强稳定性。作为结果,也许不那么令人惊讶的是新逻辑主义的为算术提供基础的早期成功不是很轻易地一般化到数学的其他领域。

最后,如果存在令人信服的理由认为可接受抽象原则中的等价关系必定是双重内在不变的,我们能让要点更进一步:如果我们需要双倍内在不变性,那么没有可接受抽象原则能提供通向任何的把任意集合理解为个体概念抽象物的入口,再次除了平凡情况下的空集。然而,如果这是正确的,那么它意味着新逻辑主义者要面对一个困境:他们必须或者(i)找出不同的手段凭其在这个框架内部重构类似标准集合论的某物,或者(ii)接受新逻辑主义根本不是一般的数学哲学,而仅仅是算术和不像集合论的能使用双重内在不变抽象原则被重构的其他数学领域的哲学。第一个选项看上去极其困难,而第二个选项会是极其令人失望的。

附录

定理 2.14: 如果 $E(X, Y)$ 既是双重不变的也是内在不变的,那么它是双重内在不变的。

证明: 假设 $E(X, Y)$ 既是双重不变的由此单纯不变的且内在不变的。令 f 是任意的从 X 到 Δ 的 1-1 函数。存在两种情况:

(1) 如果 X 是有限的,或者 X 是无穷的且 $|X| < |\Delta|$,那么我们能

把 f 扩充到 Δ 上的置换 π。那么,由于 E(X, Y)是单纯不变的我们有 E(X, π(X)),且由此 E(X, f(X))。

(2) 假设 X 是无穷的且 |X|=|Δ|。令 Δ_1 和 Δ_2 使得 |Δ_1|=|Δ_2|=|Δ|,$\Delta_1 \bigcup \Delta_2 = \Delta$,且 $\Delta_1 \bigcap \Delta_2 = \varnothing$。由于 Δ 是无穷的且 E(X, Y)是单纯不变的,我们知道存在 Y_1,Y_2 使得 |Y_1|=|Y_2|=|Δ|,E(Y_1, Y_2),且非 $Y_1 \equiv Y_2$,比如,$Y_1 = \Delta \backslash \{a\}$ 和 $Y_2 = \Delta \backslash \{b\}$ 对不同 a, $b \in \Delta$。令 Z_1 和 Z_2 都是概念使得 |$Z_1 \backslash Z_2$|=|$Y_1 \backslash Y_2$|,|$Z_2 \backslash Z_1$|=|$Y_2 \backslash Y_1$|,|$Z_1 \bigcap Z_2$|=|$Y_1 \bigcap Y_2$| 且 $Z_1 \subseteq \Delta_1$ 且 $Z_2 \subseteq \Delta_1$。那么存在 1-1 函数 g 使得 $g[Y_1] = Z_1$ 且 $g[Y_2] = Z_2$。所以,由于 E(X, Y)是内在不变的,E(Z_1, Z_2)。令 W_1 和 W_2 都是概念使得 |$W_1 \backslash W_2$|=|X$\backslash f[X]$|,|$W_2 \backslash W_1$|=|$f[X] \backslash X$|,|$W_1 \bigcap W_2$|=|X$\bigcap f[X]$| 且 $W_1 \subseteq \Delta_2$ 且 $W_2 \subseteq \Delta_2$。由于 |Z_1|=|$\neg Z_1$|=|W_1|=|$\neg W_1$|=|Δ|,存在置换 π_1 使得 $\pi_1[Z_1] = W_1$。由于 E(X, Y)是双重不变的,我们获得 E(Z_1, W_1)。类似地,E(Z_2, W_2)。由于 E(X, Y)是等价关系,E(W_1, W_2)。不过存在 1-1 函数 h 使得 $h[W_1] = X$ 和 $h[W_2] = f[X]$。所以,由于 E(X, Y)是内在不变的,E(X, $f[X]$)。因此,E(X, Y)是单纯内在不变的。∎

定理 3.6:$\mathfrak{b}$(X, Y)不是内在不变的。

证明:令 $\mathcal{M} = \langle \Delta, I \rangle$ 是任意无穷模型,且 X 是任意概念使得 |X|=|$\neg$X|=|Δ|。令 a 是任意对象使得 $a \in \Delta$ 且 $a \notin X$。那么 $\mathfrak{b}$(X, X$\bigcup \{a\}$)。考虑任意 1-1 f:X$\bigcup \{a\} \to \Delta$,这里 $f[X \bigcup \{a\}] = \Delta$。那么情况并非 $\mathfrak{b}$($f[X]$, $f[X \bigcup \{a\}]$)。所以 $\mathfrak{b}$(X, Y)不是内在不变的。∎

定理 3.7:$\mathfrak{b}$(X, Y)不是双重不变的。

证明:令 $\mathcal{M} = \langle \Delta, I \rangle$ 是任意无穷模型,且令 X=$\{a\}$ 和 Y=$\{b\}$ 对

不同 a, $b \in \Delta$。令 π 是 Δ 上的任意置换使得 $\pi[X] = Y$。那么情况并非 $b(X, \pi[X])$。所以 $b(X, Y)$ 不是单纯不变的,且因此不是双重不变的。∎

定理 3.11: $X \approx_{BC} Y$ 不是内在不变的。

证明:令 $\mathcal{M} = \langle \Delta, I \rangle$ 是任意无穷模型且 X 是任意概念使得 $|X| = |\neg X| = |\Delta|$。令 a 是任意对象使得 $a \in \Delta$ 且 $a \notin X$。那么 $X \equiv (X \cup \{a\})$ 且 $\neg X \equiv \neg (X \cup \{a\})$。考虑任意 1-1 $f: X \cup \{a\} \to \Delta$,这里 $f[X \cup \{a\}] = \Delta$。那么情况并非 $f[X] \equiv f[(X \cup \{a\})]$ 且 $\neg f[X] \equiv \neg f[(X \cup \{a\})]$——后者不成立由于 $\neg f[X] = \{f(a)\}$ 且 $\neg f[(X \cup \{a\})] = \varnothing$。因此 $X \approx_{BC} Y$ 不是内在不变的。∎

定理 3.16: $\mathfrak{sb}(X, Y)$ 不是双重不变的。

证明:令 $\mathcal{M} = \langle \Delta, I \rangle$ 是任意无穷模型,且令 $X = \{a\}$ 和 $Y = \{b\}$ 对不同 a, $b \in \Delta$。令 π 是 Δ 上的任意置换使得 $\pi(X) = Y$。那么情况并非 $b(X, \pi(X))$。所以 $\mathfrak{sb}(X, Y)$ 不是单纯不变的,因此不是双重不变的。∎

定理 3.19: $\mathrm{ub}(X, Y)$ 是双重内在不变的。

证明:给定定义域为 Δ 任意模型 $\mathcal{M}$,和任意 1-1 函数 f,$X \approx f(X)$。进一步地,如果 X 是指数小的且 f 是任意 1-1 函数,那么 $X \approx_{BC} f(X)$。因此经由分情况推理 $\mathrm{ub}(X, Y)$ 是单纯内在不变的,因此是双重内在不变的。∎

定理 3.20:给定任意双重内在不变等价关系 $E(X, Y)$,和任

意模型 $\mathcal{M}=\langle \Delta, I \rangle$：

$$\mathcal{M} \models (\forall X)(\forall Y)[ub(X, Y) \rightarrow E(X, Y)]。$$

证明：如果 $X \approx Y$，不管是否 $\neg X \approx \neg Y$，那么存在 1-1 映射 f 使得 $f[X] = Y$。由于 A_E 是双重内在不变的，因此是单纯内在不变的，这蕴涵 $E(X, Y)$。∎

定理 4.5：任意不变抽象原则是可满足的，当且仅当 E_2 不是 $\equiv$。

证明：

左推右：根据逆否。如果 E_2 是 $\equiv$，那么对每个概念存在指数大和指数余大的不同等价类。但根据康托尔定理存在比定域元素更多的概念。所以 $\langle E_1, E_2, E_3 \rangle$ 不变抽象原则不是可满足的。

右推左：如果 E_2 不是 $\equiv$，那么 E_2 或者是 $\approx$ 或者是 $\approx_{BC}$。不管哪种方式，$\langle E_1, E_2, E_3 \rangle$ 不变抽象原则把概念类划分为不多于基底等价关系的等价类。基底抽象原则是稳定的，因此 $\langle E_1, E_2, E_3 \rangle$ 不变抽象原则将是稳定的，因此也是可满足的。∎

文献推荐：

人们普遍认为抽象原则的可接受性是基数性的特征。这种观点受到赫克观察的质疑。库克与林内波在论文《基数性与可接受抽象》中表明由赫克提议的修复是无效的，但他们分析有趣的可接受抽象必须生成它需要对象的观念。他们两人校正而且完成可接受抽象标准的分类。林内波在论文《某些可接受抽象的标准》中提出各种可接受抽象原则间的逻辑关系。库克在论文《保守性、稳定性与抽象》中提供对良莠不齐挑战的解决方案，基于定义应当是保守的观念。尽管保守性的标准表述对可接受性不是充分的，由于存在保守的但两两不相容的抽象原则,那么更强的保守性条件是充分的。库克提出可接受抽象原则类是严格逻辑对称类保守的。法恩和安东内利引入置换不变性的两种一般化:内在不变性与简单/双重不变性。库克在论文《抽象与四种不变性》中认为抽象原则在一种或者两种意义上是不变的,他辨认出在每种意义上不变的最精细抽象原则。库克认为休谟原则在两种意义上不变的最精细的抽象原则。

第五章
动态抽象

第一节　集合的潜在论累积层级

　　集合层级的潜在特性与用迭代概念激发的公理集合论形成鲜明对比。由于我们在不带有模态词汇的语言中表述公理集合论,而且该理论自由管辖所有集合,那么它体现的是一种实在的或者完整的层级。林内波认为这样的工作是对帕森斯模态集合论研究的推进。前景在于模态集合论是标准非模态集合论的有价值补充而并非一个对手。尤其模态路径使集合论公理的一个非常自然的动机变得有效。根据实在论概念,集合论量词管辖所有集合的限定整体。而根据潜在论概念,从未存在绝对所有集合的任意完整整体。前者是不稳定的,而后者是稳定的。这是潜在论者的第一个优点。潜在论者的第二个优点在于从模态的角度解释某些对象有资格形成一个集合的条件。这源自康托尔对集合概念的思考,因为在他写给戴德金和希尔伯特的信中充斥着模态和时态的术语。我们从模态逻辑出发来理解集合概念。我们把形成集合的可能阶段当作可能世界,每个世界的定域是由到目前为止已被形成的集合构成的。根据可通达性关系的性质,我们使用 S4.2 作为模态命题逻辑,使用 MFO 作为模态一阶逻辑。

　　接下来我们要表述复数逻辑系统而且提出有关复数逻辑与模态算

336

子相互作用的原则。我们使用的复数逻辑是 PFO,使用的模态复数逻辑是 MPFO。复数逻辑与模态算子相互作用的原则有稳定性公理和不可扩充公理模式。紧接着我们要定义从非模态语言到模态语言的翻译,而且表明该翻译保持证明论蕴涵关系不变,由此保持语义蕴涵关系不变。定理 5.4 告诉我们两个事实。首先,如果在包含 S4.2 和稳定性公理的模态理论背景下我们对全模态化公式间的逻辑关系感兴趣,那么我们能删除所有模态算子并且通过非模态理论进行下去。其次,模态集合论与非模态集合论不仅是相容的,而且是以一种高分辨率的方式看到相同主题。我们要描述基于集合是由它们的元素构成的收集的观念的集合性质。这里有两个核心观念:首先是集合的外延性,其次是元素对集合的优先性。我们从复数的角度可以对这两个核心概念进行解释。

前面说过属于关系是外延限定的,现在通过对子集关系是否外延限定的考虑,根据极大性原则,我们给出集合性质的两个版本。一个是带有子集关系外延限定的版本,一个是不带有子集关系外延限定的版本。对集合性质的分析导致各种关于存在什么集合的条件性声称,但不产生关于集合存在性的任意范畴性声称。我们的任务是研究如何能构建范畴集合存在性声称。根据复数和模态术语这条原则表达的是:必然地对任意对象来说,它们形成一个集合是可能的。现在要做的事情是从基础模态集合论出发推导部分集合论公理,从全模态集合论出发推导余下的公理,也就是无穷公理和替换公理。我们也会对反射原则进行模态分析。前面做的事情是用模态集合论解释非模态集合论,现在我们用非模态集合论解释模态集合论。得到的结果是模态集合论在非模态集合论中是可解释的,而且倘若非模态集合论是协调的,那么模态集合论也是协调的。最后我们分别比较与帕森斯(1983)、法恩(1981)和斯塔德(2016)工作的异同。

1. 集合的潜在层级与实在层级

熟悉的迭代概念告诉我们集合形成层级。若有的话,在最底层是所有的本元。当我们在层级中上升,那么新集合被形成。在后继层次,我们在前面的阶段上形成所有可用的对象集。在极限层次,我们取在前面的阶段上所有可用对象的并集。但这个层级扩充到多远?各种部分答案以它的高度上的下界的形式是可用的。比如,层次至少扩充 ω 多步。对它的高度能提供更精确的描绘吗?我们常常被告知层级尽可能远地扩充。这似乎有点模糊,难以看到如何能提供更确定的答案。因为以一种更确定的方式给定找到层级范围的任意尝试,通过允许来自所提议描绘的任意对象以形成集合对层级甚至进一步扩充似乎是可能的。而且由于层级被假设尽可能远地扩充,这意味着所提议的描绘本来不能是正确的。

所以关于集合论层级似乎存在固有潜在的某物。给定对限定描绘的任意尝试,对层级甚至进一步扩充证明是可能的。对清楚表达迭代集合概念负主要责任的两位集合论者——策梅洛和哥德尔——非常认真对待层级的这个潜在方面。同样适用于诸如普特南、帕森斯和赫尔曼这样著名的数学哲学家。集合层级的潜在特征与迭代概念被用来激发策梅洛—弗兰克尔集合论的公理集合论形成明显对比。这个理论是在没有模态词汇的语言中被表述的。而且理论自由量词管辖"所有集合",由此假设"所有集合"作为合法量词化范围是同时可用的。所以这个理论对待集合层级好似它是实在或者完整层级。

在本节中,在对集合论的解释中我们提出认真对待集合层级的潜在特征和对模态概念的需求。首先我们为这个计划的兴趣点辩护,然后继续发展基于四组公理的模态集合论:首先,模态命题逻辑;其次,复数逻辑,它允许我们同时量词管辖多个对象;第三,对集合性质的分析,若有的话;最后,有关集合存在性的单个的非常直观的原则,也就是不管什么任意对象可能形成一个集合。注意最后这条原则使用复数和模态资源两者。作为结果的理论使我们能够恢复所有策梅洛集合论公理除了无穷公理;可行的附加假设产生无穷公理和替换公理,且由此所有的 **ZF**。

338

我们的希望是从技术上和哲学上改进我们认作迄今为止对模态集合论的最好研究，也就是帕森斯(1983)。从这个研究中显露出来的图景在于模态集合论对标准非模态 ZF 集合论是有价值的补充而非一个对手。模态理论在更精细解决下为研究相同主题提供强力工具。为了几乎所有日常数学和许多集合论的目的，我们不需要这种更精细的解决。在这些情况下没有洞见是遗失的，但依赖标准非模态集合论获得极大的表达性和推理性舒适度。然而，当我们面临有关集合论的困难的基础性和概念性问题时，由模态路径所提供的更精细解决可以是非常有价值的。尤其，我们将看到模态路径使 ZF 集合论公理的非常自然的动机有效。

2. 潜在论概念的优点

潜在论者集合层级概念的一个吸引力在于竞争的现实论者的概念威胁着要成为不稳定的。根据现实论者概念，集合论量词管辖所有集合的限定总体。为什么构成这个总体的对象自身不构成一个集合？由于集合完全是根据它的元素规定的，我们能给出对这些对象会形成的集合的精确的和完整的规定，若它们确实形成一个集合。要如此集合存在需要更多的什么东西？驳回如此集合是要在任意层次截断迭代层级。潜在论者的层次概念看上去避免这个问题。因为根据这个概念决不存在绝对所有集合的任意完整总体。每当完整的对象总体是可用的，把层级扩充到包括有这些对象作为元素的集合是可能的。

当然，人们可能怀疑是否潜在论者面临压力退让到集合论层级对应一个集合，这会表明他们的观点成为不稳定的。但潜在论者有一个回应。根据他们的概念，层级在特征上是潜在的，因此内在地不同于集合，每个都是完整的，因此是实在的而非潜在的。这种内在的区分为潜在论者——不像他们的绝对论者对手——提供驳回有争议集合形成的理由。潜在论者概念的不同但相关的吸引力与在其下某些对象有资格形成集合的条件的难题相联而出现。比如，为什么自然数而不是序数有资格形成集合？这个问题已由超限集合论的祖先即康托尔所讨论，当他问多向的哪些多重性形成一个集合？尽管康托尔不主张像迭代集合概念的任何事物，他的分析仍是有益的且启发灵感的。下面是他在著名的 1899 年给戴德金的信中写的。

> 必然的是……区分两种多重性，凭借此，我常常指限定多重性。因为一种多重性使得所有它的元素"在一起"的假设导致矛盾，以致把多重性设想为统一性即"一个已完成事物"是不可能的。我把如此的多重性称为绝对无穷或者不协调多重性。[……]另一方面如果多重性元素的总体性能无矛盾地被认作"在一起"，以致它们能被聚集成为"一个事物"，我把它称为协调多重性或者"集合"（埃瓦尔德，1996，第 931—932 页）。

一封 1897 年康托尔写给希尔伯特的信也是提示性的。

> 我关于集合的看法是它能被认作已完成的[……]当把所有它的元素当作一起现存是无矛盾可能的，由此把集合自身认作对自身的复合事物；或者当把集合想象为带有它的元素总体性的实际现存（埃瓦尔德，1996，第 927 页）。

康托尔的思想在于在形成集合的多重性和不形成集合的多重性间存在内在的差异，而且这种内在差异解释为什么某些但并非全部多重性符合集合形成的条件。一个集合被描绘为"已完成"收集，所有它的元素能"一起存在"或者被想象为"实际现存"。所以对符合集合形成条件的多重性，它必定能够被认作"已完成的"，而且它的元素必定能够"一起存在"。因此具有集合特性的能够成为"完成"种类的多重性是内在地适合于集合形成，反之抗拒这种"完成"的多重性是内在于不适合于集合形成。比如，由于每个能想到事物和所有序数的多重性抗拒

"完成"，可以不存在全集或者所有序数集。不足为奇，康托尔对集合形成的分析常常遭遇不理解。说集合是"已完成的"或者它的元素能够"一起存在"意指什么？戴德金和希尔伯特对康托尔信件的回应是这种反应的例子。

两位数学家都不同意康托尔对模态和时态术语的使用，与现在相比，它在他们时代的标准数学语言中没有更多位置。在下文中，我们提议认真对待集合论基础中对模态概念的需求。我们表明如此做使我们能够解释潜在论者的集合层级概念和康托尔对集合形成的分析。当然，这个计划激起康托尔遭遇来自戴德金和希尔伯特的各种挑战。把模态概念引入对集合论的讨论实际上被证实吗？我们的希望在于充分的证实将由模态路径的解释价值提供。对模态概念成熟的解释必须等待另一个时机。这里我们把自身局限在简短的但重要的关于模态性的评论。这不是通常后克里普克主义意义上的形而上学模态性。宁可，这里所使用的模态性是与包含在古代的潜无穷和实无穷间的区分中的模态性相关的。

这种模态性与构建越来越大数学对象定域联系起来。在这种意义上的一个声称是可能的，当它通过可允许数学本体论扩充被迫有效；而且它是必然的，当它在任意可允许的如此扩充下有效。形而上学模态性对我们当前的目的是不合适的，因为人们把纯粹集当作形而上学必然性存在。相比之下，我们研究的过程被设想为发生在唯一的形而上学真实的世界。新鲜之处在于在这个世界存在的集合层级被认作按特性潜在的；不管已被形成多少个集合，形成甚至更多个集合是数学可能的。我们的研究由非形式阶段和形式阶段构成——尽管这两个是常常纠缠在一起的。在非形式阶段，我们引入且解释我们的模态集合论。我们注释它的语言基元且寻求激发它的基本原则。形式阶段由对模态集合论的形式研究和这个理论能解释日常非模态 **ZF** 的证明构成。重要的不是合并这两个不同阶段的目标。尤其，我们尝试对某些概念和原则的非形式解释的事实不与为了形式阶段的目的把这些概念和原则当作基元相冲突。

3. 适合表达集合形成过程的模态逻辑

本小节的目的是要激发模态逻辑的选择用以捕获集合形成过程的相关方面。因此本小节的大部分属于非形式阶段。对于当前的非形式目的,把形成集合过程的可能阶段认作可能世界将是有用的,这里每个世界的定域由现在为止已被形成的集合构成。回顾克里普克模型标准地被定义为四元组$\langle W, R, D, v \rangle$,这里 W 是世界集,R 是 W 上的可达性关系,D 是把定域指派到 W 中每个世界的函数,且 v 规定什么对象序列在每个世界满足原子谓词的赋值。因此克里普克模型是基于集合的。然而,以悖论论处,不能存在集合形成过程所有可能阶段的集合。所以我们所关心的可能世界系统不适合形成标准意义上的克里普克模型。不过通过诉诸我们可能世界系统性质激发我们的模态逻辑选择将是有用的。然而,对于后面小节中所发展的形式阶段的目的,相关的模态逻辑将被认作基础的,且模态算子将被认作基元而非根据量词管辖可能世界被分析的。世界 w' 被认作从另一个 w 可达的恰好假使人们能从 w 到 w',通过数学本体论的合法扩张。这连接可达性关系 R 与定域指派函数 D 如下:

$$wRw' \rightarrow D(w) \subseteq D(w').$$

可达性关系的角色也使要求它是一个偏序变得自然,也就是,自反的、反对称的和传递的。此后我们将把可达性关系记为≤而非 R。这产生下述原则:

偏序: 可达性关系≤是良基的。

我们也要求集合形成的过程是良基的,它产生下述原则:

良基性：可通达性关系≤是良基的。

假使我们选择一些集合以继续且形成，将会怎么样？假设我们处在世界 w_0，这里我们能继续形成更多集合以便到达或者 w_1 或者 w_2。要求形成集合的许可决不走开，当我们构建集合层级但经常能在后面阶段被使用是有意义的。这对应于两个世界 w_1 和 w_2 能被扩充到共同世界 w_3 的要求。偏序的这个性质被称为有向性且被形式化如下：

$$\forall w_1 \forall w_2 \exists w_3 (w_1 \leq w_3 \wedge w_2 \leq w_3).$$

因此我们采用下述原则：

有向性：可达性关系≤有向的。

这个原则确保每当我们选择以形成一些集合，其与我们选择继续进行的序是不相关的。不管我们选择首先形成一些集合，我们选择不形成的集合经常是在后面被形成的。除非≤是有向的，我们的选择是否把 w_0 的本体论扩充到 w_1 的本体论或者 w_2 的本体论可能有着持久的效应。当存在几种继续形成集合的方式时，该做什么的问题也承认更强的答案，也就是形成集合的许可必须立刻被使用。这对应于下述原则：

极大性：在每个阶段能被形成的所有集合事实上都是被形成的。

尽管这个原则也是相当自然的，但它超出集合形成过程的极小概念。因此依赖这个原则的任意论证将同样地被标记。所提到的可达性关系≤的性质允许我们辨认适合研究集合形成过程的模态逻辑。由于≤是自反的且传递的，模态逻辑 S4 将是可靠的，相对于我们预期的可

能世界系统。众所周知,≤的有向性也确保下述原则的可靠性:

$$(G) \quad \Diamond\Box p \rightarrow \Box\Diamond p。$$

把(G)加到 S4 的完全公理化导致的模态命题逻辑被称为 S4.2。由于定域常常沿着可达性关系≤增长,这里不需要自由逻辑或者对存在性谓词的使用。这引发选择 S4.2 作为我们的背景性模态命题逻辑。令公式的闭包是把"□"加到它的全称闭包前缀的结果。除非语境指明,不然每个开公式将被理解为对它的闭包的简称。有这个约定就位,我们采用下述模态一阶逻辑。

定义 3.1: 令模态一阶逻辑 MFO 由经典 S4.2,通常的恒等和一阶量词引入和消除规则,和公理 $x \neq y \rightarrow \Box(x \neq y)$。

众所周知,诸如 MFO 的系统证明逆巴肯公式:

$$(CBF) \quad \Box\forall x\phi(x) \rightarrow \forall x\Box\phi(x)。$$

众所周知,(CBF)要求定域沿着可达性关系增长。下面将使用这两个事实。

4. 模态复数逻辑

我们的下一个任务是要表述复数逻辑系统,且引发某些有关它与模态算子相互关系的原则。作为结果的系统——它能被看作对二阶变元有着特殊外延性解释的二阶逻辑版本——将是贯穿本节余下部分的背景逻辑。在日常一阶逻辑中,我们有诸如 x 和 y 这样的单数变元,它是由存在和全称量词约束的。在复数逻辑中,我们另外有诸如 xx 和 yy 这样的复数变元,它也是由存在量词和全称量词约束的。

"∃xx"被读作"存在某些事物 xx 使得……",且"∀xx"被读作"给定任意事物 xx,……"。在复数逻辑中也存在 2-位逻辑谓词"<",这里"$u<xx$"被读作"u 是 xx 中的一个"。复数的逻辑怎么样?我们通过把通常的引入和消除规则扩充到复数量词而开始。那么我们采用下述复数概括模式:

$$(P\text{-}Comp) \quad \exists xx \forall u[u<xx \leftrightarrow \phi(u)]。$$

这里 $\phi(u)$ 不包含自由的"xx"。注意到这个概括模式允许空复数性是重要的。这里我们偏离自然语言中复数惯用语,这里一个复数性至少由一个且可能由两个对象构成。然而这个较小的偏离能实用地被证实。允许空复数性对形式化集合论的目的将是非常方便的。而且即使自然语言中的复数惯用语事实上不以此方式被使用,本来可能存在它们所在的自然语言。也应该注意的是,由于 $\phi(u)$ 可能包含复数约束变元,我们的复数概括模式是非直谓的。追随伯奈斯(1935),非直谓复数概括能由我们称为"复数性的半组合概念"的东西所激发和证实。想法是从有限外推到无穷。正如我们能贯穿有限复数性,做出任意的关于哪些元素是被包括在子复数性中且哪些不是的选择,我们能理想化且假设这个对任意复数性是可能的。

这当然是强外推。但它是在数学和集合论中已变成司空见惯的一个外推——而且如此的成功。因此我们接受外推和它引发的概括模式。我们的下一个问题是复数逻辑如何与模态算子相互作用。这里我们的指导思想将是复数性恰好由每个在其复数性存在的世界的相同对象组成。或者,以更语义学的术语,恰好在变元有任意值的每个世界指派复数变元以相同对象作为它的值。我们主张这个思想与自然语言中复数惯用语的用法保持连贯。比如,哈里必然是汤姆、迪克和哈里中的一个;且如果约翰不是他们中的一个,那么必然如此。因此我们采用两个公理以便成为某些对象中的一个,且不成为它们中

的一个,从一个世界到另一个世界是稳定的:

$$(\text{STB}^+ - \prec) \quad u \prec xx \rightarrow \square (u \prec xx);$$
$$(\text{STB}^- - \prec) \quad u \nprec xx \rightarrow \square (u \nprec xx)。$$

更一般地,我们说公式 $\phi(u)$ 是稳定的恰好假使下述两个条件成立,这里我们令粗体变元缩写的是变元串:

$$(\text{STB}^+ - \phi) \quad \phi(\boldsymbol{u}) \rightarrow \square \phi(\boldsymbol{u});$$
$$(\text{STB}^- - \phi) \quad \neg \phi(\boldsymbol{u}) \rightarrow \square \neg \phi(\boldsymbol{u})。$$

然而,"$\prec$"的两条稳定性公理没有充分捕获我们的关于复数模态轮廓的指导思想。考虑 u 是某些给定对象 xx 中的一个的条件。尽管这个条件关于现存在一个世界的诸对象不能"改变它的主意"当我们去更大的世界,不过上述公理允许它的外延增长当我们去更大的世界——倘若这个增长只包括在这些更大世界为新的对象。这个现象的例子是由恒等谓词提供的。尽管我们的背景模态逻辑 MFO 证明这个谓词是稳定的,它的外延明显增大,当我们去更大的世界。我们愿意表达复数性是"不可扩张的"且以此方式充分捕获我们的指导思想。这能由采用下述公理模式而完成:

$$(\text{INEXT} - \prec) \quad \forall u (u \prec xx \rightarrow \square \theta) \rightarrow \square \forall u (u \prec xx \rightarrow \theta)。$$

这种形式化需要某种解释。回顾巴肯公式:

$$(\text{BF}) \quad \forall u \square \theta \rightarrow \square \forall u \theta。$$

对应于语义要求即,每当世界 w 通达另一个世界 w',那么 w' 的定域

被包括进 w 的定域。公理模式起作用,通过把巴肯公式相对化到 u 是某些给定对象 xx 中的一个的条件。因此公理模式对应于语义要求,即每当世界 w 通达另一个世界 w',那么在 w' 处于 xx 中间的对象被包括进在 w 处于 xx 中间的对象。这恰好是不可扩充性所预期的性质。我们的讨论引发对下述模态复数逻辑的采用:

> **定义 4.1:** 令 PFO 是把复数量词标准引入和消除规则和概括模型(P-Compt)加到标准一阶逻辑得到的系统。令 MPFO 是把模态逻辑 S4.2,稳定性公理(STB$^+$$-\phi$)和(STB$^-$$-\phi$),且不可扩充模式(INEXT$<$)的所有实例加到 PFO 得到的系统。

我们将通过解释模态复数逻辑如何能被用来形式化外延限定性概念结束本小节。描绘这个概念是容易的当我们自用可能世界的习语:公式 ϕ 在世界 w 处是外延限定的恰好假使它的外延在任意的后一个世界 $w' \geq w$ 处仍是相同的。比如,成为特殊复数性的一个是外延限定的。但外延限定性概念应该如何在我们的公开习语中被形式化,它避开量词管辖可能世界? 对有一个自由单数变元的公式,我们能探索 MPFO 指派到复数性的外延限定性以提供 ϕ 的外延限定性的下述简单形式化:

$$(\text{ED}-\phi) \quad \exists xx \Box \forall u[(u < xx \leftrightarrow \phi(u))].$$

这个形式化的充足性是由一个容易的引理论证的,我们陈述如下。

> **引理 4.2:**(ED$-\phi$)蕴涵 ϕ 的稳定性和 ϕ 的不可扩充模式的所有实例:
>
> (STB$^+$$-\phi$) $\phi(x) \rightarrow \Box \phi(u)$;
> (STB$^-$$-\phi$) $\neg \phi(u) \rightarrow \Box \neg \phi(u)$。
> (INEXT$-\phi$) $\forall u(\phi(x) \rightarrow \Box \theta) \rightarrow \Box \forall x(\phi(x) \rightarrow \theta)$。

此外,如果两个外延限定条件是共延的,那么它们是必然共延的。

总结起来,我们的复数逻辑作出两种不同的技术贡献,它们两者在下文中将是重要的。它使来自相关定域的任意复数性变得可用,如同在它的非受限概括模式呈现的那样。此外,它提供从一个世界到另一个世界追踪对象收集的方式,因此提供形式化重要的外延限定性概念的方式。这两条贡献是相关联的。对任意复数性可用的从世界到世界的仅有的追踪,其不需要有任意形式的内涵定义,是根据组成复数性的对象。所以第一条贡献引发第二条贡献。

5. 模态化量词

我们的下一个目标是定义从非模态语言到模态语言的翻译,表明在某些可行的假设下,这个翻译保持证明论关系且由此语义蕴涵不变。关键是复合串 $\forall x$ 和 $\diamond \exists x$ 非常像日常量词证明论地表现的观察。

定义 5.1:我们把复合串 $\forall$ 和 $\exists$ 称为模态化量词。所有量词被模态化的公式是全模态化的。当 $\mathcal{L}$ 是一阶或者二阶非模态语言,令 $\mathcal{L}^{\diamond}$ 是把模态算子□和◇加到 $\mathcal{L}$ 而来的模态语言。给定 $\mathcal{L}$ 的非模态公式 ϕ,它的潜在论翻译 $\phi^{\diamond}$ 是 $\mathcal{L}^{\diamond}$ 的在 ϕ 中用模态化量词取代每个日常量词而来的全模态化语言。

定义 5.2:令模态语言 $\mathcal{L}^{\diamond}$ 的稳定性公理是陈述 $\mathcal{L}^{\diamond}$ 的每个原子断定是稳定的公理。

回顾恒等稳定性是我们的模态逻辑 MFO 的定理,且成为给定复数性中的一个的概念稳定性成为 MPFO 的组成部分。我们在第 6 小节中为属于关系谓词∈的稳定性辩护。

引理 5.3：令 ϕ 是模态语言 $\mathcal{L}^\diamond$ 的全模态化公式。那么 S4.2 和 $\mathcal{L}^\diamond$ 的稳定性公理证明 $\diamond\phi$，ϕ，和 $\square\phi$ 是等价的且因此尤其 ϕ 是稳定的。

草证：假设 ϕ 是全模态化的。由于我们在模态逻辑 T 的外延中工作，它需要证明 $\diamond\phi\rightarrow\square\phi$，我们根据 ϕ 复杂度上的归纳来完成。如果 ϕ 是原子的，那么稳定性公理允许我们证明我们的目标 $\diamond\phi\rightarrow\square\phi$。如果 ϕ 是 $\neg\psi$，那么我们的目标直接得自被应用到 ψ 的归纳假设。如果 ϕ 是 $\psi_1\wedge\psi_2$，那么 $\diamond\phi$ 蕴涵 $\diamond\psi_1\wedge\diamond\psi_2$，根据归纳假设它蕴涵 $\square\psi_1\wedge\square\psi_2$，它反过来蕴涵 $\square\phi$。最后假设 ϕ 具有形式 $\diamond\exists x\psi$；复数量词的情况是类似的。由于我们在 S4 的外延中工作，我们有 $\diamond\phi\rightarrow\phi$ 对具有此形式的 ϕ。所以它需要证明 $\phi\rightarrow\square\phi$。根据我们的归纳假设，我们知道 ϕ 是等价于 $\diamond\exists x\square\psi$ 的。下一步观察逆巴肯公式产生 $\forall x\square\exists y(x=y)$ 且由此也 $\exists x\square\psi\rightarrow\square\exists x\psi$。由此公式 $\diamond\exists x\square\psi$ 蕴涵 $\diamond\square\exists x\psi$。根据 (G)，后一个公式蕴涵 $\square\diamond\exists x\psi$，这恰好是 $\square\phi$，证毕。∎

上述我们声称可行假设确保"模态化量词" $\square\forall$ 和 $\diamond\exists$ 恰好像日常量词逻辑地表现。现在我们给出这个声称的准确陈述。

定理 5.4：令 $\vdash$ 是语言 $\mathcal{L}$ 中的经典可演绎性关系，尽管如果 $\mathcal{L}$ 是复数语言，我们指的是不使用任意复数概括公理的经典可演绎性。令 $\vdash^\diamond$ 在 $\mathcal{L}^\diamond$ 中是可演绎的，根据 $\vdash$，S4.2 和 $\mathcal{L}^\diamond$ 的稳定性公理。令 ϕ_1，$\cdots$，ϕ_n 和 ψ 是 $\mathcal{L}$ 公式。那么我们有：

$$\phi_1,\cdots,\phi_n\vdash\psi \text{ 当且仅当 } \phi_1^\diamond,\cdots,\phi_n^\diamond\vdash^\diamond\psi^\diamond。$$

证明：在证明上做归纳。

左推右：唯一困难的情况是量词引入和消除规则。我们将概述一阶全称量词的情况;其他情况都是类似的。我们以规则 UI 开始。假设我们有 $\phi_1, \cdots, \phi_n \vdash \forall x\psi$ 且根据 UI 推断 $\phi_1, \cdots, \phi_n \vdash \psi(t)$ 对某个适当的项 t。根据归纳假设我们有 $\phi_1^\diamond, \cdots, \phi_n^\diamond \vdash^\diamond \Box\forall x\psi^\diamond$,从其我们能得到 $\phi_1^\diamond, \cdots, \phi_n^\diamond \vdash^\diamond \psi^\diamond(t)$。接下来我们考虑规则 UG。假设我们有 $\phi_1, \cdots, \phi_n \vdash \psi(t)$,这里 t 不在任意的 ϕ_i 中自由出现且根据 UG 推断 $\phi_1, \cdots, \phi_n \vdash \forall x\psi$。根据归纳假设我们有 $\phi_1^\diamond, \cdots, \phi_n^\diamond \vdash^\diamond \psi^\diamond(t)$,从其 UG 给我们 $\phi_1^\diamond, \cdots, \phi_n^\diamond \vdash^\diamond \forall x\psi^\diamond$。那么 S4 中可用的标准技巧给我们 $\Box\phi_1^\diamond, \cdots, \Box\phi_n^\diamond \vdash^\diamond \Box\forall x\psi^\diamond$。而引理 5.3 给我们 $\phi_1^\diamond, \cdots, \phi_n^\diamond \vdash^\diamond \Box\forall x\psi^\diamond$。

右推左:对相关模态逻辑采用希尔伯特风格的公理化路径。考虑删除所有模态算子的运算 $\phi \mapsto \phi^-$。这个运算把我们模态逻辑的所有公理映射到相应非模态逻辑定理,且把前者的每个推理规则与后者的合法推理联系起来。那么我们从 $(\phi^\diamond)^- = \phi$ 这个观察得到 $\phi_1, \cdots, \phi_n \vdash \psi$。∎

定理 5.4 中的等价是相当稳健的,在即使改变 $\vdash^\diamond$ 的定义以便吸收强于 S4.2 的模态逻辑它也会得到的意义上的。从左到右的方向只需要 $\vdash^\diamond$ 至少吸收 S4.2。且从右到左的方向只需要 $\vdash$ 吸收不超过基于模态坍塌的公理 $p \leftrightarrow \Box p$ 的 Triv 模态逻辑。定理 5.4 告诉我们,如果我们对在至少包括 S4.2 的模态理论为背景的全模态化公式和稳定性公理间的逻辑关系感兴趣,那么我们可以删除所有模态算子且根据相应的非模态理论继续进行。这个定理也是成为在导论中所作出观察的基础,即模态集合论与日常非模态 **ZF** 集合论是相容的但在"更精细的解决",下考虑相同的主题。相比之下,未完全模态化的公式不从属于定理 5.4 或者任意类似的结果。因此如此的公式能在我们的模态集合论中探索被做成可用的"更精细解决",从而使在日常非模态集合论中并非可用的论证和解释成为可能。这个现象的几个例子是在下述提供的,但最好的和最重要的出现在第 7 小节。

6. 对集合性质的描述

我们现在发展对集合性质的描述，基于简单的核心观念即集合是由它们的元素"构成"的收集。首先我们提供松散的和非形式的描绘。然后我们表述正式的和技术上精确的版本。核心观念的一个方面是集合的外延性。如果集合是由它的元素"构成"的收集，那么集合的性质是由它有哪些元素而耗尽的。一旦你规定集合的元素，你已规定对它而言实质的每个事物。尤其，如果两个集合有相同元素，那么它们是恒等的。如果集合是由它的元素"构成"的收集，那么这些元素将必须成为可用的在集合自身能被形成之前。比如，如果在某个阶段对象 a 是可用的，我们能直接形成新集合 $\{a\}$ 而不是新集合 $\{\{a\}\}$。因为 $\{\{a\}\}$ 部分地是由 $\{a\}$ 构成的，它意味着后者必定是可用的，在前者能被形成以前。注意我们对集合性质的描述，关于什么集合存在什么都没说，而是关心什么集合必须像什么，若存在任意集合的话。现在让我们使刚刚所预示的观念技术上变得精确。我们由定义相关语言开始。

定义 6.1：令 $\mathcal{L}_{\in}$ 是日常非模态集合论的语言，且令 $\mathcal{L}_{P\in}$ 是相应的复数语言。令 $\mathcal{L}_{\in}^{\Diamond}$ 和 $\mathcal{L}_{P\in}^{\Diamond}$ 都是通过各自地把模态算子加入所提到的非模态语言而得到的模态语言。

6.1 从世界内外延原则到跨世界外延原则

无疑集合外延性引发熟悉的外延性公理：

$$(Ext) \quad x=y \leftrightarrow \forall u(u \in x \leftrightarrow u \in y)。$$

然而，对集合外延性存在多这个更多的东西。即使（Ext）是必然的，这将只允许我们在每个世界内部辨认和区分集合。但集合是由它们的元素构成的观念也支持外延性原则的"跨世界"版本。直观地说，一个世界 w_1 中的集合 x 是等价于另一个世界 w_2 中的集合 y，恰好假使

w_1 处的 x 的元素正好与 w_2 处的 y 的集合相同。这种"跨世界的"外延性原则是由"世界内的"原则(Ext)连同在特殊集合中成为元素是外延限定的声称;也就是,集合在它存在的每个世界正好有相同的元素。如同我们从第 4 节中知道的,这个关于外延限定性的声称能被形式化如下:

$$(ED-\in) \quad \exists yy\Box\forall u(u\prec yy\leftrightarrow u\in x).$$

根据引理 4.2,我们知道(ED$-\in$)蕴涵 $\in$ 的稳定性公理,也蕴涵 $\in$ 的不可扩充性模式的所有实例:

$$(INEXT-\phi) \quad \forall x(x\in y\rightarrow\Box\theta)\rightarrow\Box\forall x(x\in y\rightarrow\theta).$$

属于关系的外延限定性使我们能够从有界一阶公式在传递结构中绝对的日常非模态集合论证明熟悉结果的配对物。为陈述这个结果,首先我们需要一个定义。

定义 6.2:全称单数量词的出现 $\forall x\phi$ 是有界的,当且仅当 ϕ 具有形式 $x\in y\rightarrow\psi$。存在量词的出现 $\exists x\phi$ 是有界的,当且仅当 ϕ 具有形式 $x\in y\wedge\psi$。我们把这些公式分别记为 $(\forall x\in y)\psi$ 和 $(\exists x\in y)\psi$。一阶公式是有界的或者 Δ_0,当且仅当所有它的量词是有界的。

引理 6.3:令 ϕ 是有界 $\mathcal{L}_\in$ 公式,且令 $\phi^\Diamond$ 是它的潜在论解释。那么 MPFO 和与跨世界外延性公理相联系的两个公理证明 $\phi\leftrightarrow\phi^\Diamond$。这个理论也证明 ϕ 是稳定的。

证明:第一个声称的证明要在 ϕ 中量词的数量上做归纳。如果 ϕ

是免量词的,这个声称是平凡的。所以假设 ϕ 是 $(\forall x \in a)\psi$;有界存在量词的情况是类似的。明显地,我们有 $\square(\forall x \in a)\psi^\diamond \to (\forall x \in a)\psi^\diamond$。由于归纳假设确保 ψ 和 $\psi^\diamond$ 是证明地等价的,这能被加强到 $(\forall x \in a)\psi^\diamond \to (\forall x \in a)\psi$,也就是 $\phi^\diamond \to \phi$。对另一个方面,假设 $\square(\forall x \in a)\psi$,它缩写的是 $\forall x(x \in a \to \psi)$。首先观察归纳假设产生 ψ 和 $\psi^\diamond$ 是证明地等价的。其次观察由于 $\psi^\diamond$ 是全模态化的,引理 5.3 产生 $\psi^\diamond \to \square\psi^\diamond$。使用这两个观察,我们的假设蕴涵 $\forall x(x \in a \to \square\psi^\diamond)$。根据引理 4.2,我们能应用(INEXT−∈)以得到 $\square\forall x(x \in a \to \psi^\diamond)$,它缩写的是 $\square(\forall x \in a)\psi^\diamond$。这构建的是 $\phi \to \phi^\diamond$,如愿以偿。通过把引理 5.3 应用到第一个声称,推出 ϕ 是稳定的第二个声称。■

6.2 用基础公理表达元素相对于集合的优先性

回顾我们的集合是由它的元素构成的收集的核心观念。我们已提出这个观念的第一个方面:外延性原则的跨世界版本。现在我们转向第二个方面:集合的元素是优先于集合自身的。表达这个原则的第一个自然常识如下:

$$x \in a \to \diamond(\mathrm{E}x \land \neg\mathrm{E}y)。$$

不幸的是,这个尝试失败,当前者的定域被包括在后者的定域中,我们的可达性关系只允许一个世界通向另一个世界。幸运的是,标准 **ZF** 集合论建议一个替代选择。回顾它的一个公理是基础公理,它能被形式化如下:

$$(\mathrm{F}) \quad \forall x[\exists y(y \in x) \to \exists y(y \in x \land \forall z(z \in x \to z \notin y))]。$$

与其寻找优先性原则的理想形式化,我们提议仅仅采用(F)作为公理。这是可允许的,因为(F)是从优先性原则且我们的可能世界间的可达性关系是良基的假设推出来的。通过下述非形式的但令人信服的论证我们看到这一点。考虑集合 x。令 C 是至少包含 x 的一个元素的世界类。根据≤的良基性，存在这个类的≤—极小元素，比如 w_0。令 y 是在 w_0 处存在的 x 的元素。假设 x 的某个元素 z 也是 y 的元素。根据优先性原则，z 必然会在某个世界 $w_1 \leq w_0$ 处是在场的。但这与 w_0 的极小性矛盾。所以没有 x 的元素也是 y 的元素，这就为我们给出(F)。

6.3 集合源自元素的复数性

我们已解释集合是由它们的元素所构成的收集的核心观念，以对复数逻辑作出有限使用的方式，也就是，以便表达外延限定性概念。然而，核心观念承认对复数逻辑作出更实质使用的有趣可选择解释。根据这个解释，集合是对象，它是从它的元素的复数性形而上学地推导出来的，因此从这个复数性继承它的许多性质；尤其，集合的模态轮廓是从相关复数性的模态轮廓中继承的。康托尔在它的某个著名的集合定义中说出关于集合和复数性间的类似观念，比如当我们写道"根据流形或者集合我理解能被认作一的多重性"（康托尔，1883，第916 页）。这个对我们核心观念的可选择解释建议有点不同的技术发展。与其采用表示属于关系的单个非逻辑基元 $\in$，我们不如采用单个非逻辑基元 $\equiv$，单数自变量出现在它的左边且复数自变量出现在它的右边，这里 $x \equiv uu$ 被读作"x 是由 uu 形成的集合"。令 $xx \approx yy$ 缩写的是 $\forall w(w \prec uu \leftrightarrow w \prec yy)$。那么集合的外延性和外延限定性能以下述可选择表述被给出：

$$(\mathrm{E}xt')\quad x \equiv uu \wedge y \equiv vv \leftrightarrow (x = y \leftrightarrow uu \approx vv)。$$

$$(\mathrm{STB}^+ - \equiv)\quad x \equiv uu \rightarrow \Box(x \equiv uu);$$

$$(\mathrm{STB}^- - \equiv)\quad x \not\equiv uu \rightarrow \Box(x \not\equiv uu)。$$

假设属于关系被定义如下：

$$(\mathrm{D}ef - \in)\quad x \in y \leftrightarrow \exists vv(y \equiv vv \wedge x \prec vv)。$$

那么人们能容易证实（Ext′）是等价于（Ext）的，且（STB⁺－≡）和（STB⁻－≡）等价于（Def－∈）的。优先性论题在可选择解释上也是自然的。如果集合是从它的元素的复数性被形而上学地推导出来的，那么这些元素需要成为有效的在集合能被形成之前。

6.4 由极大性原则决定的集合性质

我们在 6.1 节争论说成为特殊集合的元素的概念是外延限定的。成为特殊集合的子集的概念怎么样？这也是外延限定的吗？问题是下述是否是真的：

$$(ED-\subseteq)\quad \exists xx\Box\forall u(u\prec xx\leftrightarrow u\subseteq a)。$$

下述引理提供部分答案。

> **引理 6.4：** 考虑由 MPFO 与公理（Ext），（Def－∈）且（F）构成的 $\mathcal{L}_{P\in}^{\Diamond}$ 理论。这个理论证明：
>
> $$(STB^{+}-\subseteq)\quad u\subseteq a\rightarrow\Box(u\subseteq a)；$$
> $$(STB^{-}-\subseteq)\quad u\nsubseteq a\rightarrow\Box(u\nsubseteq a)。$$
>
> 然而，这个理论不证明下述的所有实例
>
> $$(INEXT-\subseteq)\quad \forall u(u\subseteq a\rightarrow\Box\theta)\rightarrow\Box\forall u(u\subseteq a\rightarrow\theta)。$$
>
> 且由此也非（ED－⊆）。

证明： 两个肯定声称得自引理 6.3 与公式 $u\subseteq a$ 且 $u\nsubseteq a$ 是有界的观察。否定声称通过构造简单的反模型而获得。考虑有两个对象 a 和 b 但没有集合包含这些对象的任意一个的世界。然后先引入 $\{a,b\}$ 且后引入 $\{a\}$。令 θ 表达 u 有两个元素。这产生（INEXT－⊆）的反例。根据引理 6.3，这也是（ED－⊆）的反例。∎

引理 6.4 提出是否（ED－⊆）应该被采用为公理的问题。（ED－

㈡我们的集合是由它们的元素构成的核心观念所支持的吗？答案依赖我们如何理解集合形成过程。考虑集合 a 和在后一个世界在场的某个子集 $b \subseteq a$。当 a 是被形成的，所有它的元素本来必定已经是有效的。所以更不用说 b 的所有元素本来必定是有效的。当 a 被形成时，我们有能力形成 b。但这个能力被使用过吗？根据极大性原则——它说的是我们经常形成我们能够形成的所有集合——答案是肯定，且因此（ED－$\subseteq$）成立。但如同我们已看到的，没有极大性，构造（ED－$\subseteq$）的反例是容易的。我们将区分两类理论，一类假设极大性原则，一类不把减号附加到不假设这个原则的每个理论的名称。下述定义总结的是我们对集合性质的讨论。

定义 6.5：令 NS 是把下述公理加到 MPFO 的 $\mathcal{L}_{P\in}^{\Diamond}$ 理论：（Ext），（Def－$\in$），（F）和（ED－$\subseteq$）。令 NS$^-$ 是像 NS 除了没有公理（ED－$\subseteq$）。

在 NS 中我们能证明引理 6.3 扩充到带有有界复数量词的公式。这对应于熟悉的有界二阶公式在特级传递结构中是绝对的集合论事实，也就是，在既是传递的也包含它们每个元素的每个子集作为元素。

7. 从条件集合存在性到范畴集合存在性

我们对集合性质的分析导致关于什么集合存在的各种条件性声称。但相当合理的是，它不产生关于集合存在性的任意范畴性声称。我们下一个任务是要研究范畴性集合存在性声称如何能被构建。

7.1　关于集合存在性的范畴性声称

我们从迭代概念找到线索，它告诉我们任意给定的对象能被用来形成集合。也就是，当某些对象在集合形成过程的某个阶段是可用的，存在包含正好有这些对象的集合作为它的元素的后一个阶段。这个原则根据我们的复数和模态资源承认非常自然的表达式，也就是作为声称必然地，给定任意对象，对它们形成集合是可能的；或者用符号表示为：

$$(C) \quad \Box\forall xx \Diamond \exists y \Box \forall u(u \in y \leftrightarrow u \prec xx)。$$

这将是我们的关于集合存在性的单独范畴性声称。事实上，(C)提供对康托尔的任意协调多重性形成集合原则的好解释。因为回顾多重性是协调的恰好假使它能被"完成的"，使得所有它的元素"一起存在"。根据我们在第4小节中所辩护的分析，复数性恰好有这个特性。所以如果这个分析是正确的，我们日常的复数性概念对应于康托尔的协调多重性概念。

7.2 外延限定、条件与集合

考虑朴素集合概括模式：

$$(\text{N-Comp}) \quad \exists x \forall u[u \in x \leftrightarrow \phi(u)]。$$

哪个实例是有效的？不足为奇，原则(C)证明是蕴涵广义康托尔主义答案。转换到我们的潜在论设置和轻微地一般化，刚刚提出的问题对应于下述模式的哪些实例是有效的问题：

$$(\text{N-Comp}^{\Diamond}) \quad \Diamond \exists x \Box \forall u[u \in x \leftrightarrow \phi(u)]。$$

我们对集合性质的分析提供部分答案。我们论证任意集合 x 是外延限定的，在由 x 的元素组成的对象必然由它的元素组成的意义上：

$$\exists yy \Box \forall u(u \in x \leftrightarrow u \prec xx)$$

由此推断，如果(N-Comp$^{\Diamond}$)对 $\phi(u)$ 成立，那么可能存在某些对象必然是 $\phi(u)$ 的外延：

357

$$\Diamond \exists yy \Box \forall u [u \prec yy \leftrightarrow \phi(u)].$$

因此我们对集合性质的分析蕴涵如果条件 $\phi(u)$ 定义集合——在（N-$Comp^{\Diamond}$）成立的意义上——那么对 $\phi(u)$ 成为外延限定的是可能的。逆命题怎么样？也就是，如同对条件成为外延限定的是可能的，在（N-$Comp^{\Diamond}$）成立的意义上这个条件定义集合吗？容易看到（**C**）不仅蕴涵这个逆条件句而且事实上是等价于它的。把这两个条件句放在一起，我们得到预期的对我们问题的回答：条件定义集合——在（N-$Comp^{\Diamond}$）对它成立的意义上——恰好假使对条件成为外延限定的是可能的。我们发现这个回答非常令人满意。它是集合性质成为外延限定的部分。所以条件对定义集合是内在适合的恰好假使对它成为外延限定的是可能的。

根据目前的描述，因此条件定义集合恰好假使它对如此做是内在适合的。关于某些条件无法定义集合的事实不存在任何神秘的或者令人惊讶的东西。如此的条件有使它们内在不适合定义集合的无穷尽特性。关于这个分析的两个评论就绪。首先，这个分析实质上恰好是康托尔的，除了谈论康托尔主义多重性被谈论它们的下定义条件所取代。协调性多重性对应于可能是外延限定的条件。不协调多重性对应于不能是外延限定的条件。事实上，如果条件 $\phi(u)$ 是稳定的，如同引理 4.2 告诉我们任意全模态化条件是稳定的，那么 $\phi(u)$ 不能是外延限定的容易被看作等价于它是不定可扩充的声称，在下述的意义上：

$$(\text{IE}{-}\phi) \quad \Box \forall xx \Diamond \exists u [\phi(u) \wedge u \nprec xx].$$

其次，注意到我们对哪些条件定义集合的描述实质上使用我们的模态路径是重要的。最初的问题无须任意的模态资源被轻易陈述，也就是作为哪些条件承认朴素集合概念（N-$Comp$）的问题。然而，由我们的康托尔分析提供的答案仅仅在由模态路径提供的更精细解决下是有效的。因为条件的可能成为外延限定的关键概念不是任意非模态公式的潜在论翻译，因此只在更丰富模态框架中是可表达的。当然，当我们采用这个更精细的解决，(N-Comp)必定由它的潜在论配对物(N-Comp$^\diamond$)所取代。简言之，哪些条件定义集合的非模态问题在模态框架内比在传统非模态框架内承认更有吸引力和自然的回答。而且康托尔自己完全意识到这一点，如同在他写给戴德金和希尔伯特的信中的模态词汇所揭露的。

8. 从康托尔原则和集合性质理论出发推导集合论公理

康托尔的原则(C)在我们恢复策梅洛—弗兰克尔集合论的许多熟悉公理中起着关键作用。确实，许多这些公理已从(C)和我们的集合性质理论中推理出来。我们从提供我们自己这些公理开始。

定义 8.1：策梅洛—弗兰克尔集合论或者 **ZF** 是 $\mathcal{L}_\in$ 理论，它的公理是外延性原则(Ext)，基础(F)，和下述集合存在性声称：

（空集）　$\exists x \forall u(u \notin x)$

（对集）　$\exists x \forall u(u \in x \leftrightarrow u = a \vee u = b)$

（并集）　$\exists x \forall u(u \in x \leftrightarrow \exists v(u \in v \wedge v \in a))$

（分离）　$\exists x \forall u(u \in x \leftrightarrow u \in a \wedge \phi(u))$

（幂集）　$\exists x \forall u(u \in x \leftrightarrow u \subseteq a)$

（无穷）　$\exists x(\varnothing \in x) \wedge \forall u(u \in x \rightarrow \{u\} \in x)$

（替换）　$\forall u \exists! v \psi(u, v) \rightarrow \forall x \exists y (\forall u \in x)(\exists v \in y)\psi(u, v)$

策梅洛集合论或者 **Z** 是没有替换公理的 **ZF**。我们把减号加到理论名称以指明移除幂集公理而得到的理论。

8.1　在基础模态集合论中证明的集合论公理

定理 8.2：

(a) NS+(C)证明 **Z-I**nf 的所有公理的潜在论翻译。

(b) NS$^-$ + (C)证明 **Z**$^-$-Inf 的所有公理的潜在论翻译。

(c) (a)和(b)中的每个非模态集合论在相应模态集合论中是可解释的。

证明： 首先观察下述条件是外延限定的：

(i) $u \neq u$

(ii) $u = a \vee u = b$

(iii) $\Diamond \exists x (u \in x \wedge x \in a)$

(iv) $u \in a \wedge \phi(u)$，这里 $\phi(u)$ 是稳定的

(v) $u \subseteq a$

至于(i)和(ii)，这是平凡的。(iii)和(iv)容易从属于关系的外延限定性推理出来。(v)得自(ED$-\subseteq$)。接下来我们观察到当(C)被应用到由这些条件所定义的复数性，我们获得空集、对集、并集、分离和幂集公理的潜在论翻译。对分离公理我们诉诸引理 5.3 以确保问题中公式的模态翻译的稳定性。现在关于可解释的声称直接得自(a)，(b)和定理 5.4。■

事实上，我们将看到幂集公理是仅有的证实需要(ED$-\subseteq$)且由此也需要极大性原则的 **ZF** 的公理。这个观察表明，明确的内容如何被附加到幂集公理是非常强的共情。

8.2 在全模态集合论中证明的集合论公理

为到达全 **ZF**，我们仍需要无穷公理和替换公理。我们将看到这些公理的潜在论者翻译如何能被推出，当某些进一步的可行假设被加到我们的模态集合论。如同在定理 8.2 中，这将构建日常 **ZF** 的更大片段在模态集合论的各种系统中是可解释的。一个自然的进一步假设在于外延限定性是尺寸的事情。考虑两个 1—位条件 ϕ 和 ψ。如果 ϕ 是外延限定的且每个 ϕ 是与唯一的 ψ 有关的，那么 ψ 也是外延限定

360

的。这激发外延限定性概念的替换原则。令 FUNC($\psi^\diamond(u,v)$)是对 $\psi^\diamond(u,v)$ 是函数的声称的下述形式化的缩写：

$$\Box\forall u\diamond\exists v\Box\forall v'(\psi^\diamond(u,v')\leftrightarrow v=v')。$$

那么我们有

（ED－Repl）　FUNC($\psi^\diamond(u,v)$)→$\Box\forall xx\diamond\exists yy(\forall u<$ $xx)(v<yy)\psi^\diamond(u,v')$。

定理 8.3：NS$^-$＋(C)＋(ED－Repl)蕴涵替换公理的潜在论翻译。

证明：假设 FUNC($\psi^\diamond(u,v)$)且考虑集合 x。根据引理 6.3，需要表明可能存在集合 y 使得($\forall u\in x)(v\in y)\psi^\diamond(u,v)$。令 xx 是 x 的元素且应用(ED－Repl)以推导$\diamond\exists yy(\forall u<xx)(\exists v<yy)\psi^\diamond(u,$ $v)$。根据**(C)**我们知道 yy 可能形成集合 y：$\diamond\exists y\forall u(u\in y\leftrightarrow u<yy)$。由此推断$\diamond\exists y(u\in x)(\exists v\in y)\psi^\diamond(u,v)$，如愿以偿。∎

另一条自然的原则说的是关于集合潜在层次的真性是被反射在关于个体可能世界的真性。这对应于下述反射原则：

（$\diamond$－Refl）　$\phi^\diamond$→$\diamond\phi$。

这是显示公式闭包的缩写。这个原则最好被理解为陈述，由集合潜在层次提供的"模型"中的声称的真性，确保这个声称是可能的。对声称 ϕ 在此"模型"中为真就是对 ϕ 为真，当所有它的量词都被理解为管辖所有可能的集合，包括尚未被形成的那些集合。但对 ϕ 成为真当以此方式被理解仅仅是对它的潜在论翻译 $\phi^\diamond$ 成为真的。因此这个原则说的是 $\phi^\diamond$ 的真性确保 ϕ 的可能性。关于反射原则($\diamond$－Refl)的三个评论现在就绪。首先，这个原则不是具体关于集合的，而是更一般地关

361

于形成数学对象的过程。该原则说的是我们应该把在潜在层级中被实现的任意情形认作真正可能的。因此($\Diamond-Refl$)补充在第 3 小节中被描述的模态原则。这里这些原则描绘可能世界空间的结构,($\Diamond-Refl$)说的是关于它的范围的某物。其次,人们常常声称反射原则有自顶向下的特性,从把集合层级看作潜在的视角看位置不佳。确实,反射原则的通常形式

$$\phi \to \exists \alpha \phi^{V_\alpha}$$

建议整个层级必须是可用的,以便 ϕ 成为被估值的且被反射下至恰当的初始段 V_α。表述($\Diamond-Refl$)表明这个印象是不正确的且阐明反射原则如何能共享更"自底向上"动机。最后,关于($\Diamond-Refl$)有一种严重的担忧。当我们把这个原则应用到(C)且完成假言推理,我们得到声称,即可能每个复数性形成一个集合:

$$\Diamond \forall xx \exists y \forall u (u \in y \leftrightarrow u \prec xx)。$$

但这里被声称成为可能的东西事实上是不协调的,如同,相对于所有非自我属于集的复数性,通过实例化量词 $\forall xx$,且复制罗素悖论的推理所看到的那样。幸运的是,我们对($\Diamond-Refl$)提供的动机允许我们解释哪里出了问题。这个动机在于在潜在集合层级中被实现的每个可能性也应该在某个可能世界被实现。但当 ϕ 包含复数变元,由 $\phi^\Diamond$ 所见证的可能性能被看作并非相当对应于由 ϕ 所描述的可能性。在集合的潜在层级中每个复数性对应一个集合,如同由(C)确保的。所以在这个层级中存在复数性和集合间的 1-1 对应。因此由 $\phi^\Diamond$ 所见证的可能性是在其任意复数量词正好管辖如此复数性以形成集合的可能性。

相比之下,由 ϕ 所描述的可能性是在其任意复数量词管辖所有复数性的可能性,而不管是否它们形成集合。因此,当 ϕ 包含复数变元,由 $\phi^\Diamond$ 所见证的可能性是重要地不同于由 ϕ 所描述的可能性。我们如何能避免这种不匹配且忠诚于为反射原则所提供的动机? 最简单的

选项是把反射原则(◇－Refl)限制到单数公式 φ,对其这种不匹配没有出现。然而人们可能担心这种限制太生硬且无法充分捕获已提到的动机。幸运的是,这种担忧是由我们的下一个引理所减轻的,它表明对其我们可能希望把反射原则应用到的每个可能性 φ^◇ 承认等价单数描绘。因此预期的反射实例是由(◇－Refl)充分捕获的,当该原则受到已提到的限制。所以我们将恰好完成这个。

引理 8.4:令 φ 是 $\mathcal{L}_{P\in}^{◇}$ 的全模态化语句。令 φ′ 是用单数变元 x_i,假设不在 φ′ 中出现,取代 φ 的每个复数变元 uu_i 且用"∈"的出现取代"≺"的每个出现的结果。那么 NS⁻＋(C)证明 φ↔φ′。

证明:我们证明更一般的声称这里 φ 可能包含自由变元。假设 φ 中的自由复数变元是 $uu_1, \cdots, uu_n$。那么我们声称已提到的理论证明

$$x_1 = \{uu_1\} \wedge \cdots \wedge x_n = \{uu_n\} \rightarrow (φ↔φ′)$$

这里 $x = \{uu\}$ 缩写的是 $\forall v(v \in x ↔ v ≺ uu)$。这个声称通过在 φ 中模态化量词数量上的归纳容易被构建。∎

有了现在在位的对反射原则的充足表述,道路对预期定理是开放的。

定理 8.5:NS⁻＋(C)＋(◇－Refl)证明无穷公理的潜在论翻译。

证明:根据定理 8.2,NS⁻＋(C)证明◇∃($x = \varnothing$)且□∀u◇∃v(v = {u})。把(◇－Refl)应用到这两个公式的合取产生:

(1) ◇(∃($x = \varnothing$) ∧ ∀u∃v(v = {u}))。

S4 中常规的技巧允许我们把对 $p \to \Diamond q$ 的证明转化为对 $\Diamond p \to \Diamond q$ 的证明。为了证明 $(1) \to \mathrm{In}finity^{\Diamond}$，我们可能忽视(1)的初始模态算子。所以假设 $\Diamond(\exists(x=\varnothing) \wedge \forall u \exists v(v=\{u\}))$。把(P-Comp)应用到重言式以得到复数性 xx，也就是在相关世界所有对象的复数性，使得

$$(2) \quad \varnothing \prec xx \wedge \forall u(u \prec xx \to \{u\} \prec xx)。$$

事实上，这容易被加强到(2)。接下来，根据(C)对 xx 形成集合是可能的：

$$(3) \quad \Diamond \exists x \Box \forall u(u \in x \leftrightarrow u \prec xx)。$$

现在我们观察 $\Box \forall u(u \in x \leftrightarrow u \prec xx$，且 $\Box$ (2)蕴涵 $\varnothing \in x \wedge \forall u(u \in x \to \{u\} \in x)$。这使它直接从(3)达到 $\mathrm{Inf}^{\Diamond}$：

$$\Diamond \exists x[\varnothing \in x \wedge \Box \forall u(u \in x \to \{u\} \in x)]$$

这结束我们的证明。∎

8.3　在非模态集合论中解释模态集合论

我们最后的定理与反向解释有关，因此为我们的模态集合论构建相对的协调性结果。

定义 8.6：令 MS 是基于 NS，（C），（ED－Repl）和（$\Diamond$－Refl）上的模态理论。

定理 8.7：模态集合论 MS 在非模态理论 **ZF** 中是可解释的，且因此是协调的，倘若 **ZF** 是协调的。

证明：我们通过提供从 $\mathcal{L}^{\Diamond}_{\mathrm{P}\in}$ 到 $\mathcal{L}_{\in}$ 的翻译 $\phi \mapsto [\phi]^{V_0}$ 的递归定义而

开始。翻译是在原子公式上是平凡的,与真值函项交换,且不然是下述:

(4) $[u \prec xx]^{V_\alpha} = u \in xx$

(5) $[\forall x \phi]^{V_\alpha} = (\forall x \in V_\alpha)[\phi]^{V_\alpha}$

(6) $[\forall xx \phi]^{V_\alpha} = (\forall xx \in V_{\alpha+1})[\phi]^{V_\alpha}$

(7) $[\Box \phi]^{V_\alpha} = (\forall \beta \geq \alpha)[\phi]^{V_\beta}$。

这里(4)和(6)右手边"xx"的出现被理解为以不寻常方式写下的日常单数变元的出现。现在我们需要证实 MS 的所有公理被映射到非模态理论的定理且逻辑关系保持不变。S4.2 的公理,也就是,$\Box(\phi \rightarrow \psi) \rightarrow (\Box \phi \rightarrow \Box \psi)$,$\Box \phi \rightarrow \phi$,$\Box \phi \rightarrow \Box \Box \phi$,$\Diamond \Box \phi \rightarrow \Box \Diamond \phi$,容易被看作映射到一阶逻辑的真性。接下来我们考虑复数逻辑的公理。(P-Comp)的实例翻译为下述形式的公式:

$$(\forall \alpha)(\exists xx \in V_{\alpha+1})(\forall u \in V_\alpha)(u \in xx \leftrightarrow [\phi]^{V_\alpha},$$

这容易被看作 **Z**-Inf 的定义。公理(STB$^+$ $-\prec$),(STB$^-$ $-\prec$)和(INEXT$-\prec$)容易被看作映射到 **Z**-Inf。NS 的公理——也就是,(Ext),(ED$-\subseteq$),基础和(INEXT$-\subseteq$)——容易被看作映射到 **Z**-Inf 的定理。另外,(C)被映射到下述定理:

$$(\forall \alpha)(\forall xx \in V_{\alpha+1})(\exists \beta \geq \alpha)(\exists y \in$$
$$V_\beta)(\gamma \geq \beta)(\forall u \in V_\gamma)(u \in y \leftrightarrow u \in xx)$$

紧接着,(ED$-$Repl)容易被看作翻译到日常替换模式。最后(◇$-$Refl)的必然化的翻译容易被看作

$$(\forall \alpha)(\exists \beta \geq \alpha)(\phi \rightarrow [\phi]^{V_\beta})。$$

当 ϕ 是非模态的且纯粹单数的,不难看到这能被简化到:

$$(Refl) \quad (\forall \alpha)(\exists \beta \geq \alpha)(\phi \rightarrow \phi^{V_\beta}),$$

这里 ϕ^{V_β} 恰好是 ϕ 到 V_β 的相对化。但这恰好是日常非模态反射原则,它作为 ZF 的定理模式为人们所知。仍需要证明的是,由模态理论推理规则所许可的每一步被映射到由非模态理论所许可的一步。在量词引入和消除规则的情况下,这是直接但繁琐的证实。仅有的其他规则是来自 S4.2 的必然规则:如果 $\vdash \phi$,那么 $\vdash \Box\phi$。这个规则的非模态翻译说的是,如果我们能证明 $[\phi]^{V_0}$,那么我们能证明 $\forall \alpha[\phi]^{V_\alpha}$。我们通过证明上的归纳构建这个声称:所有公理都有这个性质,且所有推理规则保持不变。∎

9. 对四个模态集合论的比较

在我们看来迄今为止对集合的潜在层级的最重要研究是帕森斯(1983)。尤其,帕森斯证明定理 8.2, 8.5 和 8.7 的版本。然而,在帕森斯的路径和我们的路径间存在着重要的区分。首先,帕森斯使用从非模态集合论语言到模态集合论论语言的不同翻译,相应地对两个理论间的关系有不同的看法。他的翻译是从直觉主义逻辑到 S4 的标准翻译版本,反之我们的翻译是基于下述观念,即在集合论中量词 $\forall$ 和 $\exists$ 与隐性模态特性一起使用,而且因此应该被分别翻译为 $\Box\forall$ 和 $\Diamond\exists$。我们的翻译是技术上更简单的,且哲学上更自然的。其次,在我们使用复数逻辑的地方,帕森斯使用二阶逻辑。我们选择复数逻辑使(C)和掌控高阶变元的原则的更好动机成为可能。再次,在我们使用反射原则($\Diamond$—$Refl$)的地方,帕森斯使用下述原则:

$$(8) \quad \Box\forall u \forall v(\psi(u, v) \rightarrow \Box\psi(u, v)) \wedge \Box\forall u \Diamond \exists v \psi(u, v) \rightarrow$$
$$\Diamond \forall u \exists v \psi(u, v)。$$

如同他解释的,这个原则能被看作把潜无穷转化为完成无穷的工具。

366

我们相信为($\diamond-\text{Re}fl$)提供的动机比帕森斯为(8)提供的动机更好。尤其,帕森斯没提供对为什么高阶变元必须从(8)中禁止的描述,反之($\diamond-\text{Re}fl$)上的相应限制是我们描述的自然结果。早前另一个重要的研究是法恩(1981),它发展基于模态逻辑 S5 的模态集合论,且因此它与帕森斯的和我们自己选择的模态逻辑 S4.2 形成对比。然而,这种区分不是实质的一个,而仅仅反思要尝试以哪一方为模型。法恩对形而上学模态性感兴趣,根据模态算子的这种解释,模态逻辑 S5 是相当自然的。同样适用于他的原则即必然地如果集合元素存在,那么集合自身也存在。由于这个原则蕴涵所有纯粹集必然存在,那么就形而上学模态性而言,不存在关于集合层级潜在的任何事物。

相比之下,帕森斯和我们寻求以一种意义为模,即每个个体集合的存在性相对于它的元素的存在性是潜在的,且结果集合层级自身是固有潜在的。尽管进一步的工作无疑需要澄清包含在这些思想中的模态性种类,我们非常清楚的是相关的模态性不是形而上学模态性。观察到有趣的是模态集合论的某些原则在已提到的两种解释上有效。尤其,法恩对集合性质的分析实质上与帕森斯的以及我们的是相同的。法恩也支持囊括在我们的公理($\text{E}xt$)和($\text{ED}-\in$)中的跨世界外延性原则。新近的可选择方案是斯塔德(2013)的双模态理论,它补充当前工作的"向前看"模态算子以类似的配对"向后看"算子。在表达力上导致的收获使通向基础公理还有所有复数资源消除的更好路径成为可能。人们付出的代价是基础模态逻辑复杂化和危险的强的表达力,如同它能被看作与通过直接量词管辖世界所提供的表达力那样。

第二节　集合概念不定可扩充性的语言模型

在复数逻辑下,集合的不定可扩充性说的是不管某些集合是什么,存在并非它们中一个的更多集合。我们把集合的不定可扩充性设想为集合论宇宙潜在特性的副产品。由此集合的不定可扩充性说的是不管某些集合是什么，它们能形成一个集合。然而模态版本的集合不定可扩充性与复数概括的某些模态版本是不协调的。这指出与当前不定可扩充性模型相关联的重大代价：复数逻辑不能为我们提供诸如莫斯-凯利集合论的类理论的复数解释。出于类似的原因，复数逻辑也不能为我们提供复数集合论的一般模型。我们的目标是探索不定可扩充性的可替换模型，它把不定可扩充性设想为集合论词汇的特征而非假设集合论词汇表达的概念。先前的不定可扩充性描述假设集合论词汇以表达集合论概念，这些概念自身是不定可扩充的。现在我们通过不同话语者取集合论词汇的不同用法以表达不同的集合论概念，而且它属于综合语言层级中的不同元素。不定可扩充性的这个模型要归功于威廉姆森（Timothy Williamson）。

我们把不定可扩充性的语言模型与由哥德尔描述的集合概念结合起来。在哥德尔的集合概念中隐含的是不存在"……的集合"运算迭代的终点。在当前框架下，这相当于再解释累积过程是不定可扩充的。然而，在当前的不定可扩充性描述中，我们感兴趣的不仅在于，根据集合论词典的一种或者另一种解释，不管什么为真的东西，而且在于根据不管我们如何再解释原始词汇，余下的为真的东西。这实际上建议的是不定可扩充性的模态表述。如果我们用模态算子补充语言，目标在于表达包含在再解释累积过程的可解释模态性，那么我们可以给出集合论词汇的不定可扩充性的模态表述。我们已经描述过扩张语言集合论词汇的再解释过程，而且我们已经建议仅仅可解释模态性的不定可扩充性的模态表述。现在我们能够刻画对可解释模态性适当的模态逻辑。最后我们来总结语言模型的两个优势：首先在于我们把模态性当作可解释的；其次在于我们能够搞清楚复数概括模态版本的意义，进而根据复数量词搞清楚真类的意义。

1. 复数版本与模态版本的集合不定可扩充性

达米特著名的争论说集合论矛盾的一个准则在于集合概念是不

定可扩充的。对达米特来说,粗略地讲,概念是不定可扩充的,当给定实例的限定总体性,通过指向它们,我们有资格描绘超过初始对象总体性的概念的进一步实例。这个对不定可扩充性的广泛描绘不意味着一个定义,当理所当然我们理解定域成为限定的到底是什么,但它是非常暗示性的。考虑集合概念的情况。给定集合的限定总体性,我们有资格描绘不在给定总体性中的进一步集合。我们通过考虑总体性中的非自我属于的集合集完成这个。假设来自罗素悖论的论证告诉我们这个集合不能处在初始总体性,否则会出现矛盾。当然你可能倾向于回应说罗素悖论的真正准则在于我们不能形成所有先行给定的非自我属于的集合集,但这只是延缓问题而已。

缺乏某个独立的理由怀疑我们能把总体性中的非自我属于集合收进一个集合,来声称不存在如此的集合仅仅是"挥舞大棒",而不是提供一个解释。由于这节的目标不是注释性的,我们建议用复数话语取代达米特的总体性话语,而且我们假设不管某些对象可能是什么,它们构成"限定总体性"。当我们免除"限定总体性"而支持复数话语,集合概念的不定可扩充性变为下述论题,即不管某些集合可能是什么,通过指向它们,我们有资格描绘并非它们中的一个的进一步的集合。我们通过考虑并非自身元素的先行给定的集合集完成这个。现在我们可能倾向把下述当作罗素悖论的一个推论,即这个非自我属于的集合集不是先行给定集合的一个,否则会出现矛盾。

我们在二类一阶语言中工作,在其中我们用诸如 xx 和 yy 这样的复数量词补充通常诸如 x 和 y 这样的个体变元。这些复数变元都是由复数量词约束的,照例 $\exists xx$ 被读作"存在某些对象 xx",且 $\forall xx$ 被读作"不管某些对象 xx 是什么……",当复数量词 $\exists xx$ 常常被注解为"存在一个或者多个对象 xx",依赖在其上为真的更宽泛解释,例如,某些对象全部且仅仅是非自我属于对象,对目前目标而言是重要的。换句话说,我们把 $\exists xx$ 读作"存在零个或者更多对象 xx"。复数量词仍由一阶量词标准推理规则所掌控。标准复数语言包括一对多

谓词 $x \prec yy$，它被读作" x 是 yy 中的一个"。我们取包含原始集合论谓词的语言，$x \equiv yy$，读作" x 是 xx 的一个集合"。有这个谓词在场，我们可以定义更熟悉的集合论谓词如下：

$$x \in y \text{ 缩写的是 } \exists xx(y \equiv xx \wedge x \prec xx);$$
$$S(x) \text{ 缩写的是 } \exists xxx \equiv xx。$$

复数量词化理论至少由两个模式原则所掌控。我们取在公式 $\varphi(x)$ 中自由出现的 x，其在第一个模式中不包含变元 yy 的自由出现：

概括原则：$\exists yy \forall x(x \prec yy \leftrightarrow \varphi(x))$，

外延原则：$\forall xx \forall yy \forall x(x \prec xx \leftrightarrow x \prec yy) \rightarrow (\varphi(xx) \leftrightarrow \varphi(yy))$。

复数概括的公理模式告诉我们给定条件 $\varphi(x)$，某些对象是所有且仅有的满足这个条件的对象。外延性公理模式陈述的是，不管什么，对某些对象是真的，那么对恰好有相同元素的任意对象就是真的。在这个框架内，我们可以初始地把集合概念的不定可扩充性重述为下述论题：

$$\text{IES：} \forall xx(\forall x(x \prec xx \rightarrow S(x)) \rightarrow \exists y(S(y) \wedge y \nprec xx))。$$

不管某些集合可能是什么，存在并非它们中的一个的更多集合。注意据此解释，集合概念的不定可扩充性与（概括）的简单实例是不协调的：

$$(1) \quad \exists xx \forall x(x \prec xx \leftrightarrow S(x))。$$

但如何能不存在所有且仅有的对象都是集合的对象呢？亚布隆（Ste-

370

phen Yablo，2002）唤起对这个选项作为集合论矛盾活答案的注意。浮现的观点是，矛盾出在复数概括原则身上。悖论的准则在于某些条件无法决定某些对象作为满足条件的所有的且仅有的对象。例如，没有理由认为存在某些所有且仅有都是非自我属于集合的集合。确实，罗素悖论意思相反的重要理由。但没有如此的保证，我们本来不应该期望朴素概括的实例起初为真。对罗素悖论的这个回应如何是可行的？不仅要作出（概括）无效的高代价，而且注意不定可扩充性的模型仍是不完全的，除非它被补充以对复数概括的真和非真实例间差异的某个描述。否则，声称某些条件无法决定某些对象为所有且仅有的满足条件的对象并不好过"挥舞大棒"而不提供解释。当我们把集合概念的不定可扩充性设想为集合论宇宙潜在特性的副产品，我们会做得更好。由于集合存在性相对于它的元素的存在性仅仅是相对的，我们应该再框定不定可扩充性作为不管某些集合可能是什么，它们能形成一个集合的论题：

$$IE^{\Diamond}S：\forall xx(\forall x(x \prec xx \to S(x)) \to \exists y(S(y) \land y \not\prec xx))。$$

这与由林内波（2010，2013）和赫尔曼（2011），也许还有斯塔德（2013）所辩护的提议是非常一致的。至少在林内波（2010，2013）的情况下，相关的模态性不是形而上学的，宁可不管模态性是什么被包含在集合存在性相对于它的元素存在性是潜在的论题。模态性的这种细粒解释，常常被当作原始的，有时被当作承担迭代概念中集合形成的比喻。根据这种宽广的图景，声称 p 是可能的——对象域特定阶段——是要声称 p 在集合形成的累积过程的随后阶段是真的；同样地，p 是相对于阶段必然的当且仅当 p 在累积层级中的每个随后阶段是真的。

由不定可扩充性的模态版本所表达的思想对目前的目标是足够清楚的：不管某些集合可以在累积层级的给定阶段被形成；它们能在

集合形成累积过程中的后面阶段形成一个集合。不管集合形成过程中的什么阶段，对它决不存在一个终点；过程中的随后阶段将包含在早前阶段不可用的集合。集合不定可扩充性的模态系统化为下述思想辩护，即累积层级有说明集合论宇宙开放式性质的固有潜在特性。不定可扩充性的模态表述与（概括）是协调的。在此语境中，上述(1)的意义在于在每个阶段内部，存在某些在相关阶段被形成的所有且仅有集合的集合。不过，$IE^{\diamond}-S$ 仍然与复数概括的某些模态版本是不协调的。考虑例如：

$$(2)\ \diamond\exists xx\square\forall x(x\prec xx\leftrightarrow S(x))。$$

根据模态性的预期解释，(2)告诉我们某些阶段包含在累积层级的每个阶段被形成的所有集合，它会要求集合形成累积过程的终点。注意复数概念模态版本的无效扩充到由不在与众不同的集合论词汇的帮助下被表述的条件生成的实例：

$$(3)\ \diamond\exists xx\square\forall x(x\prec xx\leftrightarrow x=x)。$$

这指向与不定可扩充性目前模型相联系的重大成本：复数量词化不能被用来提供诸如莫尔斯—凯利集合论这样的类理论的复数解释。例如，如此的解释会需要我们使所有集合的真类变得有意义，不管用复数术语它们可以被定位在累积层级中的哪个位置，这会反过来要求(2)成为真的。处于类似的原因，复数量词化不能被用来提供复数集合论的完全一般模型论。如通过上述提到的，其他重大的代价与依赖集合的本体论概念作为相对于它的元素仅仅潜在的有关。集合论实践的解释对如此的集合概念不是清楚的，且在人们必须依赖对集合与它的元素具有的关系的原始理解的程度上，这种依赖给我们以作为模型另一个代价的印象。

372

2. 威廉姆森的语言学模型与哥德尔的集合概念的结合

我们的目标是要探索不定可扩充性的选择性模型，它把不定可扩充性设想为集合论词汇的特征而不是假设要表达的概念。不定可扩充性的早前描述默默假设集合论词汇，以意义明确地表达一连串的集合论概念，它们自身是不定可扩充的。反之，现在我们通过不同言语者取集合论词汇的不同用法，以表达不同的集合论概念且甚至让它们属于越来越综合语言层级中的不同元素。不定可扩充性的这个模型在威廉姆森（1998）中有先例。在主要关注语义悖论和诸如"说"，"真"和"假"这样的语义谓词的不定可扩充性的论文中，威廉姆森根据集合论词汇的关联重释概述对集合这个谓词的不定可扩充性的重构：

> 因为给定任意合理的从意义到语词"集合"的指派，我们能指派它更包含性的意义，当感觉到我们以相同方式继续进行，而且在集合的迭代描述中做出对语词的相关改变，以保持它也是不变的。这个不协调性不在我们指派迭代描述的任意意义中；正是在尝试结合所有不同意义的过程中，我们能合理地把它指派到单个特级意义（威廉姆森，1998，第20页）。

我们愿意结合不定可扩充性的这个语义学模型与例如由哥德尔所描述的特定共同集合概念：

> 然而，集合概念，据其一个集合是从整数或者某些其他良定义对象根据迭代使用运算"……的集合"可获得的任意事物，且不是通过把所有现存事物的总体性划分为两个范畴而获得的某个事物，决不导致不管什么的任意矛盾；也就是，用这个集合概念的完全"朴素"和非批判工作到目前为止已证明自我协调性（哥德尔，1947，第180页）。

我们使用"……的集合"运算以便把先行给定的定域扩大到更概括性定域,它不仅包含它们,而且包含我们已能够从它们形成的不管什么集合。后面我们迭代这个运算。在下文中,我们瞄准根据原始集合论词汇的再解释的累积过程再框定哥德尔程序。首先,我们引入新原始谓词 α 以应用到所有且仅有的对收进集合可用的对象。语言的原始词汇将包括 α,它被读作"对收集可用",和 $\equiv$,它被读作"是……的集合"。这两个原始谓词是由收集和外延原则所掌控的:

收集原则:$\forall xx(\forall x(x \prec xx \to \alpha(x)) \to \exists xx \equiv xx)$,
外延原则:$\forall xx \forall yy \forall x \forall y(x \equiv xx \wedge y \equiv yy \leftrightarrow (x = y \leftrightarrow \forall z(z \prec xx \leftrightarrow z \prec yy)))$。

收集原则告诉我们不管某些对象可能是什么,如果它们对收集是可用的,那么它们已被收进一个集合。外延原则告诉我们不管某些对象可能是什么,它们中至多存在一个集合。现在我们可以把由哥德尔所描述的程序再框定为集合论词汇再解释的累积过程。在初始阶段,比如,我们可以解释 α 以应用到整数定域。随后我们可以根据整数定域的"……的集合"运算解释 $\equiv$。$\equiv$ 的初始解释把整数集联系到它的元素。在再解释的下一个阶段,我们取 α 以应用到扩大的整数定域和由此而来的集合。α 的这个再解释根据扩大定域上的"……的集合"运算迫使 $\equiv$ 的再解释:$\equiv$ 现在将把整数集联系到它们的元素,把整数和整数集的集合联系到它们的元素,且最后,把整数集合集联系到它们的元素。没有在再解释累积过程的点上我们发现自己有资格解释 α 以应用到存在的所有集合。确实,收集原则和外延原则与所有集合对收集都是可用的论题是不协调的:

可用性:$\forall x(\mathrm{S}(x) \to \alpha(x))$。

不难发现矛盾。概括原则的实例允许我们考虑某些集合 rr，它们全是且仅是非自我属于集合：

$$(4) \quad \forall x(x \prec rr \leftrightarrow (S(x) \land x \notin x))。$$

由于所有集合，根据可用性，对收集是可用的，我们推断

$$(5) \quad \forall x(x \prec rr \rightarrow \alpha(x))。$$

根据收集原则，它们被收进一个集合：

$$(6) \quad \exists x \, x \equiv rr。$$

令 r 是 rr 的集合，$r \equiv rr$。根据 $\in$ 的定义，外延原则给我们

$$(7) \quad r \in r \leftrightarrow (S(r) \land r \notin r)。$$

但我们当然知道 $S(r)$，由此

$$(8) \quad r \in r \leftrightarrow r \notin r。$$

但这不是关注的理由。在哥德尔的集合概念中不存在任何事物可以被用来激发所有集合都是对收集可用的思想。隐含在哥德尔的集合概念中的东西在于对"……的集合"运算的迭代不存在终点。在当前框架内，这相当于再解释累积过程是不定可扩充的声称：不管我们如何解释原始集合论谓词，α^+ 和 $\equiv^+$，在其上 α^+ 被用来扩充 α 以包括根据 α 不管什么对象都是可用的集合；$\equiv^+$ 会同样扩充 $\equiv$ 因为它会被解释根据对收集可用的扩充对象定域上的"……的集合"运算。然而，注

意在当前对不定可扩充性的描述中,我们感兴趣的不仅在于,根据集合论词典的一个或者另一种解释,不管什么为真的东西,而且在于根据不管我们如何再解释原始词汇,余下的为真的东西。这建议不定可扩充性的模态表述。

2.1 不定可扩充性的模态表述

如果我们补充语言以模态算子◇,瞄准表达包含在再解释累积过程中的可解释性模态性,我们可以给出集合论词汇的不定可扩充性的模态基础:

> 收集原则:$\forall xx(\forall x(x \prec xx \rightarrow \alpha(x)) \rightarrow \exists xx \equiv xx)$,
>
> 外延原则:$\forall xx \forall yy \forall x \forall y(x \equiv xx \wedge y \equiv yy \leftrightarrow (x = y \leftrightarrow \forall z(z \prec xx \leftrightarrow z \prec yy)))$,
>
> 可能可用性原则 $\text{Av}l^{\diamond}$:$\forall x(\text{S}(x) \rightarrow \diamond\alpha(x))$。

这些公理表达出不管我们如何解释原始谓词"对收集可用"和"……的集合",我们发现自己有资格指派给它们更概括的解释的思想,它保持不管某些可用对象是什么,存在它们的一个集合的思想不变。尤其,$\text{Av}l^{\diamond}$告诉我们不管集合 x 可能是什么,存在在其上 $\alpha(x)$ 是真的谓词 α 的再解释。两个澄清性评论是就绪的。首先,注意这些公理凭自身不告诉我们在集合论词汇的再解释的累积过程中我们应该继续进行多远。它们会需要被补充以便确保,例如,我们到达超限阶段。同样地,它们会需要被补充以便加强集合是在再解释的良基过程中形成的。

然而,目前我们将聚焦目前三个公理是否形成内在连贯集合概念的核心的问题,在其上我们把与集合论宇宙相联系的不定可扩充性设想为集合论词汇的特征。其次,注意不像林内波(2010)和赫尔曼(2011),我们仅仅把模态性当作解释性的:◇是语句算子,它与公式 φ 相结合以产生另一个语句,$\diamond\varphi$,这相对于把值指派到变元是真的,当且

仅当在 φ 中存在原始集合论词汇的某个再解释,在其上 φ 相对于把值指派到变元结果是真的。因此 $\Diamond\varphi$ 告诉我们 φ 在所有的随后再解释中是真的而 $\Box\varphi$ 告诉我们 φ 在所有随后的再解释上仍然为真。词汇的依次解释意图是对应由本元集 U 所生成的累积层级的连续阶段:

$$U_0 = U,$$
$$U_{\alpha+1} = U \bigcup \mathcal{P}(U_\alpha),$$
$$U_\lambda = \bigcup_{\alpha < \lambda} U_\alpha \text{ 对极限序数 } \lambda。$$

累积层级引起原始谓词 α 的连续可容许解释的累积层级:

$$\alpha_0 = U,$$
$$\alpha_{\alpha+1} = U \bigcup \mathcal{P}(U_\alpha),$$
$$\alpha_\lambda = \bigcup_{\alpha < \lambda} U_\alpha \text{ 对极限序数 } \lambda。$$

α 的可容许解释转而与 $\equiv$ 的可容许解释联系起来,由此一个谓词外延中的对象根据收集原则被收进另一个谓词外延中的集合。这些解释引起每个被定义谓词 S 和 $\in$ 的可容许解释。尤其,我们来到 S 和 $\in$ 的解释的下述累积层级:

$$S_0 = \mathcal{P}(U),$$
$$S_{\alpha+1} = S_\alpha \bigcup \mathcal{P}(S_\alpha),$$
$$S_\lambda = \bigcup_{\alpha < \lambda} S_\alpha \bigcup \mathcal{P}(\bigcup_{\alpha < \lambda} S_\alpha) \text{ 对极限序数 } \lambda。$$

同样地,α 和 $\equiv$ 的连续解释导致谓词 $\in$ 的再解释:

$$\in_\alpha = \in \bigcap \langle U_\alpha, S_\alpha \rangle。$$

有人本来注意到一个删除。我们不提供 $\equiv$ 的可容许解释的明确规定,它会形成一对多关系的累积层级。但当我们在元语言中有单数和复数变元，我们没有会允许我们管辖恰当种类的一对多关系的变元。不论怎样，我们仍能凭借 $\in_a$ 编码 $\equiv_a$，它自身是一个二元关系。因为毕竟，

$$\forall xx \forall x(x\equiv_a xx \leftrightarrow \forall x(y\in_a x \leftrightarrow y\prec xx)).$$

纯粹集合的累积层级对应于集合论词汇再解释的累积层级，在其 $U=\varnothing$ 且在解释的第一个阶段不存在可用的对象。

2.2 适合可解释模态性的模态逻辑

我们已经描述扩张语言集合论词汇的再解释过程，而且我们已经建议在其模态性仅仅是解释性的集合的不定可扩充性的模态表述。现在我们有资格概述对我们关注的可解释模态性恰当的模态逻辑。模态性的预期解释涉及所有对象定域上的集合论词汇的再解释。因此我们对常项定域模型论感兴趣，在其"世界"是原始集合论词汇 ℓ_a 的解释的形式配对物，由有序对 $\langle U_a, \equiv_a \rangle$ 给定。我们可以把复数集合论语言的模态扩充常项定域模型认作由有序四元组 $\langle W, D, \leq, I \rangle$ 给定，这里照例 I 规定每个世界非逻辑词汇的解释，W 是"可能世界"集，且 D 是在其上单数和复数量词被假设管辖的量词化定域。

我们当然知道 D 必定是一个集合且不能包含所有对象，否则会出现矛盾。人们仍然可以把上述描述的累积层级的每个阶段认作恰当种类的常项定域模型的定域，在其每个"世界"对应于再解释过程中的阶段。可达性关系 $\leq$ 是解释 ℓ_a 具有的与解释 ℓ_β 的关系每当 ℓ_β 扩充 ℓ_a；也就是，$U_a \subseteq U_\beta$ 和 $\equiv_a \subseteq \equiv_\beta$。因此 $\leq$ 是世界集的偏序：自反的，反对称的和传递的，它建议恰当的模态逻辑应该扩充 S4，这是配备有下述模态公理的最小正规模态逻辑：

公理 T: $\varphi \to \Diamond\varphi$，

公理 4: $\Diamond\Diamond\varphi \to \Diamond\varphi$。

此外,假设≤为有向的是合理的:不管两个解释可能是什么,存在扩充它们两者的更概括性解释。至少在这方面,这个框架是类似于在斯塔德(2012)和林内波(2013)文章中所概述的那个框架。这使得≤至少是由 S4.2 的公理所掌控的有向偏序,其是凭借下述公理扩充 S4 的正规逻辑

$$G:\diamond\Box\varphi\rightarrow\Box\diamond\varphi。$$

由于在常项定域模型论中工作,我们感兴趣的模型范围将使巴肯的单数和复数表述 BF 和逆巴肯公式 CBF 生效:

$$CBF:\Box\forall x\varphi\rightarrow\forall x\Box\varphi,\ \Box\forall xx\varphi\rightarrow\forall xx\Box\varphi,$$
$$BF:\forall x\Box\varphi\rightarrow\Box\forall x\varphi,\ \forall xx\Box\varphi\rightarrow\Box\forall xx\varphi。$$

CBF 和 BF 的单数和复数版本的有效性阐明不定可扩充性现象关注的不是本体论而是语言的事实。在这个框架内,我们期望使相等和"……中的一个"关系必然性生效:

$$\Box=:\forall x\forall y(x=y\rightarrow\Box x=y),$$
$$\Box<:\forall xx\forall y(x<xx\rightarrow\Box x<xx)。$$

相等必然性从模态命题逻辑和相等逻辑的相互关系中是可推导的。由于集合论词汇的每个再解释意图是扩充早前的解释,我们期望使两个原始谓词的类似原则生效:

$$\Box\alpha:\forall x(\alpha(x)\rightarrow\Box\alpha(x)),$$
$$\Box\equiv:\forall xx\forall x(x\equiv xx\rightarrow\Box x\equiv xx)。$$

如果我们取$\Box\alpha$和$\Box\equiv$作为公理,我们能推出 S 和 $\in$ 的类似原则:

$$\Box S : \forall x(S(x)\to\Box S(x)),$$
$$\Box\in : \forall x\forall y(x\in y\to\Box x\in y)。$$

形式主义招致某些不舒服的问题。这时候人们可能对集合论词汇的何种解释相对于可解释模态性应该被算作"真实的"感到吃惊。这相当于恰好什么是 α 和 $\equiv$ 的当前解释且同样的什么是 S 和 $\in$ 的当前解释的问题。然而,对如此的问题存在一种狭隘的感觉。因为给定解释过程的不定可扩充性,不聚焦于相对于一种解释或者另一种解释情况是什么,而聚焦于剩余的情况是什么,不管在集合论词汇的再解释过程中我们上升多远可能更富有成果的。这个问题完全平行于对哲学家出现的一个问题,他们把不定可扩充性的模态表述当作基于集合论宇宙的潜在性质。而且答案是平行于他们提供的回应。不管目前的解释阶段是什么,把集合论公理认作关注的不是集合论词汇的具体解释而是词汇的连续再解释是更富有成果的。根据这种观点,我们不需要把自己定位于再解释的累积层级,而会瞄准作出完全一般可应用的声称,不管再解释过程中人们所处的位置。集合论复数语言中集合论断言的预期一般性最好在这个语言的模态扩充中由它的模态化性所捕获。更为精确地,令复数集合论语言的合式公式 φ 的模态化性是语言模态扩充的合式公式 $\varphi^\diamond$,得自当形式为 $\alpha(t)$ 和 $t\equiv tt$ 的原子子公式被加以 $\diamond$ 出现的前缀如同 $\diamond\alpha(t)$ 和 $\diamond t\equiv tt$ 中那样。一旦我们完成这个,我们能核实$(x\in y)^\diamond$变为$\diamond(x\in y)$且$(S(x))^\diamond$变为$\diamond S(x)$。

此外,现在我们能核实如果 $\varphi^\diamond$ 是合式公式 φ 的模态化性,那么$\varphi^\diamond$,$\diamond\varphi^\diamond$和$\Box\varphi^\diamond$将全是等价的。这是由在复数集合论语言合式公式的复杂度上做归纳而证明的。在 T 的语境下,我们只需要核实 $\varphi^\diamond\to$ $\Box\varphi^\diamond$。如果 φ 是原子合式公式,那么$\Box\alpha$ 和 $\Box\equiv$ 将允许我们推出$\diamond\varphi^\diamond\to$ $\diamond\Box\varphi^\diamond$。根据 G,我们推断$\diamond\varphi^\diamond\to\Box\diamond\varphi^\diamond$。对 $\neg\psi$,我们把归纳假设应用到

抽象主义集合论(下卷):从怀特到林内波

$\psi^\diamond$且推出条件句。对$(\psi_1^\diamond \wedge \psi_2^\diamond)$，我们论证$\diamond(\psi_1^\diamond \wedge \psi_2^\diamond) \rightarrow (\diamond\psi_1^\diamond \wedge \diamond\psi_2^\diamond)$。根据归纳假设，$\diamond(\psi_1^\diamond \wedge \psi_2^\diamond) \rightarrow (\Box\psi_1^\diamond \wedge \Box\psi_2^\diamond)$，由此$\diamond(\psi_1^\diamond \wedge \psi_2^\diamond) \rightarrow \Box(\psi_1^\diamond \wedge \psi_2^\diamond)$。对$(\exists x\varphi)^\diamond$，注意根据 BF，$\diamond\exists x\varphi^\diamond \rightarrow \exists x\varphi^\diamond$。根据归纳假设，$\diamond\exists x\varphi^\diamond \rightarrow \exists x\Box\varphi^\diamond$。但由于$\exists x\Box\varphi^\diamond \rightarrow \Box\exists x\varphi^\diamond$，我们有$\diamond(\exists x\varphi)^\diamond \rightarrow \Box(\exists x\varphi)^\diamond$。完全的平行论证要照顾复数量词的情况。这个结果的要点是保证公式的模态化性接收相同赋值，不管某个公式被定位在再解释累积过程的什么地方。如果我们把集合论断言解释为隐性模态化陈述，那么什么是集合论词汇的目前解释的问题，结果对集合论的目标是完全不相关的。从这个视角出发，人们能把由集合论者作出的断言当作对应于完全一般声称的模态化性，它们的量词是隐性地被限制到最终对收集变为可用的所有对象的定域。例如，对集公理变为：

$$\forall x \forall y (\diamond\alpha(x) \wedge \diamond\alpha(y) \rightarrow \exists z \forall u (\diamond u \in z \leftrightarrow u = x \vee u = y))。$$

当我们取被限制到最终对收集变为可用的对象的量词，这个声称相当于下述事实，即不管x和y是什么，我们可能最终来到在其上特定z变为对集$\{x, y\}$的集合论词汇的解释。

3. 对语言学模型的三种反对意见

仍有许多工作要做，但有希望地，我们有对不定可扩充性语言模型的足够详细的概述以开始对它的优点的初步讨论。可能看上去存在对语言模型的坚决反对，也存在缺陷。尤其，存在三个表面反对，它们足够严肃的建议，不定可扩充性的语言模型可能不多于值得注意的求知欲，其出于把簿记（book keeping）当作集合论主题有点过度构想的目的。本节余下的部分将尝试消除这种印象且力劝我们认真对待第 2 小节中概述的不定可扩充性语言模型。

3.1 三条无效的模态原则

语言模型直接带来的问题在于它必定被补充已集合的某个本体论概念以便取代由它的元素构成的集合概念。根据这种集合概念，集合的元素是本体论地优先于它们的。确实,这种优先性关系是包含在刚开始所概述的不定可扩充性模态概念中的模态性的核心。元素优先于集合是在它们的存在性是集合潜在存在性所需要的全部东西的意义上说的。这幅图景自然招致我们认为在先行给定的定域中,非自我属于集合集的形成要求把初始定域扩张到严格更概括的定域,它包括进一步的由初始定域中的对象构成的自类对象。但由于我们想避免诸如集合被假设具有的与它的元素的关系原始理解上的任意依赖,我们亏欠什么是集合以及对什么是作为元素的某些对象的集合的可选择描绘。但不管我们把任何本体论集合概念推到台面,它应该能够容纳每个下述模态原则的无效性:

$$\diamond{\equiv}: \forall x(\diamond x{\equiv}xx {\rightarrow} x{\equiv}xx)。$$

这个原则告诉我们如果对象 x 不是某些对象 xx 的集合,那么 x 将决不变为 xx 的集合,不管我们在集合形成累积过程中上升多远。累积层级中的连续阶段包含新集合的形成,决不把非集合转换为集合。下述是两个更无效的模态原则:

$$\diamond S: \forall x(\diamond S(x){\rightarrow}S(x)),$$
$$\diamond{\in}: \forall x \forall y(\diamond x{\in}y{\rightarrow}x{\in}y)。$$

现在,当我们把包含在它们中的模态性仅仅当作解释性的,必须拒绝所有三个原则。在 $\equiv$ 的更概括性解释处某些对象的集合是什么仍能根据集合论词汇的早前解释被算作一个非集合。而且同样地,根据集合论词汇的一个解释非集合是什么能变为集合的更概括性解释上的集合。最后,根据 $\in$ 的一个解释对象不能是另一个对象的元素,但根据更概括性解释它可能变为另一个对象的元素。这时候挑战是想出集合的本体论概念在其上使前述模态原则的无效变得有意义。也许我们应该把集合认作由刚开始给定的公理所强加的满足特定形式条件的结构中仅有的结点。集合论宇宙也许能被归约到由形式上恰当的满足相关公理的关系相联系的对象定域。集合的不定可扩充性相当于∈的更概括性解释的可用性在其上更多对象处于满足集合论公理的关系中。但人们很可能反对这个，认为比起对处于满足某些结构性条件的关系而言对元素—集合关系存在更多的东西；人们可能倾向于由于无成功机会(a nonstarter)而驳回不定可扩充性的语言模型。

3.2　语言模型需要非集合真类

不定可扩充性语言模型的第二个重大难题是与第一个困难相关的。熟悉的基数考虑告诉我们，不管我们发现自己在再解释累积过程中有多远，提供α和≡的严格更概括性解释的能力要求极其丰富的非集合储备的存在性，它们可能最终被重铸为更多的集合。尤其，语言模型看上去在再解释的每个阶段要求非集合的真类。根据替换公理，我们推断非集合不能形成集合。但由于每个非集合被当作本元，我们发现不存在集合论词汇的再解释，在其上集合可能包含所有本元作为元素。人们假设这与集合的迭代概念相冲突，在其上假设本元在累积层级的起初阶段形成集合且从我们剥夺对本元形成集合假设的某些使用。

3.3　不定可扩充性的内在连贯视界

第三个且最后一个反对在于，一旦我们意识到集合论词汇的每个再解释扩充早前可用的解释，人们可能倾向于把α和≡的所有解释结合为对集合论词汇的最后解释。比如，你可能像解释α以应用到最终在谓词的一个或者另一个再解释的外延中变为可用的所有对象。而且你可能类似地像取≡以把一个对象与某些对象联系起来当且仅当它们最终是由谓词的一个或者另一个再解释如此相联的。但我们能在模态算子的帮助下规定上述提到的推定性解释：

$$\alpha^{\Diamond}(x)\text{缩写的是}: \Diamond \alpha(x);$$

$\equiv^{\Diamond}(x)$ 缩写的是：$\Diamond x \equiv xx$。

如果新被定义的谓词是集合论词汇的可容许再解释，那么它们将自动地诱导被定义 S 和 ∈ 的再解释。例如，

$$S^{\Diamond}(x) \text{ 缩写的是：} \Diamond S(x);$$

$$x \in^{\Diamond} y \text{ 缩写的是：} \Diamond x \in y。$$

但回顾集合论词汇的不定可扩充性会直接承诺我们以下述 $Avl^{\Diamond}$ 的实例：

$$(9) \quad \forall x(S^{\Diamond}(x) \rightarrow \Diamond \alpha^{\Diamond}(x))。$$

由于我们把可解释模态性当作由公理 4 所掌控的，即 $\Diamond\Diamond\varphi \rightarrow \Diamond\varphi$，我们处在矛盾的变元。因为这个公理的在场迫使我们从 $Avl^{\Diamond}$ 坍塌到可用性：

$$(10) \quad \forall x(S^{\Diamond}(x) \rightarrow \alpha^{\Diamond}(x))。$$

而且我们知道可用性与收集原则和外延原则是不协调的，它在这个语境下读作：

$$(11) \quad \forall xx(\forall x(x \prec xx \rightarrow \alpha^{\Diamond}(x)) \rightarrow \exists xx \equiv^{\Diamond} xx),$$

$$(12) \quad \forall xx \forall yy \forall x \forall y(x \equiv^{\Diamond} xx \wedge y \equiv^{\Diamond} yy \leftrightarrow (x = y \leftrightarrow (x = y \leftrightarrow \forall z(z \prec xx \leftrightarrow z \prec yy))))。$$

总结这个反对，注意如果我们令 α 和 ≡ 的所有连续解释结合为对集合论词汇的最后可容许解释 $\alpha^{\Diamond}$ 和 $\equiv^{\Diamond}$，我们将生成一个矛盾。但什么也许能阻止我们再解释 α，读作"对收集可用"，和 ≡，读作"……的元素"，分别意指"最终对收集可用"和"最终……的集合"？除非我们发现原

则性理由以抵制这个举措,我们已描述不定可扩充性的内在连贯视界甚至不是清楚的。

4. 对三条反对意见的回应

不否认前述考虑表现为强大理由以抗拒现在摆在台面上的提议。本小节的目的是要概述由不定可扩充性的语言模型面临的对三条反对的回应。

4.1 对第一条反对的回应:表示模型

让我们聚焦集合具有的与它的元素的关系。集合不等同于它的元素。集合是一(one),而元素一般是多(many)。集合能进入元素—集合关系,有时作为集合且有时作为元素,但集合的元素一般既不是集合也不是元素。但现在出现一个成为其他多个集合是什么的问题。回应说集合是由它的元素的且元素是本体论优先于集合不是不寻常的。由于根据更基础术语分析优先性关系是困难的,它常常被当作原书的和不可分析的。所有这些可能都被用来建议,比起仅有的不管什么结构约束放弃集合公理的满足关系而言,集合与它的元素具有的关系存在更多的东西。反之,集合常常被看作自类对象,而且集合论定域提供集合论的主题。存在什么集合依赖集合具有的与它的元素的关系性质是什么和它如何与非集合定域相互作用。我们以先行给定的对象定域开始,提问必须承认什么集合进入我们的本体论根据"……的集合"关系的性质。

但可能存在集合具有的与它的元素的关系的可选择模型。这个建议反而在于对对象成为某些对象的集合仅仅是对一个表示其他多个。这个和集合具有的与它的元素的关系的前述模型间的一个重要区别在于,它在集合性质上没有放置明显的约束;不要求集合成为自类或者它们与它的元素具有某个原始的和不可分析的形而上学关系。我们自由选择某些给定对象的任意代表,倘若选择对更多的考虑是全局敏感的,例如,确保作为结果的元素—集合关系证实集合论的公理。

但对一对多关系成为给定对象定域上表示的关系恰好是什么？概略地讲,给定对象定域上的表示关系 R 是把至多一个代表指派到定域中任意对象的一对多关系。有特殊兴趣的是我们将称为可用对象定域上的严格表示关系。我们将记为一对多关系 R 是由某个条件 $\varphi(x)$ 所描绘的对象定域上的严格表示关系,当且仅当 R 满足两个具体约束:

(13) $\forall xx(\forall x(x \prec xx \rightarrow x \prec \varphi(x)) \leftrightarrow \exists xxRxx)$,

(14) $\forall xx \forall yy \forall x \forall yy(xRxx \wedge yRyy \leftrightarrow (x = y \leftrightarrow \forall z(z \prec xx \leftrightarrow z \prec yy)))$。

考虑由哥德尔描述的过程的第一个阶段。我们以整数定域开始且由此形成集合。现在,考虑整数集具有的与某些整数的关系;它表示它们。整数集相对于它的元素处于的关系是整数定域上严格表示的关系。因此如果整数耗尽初始可用对象的范围,那么它们上的严格表示关系将包括它的定域中的所有整数集。然而,注意可能存在相同定域上严格表示关系的多重性。因为我们反而能考虑把实数指派到满足上述条件(13)和(14)的整数集,而且它仍会算作整数定域上的表示关系。要紧的不是我们指派到某些整数的对象的恒等性,而是赋值满足仅仅两个结构性约束的事实。尤其注意我们不要求在定域中表示对象以让它们自身受初始定域影响的对象。

如果我们以自然数定域开始,不存在表示自然数的不同收集的对象它们自身应该是数的推测。事实上,我们将假设并非所有在严格表示关系定域中的对象位于在其上 R 是表示关系的定域。思想到现在为止应该是清楚的。原始集合论词汇的解释对应于严格表示关系 R,它由对 α 的解释构成。(收集)和(外延)确实相当于 R 是 U 上的严格表示关系的要求。与它们相比,A$vl^{\diamond}$ 的要点是要确保我们继续"……的集合"运算迭代。上一节发展的罗素悖论的准则在于,所有集合的定域不支持它的元素上的严格表示关系。因为如果所有集合能被包

含在 α 的解释中,那么≡的解释会由集合定域上的严格表示关系 R 构成,它转而要求某个集合表示所有且仅有的非自我属于集合。

但我们不应该夸大陈述这个观察的重要性。因为我们常常对先行给定对象定域上严格表示关系的可用性感兴趣。例如,我们不应该忘记康托尔仅仅通过实数线上早前点集理论的反思到达他的集合理论。点集为一般化主要关注实线上点结果的目的变为重要的。因此集合是通过"……的集合"运算迭代而获得的如同哥德尔(1947)所描述的。哥德尔的集合概念可以根据表示而被重铸。先行给定定域上的"……的集合"运算对应于定域上严格表示关系的形成。哥德尔的思想变为建议我们以先行给定的个体定域开始,继续迭代我们已生成的集合连续定域上严格表示关系的形成。换句话说,表示模型与不定可扩充性的语言模型相符。根据目前的观点,集合论的主题不再是由自类定域构成的,而是被视为与定域上严格表示关系等同。

也许对目前目标更重要的是,不再存在理由把集合论本体论认作是由"……的集合"关系性质约束的;正好相反。我们有资格把集合论本体论当作刚开始先行给定的且提问定域上的什么关系是"……的集合"谓词的适当解释。然而,在我们出发前,让我们注意表示模型不是无前例的。贝尔(John Bell,2000)和卡特赖特(Richard Cartwright,2001)分别探索类似的思想。斯特纽斯(Erik Stenius,1974)提供为该观点提供早前的先例。就此而论,不难把标准集合论公理重铸为关于表示的一般原则。例如,外延公理告诉我们不管某些对象是什么,它们是由至多一个集合表示的。对集公理告诉我们不管两个集合 a 和 b 是什么,它们是由一个集合表示的,而且幂集告诉我们集合的子集自身是由集合表示的。类似的表示对诸如并集和替换主义的公理是可用的。

4.2 对第二条反对的回应:本元对比非集合

我们已引入集合模型作为某些集合的代表。成为一个集合是要表示某些对象。成为集合的元素是要成为由集合表示的某些对象中的一个。最后，成为元素是要成为某个集合的元素。S 和 ∈ 是仅仅被期望的，但它们建议从本元作为非集合的标准描绘的重大远离。因为在目前的图景中，不存在理由认为非集合自身必须是某个集合或者另一个集合的元素。相比之下，把本元认作自身是某个集合或者另一个集合元素的非集合是更恰当的。这建议下述定义：

$$vx \text{ 缩写的是}(\exists yx \in y \land \neg S(x))\text{，读作"}x \text{ 是一个本元"。}$$

这样看来，我们有理由认为非集合一般将胜过本元：数可能既不是集合也不是相对于整数定域上表示关系的元素。可选择地，你本来可能想数在集合形成过程的起初阶段是可用的，在其情况下数本来会是一个本元。非常一般地，本元在集合形成累积过程的起初阶段是可用的，反之许多非集合最终在累积层级的后面阶段变为集合。

4.3 对第三条反对的回应：开放式观点

只剩下最后一个关心的问题。存在阻止我们把原始集合论谓词 α 和 ≡ 的连续解释结合为集合论词汇终极解释的东西，在模态算子的帮助下我们把它规定为：

$$\alpha^{\diamond}(x) \text{ 缩写的是}：\diamond\alpha(x)；$$
$$x \equiv^{\diamond} xx \text{ 缩写的是}：\diamond x \equiv xx。$$

原始词汇的这个推定解释把对象当作可用的，当且仅当它曾经归入再解释的累积过程中对 α 的解释。同样地，对象表示某些对象，当且仅当它在 ≡ 的某个再解释下表示它们。我们已把包含在我们对不定可扩充性描述中的可解释模态性当作由公理 4 所掌控的：

公理 4：$\diamond\diamond\varphi \rightarrow \diamond\varphi$。

但公理 4 在场，A$vl^{\diamond}$ 坍塌为可用性，而这与收集原则和外延原则是不协调的。这时候一个选项是回溯且修改对 S4.2 作为可解释模态性恰当模态逻辑的承诺。这起初似乎是反直觉的,但我们认为它能由再解释累积过程的开放式观念所激发。也许起初倾向于假设存在集合论词汇始终概括性解释的完全定界范围,不管我们把自己定位在再解释累积过程中的什么位置,这仍然不变。但这种暗示性图像事实上可能扭曲再解释累积过程的开放式性质;不仅再解释工作机制超越集合论词汇的每个候选解释,候选解释的非常观念可能对我们在累积层级中的定位是敏感的。也许候选解释的范围随着我们在始终概括性解释的梯子上爬升而演进,且与集合论词汇自身一样是开放式的。这会给我们拒绝公理 4 作为包含在描述中的可解释模态性的基本原理。任何在某一点构成集合论词汇的可容许再解释本来在再解释累积过程中更早的点也许不构成可容许解释。

这个建议在于我们没有资格假设在其上我们最一般化的可容许解释固定范围的存在性。注意根据这个观点,人们应该把 $\equiv^{\diamond}$ 的解释当作与被假设成为 $\equiv$ 的解释一样开放的:也许更多的候选解释仅仅当我们考虑谓词 $\equiv$ 的越来越概括性的解释才出现。存在所有对象的完全概括性定域,而且我们可能利用它上的复数量词化确保它将由通常的复数量词化理论掌控,包括复数概括。不存在的东西是集合论词汇的候选解释的完全定界和不变的范围,只是由我们的再解释累积过程的演进所建议的始终概括性的候选解释类。如果不存在集合论词汇候选解释的不变的完全定界范围,就没有理由认为 $\equiv^{\diamond}$ 意义明确地表达单个概念;反之,非常像 $\equiv$,我们应该对待它为开放式的谓词,它在再解释累积过程的不同阶段承认不同的解释。在对其集合论词汇候选解释应当为它们提供完全定界外延的范围内,也就是,它们不应当是开放式的,我们似乎有理由拒绝 $\equiv^{\diamond}$ 作为 $\equiv$ 的候选解释。假设 $\in^{\diamond}$ 的开放式特征源自言语者无能力期待集合论词汇的候选解释;当它们不经意地在累积层级中向上移动,它们开始期待越来越多的候选解释,但不存在 $\equiv^{\diamond}$ 的终极解释正像不存在 $\equiv$ 的终极解释。

这条回应的一般路线不是没有结果的。不定可扩充性语言模型的模态表述推荐自身的部分理由与有能力给出该观点的更一般表述有关。除了这一点，集合论公理和其他断言被假设默默包含标准集合论谓词的模态版本。否则，集合论陈述可能结果是狭隘的以至不是有趣的。如果对集公理只关注集合论词汇的当前解释，那么当我们移动到语言的更概括性解释，是否仍获得该公理将仍是开放性问题。如果我们通过坚持 $\equiv^{\diamond}$ 的开放式特征回应第三个关注，我们招致的一个代价是要使得集合论陈述的模态化性共享一定程度的狭隘性，由于不保证我们将不在某一点上逐渐占有在其上 $\equiv$ 的候选解释范围变得额更丰富和更多变的视角。幸运的是，不需要付出与该回应有关的高代价。因为我们恰好能指出存在原则性理由为什么 α 和 $\equiv$ 凭自身不构成原始集合论词汇的可容许解释。

存在为此的原则性理由。$\equiv^{\diamond}$ 的外延不是由 $\alpha^{\diamond}$ 提供的定域上的严格表示关系。这是假定解释 $\alpha^{\diamond}$ 和 $\equiv^{\diamond}$ 与连续解释 α_{α} 和 $\equiv_{\alpha}$ 间的关键区分，对每个序数 α。是否 α 是 0 或者后继序数或者极限序数，不变的是下述情况，即 $\equiv_{\alpha}$ 是由 α_{α} 的外延所提供的定域上的严格表示关系。这就解释了它们满足公理（收集）和（外延）的事实，反之没有理由认为 $\alpha^{\diamond}$ 和 $\equiv^{\diamond}$ 是由它们掌控的。确实，悖论表明它们不是。这个回应线条的主要优势在于它能使我们假设存在集合论词汇始终概括性解释的完全定界范围，不管我们在再解释累积过程中把自己定位在哪个位置，这仍是不变的。这转而允许我们使用各种集合论陈述的模态化性以完全表达一般声称去处理集合论词汇的可容许再解释的整个序列。

5. 语言模型的两个优势

还有许多工作要做。在最佳案例的情境中，我们已取很多人可能起初认作过度的不定可扩充性视界，且我们已对反对它的三个似乎强力考虑作出回应。该不定可扩充性视界的核心由以复数集合论语言的模态扩充表达的三条公理所囊括。这些公理表达出不存在集合论词汇最后解释的思想，但如同已陈述的，它们甚至不要求再解释累积过程中的超限阶段的存在性。旅途中的下一步会是提供集合论的模态呈现，它与不定可扩充性的语言模型一致，且提供更多洞见到累积层级的高度。这会要求补充三条公理以更多公理，还有与集合论非模态表述的比较。这项工作超越这里的目的，它仅仅是移除阻碍该计划的种种的看似不可克服的障碍物。一旦我们完成，不定可扩充性语言模型的动机不是非常不同于不定可扩充性现存形式的一个动机。我们发现自己有资格断言不管某些对象可能是什么，它们形成一个集合，当它们对收集是可用的。当他们否认谈论所有且仅有的对象可能有意义，其可能潜在地是集合，我们对如此谈论没有异议。相反我们反对它们曾经全能对收集可用的观念。

不定可扩充性语言模型在不定可扩充性的其他模态表述上有两个主要优势。首先，注意不像他们，我们能把模态性当作可解释的：声称对象潜在地是一个集合恰好是声称存在 Set 的再解释在其上对象归入谓词。我们把这个认作无可争议的，且因此我们没有义务依赖模态性的原始概念。其次，且也许更重要的，我们有资格使复数概括的模态版本变得有意义的事实，在其上存在某些对象，其是所有的且仅有的潜在集合，开辟通向使真类谈论变得有意义的道路，根据越过累积层级阶段上的复数量词化。同样地，如果我们愿意，我们能在复数集合论语言的完全一般模型论的发展过程中使用复数量词化，在我们允许的由任何对象构成的模型定域。这是复数量词化的重要应用，它对不定可扩充性的现存模态描述的倡导者不是可用的。

第三节　动态抽象原则描述

真的新逻辑主义描述好抽象原则由两条非常不同的线索组成。第一条线索是对不用认知推测规定抽象原则为真的条件的描述。第二条线索是对从关于中间知识到关于抽象对象知识的抽象的描述。

我们聚焦的是第二条线索。目标是看到为抽象所特有的内容分配种类能否使集合论公理为真而无须遭遇良莠不齐问题。怀特提出成为好的抽象原则的各种条件：保守性、无界性、和平性、稳定性和强稳定性。斯塔德指出，这种解决良莠不齐问题的方式会造成一种困境：它们或者撞向承认坏伙伴的锡拉岩礁，或者卷入消除好伙伴的卡律布迪斯。对于困境的锡拉岩礁这边来说，坏伙伴是与其他抽象原则联合不协调的抽象原则。对于困境的卡律布迪斯来说，这些条件排除用以恢复二阶集合论的抽象原则。我们应该清楚该困境的范围。我们把它限制到使怀特的保守性观念变得严格的语义尝试。

历史上还有两种规定好抽象原则条件的尝试。首先是法恩尝试把条件基于近似于塔斯基的逻辑性条件的置换不变性条件。这种尝试的局限在于，伯吉斯表明作为结果的理论强度无法满足集合论的强度。其次根据证明论术语而非语义术语定义保守性。这种尝试的麻烦在于，不像语义情况，新逻辑主义者缺乏作为他们纲领基石的安全结果，也就是我们尚未得知休谟原则是句法保守的。种种迹象表明，我们应该把思路从静态抽象原则转化到动态抽象原则。静态抽象原则与动态抽象原则间有两个关键区分。首先，静态抽象保持解释论域不变，结果就是我们不能在初始论域膨胀的等价关系上执行抽象。动态抽象使新论域大于初始论域。第二个关键区分在于我们可以迭代动态抽象。我们可以把迭代扩充到超限阶段。目前为止有三类动态抽象：林内波的动态抽象、斯塔德的动态抽象和佩恩（Jonathan Payne）的动态抽象。

我们主要看林内波的动态抽象和斯塔德的动态抽象。他们两者间的关键区分在于：第一个关键区分在于林内波的动态抽象比斯塔德的动态抽象更远离弗雷格的对内容划分的描绘；第二个关键区分对良莠不齐问题有着重大分歧，与二阶中间物有关。根据林内波的描述，在每个阶段概念个体化是内在向前看的。林内波的基于向前看概念的动态抽象描述的逻辑强度问题仍然是开放的。斯塔德表明基于外延中间物的动态抽象描述不遭受逻辑弱点的痛苦。他的动态版本能够同时避免太强以致无法为真的锡拉岩礁和太弱以致无法恢复集合论的卡律布迪斯。在聚焦纯粹集情况的关于迭代概念的工作中,林内波和斯塔德表明可以用模态公理化捕获迭代概念的动态特性。分别把一个和两个模态算子加到集合论语言,这些描述的每个表述,清楚地表达了这个概念的模态公理,而且表明模态理论解释纯粹一阶集合论。

1. 通向抽象的三条动态路径

在弗雷格《算术基础》的著名段落中,他对诸如方向的抽象对象如何"给予我们"提供挑逗性的隐喻勾画:

> 判断"线段 a 平行于线段 b",或者使用符号,$a//b$,能被当作恒等。如果我们如此做,那么我们获得方向概念且表述为:"线段 a 的方向是与线段 b 的方向相同的。"因此我们用更一般的符号 $=$ 取代符号 $//$,通过移除前者内容中的具体事物且在 a 和 b 间划分它。我们以不同于最初方式的方式划分内容,而且这为我们产生一个新的概念(弗雷格,1884,第 64 节)。

这里关键的思想如下:我们将称为等价陈述的内容——在此情况下,"线段 a 平行于线段 b"——能被"再划分"——以便附加到抽象对象词项间的恒等关系——"a 的方向 $=b$ 的方向"。等价关系在某些媒介物间的成立——这里是线段——因此能被当作对应抽象对象也就是线段方向间的恒等。让我们把来到方向和其他抽象对象的推定手段称为"抽象"。方向远非唯一的例子。通过把等数性陈述"Xs 恰好和 Ys 一样多"的内容附加到数值恒等陈述"Xs 的数 $=Ys$ 的数",我们能尝试从它们数数的对象中抽取出基数;或者使共延性陈述"Xs 与 Ys 是相同事物"的内容与集合恒等陈述"Xs 的集合 $=Ys$ 的集合"的内容协调,我们能尝试从它们的元素中抽取出集合。

以类似的方式,我们可以尝试从它们测量长度的序列中抽取出序数,从它们的图形中抽取出形状,从它们的记号中抽取出类型,诸如此类。使弗雷格的抽象描述如此具有挑逗性的部分原因在于,它为对为难问题的回应提供起点,涉及通向宽范围抽象对象的入口。抽象指明通向解释像我们这样的日常认识者如何能逐渐知道似乎非凡的,因果地和时空地远离我们的抽象事物的道路。据此描述,关于显然认识上有问题抽象对象的事实是基于关于它们媒介物的事实。这开辟通向从关于媒介物知识到关于抽象对象知识的认识桥梁的道路。例如,把线条(lines)当作线段(line-segments)的具体刻字,我们能逐渐知道平行线段确实是经由通常的知觉通道平行的。

但如果经由抽象这个不成问题可知的线段—等价在内容上与相应的方向—恒等符合,我们似乎由不成问题的通向关于方向的抽象事实的认识路径。通向抽象的支配路径是在黑尔和怀特的新逻辑主义纲领中发现的。据此观点,对抽象的兴趣起因于抽象原则——或者,如同我们讲有时称呼它们的,静态抽象原则(static abstraction principles)——分享特殊的认识地位:它们能被规定为"隐定义"没有实质性的认识举措且因此先天可知。静态抽象原则是全称量化双条件句,它的左手边是抽象恒等陈述且它的右手边是相应的等价陈述。最显著的例子是休谟原则,下述形式的全称闭包:

$$\sharp X = \sharp Y \leftrightarrow X \approx Y。$$

非形式地,Xs 的数等同于 Ys 的数,当且仅当 Xs 恰好与 Ys 一样多。这条公理鉴于弗雷格定理是基础重要的:把休谟原则加到二阶逻辑解释二阶皮亚诺算术,PA^2:存在从算术语言到用保持逻辑关系不变的 $\sharp$ 充实的二阶逻辑语言的翻译,而且休谟原则证明 PA^2 公理的翻译。在此基础上,新逻辑主义者声称我们不仅能逐渐认识算术基础定律,而且能在来自概念真性的逻辑推理基础上逐渐认识它们。新逻辑主

394

义者的抽象描述面临许多问题。已证明尤其顽固的一个问题是良莠不齐问题。为了分享由新逻辑主义者给予它们的特殊认识地位,抽象原则必须至少是真的。但臭名昭著地,很多抽象原则是假的。最好的例子是弗雷格的第五基本定律:

$$ext(X)=ext(Y)\leftrightarrow X\equiv Y。$$

非形式地,X 的外延等同于 Y 的外延当且仅当 Xs 与 Ys 是相同事物。这个抽象原则在全二阶逻辑中是不协调的,导致罗素悖论。人们已研究两条回应路线。一条是控制基础二阶逻辑。从第五基本定律出发对矛盾的标准推导依赖带有为概念的非直谓概括原则的全二阶逻辑,据其对二阶语言中的任意条件 ϕ,存在概念 X 在其下正好满足 ϕ 的零个或者多个对象归入。众所周知的是,第五基本定律能恢复协调性,通过把概念概括限制到直谓条件 ϕ,其缺少约束二阶变元(赫克,1996)。这种风格下现存回应有的关键缺陷在于它们削弱新逻辑主义者对数学的复原。弗雷格定理依赖全二阶逻辑。直谓理论及其分歧变体太弱以致无法解释二阶算术 PA^2(伯吉斯,2005)。第二条更为流行的回应是要保留全二阶逻辑,且反而在哪些抽象原则可以被规定为"隐定义"上放置界线。

这种回应要求新逻辑主义者表述且为充足性标准辩护——我们将标之为"C"——以从像第五基本定律的"坏"抽象原则筛选出像休谟原则的"好"抽象原则。对如此充足性条件的追寻已导致令人不安的类葛梯尔递增复杂条件序列和递增的精心制作的反例。最近,库克提议条件 C 应该被认作他称为"强稳定性"的东西(库克,2012)。我们这里有两个主要目的,一个是消极的而一个是积极的。消极目的是加强自文献出现的印象,即通向良莠不齐问题的支配路径航向错误——或者至少,这条路径航向错误当新逻辑主义者要保留把他们在算术上的成功扩充到数学的其他分支的抱负,包括标准策梅洛—弗兰克尔集合论。详述归于乌斯基亚诺(2009)的某些结果,第三小节提出这条路径的困境。

精确表述 C 的主要尝试或者被承认坏伙伴的锡拉岩礁(Scylla)撞击,以联合不协调抽象原则的形式,或者被消除好伙伴的卡律布迪斯(Charybdis)吞没,没给我们留下需要的抽象原则以便用它的预期一般性解释集合论。积极目标是要概述对良莠不齐问题的可替换解决方案。我们愿意建议麻烦的来源在新逻辑主义者的抽象描述的特殊方面中是可孤立的。新逻辑主义者假设抽象有静态特征:它产生的再解释保留解释论域不变。解决方案是要放弃这种假设,且以一种更动态(dynamic)特性再构思抽象,潜在地通向解释的连续更宽论域。

通向抽象的这类路径最近是由林内波(2009)开辟的,他用它引发概念概括上的限制,令人回忆起直谓性,以便保留第五基本定律的动态类似物而没有陷入不协调性。因此当这条路径避免不协调性的锡拉岩礁时,然而仍需构建,它是否也避免,在静态情境中折磨基于直谓性回应的逻辑弱点的卡律布迪斯。这里目标是要呈现通向抽象的可选择动态路径,它不在概念概括上放置如此的直谓性类型限制,且要表明如何能够避免困境的两个触角,导致有强度的协调性理论以恢复二阶策梅洛—弗兰克尔集合论的"潜在论者"友好的表述。不过,首先为了到达新逻辑主义描述中问题的根源,我们需要更紧密地注意如何假设抽象起作用。

2. 新逻辑主义者的两个迫切物与两条规定

新逻辑主义者的对好抽象原则如何逐渐为真的描述由两根相当不同的线条组成。第一条是对条件的描述在其下抽象原则和其他的新逻辑主义者归入隐定义地位的原则可以被规定为真的而不用重要的认识推定(黑尔和怀特,2001)。第二条是从刚开始引用的《算术基础》著名段落中得到导引的抽象描述(怀特,2001,第 277—278 页;黑尔,2001,第 98 页)。根据新逻辑主义描述,第一根线条引起第二根线条:把抽象原则规定为隐定义的结果——至少在好情况下——是要产

396

抽象主义集合论(下卷):从怀特到林内波

生有抽象特色的内容配位(content co-ordination)种类(黑尔,2001,第105—106页)。第一根线条提出某些急迫性问题:如果我们能致使蕴涵无穷多个数的存在性的算术公理由规定为真,为什么我们不能类似地直接规定皮亚诺公理的真性(麦克法兰,2009)?而且为什么我们不能规定蕴涵恰好单个神学实体存在性也就是上帝的神学公理的真性(菲尔德,1984,1993)?

黑尔和怀特通过寻求找出推定间的非类比,争论说认识自由规定的条件只有在休谟原则的情况下满足的(怀特,1990;黑尔和怀特,2001,第143—150页;黑尔和怀特,2009,第2—4节)。但两根线条能且应该是分离的。第一根线条提供对言语者必须采用的语言和精神行为种类的描述,以便产生有抽象特色的内容配位。基于"隐定义"的新逻辑主义描述在赋予数学知识先天地位中起着非常重要的作用。但抽象的朋友不需要承诺或者基于定义的描述或者新逻辑主义者的达到抽象知识特殊地位的目标。也许反而有抽象特色的内容分配是对话语共同体的最仁慈解释,他们在等价陈述和他们推理中的相应抽象实体陈述间自由移动。为了应对关于通向抽象对象认识通道的担忧,如此推理应该指称知识是足够的,即使它们也不赋予新逻辑主义者所追求的特殊地位。结果,他们观点的第二根线条保留它的许多认识趣味,即使我们不分享黑尔和怀特的与众不同的新逻辑主义者的认识目标。

这里我们将聚焦第二根线条。目的是要看到有抽象特色的内容分配种类是否能致使集合论公理为真而不陷入良莠不齐问题。我们把是否和如何如此的内容分配被引起的更多困难的问题搁置。这个小节将呈现我们作作的对新逻辑主义者静态抽象描述的最有前途的解读,着眼于到达良莠不齐问题的根源。在某些黑尔和怀特并非完全明确的地方,这将需要特定数量的理想重构。为回避围绕在自然语言的句法和语义周围的某些更多的困难问题,我们将通过聚焦形式语言中的抽象而理想化地描述。抽象语言,$\mathcal{L}_\Sigma$,区别于二元二阶逻辑语言的仅仅是加入诸如"♯"和"ext"这样的函数符号。

让我们假设语言的纯粹逻辑部分起初有解释 $\mathcal{J}_0$,在其下恒等谓词,联结词和一阶量词接收它们的论域 M_0 上的标准解释;以致 $\forall v$ 表达 M_0 上的全称量词,如此等等。正式地,追随新逻辑主义者(怀特,2001,第 278 页,脚注 13),$\mathcal{J}_0$ 把全外延概念性解释附加到二阶量词。也就是,我们假设一元二阶变元的指称是外延性一元二阶概念:概念 X 和 Y 是相同的当相同事物归入 X 和 Y;而且我们进一步假设如此的概念从属于 $\mathcal{L}_\Sigma$ 的非直谓概括。同样地,二元二阶量词被当作表达全二阶量词管辖外延性二元概念。二阶变元指称的完全性和外延性将在后面起到重要的作用。但下面没有任何事物将抓住有特色地弗雷格主义概念性解释不放。我们能同等好地用二阶逻辑语言的复数解释运转。

为从二阶逻辑基础语言获得抽象语言 $\mathcal{L}_\Sigma$,首先枚举要被处理为等价陈述的语言语句:$Eq_0(X, Y)$,$Eq_1(X, Y)$,…。除了代表媒介物的变元 X 和 Y,如此陈述可能包括更多自由变元 $\overline{Z}=Z_1, \cdots, Z_n$,它们表现为参数。对每个等价陈述,$\mathcal{L}_\Sigma$ 包含相关联的函数符号:$\S_0$,$\S_1$,…。这些函数符号形成单项 $\S V$ 当连同一元二阶变元 V 和相同数量参数 $\overline{U}$ 作为相应的等价陈述。参数将通常是默认的:我们用 $Eq(X, Y)$ 取代 $Eq(X, Y, \overline{Z})$ 且用 $\S X$ 取代 $\S(X, \overline{Z})$。在这个语言中,静态抽象原则是下述形式的开语句的全称闭包,这里 $\S$ 是函数符号的一个且 $Eq(X, Y)$ 是相应的等价陈述:

$$(\text{AP}) \quad \S X = \S Y \leftrightarrow Eq(X, Y)。$$

非形式地,概念 X 的 Eq—抽象物等同于概念 Y 的 Eq 抽象物恰好假使 X 与 Y 处于 Eq 关系中。给定好抽象上的推定充足性条件 C,我们将用 Σ-C 表示根据 C 是好的抽象原则系统,这是把满足 C 的 AP 的所有实例加到新逻辑主义者的全二阶逻辑的理论。要注意给定我们的

398

语言选择,仅仅存在 AP 的可数多个实例,所有它们的右手边只包含逻辑表达式且只包含一元二阶变元。被限定的这个类包括抽象原则的最重要的两个例子,休谟原则和第五基本定律。也要注意由于我们允许参数,那么我们达到不可数多个抽象的效果。因为抽象陈述 $Eq(X, Y, \vec{Z})$ 可以表达二阶媒介物 X 和 Y 间的不同等价关系,对被指派到参数 $\vec{Z}$ 的每个值序列。在第 2 和 4 小节勾画的抽象描述以自然方式可以被一般化到允许高阶变元的其他类型。现在让我们转向抽象。根据新逻辑主义的描述,给定适当的充足性条件 C,抽象的预期效应是清楚的:扩充语言被给以新的解释——称之为 $\mathcal{J}_1$——以致好抽象原则结果是真的。

ND1:Σ-C 中的每个抽象原则在 $\mathcal{J}_1$ 都是真的。

第二个亟需条件是明显的,当弗雷格定理要确保算术定理在 $\mathcal{J}_1$ 也是真的。

ND2:逻辑在 $\mathcal{J}_1$ 下是实质可靠的,也就是,新逻辑主义者的二阶逻辑公理是真的且它的规则保真。

那么新逻辑主义者的亟需条件是完全清楚的。相当不清楚的是它们是如何被应付的。抽象如何从 $\mathcal{J}_0$ 通向 $\mathcal{J}_1$。追随弗雷格,新逻辑主义者主张抽象起作用——至少在好的情况下——通过把抽象原则右手边上先行解释等价陈述 $Eq(X, Y)$ 的内容附加到左手边上先行未解释抽象恒等陈述(怀特,2001,第 277—278 页;黑尔,2001,第 98 页)。由于左手边和右手边都是包含自由变元 X 和 Y 的开语句,它们只表达相对于指派的内容,如此的内容符合必定相对于指派出现(比较法恩,2002,第 37 页)。结果,用 $[\![\phi]\!]_{\mathcal{J}}^{\sigma}$ 表示在解释 $\mathcal{J}$ 和指派 σ 下由 ϕ 所表达的内容,似乎新逻辑主义者头脑中必须有新解释 $\mathcal{J}_1$ 被部分地规定如下：

$$S1：对 M_0 上的每个 \sigma：[\![\S X = \S Y]\!]^{\sigma}_{\mathcal{J}_1} = [\![Eq(X, Y)]\!]^{\sigma}_{\mathcal{J}_0}。$$

几个评论和附带条件已就绪。首先，黑尔和怀特尽力强调以此方式配位内容的过程中，抽象恒等陈述和等价陈述两者的句法是根据面值（face value）判断的（怀特，2001，第 278 页；黑尔，2001，第 98 页）。如此的句法问题在自然语言中赫然耸现，这里表面形式可能是误导性的。这里我们通过聚焦形式语言回避它们，它的句法是规定的事情且它的复杂表达式完全表露它们的句法结构。它仅仅是这个语言的部分规定语句，尤其，抽象恒等陈述由出现在恒等谓词两边的两个一阶项 $\S X$ 和 $\S Y$ 组成。因此注意，说句法是句法重要的没有说关于是否它是语义重要的无论什么事物。我们不就是将回到语义重要性。其次，清楚的是新解释 $\mathcal{J}_1$ 的规定不属于特定的标准种类。解释形式语言的通常程序是规定一个模型。

模型为语言的句法简单的典型子语句表达式提供语义值；例如，它把外延指派到每个谓词字母且把函项指派到每个函数符号。那么复杂语句和其他复杂表达式的语义值是合成决定的，根据熟悉的塔斯基主义规则。$\mathcal{J}_1$ 的规定不取这种形式。规定 S1 直接指定复杂语句 $\S X = \S Y$ 的内容，而非指定它的简单子语句成分 $=$ 和 $\S$ 的语义值。再次，在 S1 中所规定的内容指派的可用性预设特定语句内容概念。根据有结构的内容概念——原型地，罗素主义结构性命题（罗素，1903），弗雷格主义思想（弗雷格，1950）——语句的内容与语句自身分享共同的结构。有不同句法结构的语句根据事实在内容上不同。相比之下，根据无结构的内容概念——原型地，斯托内克尔主义可能世界集（斯托内克尔，1976）——语句内容不是结构地同构于语句自身的。有彻底不同句法结构的语句能表达非常相同的内容。由于 S1 需要有不同句法结构的语句以在内容上相符，清楚的是问题中的内容必

400

定是无结构的。

到目前为止,所有抽象相当于是把无结构语句内容指派到抽象语言 $\mathcal{L}_\Sigma$ 的某些语句。似乎总的来说,语言共同体是自由穿过它的语言语句分配无结构语句内容,当它令人高兴,不管它们的句法结构。尤其,给定我们的附带条件,看上去没有障碍把 $\mathcal{L}_\Sigma$ 解释为在 S1 中规定的,就现状而言。麻烦在于它走得不够远。上面我们提到句法是根据面值判断的。现在赫然耸现的问题是这个解释是否致使它在语义上是重要的。新逻辑主义者需要句法成为语义重要的至少就第二个亟需条件被满足来说:逻辑必须证明是实质可靠的。根据熟悉的子语句解释方法,由像模型的某物所提供,逻辑的可靠性是由逻辑常项的预期解释所保证的。

但在无结构内容自由分配到我们这里感兴趣的语句种类的情况下,不存在类似的保证。一般地,所有这些太容易以致无法虚构致使逻辑不可靠的如此解释。恰好指派 $\forall x(x=x)$ 或者任意其他重言式到相同无结构内容如从任意假的语句那样。这个失败是否一般地扩充到在手边解释的问题仍然存在:$\mathcal{J}_1$ 致使逻辑可靠吗?对这个问题的回答既是一个合格的"是"也是一个不合格的"否",取决于它的范围。注意如通过在 S1 中所规定的那样,$\mathcal{J}_1$ 只为 $\mathcal{L}_\Sigma$ 的语句片段提供内容,具体地,恰好为形式为 §X=§Y 的抽象恒等陈述。对于语言的这个片段,开始起作用的仅有的逻辑公理和规则是掌控恒等谓词的那些。存在简单的作为它们可靠性的充要条件:逻辑在这个片段上是实质可靠的恰好假使下述条件被满足:

C₀:每个等价陈述 Eq(X, Y) 在初始解释 $\mathcal{J}_1$ 下的 M_0 上表达二阶概念上的等价关系,在把 M_0 上概念每个指派到它的参数下。

另一方面,仅仅凭借无法解释它的所有,在 S1 中规定的解释无法使逻辑在整个语言上变得可靠。比如,诸如 $\forall x(x=x)$ 的重言式,必须表达任意可靠解释上的真性,是保持未解释的。第一个亟需条件仅仅是保持不满足的。规定 S1 不确保抽象原则在 $\mathcal{J}_1$ 下是得到以表达真性,由于它不确保它们是在 $\mathcal{J}_1$ 下被解释的。然而,倘若 C_0 是被满足的,亟需条件用更多规定可能已经被满足。尽管对抽象工作方式的描述上,黑尔和怀特不是完全明确的,但有理由认为他们把语句内容的规定 S1 当作补充以关于子语句语义值的规定。

S2:在新解释 $\mathcal{J}_1$ 下,联结词、量词和恒等谓词继续接收它们的初始论域 M_0 上的预期语义值。

正是这个规定给新逻辑主义抽象以它的静态特性:抽象保持论域不变。例如,$\forall v$ 继续表达新解释 $\mathcal{J}_1$ 下初始论域 M_0 上的一阶全称量词化。存在把 S2 附加到新逻辑主义者的三个理由。首先,他们解释:"休谟原则和其他抽象原则的规定相当于下决心再构思它们右手边的主题,以在所引入的恒等陈述类型中由先行被理解成分整体句法所决定的方式。"(黑尔和怀特,2001,第 149 页)不同于变元所引入的抽象恒等陈述中的唯一先行被理解成分是恒等陈述。对它决定以其右手边主题被再构思样式的最明显方式是保留它的先行解释。其次,新逻辑主义者明确赞同有时被称为关于量词绝对论(absolutism)的东西。

据此观点,我们的能量词管辖由每个绝对事物组成的某些事物。怀特主张休谟原则右手边的一阶量词管辖这个论域。但推测起来抽象不引起量词化论域收缩。因此,假设量词管辖前抽象(pre-abstraction)和后抽象(post-abstraction)两者的绝对论域是自然的。再次,S2 的加入确保亟需条件被满足。逻辑的实质可靠性是由指派逻辑表达式以它们预期的 M_0 上的语义值所保证的;而且,连同 S1,这个规定确保抽象原则在新解释下证明是真的。这些规定传递新逻辑主义者从抽象需要什么的事实提供 S1 和 S2,正是新逻辑主义者头脑中有的东西的进一步证据。然而不幸的是,在这个基础上,新逻辑主义者成功的任意表象都是短暂的。当个体地无罪，$\mathcal{L}_\Sigma$ 能根据 S1 和 S2 两者同时被解释不是明显的。确实正是规定 S1 和 S2 的结合才似乎是良莠不齐问题的根源。

这个问题可归结为新论域尺寸上的不相容要求。假设初始论域 M_0 有 κ_0 个元素；而且新论域 M_1 有 κ_1 个元素。假定恒等谓词接收它的新论域上的预期解释，且 C_0 是被满足的，那么由 $Eq(X, Y)$ 所表达的等价关系上的抽象，按照 S1，要求非等价概念被指派不同抽象对象。结果，新论域 M_1 中必定至少存在与初始论域 M_0 上存在二阶媒介物等价类一样多的抽象物。在第五基本定律的情况下，存在 2^{κ_0} 个如此等价类；所以，$\kappa_1 \geq 2^{\kappa_0} > \kappa_0$。但由于 S2 要求论域仍是静态的，相反我们有 $\kappa_1 = \kappa_0$。两个基数要求不能同时被满足。类似的麻烦出现在每当由 $Eq(X, Y)$ 表达的等价类在初始论域上是膨胀的：每当它诱导的 M_0 上媒介物的等价类数量超过初始论域的基数 κ_0。

3. 新逻辑主义者的锡拉岩礁—卡律布迪斯困境

良莠不齐问题是稳健的（robust）。在使逻辑可靠的任意二价解释下，像第五基本定律这样的不协调抽象原则不能是真的，更不必说先天可知，或者没有实质的认识举措规定为真。为满足第二个亟需条件，条件 C 必须被规定以把第一个亟需条件限制到"好的"情况。直接由抽象的静态描述所激发的条件 C_0——等价陈述表达等价关系——严重无效，承认第五基本定律的话。人们需要更具限制性的条件。当然在原型情况中，不难发现第五基本定律与像休谟原则的好抽象间的非类比。第五基本定律是不协调的，而休谟原则的协调性不是可疑的。然而，更难的情况长期以来为人们所知。布劳斯提出协调抽象原则，即奇偶性原则，它的等价陈述表达在所有且仅有无穷论域上膨胀的关系。

由于来自休谟原则的等数性关系在所有有限论域上是膨胀的，两个抽象原则不是联合可满足的。在这个基础上，新逻辑主义者已接受它们不能都被规定为好的。对 C 来说要求比仅仅协调性更严厉的标准以排除布劳斯的对"坏伙伴"的进一步独创性实例。作为回应,怀特建议好抽象原则不应该仅仅是协调的而且在特定意义上是保守的。概略地,好抽象原则不为不包含在我们现存关于如此对象理论的非抽象本体论生成新后承(怀特,2001,第 9 节)。怀特的建议引起过剩的推定 Cs,寻求使建议精确,或者进一步精制它:保守的、无界的、和平的、稳定的和强稳定的。

表 1　关于好抽象原则的假定条件 Cs

说抽象原则 ϕ 是 κ 可满足的当它有定域为 κ 的模型。说抽象原则 ϕ 是:
(i) 无界的当对任意 μ,存在 $\kappa \geq \mu$ 使得 ϕ 是 κ 可满足的。
(ii) 稳定的当存在某个 μ 使得,对每个 $\kappa \geq \mu$,ϕ 是 κ 可满足的。
(iii) 强稳定的当存在某个 μ 使得,对所有且仅有 $\kappa \geq \mu$,ϕ 是 κ 可满足的。
(iv) 保守的当对任意理论 Γ 和缺少抽象算子和一元谓词 P 的语句 χ,Γ^P,$\phi \models \chi^P$ 仅当 $\Gamma \models \chi$,这里 Γ^P 和 χ^P 是把 Γ 和 χ 的元素相对化到一元谓词 P 的结果。
(v) 和平的当保守的且与每个保守抽象原则联合可满足的。

这个小节的主业是提出良莠不齐问题这种回应风格的困境:框定 C 的每个尝试或者被承认"坏伙伴"的锡拉岩礁撞击或者被消除"好伙伴"的卡律布迪斯吞没。困境的锡拉岩礁边是熟悉的。"坏伙伴"是与其他抽象原则联合不协调的抽象原则。成为可满足的、无界的和保守的条件都太放任,导致满足 C 的抽象原则不协调系统 Σ-C。另一方面,避免成为太放任的锡拉岩礁的那些 Cs 面对成为太制约的卡律布迪斯:这些条件 Cs 排除为新逻辑主义者所需要的抽象原则以它的全预期一般性恢复二阶集合论的适度部分。对推定的新逻辑主义者集合论复原已经存在大量研究。为允许集合论全范围应用,新逻辑主义者应该瞄准已公理化的标准集合论,以允许非集合,或者"本元"。布劳斯研究他称为新五的第五基本定律修正(布劳斯,1998):

$$ext(X) = ext(Y) \leftrightarrow ((Un(X) \wedge Un(Y)) \vee X \equiv Y)。$$

非形式地,X 的外延等于 Y 的外延,当且仅当或者 Xs 既是论域多个

404

（universe-many）且 Ys 也是论域多个，或者 Xs 与 Ys 是相同事物，这里某些 Xs 是论域多个，当它们与论域的元素处于 1-1 对应。如同布劳斯表明的，等价陈述中的析取支为第五基本定律恢复协调性。这条路径体现的是对集合论悖论的"大小限制"回应。自身缺乏作为论域多个的元素，序数和任意其他事物的集合，被认为"太多"以致无法成为集合的元素，且被指派相同的虚拟外延。布劳斯表明新五解释，当份额的带有选择和本元的标准策梅洛—弗兰克尔集合论的二阶可公理化性 ZFCU²，但不能够证明或者无穷集的存在性，或者幂集公理。

这少于新逻辑主义者本应追求的集合论——无穷集是不可协商的，当集合论要扮演它通常的基础性角色——不过这是一个实质性的开始。新逻辑主义者曾试图补充新五以更多的抽象原则，使它们恢复更多标准集合论。不幸的是，这种部分的集合论上的成功马上由新逻辑主义者对良莠不齐问题的回应所扰乱。新五既不是强稳定的，不是和平的，也不是稳定的。这里我们有困境另一边的起点。避免不协调性锡拉岩礁的那些条件，排除恢复部分标准集合论的自然的新逻辑主义手段。当然，新五恰好是如此的一个手段。作为对这个公理问题的回应，新逻辑主义者能够而且确实追求通向基于抽象的（abstraction-based）集合论恢复的可选择路径。然而不幸的是，卡律布迪斯更广泛地罢工。

问题的根源是由乌斯基亚诺所证明的一个定理。他注意到稳定性不能是好抽象的必要条件，当我们甚至要从满足 C 的抽象原则系统 Σ-C 恢复适度数量的集合论。在基数考虑的基础上，他证明没有稳定抽象原则集蕴涵 ZFCU² 的公理甚或 ZFCU² 的适度子理论（subtheory）的公理。麻烦在于，当任意稳定抽象原则集必定在特定极限上的所有基数中有模型，存在任意大的基数在其既非 ZFCU² 也非适度的子理论有模型（乌斯基亚诺，2009）。乌斯基亚诺结果的直接推论如下：它是 ZFCU² 和弱子系统的一个定理——称之为"可数丰富"定理——即对在数量上不多于可数无穷的任意事物，某个集合有它们且

只有它们作为元素存在。把 C 当作稳定性,强稳定性或者和平性,放置 Σ-C 上的下述限度:

（★）：满足 C 的抽象原则系统 Σ-C 不蕴涵可数丰富。

可数丰富相当于非常适度的集合论数量,与全理论资源比较是非常贫穷的,其不仅证明可数丰富定理而且证明这个定理一般化到远远超过可数无穷的无穷基数。然而,根据乌斯基亚诺定理的这个推论,甚至这个小数量的集合论似乎超出符合那些避免不协调性锡拉岩礁条件 C_s 的抽象原则范围。

然而,如同结果坚持的,新逻辑主义者对(★)有令人信服的回应:要紧的不是抽象原则系统 Σ-C 应该蕴涵集合论公理,而是它应该解释它们。经由比较,考虑算术的情况。休谟原则不蕴涵二阶算术公理 PA^2。我们能看到这与集合论情况下出于基数理由大致相同。休谟原则是强稳定的,在所有且仅有的无穷基础中带有模型。但根据戴德金著名的范畴性定理(戴德金,1888),全二阶算术 PA^2 只有可数无穷模型。结果,休谟原则的不可数无穷模型不是 PA^2 的模型。这种蕴涵的基数障碍不是经由休谟原则和弗雷格定理基于抽象的对算术恢复的障碍。

尽管休谟原则不蕴涵——且因此不证明——PA^2 自身的公理,它确实解释它们:它证明弗雷格把这些公理翻译为在其陈述这个抽象原则的语言。同样地,新逻辑主义者能论证(★)中报告的蕴涵无效使更重要的是否 Σ-C 解释集合论的问题悬而未决,也就是,是否存在从带有本元的集合论语言 $\mathcal{L}_{ZFCU^2}$ 翻译为抽象语言 $\mathcal{L}_\Sigma$,保持二阶逻辑关系不变,使得 Σ-C 证明 $\mathcal{L}_{ZFCU^2}$ 的非逻辑公理的翻译。不过,注意并非带本元的集合论的任意解释都行得通。这个理论的预期一般性引起不在算术情况下呈现的在它成功的新逻辑主义恢复上的进一步亟需条件。在算术语言 $\mathcal{L}_{PA^2}$ 的预期解释下,量词带给自然数默认的限制。比如,

406

取 PA^2 的平凡定理：

$$\forall x(x+1\neq0)。$$

这个定理的预期解释不是任何事物和一的和不是零的假声称，宁可是任意自然数和一的和不是零。这个隐性限制是在弗雷格定理证明中所使用的翻译中明确的，在其全称量词是相对化的：形式为 $\forall x\phi$ 的 $\mathcal{L}_{PA2}$ 的语句，在框定休谟原则的语言中被翻译为 $\forall x(N(x)\rightarrow[\phi]^t)$，这里 $N(x)$ 是弗雷格的"自然数"定义且 $[\phi]^t$ 是 ϕ 的翻译（弗雷格，1974、2013；布劳斯，1998）。不像算术且不像纯粹集合论，带有本元的集合论语言 $\mathcal{L}_{ZFCU2}$ 没有默认的限制。这个语言扩张的是带有集合谓词 ß 和元素-集合谓词∈的二阶逻辑语言。在它的预期解释下，它的量词 $\forall x$ 管辖每个事物，既有每个集合也有每个本元。因此，比如，像下述一个的定理意图有无限制一般性：

$$\forall x\exists y(ßy\wedge\forall z(z\in y\leftrightarrow z=x))。$$

这个定理的预期解释在于每个事物是某个集合的单独元素——换句话说，每个事物都有一个单件（singleton）。如果我们把默认限制应用到 $\forall x$，我们无法以全一般性表达这个声称，保留某个事物缺少单件的可能性悬而未决。结果，从带有本元的集合论语言 $\mathcal{L}_{ZFCU2}$ 翻译到抽象语言 $\mathcal{L}_\Sigma$，应该保留无限制量词未相对化：$\forall x\phi$ 应该被翻译为 $\forall x[\phi]^t$，这里 $[\phi]^t$ 是 ϕ 的翻译。有这个亟需条件就位，我们准备全力表述困境的卡律布迪斯边（the Charybdis side）。由乌斯基亚诺提出的构建（★）的基数考虑，也可能被用来表明在满足 C 的抽象原则系统 Σ-C 中不存在 $ZFCU^2$ 的非相对化解释，当 C 是避免不协调性锡拉岩礁的一个条件。确实，如此的理论不能够给出 $ZFCU^2$ 的任意子理论的非相对化解释强到足以证明可数丰富理论。那么，简言之，困境如下：以语义学术语精确系统化或者精化怀特的保守性观念的主要尝试列在表 2 中。每个推定条件 C 或者与太放任的锡拉岩礁冲突或者与太制约的卡律布迪斯冲突，如同表 2 中指明的那样。

锡拉岩礁:C 无法排除坏伙伴:满足 C 的抽象原则系统 Σ-C 是不协调的。

卡律布迪斯:排除好伙伴:满足 C 的抽象原则系统 Σ-C 并非非相对化地解释证明可数丰富的 $ZFCU^2$ 的任意子理论。

表 2　锡拉岩礁/卡律布迪斯

锡拉岩礁 ↑	可满足性 无界性	保守性	↑锡拉岩礁
卡律布迪斯 ↓	稳定性 强稳定性	和平性	↓卡律布迪斯

关于困境的范围我们应该是清楚的。我们把它限制到使表 2 中显示的怀特保守性观念变得严格或者精化它的语义学尝试。但这不是对新逻辑主义者寻找推定充足性条件 C 开放的唯一途径,精确框定如此条件的两个其他尝试在文献中已被研究。首先是法恩部分地把 C 基于近似于塔斯基关于逻辑性条件的置换不变条件(法恩,2002)。不幸的是,这陷入卡律布迪斯的另一个版本。伯吉斯已证明作为结果理论的强度远远低于集合论的强度(伯吉斯,2005)。第二个尝试以证明论术语而非语义学术语定义保守性。这些也排除布劳斯的新五(夏皮罗和韦尔,1999,第 306 页);但满足这个条件的其他抽象原则是否足以恢复集合论拭目以待。不过,新逻辑主义者会稳妥追求这条路径。句法保守性可能失效的地方语义保守性有效而且不像语义学情况,新逻辑主义者缺乏他们计划基石的安全结果:休谟原则不为句法保守性所知。当然,这些没有一个排除传递新逻辑主义者需要的每个事物的条件 C 至今仍想象不到可能性。然而,同时,迄今为止发现如此 C 的持续失败建议也许是时候追求可替换选项。

4. 动态抽象原则的工作机制

我们愿意提出的抽象描述在两个关键方面不同于第 2 小节中重

408

构的新逻辑主义描述。我们愿意建议良莠不齐问题的根源是新逻辑主义描述的静态特性：抽象保留解释论域不变，带着抽象不能在等价关系上被执行的结果，它们在初始论域上膨胀。相比之下，本小节勾画的抽象描述有动态特性。我们拒绝新逻辑主义者的初始论域由每个绝对事物组成的假设。由抽象产生的解释可能导致新论域 M_1 严格宽于初始论域 M_0。这一释放位于良莠不齐问题中心的基数压力。第五基本定律是恰当的例子。给定包含 κ_0 个对象的初始论域，如同第 2 小节中注意的，共延性关系上的抽象要求新论域包含至少 2^{κ_0} 个抽象物。但没有新逻辑主义者进一步地体现在 S2 中的新论域和初始论域相符的假设，M_1 的基数中的危害不超过 M_0 的基数中的危害。相似地，一旦我们允许如此扩张，我们能高兴地从休谟原则中等数性关系上抽取当初始论域是有限的，或者从布劳斯的奇偶性原则中的等价上抽取当初始论域是无穷。在静态环境中构成"坏伙伴"的抽象在动态环境中是声誉良好的。

第二个关键差异在于动态抽象是可以被迭代的。在以新抽象物扩大初始论域的过程中，我们也增加可能从中提取的大量媒介物。为返回第五基本定律，共延性关系的每轮抽象在新论域中为初始论域的每个外延性概念生成一个集合。由于我们假设全二阶量词化，有 κ 元素的任意论域有它上面的 2^κ 个外延性概念。结果，有基数 κ_0 的初始论域 M_0 上的从媒介物的第一轮抽象诱导严格更宽论域 M_1，它包含 M_0 的 2^{κ_0} 个元素集。M_1 上的媒介物抽象导致至少包含 $2^{2^{\kappa_0}}$ 个集合的论域 M_2，诸如此类。这个结果是良基的、无界的解释序列 $\mathcal{J}_0$，$\mathcal{J}_1$，…，$\mathcal{J}_\alpha$，…，每个由扩张最后一个的论域——也就是，$M_0 \subset M_1 \subset \cdots \subset M_\alpha$。迭代可能被扩充到超限阶段，而且如同我们将在下面看到的，必定如此，若我们通过此手段恢复 ZFCU^2 的所有公理。无论如何，这就是我们的图景。这是动态抽象打算如何工作的草图。内容的"再划分"仍位于抽象的中心。有如同第 2 小节中的相同附带条件，抽象恒等陈述的内容与等价陈述的内容相协调的规定

S1 被一般化如下：

S1*：对 $\beta > \alpha$，对 M_α 上的每个赋值 σ，$[\![\S X = \S Y]\!]^\sigma_{\mathcal{J}_\beta} = [\![Eq(X, Y)]\!]^\sigma_{\mathcal{J}_\alpha}$。

如以前，对如此再解释存在直接的充要条件以遵守掌控恒等性的逻辑原则。S1* 中的规定通向使逻辑在每个解释 $\mathcal{J}_\alpha$ 下如此被解释的语言片段上可靠的二价解释恰好假使满足下述包含两个部分的条件：

C*：(i) 每个等价陈述 $Eq(X, Y)$ 在每个解释 $\mathcal{J}_\alpha$ 下，即 M_α 上媒介物到它的参数的每个指派，表达 M_α 上二阶媒介物的等价关系。

(ii) 对任意 α 和 β，且 M_α 和 M_β 上的任意指派，$[\![Eq(X, Y)]\!]^\sigma_{\mathcal{J}_\alpha} = [\![Eq(X, Y)]\!]^\sigma_{\mathcal{J}_\beta}$。

条件的第二部分有助于排除在不同论域中表达冲突等价关系的等价陈述，诸如"X 与 Y 是共延的当论域是有限的，或者 X 与 Y 是等数的当论域是无穷的"。把 S1* 应用到如此等价陈述不可能会要求从等数，但非共延的成为既是恒等的也是不同的 X 和 Y 抽取的对象。仍要确保逻辑结果是在整个语言上是可靠的。在这个阶段，我们更彻底地与在第 2 小节中所重构的新逻辑主义抽象描述分离。那里，逻辑可靠性是由取解释论域成为静态的且在 S2 中规定逻辑表达式在那个论域继续接收它们预期的语义值所保证的。我们用关于语句内容分配的进一步规定取代在子语句语义值层次操作的这个规定。

S2*：在每个连续解释 $\mathcal{J}_\alpha$ 下，逻辑是穿过语言语句由无结构语句内容的适当分配而致使可靠的。

这里我们遭遇熟悉的抽象问题:恺撒问题。为了穿过原子语句规定内容分配,我们尤其必须解决非标准恒等内容,包括诸如"恺撒=罗马皇帝的数量"的形式为 $x = \S Y$ 的内容。这是实质的问题对其抽象的朋友亏欠实质性解决方案,但我们将不尝试在这里解决它。不过,假设能发现一个解决方案且能解释语言的原子片段以便致使在新解释 $\mathcal{J}_\alpha$ 下被应用到这个片段的逻辑是可靠的,同 S2 相符合穿过复杂语句分配内容是直接的。塔斯基子句提供处方以递归地把内容指派到复杂语句,以便在整个语言上致使逻辑可靠。例如,根据内容的可能世界模型,我们设定:

$$[\![\phi \wedge \psi]\!]_{\mathcal{J}_\alpha}^\sigma = \{w \mid w \in [\![\phi]\!]_{\mathcal{J}_\alpha}^\sigma \text{ 且 } w \in [\![\psi]\!]_{\mathcal{J}_\alpha}^\sigma \},$$

$$[\![\forall v \phi]\!]_{\mathcal{J}_\alpha}^\sigma = \{w \mid w \in [\![\phi]\!]_{\mathcal{J}_\alpha}^{\sigma[v/a]} \text{对 } M_\alpha \text{ 中的每个} a\},$$

如此等等。最后,子语句语义值是在论域 M_α 上整体论地决定的,它由非抽象物连同序列中早前解释论域上媒介物抽象物组成。

> S3*:M_α 上的子语句语义值被选择为合成地恢复 S1* 和 S2* 中所规定的语句内容分配的那些。

因此抽象表达式如何获得它们的语义性质的描述有自顶向下的特性。首先语句内容是决定的,其次子语句语义值在它们中是决定的。

5. 用模态理论表达迭代概念的动态特性

让我们回到动态环境中的良莠不齐问题。对不协调性锡拉岩礁能够给出动机良好回应的动态描述在最近的文章中已由林内波发展(林内波,2009)。前面小节中发展的抽象描述展示与林内波描述的相似点以及显著的差异。不像静态描述,两个描述让抽象发生在良基阶段序列,每个把新抽象物引入定域且把新媒介物引入它上面。但林内波文章中的描述比当前的描述进一步离开弗雷格对内容再划分(contentrecarving)的勾画,取它的更形而上学的特性:据此观点,抽象在于个体化,被注释为"定义的语义概念的形而上学类似物"(林内波,2009,第 375 页)。另一个关键差异,这次有为良莠不齐问题的重要分歧(ramifications),关系到二阶媒介物。根据这里发展的描述,在每个解释 $\mathcal{J}_\alpha$ 下,二阶量词表达全非直谓二阶量词管辖外延性概念在其下 M_α 的零个或者多个元素归入。对任意条件 ϕ,存在外延性概念 X 在其下恰恰 $\mathcal{J}_\alpha$ 下满足 ϕ 的 M_α 的零个或者多个元素归入。但条件 ϕ 用来固定概念外延而非给出它的意义。在任意随后的解释 $\mathcal{J}_\beta$ 下,相同的零个或者多个对象归入 X,即使它们不再满足 $\mathcal{J}_\beta$ 下的条件 ϕ。

相比之下,林内波的描述调配与它们的下定义条件更加紧密相联的概念:当概念 X 是由 $\mathcal{J}_\beta$ 下的条件 ϕ 所定义的,在每个随后的解释下归入概念 X 的对象是 $\mathcal{J}_\beta$ 下满足 ϕ 的 M_β 的零个或者多个元素。不像在第 α 轮抽象后可用的外延性概念,在其下只有 M_α 的元素曾经归入,根据林内波的描述,在每个阶段,概念个体化是内在"向前看的":如此概念也编码有待个体化的对象,它们将在更多轮抽象后归入概念(林内波,2009,第 4 节)。当我们要避免罗素悖论,需要关注如此向前看的概念。林内波利用有根性(groundedness)概念以便激发二阶概括上的句法约束,令人回忆起直谓性。这确保它与许可每个(在前一小节概述的)满足最小充足性条件(the minimal adequacy condition)等价陈述上抽象公理的协调性(林内波,2009,第 8 节)。但因此当这个描述避免太强的锡拉岩礁,是否也绕开太弱的卡律布迪斯是未知的。基于向前看概念的林内波动态抽象描述的逻辑强度(logical strength)问题仍是开放的。

然而,在静态环境中对良莠不齐问题的基于直谓性(predicativity-based)的解决方案的弱点建议暗示初步的悲观根据。恢复数学的标准,新逻辑主义尝试在很大程度上利用由直谓性和林内波的直谓性变体所强加的破坏句法约束的概括实例。在静态环境中,已知的是这保留作为结果的理论不能够解释算术,更不必说集合论(伯吉斯,2005,

第 2 章)。在本小节的剩余部分,我们将表明这里发展的基于外延媒介物的动态抽象描述不遭受逻辑软度(logical weakness)。目前的描述能够同时避免太强无法为真的锡拉岩礁和太弱无法恢复集合论的卡律布迪斯。注意在采用动态抽象描述的过程中,我们放弃第一条新弗雷格主义亟需条件(the first neologicist desideratum):动态抽象不致使静态抽象原则为真。如同 S1*,S2* 和 S3* 中所描述的,抽象引起良基解释序列:$\mathcal{J}_0$,$\mathcal{J}_1$,…。这些有助于使序列中每个解释 $\mathcal{J}_\alpha$ 下的每个等价陈述 Eq(X,Y)的内容与不在相同解释下而在序列 $\mathcal{J}_{\alpha+1}$,$\mathcal{J}_{\alpha+2}$,…中每个随后解释下抽象恒等陈述 §X = §Y 的内容相协调——如同在静态描述中由 S1 和 S2 所产生的。

为描述这种内部解释配位(inter-interpretation co-ordination)的结果,让我们用更多表达性资源充实抽象语言 $\mathcal{L}_\Sigma$。动态抽象语言 $\mathcal{L}_\Sigma^\Diamond$ 把两个模态算子□> 和□< 加入 $\mathcal{L}_\Sigma$。正式地,这些模态算子是原始的。但这不阻止我们阐明它们的预期解释。如同在 $\mathcal{J}_\alpha$ 下解释的,□>ψ 可以被非形式地注释为"ψ 将在序列 $\mathcal{J}_{\alpha+1}$,$\mathcal{J}_{\alpha+2}$,…的每个后面解释下成立",且□<ψ 可以被注释为"ψ 在序列中的每个前面解释中成立"。如此的模态算子不表达依照情况的模态性,诸如形而上学或者物理必然性。它们不一般化可能的情况转移(possible shifts of circumstance)。反之,□> 和□< 表达近似于逻辑必然性受限制版本的解释性模态性。算子一般化解释转移(shifts in interpretation)。但不像逻辑必然性,其涉及非逻辑表达式的所有解释转移,抽象语言 $\mathcal{L}_\Sigma^\Diamond$ 中的算子只涉及由抽象引起的解释转移种类(法恩,2006,第 2.4 节;林内波,2010,第 5 节;斯塔德,2013,第 2 节)。更多的模态算子可以根据两个原始算子被定义。

照例□<ψ 被定义为 ¬□<¬ψ,说的是"ψ 在序列中的前面解释处成立";算子> 被类似地定义。我们也把□ψ 定义为□<ψ∧ψ∧□>ψ,说的是"ψ 在序列的每个解释处常常成立";◇ψ 被定义为 ¬□¬ψ,说的是"ψ 在序列的某个解释处常常成立"。在模态抽象语言 $\mathcal{L}_\Sigma^\Diamond$ 中,解释序列的结构性特征可以用适当的模态逻辑描绘。逻辑 LST^2 是二阶模态逻辑（斯塔德，2013）。它用模态公理扩充二阶逻辑。这些包括近似于时态逻辑公理的命题公理，把解释序列描绘为连续良序（a serial well-order）：$\mathcal{J}_0 < \mathcal{J}_1 < \cdots < \mathcal{J}_\alpha$。掌控模态算子和量词相互作用的公理反映出每个连续论域至少与最后一个一样包含的事实：$M_0 \sqsubset M_1 \sqsubset \cdots \sqsubset M_\alpha \cdots$。公理和规则在附录 A.2 中陈述；它们相对于恰当的克里普克语义学是可靠的，这是在附录 A.1 中陈述的。在模态语言中，动态抽象的效果可以通过两个非逻辑公理来描述，其在动态环境中履行静态抽象原则的义务。我们将把这些公理称为"动态抽象原则"。第一个公理以直接方式修改静态公理。它是下述的必然化全称闭包：

$$(AP_1^*) \quad \Box_> (\S X = \S Y) \leftrightarrow Eq(X, Y)。$$

非形式地，情况将是在每个随后解释 $\mathcal{J}_{\alpha+1}$，$\mathcal{J}_{\alpha+2}$，$\cdots$ 下概念 X 的 Eq 抽象物等同于概念 Y 的 Eq 抽象物恰好假使 X 与 Y 有着 $\mathcal{J}_\alpha$ 下由 Eq 表达的关系。通过 S1* 规定的内容配位使这个原则在每个解释 $\mathcal{J}_\alpha$ 下为真。第二个动态抽象原则捕获如此内容分配是抽象物给予我们的唯一方式的事实。说对象是 Eq 抽象物当在某个解释下它是相对于某个参数 $\vec{Z}$ 的某些 Xs 的 Eq 抽象物。序列中每个论域的每个 Eq 抽象物得自序列前面论域上的媒介物和参数抽象。在模态语言中这可以形式化为如下：

$$(AP_2^*) \quad \Box \forall x (\Diamond \exists X \exists \vec{Z}(x = \S(X, \vec{Z}) \leftrightarrow \Diamond_< \exists Y \exists \vec{Z} \Diamond (x = \S(X, \vec{Z}))))。$$

非形式地，情况常常是在每个解释下任意 Eq 抽象物是前面解释论域上的某个外延性概念 Y 和参数 $\vec{Z}$ 的 Eq 抽象物。令 Σ^*-C^* 是由给定充足性条件 C^* 规定为好的动态抽象原则系统，理论得自把符合 C^* 的

AP_1^* 和 AP_2^* 的所有实例加到二阶模态逻辑 LST^2。尤其，Σ^*-C_0^* 是符合在第 4 小节中辨认的最小充足性条件 C_0^* 的动态抽象原则系统，其要求等价关系 $Eq(X, Y)$ 在所有共同定域上达成一致的解释 $\mathcal{J}_a$ 下表达等价关系。回顾在静态环境中，类似理论 Σ-C_0——由等价陈述 $Eq(X, Y)$ 表达等价关系的静态抽象原则组成——直接与不协调的锡拉岩礁冲突，而承认第五基本定律。由于来自第五基本定律的等价陈述也满足 C_0^*，动态抽象理论 Σ^*-C_0^* 同样地包含第五基本定律的动态类似物：

$$\Box_> (ext(X) = ext(Y)) \leftrightarrow X \equiv Y。$$

但静态环境中的外延性抽象导致麻烦，而在动态环境中它是不成问题的。包含第五基本定律动态类似物和所有其他的符合 C_0^* 动态抽象原则的系统 Σ^*-C_0^* 是协调的。附录 A.3 为此理论构造一个克里普克模型。不像它的静态类似物，直接由动态描述激发的最小充足性条件 C_0^* 避免不协调的锡拉岩礁。共延动态抽象也能够避免以它的预期一般性不能恢复集合论的卡律布迪斯。不同动态抽象的内容再分配迭代过程建议理解集合论论域标准描述的自然方式。根据熟悉的迭代概念，集合是在序数指标（ordinally-indexed）阶段序列 $s_0 < s_1 < \cdots < s_\alpha \cdots$ 中逐秩（rank by rank）形成的。在第一个阶段 s_0，我们恰好以本元开始；没有集合形成。在每个随后阶段 s_β，在前面阶段 $s_\alpha < s_\beta$ 可用的所有且仅有的对象集形成。这个过程被迭代到超限（休恩菲尔德，1967；布劳斯，1998a，1998c；帕森斯，1983）。

经过适当制作，如此的故事也提供恢复标准集合论公理的手段。在聚焦纯粹集情况迭代概念的工作中，林内波和斯塔德已经表明迭代概念与众不同的动态特性可以用模态公理化性捕获。分别把一个和两个模态算子加到集合论语言，这些描述每个清楚表达该概念的模态公理，而且表明模态理论解释纯粹一阶集合论 **ZF**（林内波，2013；斯塔德，2013）。但因此在迭代概念为标准集合论提供自然动机期间，很少哲学家愿意支持该描述：当根据外表（face value）判断，详述凭其集合在阶段序列中表面上被形成的过程。在其他关注中间，至少在纯粹集的情况下，集合的更多秩似乎不是能被迭代产生的事物种类，比如，像多层停车场的更多楼层那样。

近期的模态描述加入大多数放弃对迭代概念如此表面的解释，明确拒绝每个人调配的对模态算子的依照情况的解释（circumstantial interpretations）。但越过这个，两者对他们的模态算子如何被解释仍保持中立（林内波，2013，第 207—208 页；斯塔德，2013，第 2 节）。动态抽象描述提供迭代概念表面解读的受人欢迎的替代方案：后者的连续阶段对应由迭代抽象所达到的连续解释；集合"形成"（formation）实际上是在 $S1^*$，$S2^*$ 和 $S3^*$ 中所勾画的对词典（lexicon）自顶向下解释种类的事情。连续集合秩被带进我们的量词范围，不是通过反复地改变事物如何与世界在一起，而是通过迭代地放宽这些量词解释的限制，以有抽象特色的方式经由配位无结构语句内容。用来公理化迭代概念的模态算子可以被当作表达上述已阐明的可解释模态性（interpretational modality）种类。

迭代概念的这个理解为动态抽象理论 Σ^*-C_0^* 提供路径以用它预期的一般性恢复集合论的实质部分。迭代概念的模态可公理化性可以被一般化以解释二阶集合论的一个版本 $ZFCU^2$，给定两个更多的假设。把该模态"阶段理论"称为 $MSTU^2$。动态抽象允许我们更高一层深入，深度探讨可以被当作成为描述迭代概念公理基础的原则，给定我们目前对"过程"隐喻的理解。理论 $MSTU^2$ 可以转而在抽象原则系统 Σ^*-C_0^* 中被解释。净结果是对很大和有趣一部分集合论的解释：组成两个翻译，我们获得从带有本元的非模态集合论语言 $\mathcal{L}_{ZFCU^2}$ 到模态动态抽象语言 $\mathcal{L}_\Sigma^\Diamond$ 的翻译，其保持一阶逻辑关系不变，使得 Σ^*-C_0^* 证明 $ZFCU^2$ 公理的翻译，给定广泛逻辑特性（a broadly logical character）的某些假设，参考附录 A.4。

关于该解释的三个评论已就绪。首先，$ZFCU^2$ 的解释依赖两个假设,在基础模态逻辑语言 LST^2 中被表述。第一,来自 $ZFCU^2$ 的集合选择公理是把外延性概念类似公理加入 LST^2 的结果。第二,我们依赖关于抽象被迭代范围的强假设。每连续轮抽象恰好引入更高一秩的集合,正好把先前论域的元素集加入新论域。为了获得无穷秩集合,诸如有限序数集 ω,至少必定存在可数无穷多轮抽象。为了恢复由 $ZFCU^2$ 假定的所有无穷集,迭代必须进一步继续进入超限。所需要的迭代范围能由把"反射"模式加入 LST^2 变得精确,系统化阶段层级扩充远到避开根据任意的能在集合论语言中被表述的条件描绘的思想。

当这个模式允许我们描绘被需要恢复集合论的抽象迭代范围,对超限迭代的需求已表明动态理论的分歧(ramifications for the dynamic theory)。这里我们的目的是要表明有抽象特色的内容分配种类如何使集合论公理为真。如同上述提到的,我们不关心给出对如此的内容分配或者像它的某物是否或者如何可以被日常语言使用者引起描述。但该方向中的任意将来的动态理论发展的一个特征现在是相当清晰的:如果抽象的迭代轮次或者像它们的某物已把集合的超限秩带到我们的量词范围,那么我们未曾逐个地经受这些轮次。有限数量的有限存在(finite beings)的行动已引起无穷多轮抽象。

其次,解释把默认模态内容归因于日常非模态集合论语言 $\mathcal{L}_{ZFCU^2}$ 的量词。当在动态抽象理论中被解释,这确保带有本元的集合论保留它预期的一般性。在静态环境中,有人主张这要求 $\mathcal{L}_{ZFCU^2}$ 中被表述的集合论的非相对化解释变为非模态(non-modal)静态抽象语言 $\mathcal{L}_{\Sigma}^{\Diamond}$。在动态环境中,这不再是足够的。在非模态静态抽象语言 $\mathcal{L}_{\Sigma}$ 和模态动态抽象语言 $\mathcal{L}_{\Sigma}^{\Diamond}$ 间对量词的预期解释存在关键差异。当在得自静态抽象的新解释下,新逻辑主义者取 $\mathcal{L}_{\Sigma}$ 的无限制量词以管辖所有集合和本元,而 $\mathcal{L}_{\Sigma}^{\Diamond}$ 的量词不如此广泛地管辖。

根据动态描述,在每个连续解释 $\mathcal{J}_{\alpha}$ 下,$\forall v$ 只管辖 $\mathcal{M}_{\alpha}$ 的元素,即 α 轮抽象后可用的对象,或者——回到形成隐喻——由迭代"过程"

的第 α 个阶段"形成"的集合和本元。尽管如此,动态抽象的朋友可以通过把默认模态内容解读为它的非模态语言 $\mathcal{L}_{ZFCU^2}$ 的量词恢复集合论的预期一般性。在模态语言 $\mathcal{L}^{\Diamond}_{\Sigma}$ 中通过符号串 $\forall v$ 翻译 $\mathcal{L}_{ZFCU^2}$ 的无限制量词 $\forall v$。把量词管辖解释 $\mathcal{J}_\alpha$ 的论域 $\mathcal{M}_\alpha$ 中的所有集合和本元嵌入模态算子管辖每个如此解释内部的效果是,在任意解释的论域一般化每个集合和本元——在迭代"过程"的任意阶段"形成"每个集合和本元。

最后,结果自动态描述出现的集合论有稳健的"潜在论"特性(a robustly potentialist character)。现实论的集合论概念(the actualist conception of set theory)把那里当作组成集合论层级的单个"完成"的集合复数性。相比之下,集合论的模态解释给予它以一种潜在论特征。据此观点,不存在极大广延(maximally extensive)集合论层级;反之,存在越来越大集合论层级的无止境潜在序列,每个把更多的集合秩加到最后一个。一阶集合论在这两个概念间是中立的。一阶 ZFCU 的量词可以或者被当作管辖完成的集合层级,或者——如同由动态理论中它的解释所见证的——被当作有默认模态内容,管辖更广延集合论论域的无止境潜在序列。现实论者和潜在论者间的差异在二阶环境中露面。不包括奎因主义者关于二阶资源的保留意见,现实论者可能允许在完成层级顶部存在概念的全秩,它们中的许多太广延以至无法有集合外延(set-extensions)。潜在论者提出异议。概念秩不能在这个集合论层级顶部被添加,由于不存在它们能被加到的极大广延层级。潜在论者可能允许在潜在序列的每个层级顶部存在全秩概念(a full rank of Concepts),但如此概念常常与序列中后面更广延层级中的集合是共延的。

在模态语言 $\mathcal{L}^{\Diamond}_{\Sigma}$ 中铸造集合论提供一种方法以使这幅潜在论图景变得精确。序列中每个部分集合论层级上全秩概念的可用性使自身在非直谓二阶概括在每个解释 $\mathcal{J}_\alpha$ 下成立的事实显现。"完成层级"顶部全秩概念的非可用性(non-availability)使自身在模态语言中这个模式的翻译有假实例的事实显现。概括公理的模态翻译告诉我们,对非模态语言中的任意条件 φ，存在某个解释的论域 $\mathcal{M}_\alpha$ 上的概念 X 在其下恰恰归入零个或者多个对象，满足任意解释 $\mathcal{J}_\beta$ 下 φ 的模态翻译。在条件 $x = x$ 的情况下，这会要求在序列中存在极大解释 $\mathcal{J}_\alpha$，它的论域 $\mathcal{M}_\alpha$ 能被合理地解释为集合的这个论域，在每个论域 $\mathcal{M}_\beta$ 中包含每个对象。由于不存在如此解释，这个实例无效。结果，尽管动态抽象理论 $\Sigma^*\text{-}C_0^*$ 证明 $ZFCU^2$ 公理的翻译，且保持所有一阶逻辑关系不变，但它不保持所有二阶逻辑关系不变。它不证明非直谓二阶概括的模态翻译，当该理论以无限制概括公理给定，它不解释 $ZFCU^2$。

尽管如此，动态抽象理论确实恢复能与潜在论观点一致的一样多的二阶理论。动态抽象原则系统 $\Sigma^*\text{-}C_0^*$ 解释 $ZFCU^2$，当基础二阶逻辑中的概括公理被修改只要求对潜在论者可用的集合尺寸概念（the set-sized Concepts）的存在性。作为结果的理论远胜过二阶集合论片段，对避免不协调锡拉岩礁的静态抽象理论可用。由动态理论 $\Sigma^*\text{-}C_0^*$ 解释的集合论包括带有足够二阶概括的 $ZFCU^2$ 的所有公理不仅证明可数丰富定理，而且证明这个定理一般化到所有集合尺寸的基数。该集合论也证明 ZFCU 的一阶公理的所有实例，有以它的预期一般性 $\Sigma^*\text{-}C_0^*$ 解释一阶集合论全部的结果。结果通向抽象的动态路径似乎对解决已证明对静态描述如此顽强的良莠不齐问题是到位的。在静态环境中，框定好抽象上所需的条件 C 的现存语义尝试，或者与不协调的锡拉岩礁冲突，或者与以它预期的一般性，不能够恢复集合论的卡律布迪斯冲突。动态描述给我们手段以为两者间导航，导致协调的动态抽象理论，在潜在论者友好（potentialist-friendly）的二阶逻辑上解释二阶集合论 $ZFCU^2$。

A. 附录

A.1　语义学

我们采用克里普克风格（Kripke-style）的语义学，用解释序列取代可能世界集合。假设我们有解释序列 $\{\mathcal{J}_\alpha\}_{\alpha<\lambda}$，它的论域使得 $M_0\subseteq$ $M_1\subseteq\cdots\subseteq M_\alpha\cdots$ 和函数 $\{\S_i\}_{i<\omega}$ 在每个 $\mathcal{J}_\alpha$ 下解释每个函数符号 $\{\S_i\}_{i<\omega}$。序列上的指派 σ 把每个一阶变元 v 映射到某个 M_α 的元素且把每个二阶变元 V^n 映射到某个 M_α 上的 n-元关系，$n=1$ 或者 2。在 $\mathcal{J}_\alpha$ 和 σ 下，v 指 $\sigma(v)$；V^n 指 $\sigma(V^n)$；且 $\S(V)$ 指 $\S(\sigma(V))$，如果被定义，不然什么都没有。$\mathcal{J}_\alpha$ 下的真性且 σ 被定义如下：

$\zeta=\tau$ 在 $\mathcal{J}_\alpha$ 和 σ 下是真的，当且仅当 ζ 和 τ 指向 $\mathcal{J}_\alpha$ 和 σ 下 M_α 的相同元素。

$V^n\tau_1\cdots\tau_n$ 在 $\mathcal{J}_\alpha$ 和 σ 是真的，当且仅当 $\tau_1,\cdots,\tau_n$ 指向 M_α 的元素 $a_1,\cdots,a_n$，且 $\langle a_1,\cdots,a_n\rangle\in\sigma(V^n)\subseteq M_\alpha^n$。

$\neg\psi$ 在 $\mathcal{J}_\alpha$ 和 σ 下是真的，当且仅当 ψ 在 $\mathcal{J}_\alpha$ 和 σ 下不是真的。

$\psi_1\wedge\psi_2$ 在 $\mathcal{J}_\alpha$ 和 σ 下是真的，当且仅当在 $\mathcal{J}_\alpha$ 和 σ 下 ψ_1 是真的，且 ψ_2 是真的。

$\forall v\psi$ 在 $\mathcal{J}_\alpha$ 和 σ 下是真的，当且仅当对每个 $a\in M_\alpha$，ψ 在 $\mathcal{J}_\alpha$ 和 $\sigma[v/a]$ 是真的。

$\forall V^n\psi$ 在 $\mathcal{J}_\alpha$ 和 σ 下是真的，当且仅当对每个 $A\subseteq M_\alpha^n$，ψ 在 $\mathcal{J}_\alpha$ 和 $\sigma[V/A]$ 是真的。

$\square_>\psi$ 在 $\mathcal{J}_\alpha$ 和 σ 下是真的，当且仅当 ψ 在 $\mathcal{J}_\beta$ 和 σ 下是真的，对所有 $\beta>\alpha$ 有 $\beta<\lambda$。

$\square_<\psi$ 在 $\mathcal{J}_\alpha$ 和 σ 下是真的，当且仅当 ψ 在 $\mathcal{J}_\beta$ 和 σ 下是真的，对所有 $\beta<\alpha$ 有 $\beta<\lambda$。

注意原子语句的语义子句确保，比如，$\zeta=\tau$ 在 $\mathcal{J}_\alpha$ 和 σ 下是真的，仅当 ζ 和 τ 每个指向 M_α 的元素。以通常方式定义有效性：ψ 在序列中是有效的，当它在序列中的每个解释 $\mathcal{J}_\alpha$ 下且它上的每个指派 σ 是真的。

A.2　逻辑

逻辑 LST^2 扩充二阶逻辑和基本时态逻辑。为允许论域变化，我们采用自由公理(free axioms)和量词化规则：

$$FUS: \forall v\psi \rightarrow (E\tau \rightarrow \psi[\tau/v])$$

$$FUG: \frac{Eu \rightarrow (\psi_1 \rightarrow \psi_2[u/v])}{\psi_1 \rightarrow \forall v\psi_2}$$

这里 u 不在 $\psi_1 \rightarrow \forall v\psi_2$ 中自由出现。我们恰恰为类似公理添加二阶量词 $\forall V^1$ 和 $\forall V^2$，连同二阶概括公理，对 $n=1$ 或者 2：

$$COMP: \exists V^n \forall \vec{v}(V^n\vec{v} \leftrightarrow \psi)$$

这里 ψ 没有自由的 V^n。对 FUS 和 FUG，"存在性守卫"(existential guards)是被定义谓词 Ev，EV^1 和 EV^2。令 $ext_v[\psi]$ 缩写的是 $\diamondsuit > \exists v(\psi \wedge_< \neg Ev)$。那么这些谓词被定义如下：

$$Ev =_{df} v = v,$$
$$EV^1 =_{df} \neg EXT_v[\diamondsuit V^1v],$$
$$EV^2 =_{df} \neg EXT_u[\diamondsuit \exists v \diamondsuit V^2 uv \wedge \neg EXT_v[\diamondsuit \exists u \diamondsuit V^2 uv].$$

这些定义是由引理 1 所维护的。

引理 1：

(a) $E\tau$ 在 $\mathcal{J}_\alpha$ 和 σ 下是真的，当且仅当 τ 指向 M_α 的一个元素。

(b) EV^n 在 $\mathcal{J}_\alpha$ 和 σ 下是真的，当且仅当 $\sigma(EV^n) \subseteq M_\alpha^n$。

接下来我们添加下述自由恒等公理：

Ref：$\Phi(\tau) \rightarrow \tau = \tau$；

Sub：$\zeta = \tau \rightarrow (\phi(\zeta) \rightarrow \phi(\tau))$。

这里 $\phi(\tau)$ 是包含项 τ 的原子公式且 Sub 从属于通常要避免变元冲突的约束。最后，我们增加下述捕获解释序列某些结构性质的模态公理：

Löb：$\Diamond < \psi \rightarrow \Diamond < (\psi \wedge \Box < \neg \psi)$；

E_1：$\Diamond Ev \wedge \Diamond EV^1 \wedge \Diamond EV^2$；

$H_>$：$\Diamond > \psi_1 \wedge \Diamond > \psi_2 \rightarrow (\Diamond > (\psi_1 \wedge \psi_2) \vee \Diamond > (\psi_1 \wedge \Diamond > \psi_2) \vee \Diamond > (\psi_2 \wedge \Diamond > \psi_1))$；

$H_<$：$\Diamond < \psi_1 \wedge \Diamond < \psi_2 \rightarrow (\Diamond < (\psi_1 \wedge \psi_2) \vee \Diamond < (\psi_1 \wedge \Diamond < \psi_2) \vee \Diamond < (\psi_2 \wedge \Diamond < \psi_1))$；

$D_>$：$\Box > \psi \rightarrow \Diamond > \psi_1$；

$CBF_>$：$\Box > \forall v \psi \rightarrow \forall v \Box > \psi$；$\Box > \forall V^n \psi \rightarrow \forall V^n \Box > \psi$；

STA：$E\tau_1 \wedge \cdots \wedge E\tau_k \rightarrow (\Diamond \Phi \rightarrow \Phi)$。

头五条公理捕获解释序列的连续良序。逆巴肯公式（the converse Barcan formulas）反映随后论域不比前面论域更少包含。最后的公理从属于边际约束，即 Φ 是只包含 $\tau_1, \cdots, \tau_n$ 作为单项且二阶变元在函数符号 § 外面出现的原子公式。这个公理反映二阶变元指称的外延性。我们照例描述可推导性，LST^2 相对于预期语义学是可靠的。照例对二阶系统，我们不能期望全语义学的完备性。

命题 2：（可靠性）　给定上述规定的解释序列：

⊢$_{LST2}$ φ 仅当 φ 在序列中是有效的。

A.3　协调性

动态抽象理论 Σ^*-C_0^* 是协调的，且添加下述两个公理仍然是协调的，分别陈述的是概念选择公理（a choice principle for Concepts）和反射原则的模态表述：

$$CC: \forall X(\phi(X) \to \exists x(Xx)) \land \forall X \forall Y(\phi(X) \land \phi(Y) \to X \equiv Y \lor \neg \exists z(Xz \land Yz)) \to \exists Z \forall X(\phi(X) \to \exists !(Zz \land Xz)).$$

$$Refl: \Box\Diamond > \forall \vec{v}(|\phi|^{\Diamond} \leftrightarrow \phi).$$

第二个公理从属于边际约束，即 φ 缺少自由二阶变元且只包含形式为 $\forall X(\exists x(x = ext(X)) \to \cdots)$ 的受限制二阶量词。用 $E_i^\alpha(A, B, \vec{C})$ 缩写 $Eq_i(X, Y, \vec{Z})$ 在 $\mathcal{J}_\alpha$ 下是真的，当 X，Y 和 $\vec{Z}$ 被指派到 A，B 和 $\vec{C} = C_1, \cdots, C_n$。那么来自第 4 小节的充足性条件相当于下述：

C_0^*：(i) 对 $\vec{C} \subseteq M_\gamma$，$\{\langle A, B \rangle | E_i^\gamma(A, B, \vec{C})\}$ 是 $P(M_\gamma)$ 上的等价关系。

(ii) 对 A，B，$\vec{C} \subseteq M_{\gamma_1} \bigcap M_{\gamma_2}$，$E_i^{\gamma_1}(A, B, \vec{C})$ 当且仅当 $E_i^{\gamma_2}(A, B, \vec{C})$。

为构造 Σ^*-C_0^* 的克里普克模型递归地定义 M_α 和函数 $\S_i^\alpha$：$(\bigcup_{\beta < \alpha} P(M_\beta))^{n+1} \to M_\alpha$ 如下：倘若 C_0^* 是由所有 γ，γ_1，$\gamma_2 < \alpha$ 满足的，那么，对 β＜α 和 A，$\vec{C} \subseteq M_\beta$，设定

$$\S_i^\alpha(A, \vec{C}) = \langle i, \vec{C}, \{D \subseteq M_\delta | E_i^\delta(D, A', \vec{C})\} \rangle$$

这里 δ≤β 且 A'，$\vec{C} \subseteq M_\delta$ 使得 $E_i^\beta(A', A, \vec{C})$ 且 δ 是对其存在如此 A' 的最小序数；否则，如果 C_0^* 对 γ，γ_1，$\gamma_2 < \alpha$ 无效，保留 $\S_i^\alpha(A, \vec{C})$ 未

定义。设定 $M_\alpha = \bigcup_{\beta < \alpha} M_\beta \bigcup \bigcup_{i < \omega} Ran(\S_i^\alpha)$。

命题 3：令 $\{\mathcal{J}_a\}_{a < \lambda}$ 是解释序列，因此它的论域 $\{M_a\}_{a < \lambda}$ 和函数 $\{\S_i^a\}_{i < \omega}$ 是被定义的，有 λ 作为极限序数。那么 CC 和符合 C_0^* 的动态抽象原则在序列上是有效的。此外，当 λ 是强不可达的，$\mathrm{Re}fl$ 也是有效的。

推论 4：$\Sigma^*\text{-}C_0^* + \mathrm{Re}fl + \mathrm{CC}$ 是协调的。

A.4　强度

我们表明 $\Sigma^*\text{-}C_0^*$，连同 CC 和 $\mathrm{Re}fl$，解释二阶集合论 ZFCU^2，当后一个理论是在一元二阶逻辑中被铸造的，其有一阶和二阶量词经典非自由公理，但其用下述替换类型（replacement-type）原则取代概括公理，把概念概括限制到集合尺寸概念：

$$\forall z \exists ! t \phi(z, t) \rightarrow \forall x \exists Y \forall t (Yt \leftrightarrow \exists z (z \in x \wedge \phi(z, t)))。$$

作为中间步骤，令 $\mathcal{L}^\diamond_{\mathrm{ZFCU}^2}$ 以 $\square >$ 和 $\square <$ 扩张 $\mathcal{L}_{\mathrm{ZFCU}^2}$，且令 MSTU^2 是基于 LST^2 的 $\mathcal{L}^\diamond_{\mathrm{ZFCU}^2}$-理论，由公理 $x \in y \rightarrow \text{ß}y$，连同下述组成：

$$ext_U: \square \forall x \square \forall y (\diamond(\text{ß}x) \wedge \diamond(\text{ß}y) \rightarrow (\forall z (\diamond(z \in x) \leftrightarrow \diamond(z \in y)) \rightarrow \diamond x = y));$$

$$pri_U: \square \forall x (\diamond(\text{ß}x) \rightarrow \diamond < \neg \mathrm{EXT}_z [\diamond(z \in x)]);$$

$$plen_U: \square \forall x \square > \exists x (\diamond(\text{ß}x) \wedge \square \forall z (\diamond(z \in x) \leftrightarrow \diamond(Xz)))。$$

定义翻译　$\diamond: \mathcal{L}_{\mathrm{ZFCU}^2} \rightarrow \mathcal{L}^\diamond_{\mathrm{ZFCU}^2}$，其经由联结词如下：$[\Phi]^\diamond =_{df} \diamond\Phi$，对原子 Φ；$[\forall v \phi]^\diamond =_{df} \square \forall v [\phi]^\diamond$；$[\forall V^n \phi]^\diamond =_{df} \square \forall V^n [\phi]^\diamond$。

定理 5：$\mathrm{ZFCU}^2 \vdash \phi$ 仅当 $\mathrm{MSTU}^2 + \mathrm{Refl} + \mathrm{CC} \vdash \phi^\diamond$。

为完成解释,定义翻译§:$\mathcal{L}^{\Diamond}_{\mathrm{ZFCU2}} \rightarrow \mathcal{L}^{\Diamond}_{\Sigma}$,其经由联结词,量词和模态算子如下:$[u \in v]^{§} = \exists V(v = ext(V) \wedge Vu)$;$[\beta v]^{§} = \exists V(v = ext(V))$。下述命题可以被构建,通过表明第五基本定律动态版本证明$\mathrm{MSTU^2}$公理的翻译;集合论解释是这个和定理5的直接推论。

命题 6:$\mathrm{MSTU^2} \vdash \psi$仅当$\Sigma^*$-$\mathrm{C}^*_0 \vdash (\psi)^{§}$。

推论 7:$\mathrm{MSTU^2} \vdash \phi$仅当$\Sigma^*$-$\mathrm{C}^*_0$+Refl+CC$\vdash ([\phi]^{\Diamond})^{§}$。

第四节　基于不定可扩充性的替代论证

人们对达米特的不定可扩充性概念有两种反应。有些人把这个概念当作解决逻辑和形而上学疾病的灵丹妙药。我们把正面的反应分为四类:首先,罗素和普里斯特认为不定可扩充性是解决逻辑悖论的关键;其次,康托尔、罗素、达米特和夏皮罗认为不定可扩充性是描述合法的集合形成和可允许抽象的关键;再次,帕森斯、格兰茨伯格、范恩和斯塔德认为不定可扩充性引出反对一般化每个绝对事物可能性的论证;最后,达米特与桑托斯认为不定可扩充性引出支持直觉主义逻辑与反实在论的论证。我们主要关心的是第二类和第四类。布劳斯、伯吉斯、奥利弗和拉姆菲特认为不定可扩充性概念是模糊的而且毫无理论价值。隐含在达米特著作中的是作为有外延的限定性:概念 F 是限定的当 F 有一个外延。因此,不定可扩充性本质上是概念缺少外延的现象,即使它的内涵是极其强烈的。我们的任务是解释有着强内涵且有着外延的概念到底是什么,而且解释强内涵如何无法决定一个外延。

在考虑达米特的对限定性作为有外延的核心观念的发展之前,我们考虑对此观念的另一种发展。帕森斯以模态术语提出替换解释。当集合的存在性形而上学地依赖它的每个元素的存在性时,它自身的存在性相对于它的元素的存在性仅仅是潜在的。这个观念以模态集合论的形式表达出来，帕森斯、林内波和斯塔德推进了这方面的工作。在此背景下，我们自然采用下述的概念要有外延意味着什么的解释。帕森斯、林内波和斯塔德说的是外延是可完备化的：概念是完备的，当它有更多实例时是不可能的；概念有外延，当它成为完备的是可能的。我们根据内涵限定性与外延限定性来理解达米特的路径，也就是外延作为经典量化的可允许定域。具体内容是：概念有外延，也就是概念是外延限定的，当我们能够经典地解释概念实例上的量化。我们要形式化达米特主义分析。整个形式化是在二阶逻辑与直觉主义逻辑结合的背景下进行的。

1. 关于语言与意义的全局论证与局部论证

达米特花费他的大量生涯论证正确的逻辑（the correct logic）是直觉主义的，而非经典的。他也辩护反实在论（anti-realism）的一种形式，这是与直觉主义逻辑的正确性紧密联系的。他为这些孪生论题的论证是基于对由弗雷格开辟的通向意义的支配性真值条件（truth-conditional）路径的一串挑战，且基于对可选择的核心概念是证明而不是真性的非弗雷格主义（non-Fregean）路径的辩护。如同在经典的达米特（1978）文章中所发展的那样，论证是基于著名的表现和获得（manifestation and acquisition）挑战，它们在随后的哲学文献中收到大量的关注。从达米特（1963）开始且在达米特（1991）中达到高潮，达米特对某些类似论题发展可选择论证。如同赫克（Richard Heck）注意到的，这个可选择论证是

> 数学，其依赖尤其数学上相称考虑的一门科学；因此它没有一般化意义理论论证（the meaning-theoretic arguments）有的倾向（赫克，1993，第233页）。

当更熟悉的论证是基于关于语言和意义的全局考虑时,可选择论证是基于不定可扩充性概念,其在逻辑和数学哲学中有自己的居所——如同我们将看到的,尽管它也具有更广泛的形而上学重要性。因此可选择论证是局部的而非全局的。如果成功的话,它会为数学的组成部分以及与数学交织在一起的其他定域构建直觉主义逻辑的正确性。我们的计划如下。我们从解释和分析不定可扩充性概念开始。然后,我们使用这个分析重构达米特的可选择论证。重构是基于对达米特相关著作的仁慈解释。我们将不坚持达米特在头脑中有明确的作为结果的论证;确实,我们怀疑他没有。但我们相信我们的重构是发展他的各种评论的合理的和有趣的方式。最后,我们尝试评估作为结果的论证。尽管这个论证值得严肃的考虑,然而我们不能赞同它,至少照当前情况不能。但我们争论说这个论证作为对经典逻辑的攻击而非作为对任意有趣反实在论形式是更有希望的。

2. 不定可扩充性概念的来源

通过考虑在其中它浮现的知识内容接近不定可扩充性概念是有用的。大约 1900 年左右,某些悖论动摇了数学基础。最出名的例子是 1901 年的罗素悖论,其要求我们考虑所有集合(all the sets)。这些集合中的某些是自身的元素,比如,无穷集合集(the set of infinite sets),而其他那些不是,比如,自然数集(the set of natural numbers)。所以考虑并非它们自身元素的集合集 R 似乎是可能的。然而,从 R 的这种描绘,我们容易推导矛盾,即 R 是自身元素当且仅当 R 不是自身元素。根据来自罗素本人的著名诊断,如此刚刚提到的这个悖论

> 得自事实[……]存在我们可以称为自我繁殖(self-reprodctive)的过程和类。也就是,存在某些性质使得,给定全有如此性质的任意项类,我们常常能定义也有问题中性质的新项。因此我们决不能把有上述性质的所有项收进一个整体;因为每当我们希望我

们有它们全部，我们有的收集马上继续进行以生成也有上述性质的新项（罗素，1906，第 36 页）。

明显地，罗素对"自我繁殖类"概念的描绘达不到成为一个真定义。它利用许多未解释概念："类"、"整体"和"收集"；其他地方，"总体性"也被扔进这个混合物。因此对更大清晰度的需求是严峻的。但难以否认罗素至少成功示意一个重要的观念。存在"自我繁殖"的某些性质在下述意义上，即每当已限制某些实例，这个非常的界限能被用来定义该性质的新实例，超过我们已限制的那些。由此直接推断限制该性质的所有实例是不可能的；在此意义上，该性质缺少"总体性"。罗素认作"自我繁殖"的性质的一个好例子是集合的性质假设我们已限制集合。那么我们能使用由此被限制的集合以定义另一个集合，也就是并非它们自身元素的受限制集合的所有且仅有那些的集合。把作为结果的集合称为 R。为避免矛盾，R 不能属于我们限制的集合。

另一个指示性例子是成为一个序数的性质。假设我们已限制某些序数。把它们放在它们的自然序（natural ordering）中且填充任意缺口。以此方式，我们限制序数的初始段。由于该初始段是一个良序，它有一个良序化类型，也就是，一个序数。但如同布拉利—福蒂悖论表明的，该序数不能在我们限制的序数中间但必定大于它们中的每个。根据罗素（1906；1908），所有集合论和语义悖论包含"自我繁殖"概念，因此它们包括诸如命题、性质和定义的哲学上重要的概念。引用罗素的分析，达米特（1963，1981，1991）描绘作为不定可扩充的概念恰好假使对任意限定概念实例收集 X，存在并非 X 元素的另一个实例。

概念是不定可扩充的，当对它的任意限定描绘，存在该描绘的自然扩充，其产生更包括性的概念；这个扩充将被作出根据生成如此扩充的某个一般原则，且典型地，扩充描绘将通过指向前

428

面未扩充描绘而被表述(达米特,1963,第195—196页)。

其他地方,达米特写到概念是不定可扩充的恰好假使,每当

> 我们能形成总体性的限定概念,所有它的元素都归入那个概念,通过指向那个总体性我们能描绘更大的总体性,所有它的元素都归入它(达米特,1993,第441页)。

注意恰好像罗素,达米特利用几个未解释概念,也就是"限定描绘",还有由此而来的"总体性"和"限定概念"。我们很快尝试变得更准确。

3. 对不定可扩充性概念的正反两面意见

对不定可扩充性概念的回应已被锐利地划分。有人把该概念或者它的罗素主义前驱(Russellian predecessor)当作宽范围逻辑的和形而上学疾病的灵丹妙药。这里是已作出的代表该概念的某些声称。

(a) 它是解决逻辑悖论的关键。

(b) 它是更一般合法集合形成和可允许抽象描述的关键。

(c) 它引起反对一般化每个绝对事物(absolutely everything)可能性的论证。

(d) 它引起对直觉主义逻辑和反实在论的论证。

我们目前关心的是(b)和(d)。其他人抱怨不定可扩充性概念是无可救药晦涩的,且缺乏理论价值。当达米特(1991,第317页)悲叹"弗雷格对不定可扩充概念存在性没有一丝怀疑",以有影响的批判性讨论布劳斯(George Boolos)反驳:

> 值得赞扬的是,弗雷格对不定可扩充概念存在性没有一丝怀

疑(布劳斯,1998,第224页)。

其他人跟着做:

> 像布劳斯那样,我没使用达米特的"不定可扩充性"概念(伯吉斯,2004,第205页)。

更多的晦涩指控是由奥利弗(Alex Oliver,1998)拉平的。甚至对达米特主义许多观念同情的拉姆菲特(Ian Rumfitt)表达保留意见。因此,在尝试重构相关达米特主义论证的过程中,他寻求"避开相当黑暗的'不定可扩充性'概念"(拉姆菲特,2015,第264页)。

4. 作为有外延的限定性

人们不能否认达米特的讨论是有点模糊的。但我们否认它是如此的无可救药。我们被呈现的是大型的潜在结实性的某些丰富的和直观的观念——尽管明显需要形式的和理论的发展。这应当刺激我们的哲学胃口,而不使我们逃奔集合论正统(set-theoretic orthodoxy)的感知安全性。让我们变得更有胆量。为使事情变得精确,我们将使用二阶逻辑,它通过允许量词化谓词位置扩充日常一阶逻辑。考虑苏格拉底思考的陈述,我们把它形式化为"思考(苏格拉底)"。当一阶逻辑允许我们一般化名词位置以推断"$\exists x$ 思考(x)"二阶逻辑,此外允许我们一般化谓词位置以推断存在概念 F 在其下苏格拉底归入:"$\exists F F$(苏格拉底)"。自始至终,大写变元将是二阶的。我们将偶尔使用所谓的"λ记法"且由此用"$\lambda x.\varphi(x)$"表示由开公式 $\varphi(x)$ 所定义的概念。现在任意收集种类能凭借相应的弗雷格主义概念被表示,也就是,对 x 成立的概念恰好假使 x 是该收集的元素。特殊收集种类能凭借满足适当特殊条件的概念被表示。以此方式,现在我们能提供对概念成为不定可扩充是什么的更精确分析。暂时让我们假设我们已清楚表达概念的成为限定的观念——直观地,它的实例能被"限制的"。让我们用"D(X)"指明概念 X 是限定的。相对于这个未定义的限定性概念,定义达米特的不定可扩充性概念是直接的。

概念 F 是不定可扩充的恰好假使存在函数 ϕ 使得:

(IE) $\forall X(D(X) \wedge \forall x(Xx \to Fx) \to F(\delta(X)) \wedge \neg X(\delta(X)))$

我们说 δ 是概念 F 的对角线函数。

当然仍要定义或者至少要注释我们的分析依赖的限定性概念。通过考虑我们正在尝试解释概念的某些玩具模型(toy models)而开始是有用的。以日常 **ZFC** 集合论为背景工作,容易提供某些例子。

(i) X 是限定的,当且仅当它是有限的,且不定可扩充的,当且仅当它是无穷的。

(ii) 对任意基数 κ,X 是限定的,当且仅当它的基数是严格小于 κ 的,且不定可扩充的,当且仅当它的基数是大于或者等于 κ 的。

(iii) X 是限定的,当且仅当它是集合尺寸的,且不定可扩充的,当且仅当它是真类尺寸的。

例子(i)和(iii)是极端情况,这里"限定"分别被尽可能严格地和尽可能自由地定义。事实上,两个极端都有它们的辩护者:达米特主张概念是不定可扩充的恰好假使它是无穷的,且罗素推测概念是不定可扩充的恰好假使它与序数是共延的,且因此恰好假使它有真类尺寸。这些玩具模型的重要性是什么?克拉克(Peter Clark)支持(iii)作为一个分析且因此寻求把不定可扩充性概念还原到日常集合论的一片。不太明显的是,夏皮罗和怀特(2006)在相同的地方结束,鉴于下述事实。

事实 1：夏皮罗和怀特(2006)的分析是等价于以二阶 **ZFC** 集合论为模的(iii)的。

所以这里不定可扩充性也被还原到在日常集合论中可定义的概念。这些通向不定可扩充性的还原主义路径是不可接受的，至少当想此概念达到作为它的代表曾作出的重大承诺。尤其，人们假设这个概念提供对集合论和可允许抽象的解释。坦率地说，这个工作不能被完成，当此概念被还原到集合论的一片。追随康托尔和罗素，因此达米特为寻求不定可扩充性的分析而被赞扬，其相比日常集合论有更大自主性且因此至少有履行刚刚提到的有野心的解释性目的的可能性。问题是如何给出想要的分析。让我们通过回顾内涵和外延间熟悉的逻辑区别而开始。内涵连同情形通常被认为决定外延。例如，语词"哲学家"的内涵连同实际情形决定全是且仅是哲学家的某些对象，比如 a_1，a_2，$\cdots$，a_m。

因此内涵是概念性的，由于它挑选出基于这些对象某个特征的某些对象。它也是模态非刚性的(modally non-rigid)：依赖情形，不同对象将占有相关特性。相比之下，外延能被当作恰好内涵挑选出的对象。因此在上述例子中，外延是由 a_1，a_2，$\cdots$，a_m 构成的复数性上的"无"。由此推断自我们目前的意义上，外延是模态刚性的(modally rigid)：它在所有它存在的情形中有相同的元素。正是这个刚性才能够使我们比较穿过不同情形的外延。例如，当哲学家这个内涵事实上挑选出 a_1，a_2，$\cdots$，a_m，它本来可能已挑选出某些其他对象。当我们做出这个比较，我们依赖 a_1，a_2，$\cdots$，a_m 在两个不同情形包含非常相同对象的事实。在本节余下的所追求的核心观念，我们相信它至少隐含在达米特的著作中，是下述内容：

> 作为有外延的限定性：概念 F 是限定的恰好假使 F 有一个外延。因此，不定可扩充性本质是上概念缺少外延尽管它的内容是

432

完全清晰可辨的现象。

我们的任务是对概念有清晰可辨的内涵和有外延是什么的说明，且解释清晰可辨内容如何无法决定外延。

5. 发展作为有外延的限定性的两种方式

在考虑达米特的把限定性观念发展为有外延的事情之前，经由对比，简要考虑该观念的另一个发展将是有用的。假设我们采用通向本体论的生成路径（generative approach），如同我们曾在罗素和达米特中而且在有影响的迭代集合概念中所碰到的。根据此概念，集合是在阶段中被生成的，通过把"……的集合"运算（the "setof" operation）连续应用到在早前阶段可用的某些对象；例如，当该运算被应用到对象a_1，…，a_m，我们获得集合$\{a_1, \cdots, a_m\}$。一个明显的问题是应该如何理解生成词汇。推测起来，我们不照字面使集合产生，如同传统构造主义者会有它的那样。帕森斯（1977）建议以模态术语表达的可选择解释。当集合存在性形而上学地依赖每个它的元素的存在性，它自己的存在性相对于它元素的存在性仅仅是潜在的（merely potential）。这个观念能以模态集合论（modal set theory）的形式被讲清楚，如同由帕森斯（1983）所表明的且由林内波（2013）和斯塔德（2013）所进一步发展的。在此背景下，采用下述对概念要有外延是什么的解释且因此成为限定的和"受限制的"是自然的。

> 外延是可完备化的（帕森斯，林内波，斯塔德）：概念是完备的恰好假使对它有更多实例是不可能的。概念有外延恰好假使对它成为完备的是可能的。

例如，有限集概念能被完成，也就是在第 ω 个阶段，反之序数概念不能被完成，由于存在任意高秩的序数。达米特建议可选择地把限定性的核心观念发展为有外延的事情。为理解这个选择项,关键要区分两个限定性概念。首先,让我们说概念 F 是内涵限定的(intensionally definite)——符号化为"ID(F)"——恰好假使它有清晰可辨的应用条件。直观地讲,我们可以把这个认作我们占有"F-探测器"的事情,它能被自由地从一个环境移到另一个环境,而且它经常产生清楚的和定性的结论关于我们可能无意中发现的任意对象是否是 F。例如,成为序数的概念是内涵限定的,反之成为秃顶的不是内涵限定的。其次,让我们说概念 F 是外延限定的(extensionally definite)——符号化为"ED(F)"恰好假使它在所有概念可用的情形中有某个固定的外延。范例是实例能被耗尽地列举的概念。比如,成为 $a_1, \cdots, a_n$ 中一个的概念是外延限定的。达米特遗憾地无法清楚区分这两个限定性概念。不过这个区别是隐含在他的讨论中的。有时他在头脑中有我们称为"内涵限定性"的东西。下面是一个例子。

> 概念是限定的倘若它有应用的限定标准——什么必然对象归入概念有效是确定的——和恒等的限定标准——什么算作同一个对象是确定的(达米特,1991,第 314 页)。

达米特继续声称集合和序数概念在此意义上是限定的:

> 我们很好地知道需要什么对某物被认作集合或者序数,且何时以特定方式给定的实体与以某个另一种方式给定的实体是相同的集合或者序数(达米特,1991,第 315 页)。

但他否认这些概念对应"限定总体性"。所以此概念在一种意义上是限定的,而在另一种意义上不是。按照我们的术语,概念是内涵限定的而不是外延限定的。这个关键点在达米特著作的其他地方也被重复过。例如,他写到对概念有"清楚的把握"是可能的,不用曾达到"归

434

人它的每个事物总体性的概念"（达米特，2007，第 787 页）。达米特观点的最有特色的部分由对概念有外延是什么的分析构成。这个分析涉及所谓的外延限定性和量词化"经典解释"可用性间的关系：

> 限定总体性是量词化管辖哪个经常产生确定真或者假陈述的一个（达米特，1991，第 316 页）。

所以让我们考虑达米特如何理解量词化的这种经典解释。下述段落是启发性的：

> 我们不能把量词化管辖所有对象的总体性当作语句形成（sentence-forming）运算，其经常生成带有确定真值的语句；换句话说，我们不能经典地把它解释为无限合取或者析取（达米特，1981，第 530 页）。

这建议经典量词化解释是寻求把量词化还原到无限合取或者析取的一个，或者至少试图根据后者解释前者。我们注意到此解释支持量词的经典逻辑——倘若量化陈述实例自身从属于经典逻辑。因为当实例服从排中律（简称为 LEM），那么可证明，它们的合取和析取也如此。因此达米特的路径被总结如下：

> 作为可允许经典量词化定域的外延（达米特）：概念有外延，也就是它是外延限定的（简称为 ED），恰好假使量词化管辖它的实例能被经典地解释。

在呈现我们对两个限定性形式的正式分析前，让我们简要地返回不定可扩充性概念。我们回顾达米特对此概念的解释依赖未定义的限定性概念。该未定义概念无疑是外延限定性。当此概念被插入前述小

节中表述的达米特主义定义,我们获得 F 是不定可扩充的,当且仅当:

$$(IE^*) \quad \forall X(ED(X) \land \forall x(Xx \to Fx) \to F(\delta(X)) \land X(\delta(X))).$$

由此直接推断不定可扩充概念不能是 ED。相比之下,许多不定可扩充概念是 ID;例如,序数和集合概念。因此,不定可扩充概念存在性会表明成为 ID 而不是 ED 的组合是被实现的;也就是,尽管有清晰可辨的内涵,存在无法决定外延的概念。这会是令人惊奇的发现,与前面小节所描述的内涵和外延的支配性观点相冲突。

6. 结合二阶逻辑与直觉主义逻辑形式化达米特主义分析

我们已取得实质性进展。我们从达米特那里抽取出不定可扩充性作为涉及清晰可辨概念有外延(a sharp concept to have an extension)失效的合理清楚分析。而且转而外延占有(possession of extension)已根据经典量词化概念的可用性被分析。但我们甚至能做得更好。我们能以非常满足的方式使该分析形式地精确。如此做是有用的,至少出于两方面的原因。它将决定性地平息晦涩的任意指控。而且形式分析将有助于我们重建反对经典逻辑和实在论的论证,通过允许这些论证用真正清晰度和令人惊讶的简洁性被陈述出来。我们的形式分析在结合以直觉主义而非经典逻辑的二阶逻辑衬托下发生。我们将回到为什么恰恰这个子经典(sub-classical)系统应该是我们背景逻辑的重要问题。在直觉主义逻辑的语境下,定义内涵性限定性(intensional definiteness)如下是自然的:

> **定义 1**:概念 F 是内涵性限定的,用符号记为"ID(F)",当且仅当 $\forall \vec{u}(F\vec{u} \lor \neg F\vec{u})$。

因为直觉主义逻辑证明 $\varphi \to \neg\neg\varphi$,定义 1 证明:

436

(1) ID(X)→ID(¬X)。

然而,逆命题无效,因为在直觉主义逻辑中¬φ∨¬¬φ不蕴涵φ∨¬φ。同样地,我们能证明内涵限定性在合取和析取下保持不变。现在我们陈述某些至少在达米特的讨论中隐含的限定性原则。

原则 1:如果 X 是 ED,那么 X 是 ID。

也就是,ED 概念形成 ID 概念的真子类。注意原则 1 蕴涵如果 X 是 ED,那么¬X 是 ID。接下来,我们有:

原则 2:任意空概念都是 ED。此外,把 n-元组附加到 n-元 ED 概念保持 ED—性不变:$ED(X) \rightarrow ED(\lambda \vec{x}.(X\vec{x} \lor \vec{x} = \vec{a}))$。

存在两个理由把该双管齐下原则归于达米特。首先,他相信有限收集是"限定总体性",且因此对应 ED 概念。原则 2 提供这个信念的自然的和系统的表达式。其次,达米特假设每个不定可扩充概念 F 引起由对角线函数 δ 的迭代应用所产生的外延序列。考虑 Fs 的 ED 收集 X。通过把 δ 应用到 X,我们获得 δ(X),它是不属于 X 的 F。因此,通过把该新 F 附加到 X,我们得到 Fs 的严格更大收集。为再次应用 δ 且因此继续该序列,附加运算(the operation of adjunction)需要保持外延限定性不变。我们的下一个原则令人回忆起集合论分离原则。

原则 3:假设 X 是 ED 且 Y 是 ID,那么这两个概念的交集,也就是 $\lambda \vec{x}.(X\vec{x} \land Y\vec{x})$,是 ED。

这个原则是由下述段落建议的:

人们必须允许在限定总体性上被定义的每个概念决定限定的子总体性(sub-totality)。

该原则也隐含在达米特的下述讨论中,即一颗星星的 ID 概念如何引起诸星星的"限定总体性",当被应用到天体的"限定总体性"。最后的且最有趣的原则关注达米特看到的外延限定性和经典量词化解释间的关系。假设被限制到某个概念 F 的量词化能经典地被解释。那么推测起来如此量词化也"经典地表现"。这建议我们能描绘——且也许甚至定义——对 F 成为 ED 是什么,根据被限制到 F 的量词化的"经典行为"。让我们通过提问被限制到 F"经典地表现"的量词化意味着什么。自然的回答是基于如此量词化的陈述是受排中律 **LEM** 支配的:

$$(2)\ (\forall x{:}Fx)\varphi(x,\vec{y}) \lor \neg(\forall x{:}Fx)\varphi(x,\vec{y}).$$

不过作为一般要求,公式(2)会是太强的:非经典(non-classical)行为可能经由 φ 偷偷溜进来。因此,根据下述假设我们应该只需要(2):

$$(3)\ \forall x \forall \vec{y}(\varphi(x,\vec{y}) \lor \neg\varphi(x,\vec{y})).$$

现在我们有对我们问题的回答。因为被限制到"经典地表现"的量词化对它而言是保持内涵限定性不变;也就是,如果 $\lambda x \lambda \vec{y}.\varphi(x,\vec{y})$ 是 ID,那么 $\lambda \vec{y}.(\forall x{:}Fx)\varphi(x,\vec{y})$ 也是 ID。接下来,让我们查究在什么条件下被限制到 F 的量词化确实经典地表现,在恰好清楚表达的意义上。我们以一个部分回答开始。让我们说概念 F 是有限能越过的(finitely traversable)当存在 c_i 使得:

$$(4)\ \forall x(Fx \leftrightarrow x = c_0 \lor \cdots \lor x = c_n).$$

让我们也采用下述公理：

公理 I：恒等谓词是 ID。

给定这个公理，容易表明公式(3)和(4)蕴涵(2)。也就是，被限制到任意有限能越过概念 F 的量词化经典地表现。现在这个部分回答能被一般化。让我们说概念 F 是能越过的恰好假使存在或者我们能引入 c_γ 对 $\gamma \in \Gamma$ 使得：

(5) $\forall x (Fx \leftrightarrow \bigvee_{\gamma \in \Gamma} x = c_\gamma)$。

假设 F 是能越过的。那么被限制到 F 的量词化还原到也许无限析取或者合取，也就是 $(\forall x : Fx)\varphi(x, \vec{y})$ 还原到 $\bigwedge_{\gamma \in \Gamma}(c_\gamma, \vec{y})$。而且这转而确保被限制到 F 的量词化经典地表现。这个洞见是由下述原则简洁地表达的：

原则 4： $ED(X) \wedge ID(Y) \rightarrow ID(\lambda\vec{v}.(\forall\vec{x}:X\vec{u})Y\vec{u}\vec{v})$。

事实上，达米特的讨论建议甚至更强的某物。如同我们已看到的，他把"限定总体性"——其对应我们的外延限定概念的观念——描绘为"量词化管辖某个经常产生确定真的或者假的陈述的一个"（达米特，1991，第 316 页）。这听上去像足够紧被认作定义性(definitional)的关系。相应地，让我们尝试下述外延限定性定义。

定义 2：让我们说概念 X 是外延限定的当且仅当：
(i) X 是内涵限定的；
(ii) 被限制到 X 的量词化保持内涵限定性不变：

$$\forall Y(ID(Y) \rightarrow ID((\forall\vec{u}:X\vec{u})Y\vec{u}))$$

这里 Y 的数与 X 的数是一样的。

这个定义证明是非常富有成效的。它使我们能够证明下述合意的
结果。

> **定理 1:**假设直觉主义逻辑和公理 I。那么我们的 ID 和 ED
> 定义蕴涵所有已讨论的限定性原则。

事实上,该定义进一步蕴涵有用的和可行的限定性原则,例如,外延限
定的并集和替换公理。让我们来评估状况。我们以达米特的不定可
扩充性概念是无可救药晦涩的抱怨开始。我们已提供混合的评估。
抱怨是半错的——因为达米特根据限定性概念提供不定可扩充性的
完全好定义——而且是半对的——因为这个限定性概念不是真正被
讲清楚的。即便如此,我们已能从达米特的讨论中抽取对 ID 和 ED
的精确定义。这些定义能服务对不定可扩充性的描述,这里它们允许
我们证明达米特显性地或者隐性地假设的所有限定性原则。

7. 不定可扩充概念的存在性

追随康托尔和罗素,达米特假设 ED 概念定义集合、有序型,且也
包括其他形式的抽象。这个假设是隐含在他对对角线函数 δ 的使用
以从 Fs 的某个"限定总体性"X 继续进行到超过这个"总体性"的另一
个 F。对当前目标需要考虑集合的情况。令"SET(F,x)"代表"F 定
义集合 x"。那么我们能以包含两个部分公理(II)的形式解释达米特
的假设,其陈述 ED 概念定义集合,且集合服从外延律(the law of ex-
tensinality):

(IIa) ED(F)$\rightarrow \exists x$SET(F,x)

(IIb) SET(F,x)$\wedge$SET(G,y)$\rightarrow (x=y \leftrightarrow \forall u(Fu \leftrightarrow$G$u))$

440

另外，我们令 $x \in y$ 当且仅当 y 是 x 归入的某个 ED 概念的外延。也就是，我们把 $x \in y$ 定义为"$\exists F(ED(F) \wedge SET(F, y) \wedge Fx)$"。现在达米特的一个核心论证容易陈述。我们以下述观察开始：

事实 2：如果公理(II)是被接受的，那么 **LEM** 是无效的。

证明：假设 **LEM** 的所有实例都是有效的。那么所有概念是 ID 且因此也是 ED。有公理(II)在场，这产生罗素悖论。∎

由于公理(II)似乎可行，因此我们打算推断经典逻辑必定被拒绝。我们将回到该论证是如何辩证有效的(dialectically effective)。不明显的是为什么我们应该指向 **LEM** 而非经典逻辑的某个其他部分。让我们采用另一个公理：

(III) $ID(\lambda x.x \notin x)$。

该公理隐含在达米特对集合概念的描绘中，它不是自身作为"不定可扩充概念存在性"的元素(达米特，1993，第 441 页)。现在我们能够证明不定可扩充概念的存在性。

事实 3：如果(II)和(III)，那么集合概念是不定可扩充的。

证明：假设 X 是包含在集合概念中的 ED 概念。根据公理(III)，相对于 X 的"罗素概念"，也就是 $\lambda x.(x \notin x \wedge Xx)$ 也是 ED。根据(II)，后一个概念定义一个集合。我们定义从概念到对象的函数 δ 通过令 $\delta(X)$ 是这个集合，如果 X 满足我们开始的假设，或者空集，如果不是。对找出矛盾，假设 X 满足提到的假设且 $\delta(X)$ 归入 X。我们证明 $\delta(X) \in \delta(X)$ 当且仅当 $\delta(X)$ 归入 X。我们证明 $\delta(X) \in \delta(X)$ 当且仅当 $\delta(X)$ 归入 $\lambda x.(x \notin x \wedge Xx)$，当且仅当 $\delta(X) \notin \delta(X)$，矛盾！因此，

集合 δ(X) 不属于 X。这意味着集合概念是 IE。■

8. 达米特反对实在论的两种论证

假设实在论是根据 **LEM** 的有效性被定义的，如同达米特倾向做的那样。那么事实 2 不但反驳实在论，也反对经典逻辑。然而，达米特的讨论也包含反对实在论的另一个论证，其对当前目标是更有趣的。根据实在论者，达米特写道：

> 概念是限定的倘若它有限定的应用标准——什么必须对概念归入概念有效是确定的——和限定的恒等标准——什么算作同一个如此对象是确定的。[……]我们不需要能够恰好说存在什么对象归入给定概念：倘若此概念是限定的，实在性自行决定如此量化陈述的真性或者假性（达米特，1991，第 314 页；参考达米特，1993，第 439 页）。

例如，假设我们给出"星星"的定义，它清晰可辨足以产生 ID 概念。而且假设实在论对天文学定域是恰当的。当所提到的概念被带来对这个定域施加影响，天文学实在性以良定义对象范围作出回应，也就是星星的总体性。该观察可以一般化。根据实在论的假设，任意 ID 概念足以决定对象的"限定总体性"且因此是 ED。当如此概念被带来施加影响，实在性回以良定义实例范围。而且由于它是良定义的，该范围能充当经典解释量词化定域（a domain for classically interpreted quantification）。这些考虑有下述公理总结如下：

$$\text{(IV)} \quad \text{实在论} \rightarrow \forall F(ID(F) \rightarrow ED(F))。$$

达米特所尝试的对实在论的反驳现在能被发展如下：

442

事实 4：如果(II)，(III)和(IV)，那么 ¬ 实在论。

证明：根据公理(III)，由 $x \notin x$ 所定义的概念 R 是 ID。假设实在论。那么公理(IV)蕴涵 R 也是 ED。所以根据公理(II)，R 定义一个集合，其产生罗素悖论。■

9. 达米特主义论证引发的三个问题

刚刚呈现的两个达米特主义论证引发许多问题。下述三个问题尤为迫切。

(1) 我们的内涵和外延限定性捕获它们预期的目标吗？

(2) 为什么接受我们已表述的四个公理？

(3) 为什么让背景逻辑是直觉主义？为什么不是经典逻辑或者也许某个介于直觉主义和经典中间的逻辑？

在达米特那里令人惊讶的几乎没有对这些问题的明确讨论。所以他最多提供的是论证模板，而不是完整论证。当讨论这些问题时，我们将显然为自己辩护，甚至不部分地代表达米特。

9.1 根据克里普克模型定义内涵与外延限定性

目前，让我们坚持确定正确的背景逻辑是直觉主义的假设。那么我们主张强情况能为我们对内涵和外延限定性定义的恰当性而作出来。根据克里普克模型理解直觉主义逻辑是自然的，它们的结点表示我们生成过程(generative process)的阶段。以通常方式我们定义相对于变元赋值 σ 由结点 s "力迫"的公式 φ 是什么；我们把此符号化为 $s \Vdash_\sigma \varphi$。而且照常，由一个阶段所力迫的不管什么东西仍是由这个阶段的任意扩充所力迫的：

$$\text{如果 } s \leq s' \text{ 且 } s \Vdash_\sigma \varphi，\text{那么 } s' \Vdash_\sigma \varphi。$$

把 $s \Vdash \varphi(a_0, \cdots, a_n)$ 当作 $s \Vdash_\sigma \varphi$ 的缩写是方便的,这里 $\sigma(x_i) = a_i$ 对每个在 φ 中自由出现的变元 x_i。首先,考虑内涵限定性定义。直接证实的是 $s \Vdash \mathrm{ID}(F)$,当且仅当:

$$(\forall s' \geq s)(\forall \vec{a} \in D(s'))(\forall s'' \geq s')(s' \Vdash F\vec{a} \text{ 当且仅当 } s'' \Vdash F\vec{a}).$$

这里 $D(s)$ 是 s 的定域。该显示公式对"有 F—性探测器"意指什么提供好的分析。考虑比 s 更丰富的任意环境 s' 和能在 s' 被发现的任意对象串 $\vec{a}$。那么我们获得清楚的结论关于是否 $F\vec{a}$,也就是 $s' \Vdash F\vec{a}$。而且该结论是定形的,因为它不能在任意仍然更丰富的环境 s'' 中被推翻。紧接着考虑外延限定性概念。让我们说概念 F 在 s 是完备的恰好假使没有额外的 Fs 在任意后面的阶段 $s' \geq s$ 变为可用的。给定某些可行的假设,我们能表明 F 在 s 是 ED 恰好假使 F 在 s 就是 ID 也是完备的。这意味着概念在 s 是 ED 恰好假使它的实例是完备的,且因此是由 s 所限制的。

9.2 基于公理(I)和(III)的达米特主义集合论

让我们继续假设背景逻辑是直觉主义的。公理(I)和(III)陈述的是恒等和非自我属于关系(non-self-membership)概念都是 ID。两个公理都是可行的——至少根据我们赞同的生成过程解释。"生成"对象仅仅是对关于使用恒等谓词或者任意其他原子谓词能被表述的对象的每个问题提供清楚和确定回答的事情。集合的情况提供一个好的说明。考虑某些对象 aa。当我们"生成"它们的集合,我们规定形式为 $\{aa\} = \{bb\}$ 或者 $b \in \{aa\}$ 的任意问题,回答的根据是是否 aa 且 bb 是非常相同的对象,或者是否 b 是 aa 中的一个。事实上,该解释激发下述对公理(III)的加强:

$$(\mathrm{III}^+): \mathrm{ID}(\in).$$

因此,我们获得基于直觉主义二阶逻辑和公理(I),(II)和(III⁺)由达

444

米特所激发的集合论。

9.3 公理(IV)与实在论

我们回顾公理(IV)陈述的是：

$$(IV)\ 实在论 \to \forall F(ID(F) \to ED(F))。$$

这个公理的可行性明显依赖如何理解"实在论"。存在许多选项。如果实在论仅仅是 **LEM** 有效性的事情，如同达米特倾向于认为的那样，那么公理(IV)的可行性问题是无实际意义的。因为那么公理(II)独自足以反驳实在论，消除对公理(IV)的需求。实在论的另一个相关版本是"形而上学实在论"(metaphysical realism)，如同由普特南描绘的(普特南，1987)，也就是世界以唯一的和客观的方式被划分为对象范围的观念。这种形式的实在论支持公理(IV)。当 ID 概念被应用到这个包罗万象的对象范围，我们获得良定义的实例范围，据其因此达米特的量词化"经典解释"是被定义的。

从而，达米特的论证对这种形式的实在论造成威胁。这个论证是否承购将取决于它余下假设的地位。当这种对形而上学实在论的威胁是真实的，它几乎不是意外的。因为在普特南的形而上学实在论和对不定可扩充性拒绝间存在非常小的概念上的距离(conceptual distance)。确实，根据这个版本的实在论，公理(IV)仅仅是老生常谈(a truism)。我们不知道是否存在以一种较少直接且因此较多令人惊讶的方式与不定可扩充性存在性相冲突的实在论形式。更重要的是，存在公理(IV)为假的实在论版本。确实，在 9.5 节我们细究与不定可扩充概念存在性完美相容的实在论的稳健形式(a robust form of realism)。

9.4 公理(II)与协调性

现在考虑公理(II)，它陈述的是每个 ED 概念对应一个集合。根据事实 2，该公理是经典不协调的。因此明显的问题是相应的直觉主义理论是否协调的。不幸的是，我们能证明它是协调的。

定理 2：假设经典 **ZFC**。那么基于直觉主义逻辑和公理（I），（II）和（III$^+$）的集合论是协调的。

接下来，我们提问存在什么正面的原因以接受公理（II）。让我们继续假设背景逻辑是直觉主义的。那么，如同在 9.1 节论证的那样，任意 ED 概念是完备的。这确保定义概念的所有实例集是可能的。直观地讲，当概念是完备的，存在定位恰恰这些对象集的所有它的实例的"楼上房间"（"room above"）。

9.5 达米特套装、帕森斯—林内波—斯塔德套装与半直觉主义逻辑

这把我们带到最难的而且最有趣的问题。为什么让我们的背景逻辑是直觉主义的？当然，给定公理（II），事实 2 表明逻辑不能是经典的。但我们对（II）的辩护取决于逻辑是直觉主义的假设！因此所有我们已构建的在于（II）和直觉主义逻辑形成自然的"一揽子交易"（"package deal"）：给定直觉主义逻辑，（II）是可行的；而且给定（II），逻辑不能是经典的但能是直觉主义的。让我们称之为达米特套装（the Dummett package）。也存在可选择的一揽子交易，也就是在第 5 小节中所描述的帕森斯—林内波—斯塔德套装。这个可选择套装结合经典逻辑与所有可完备化概念定义集合的假设的模态表述。因为逻辑是经典的，这个套装是更忠实于正统集合论的（orthodox set theory）。此外，人们尚未提出放弃此套装而支持达米特的更非正统选择项（heterodox alternative）的令人信服的理由。

我们希望通过细究采用非正统选择项的可能理由而结束。考虑真一般化 $\forall x \varphi(x)$。什么解释可以成为该真性的基础？假设我们坚持对该问题的实质性回答。一个自然的选项是给出基于实例的（instance-based）解释。该一般化是真的，因为它的每个实例是真的，而且也许因为这些全都是实例。成为全称一般化基础的概念能被视作达米特的量词化"经典解释"的形而上学相关物（a metaphysical correlate)。基于实例的解释是直观的且担保经典逻辑每当它是可用的。问题在于如此的解释不经常是可用的。当定域不是 ED,那么不存在要考虑的良定义实例范围。在如此情况下,我们需要对真一般化的可选择的不基于实例的(non-instance-based explanation)解释。若非它的实例,没有什么能够解释全称一般化? 对达米特已知的唯一答案涉及他发现如此有吸引力的反实在论,也就是,一般化的真性是根据它的证明的存在性而被理解的——或者甚至我们对它的证明的占有。众所周知,这种反实在论概念支持直觉主义逻辑。但不用说,这个答案依赖的反实在论是极其有争议的。

幸运地,诉诸反实在论不是义务的:存在获得想要的不基于实例解释的其他方式。有趣的选择项是由魏尔(Hermann Weyl)建议的。什么可能解释自然数上全称一般化 $\forall n\varphi(n)$ 的真性? 魏尔(1921,第54 页)注意到该解释不需要经由无穷多个实例继续进行,反之可能基于"它在于每个自然数应该满足 φ 的自然数概念实质"的事实。重要的是,该建议与实在论是完全相容的:可能存在关于概念及其实质关系的稳健真性,其不应该根据证明被理解。该建议也与诉诸基于实例的解释相同,不管这些在哪里是可用的。林内波(2018)发展出魏尔建议的版本且表明这个维护的是半直觉主义逻辑(semi-intuitionistic logic),也就是,直觉主义逻辑这里被限制到任意集合的量词化经典地表现。因此,这只是离开经典逻辑的非常温和的方式。

10. 为四个声称辩护

总结起来,我们已作出四个主要声称。首先,尽管它显然的晦涩,不定可扩充性概念能以哲学上有启发性的且数学上有趣的方式被清楚表达。其次,尽管它显然的晦涩,达米特的反对实在论且支持直觉主义逻辑的可选择论证能以哲学上有启发和数学上有趣的方式被清楚表达。再次,当达米特的可选择论证威胁实在论的某些形式——尤其,普特南称为"形而上学实在论"的东西——存在论证不造成威胁的

447

实在论的其他稳健形式。最后，达米特对不定可扩充性的直觉主义解释尚未被表明优于可选择的但深刻的经典解释。但也许有可能以威胁 **LEM** 且反之维护半直觉主义逻辑的方式扩充达米特的可选择论证。要是这样，经典逻辑的朋友们不应该太惊慌，因为每当定域是外延限定的，他们喜爱的逻辑将仍然有效。

附录 A：限定性原则的证明

定理 1：假设直觉主义逻辑和公理(I)。那么我们的 ID 和 ED 定义蕴涵所有已讨论的限定性原则。

草证：原则 1 和 4 立即得自 ED 的定义。原则 2 是直接的。这是唯一需要公理(I)的地方。为证明原则 3，注意到 $X \wedge Y \to Z$ 是直觉主义地等价于 $X \to (Y \to Z)$ 且 $Y \to Z$ 是 ID 倘若 Y 和 Z 都是 ID。∎

事实上，定理 1 能实质地被加强。

定理 3：假设直觉主义逻辑和公理(I)。那么我们的 ID 和 ED 定义使我们能够证明下述额外的限定性原则。

D1. 任意两个 ED 概念的并集自身是 ED：

$$ED(X) \wedge ED(Y) \to ED(\lambda x.(Xx \vee Yx)).$$

D2. 外延限定性是可因子分解的，在下述意义上即关系是 ED，当且仅当它的定域和每个它的节段都是 ED：

$$ED(R) \leftrightarrow ED(\lambda \vec{u}\, \exists \vec{v}\, R\vec{u}\vec{v}) \wedge \forall \vec{u}\, ED(\lambda \vec{v}\, R\vec{u}\vec{v}).$$

D3. 假设 X 是 ED，R 是 ID，且 $\lambda y R x y$ 是 ED 对每个 x 使得 Xx，那么 R 下 X 的像也是 ED：

$$ED(\lambda y\, \exists x(Xx \wedge Rxy)).$$

草证:

D1 通过注意到 $\forall x(Xx \lor Yx \to Zx)$ 是直觉主义地等价于 $\forall x(Xx \to Zx) \land \forall x(Yx \to Zx)$ 而推出来。

对 D2 的右推左方向,我们已注意到下述两个公式是直觉主义地等价而开始:

(6) $\forall \vec{u} \, \forall \vec{v}(R\vec{u}\vec{v} \to \theta)$;

(7) $\forall \vec{u}(\exists \vec{v}R\vec{u}\vec{v} \to \forall \vec{v}(R\vec{u}\vec{v} \to \theta))$。

现在我们推理如下。假设 G 是 ID。由于 $\lambda vRuv$ 是 ED,我们有:

$$\forall v(Ruv \to G) \lor \neg \, \forall v(Ruv \to G)。$$

换句话说,$\lambda u.(\forall v(Ruv \to G))$ 是 ID。紧接着,由于 $\lambda u \, \exists vRuv$ 是 ED,我们有:

$$\forall u(\exists vRuv \to \forall v(Ruv \to G)) \lor \neg \, \forall u(\exists vRuv \to \forall v(Ruv \to G))。$$

最后,根据公式(6)和(7)的等价,我们得到想要被限制到 R 的量词化保持 ID一性不变的结论:

$$\forall u \, \forall v(Ruv \to G) \lor \neg \, \forall u \, \forall v(Ruv \to G)。$$

对 D2 的左推右方向,假设 ED(R)。令 S 是由 $x=a \land y=y$ 定义的关系;这是 ID。所以根据原则 3,R 和 S 的交集是 ED。但该交集是 $\lambda \vec{v}Ra\vec{v}$。由于 a 是任意的,我们获得右手合取支。仍要证明 $ED(\lambda \vec{u} \, \exists \vec{v}R\vec{u}\vec{v})$。考虑 ID 概念 G。我们需要表明:

$$\forall \vec{u}(\exists \vec{v}R\vec{u}\vec{v} \to G\vec{u}) \lor \neg \, \forall \vec{u}(\exists \vec{v}R\vec{u}\vec{v} \to G\vec{u})。$$

但该公式从我们的 ED(R)假设且 $\forall \vec{u}(\exists \vec{v}R\vec{u}\vec{v} \to G\vec{u})$ 与 $\forall \vec{u} \, \forall \vec{v}(R\vec{u}\vec{v} \to G\vec{u})$ 的直觉主义等价中推断出来。

最后,为证明 D3,令 S 被定义为 $\lambda y \, \exists x(Xx \land Rxy)$。不难表明 D3 的假设蕴涵 ED(S)。由于我们的目标概念 $\lambda y \, \exists x(Xx \land Rxy)$ 是 S

的投影,从 D2 推断该概念是 ED,如愿以偿。∎

附录 B:任性克里普克模型、外延限定性与完备性

令在 w 处的 F 的外延,记为 $[F]_w$,被定义为 $\{a \in D(w) : w \Vdash Fa\}$。回顾概念 F 被称为"在 w 处是完备的"当且仅当能在任意扩充世界 $w' \geq w$ 处能被发现的 F 的任意实例在 w 处已经是可用的;也就是,当且仅当 $[F]_{w'} = [F]_w$ 对任意 $w' \geq w$。让我们说概念 $\tilde{F}$ 是相对于 w 的 F 的任性孪生,当且仅当下述条件是满足的:

(i) $\tilde{F}$ 在 w 处是 ID;

(ii) 存在 $w' \geq w$ 使得,对任意 $w'' \geq w'$,我们有 $[\tilde{F}]_{w''} = [F]_{w''}$;

(iii) 存在 $w' \geq w$ 使得,对任意 $w'' \geq w'$,我们有 $[\tilde{F}]_{w''} = [F]_w$。

直观地,ID 概念 $\tilde{F}$ 是相对于 w 的 F 的任性孪生,当且仅当存在一个将来在其 $\tilde{F}$ 恰恰表现得像 F 和另一个将来在其相比 w 处的 F 的外延 $\tilde{F}$ 无法增长。让我们说克里普克模型是任性的(capricious)当且仅当对每个 w 和每个是 ID 但在 w 处不完全的 F,在 w 处存在相对于 w 的 F 的任性孪生 $\tilde{F}$。

定理 4:假设直觉主义二阶逻辑的克里普克模型是任性的。那么,对在 w 处存在的任意世界 w 和任意 F,我们有:F 在 w 处是 ED,当且仅当 F 在 w 处是完备的。

草证:右到左方向是常规的。现在我们证明左到右方向的逆否命题。明显地,如果在 w 处 F 无法成为 ID,它在 w 处也无法成为 ED。所以需要证明如果概念 F 在 w 处是 ID 而不完全的,那么 $w \Vdash$ ED(F)。假设前件成立。令 $\tilde{F}$ 是相对于 w 的 F 的任性孪生。我们的

450

定义确保$\widetilde{F}$在w处也是ID。我们声称：

$$w \not\Vdash \forall x(Fx{\to}\widetilde{F}x) \vee \neg \forall x(Fx{\to}\widetilde{F}x).$$

为看到w不力迫第一个析取支，考虑上述(iii)中描述的$\widetilde{F}$的将来行为。为看到w不力迫第二个析取支，考虑上述(ii)中所描述的$\widetilde{F}$的将来行为。■

文献推荐：

林内波在论文《集合的潜在分层》中认为集合的累积分层不是实在的而是潜在的分层。受此观念激发，他发展出包含这种潜在主义概念的模态集合论。作为结果的理论与策梅洛—弗兰克尔集合论是等解释的。乌斯基亚诺在论文《不定可扩充性的多种形态》中考虑集合概念不定可扩充性的各种描述而且用不定可扩充性的语言模型比较它们。他建议相比不定可扩充性的替代描述语言模型有着诸多优势，而且他反对三种意义为语言模型辩护。斯塔德在论文《再构思抽象》中论证良莠不齐问题是归于根据新逻辑主义描述的抽象静态特征且发展避免困境的抽象动态描述。林内波在论文《达米特关于不定可扩充》中认为达米特的不定扩充性概念是富有影响的但又是模糊的。他使用来自达米特的观念，提出对不定可扩充性的精确分析。

参考文献

[1] Wright, C.(1983), *Frege's Conception of Numbers as Objects*, Aberdeen: Aberdeen University Press.

[2] Hale, B.(1987), *Abstract Objects*, Oxford: Blackwell.

[3] Hale, B. and Wrigh, C.(2001), *Reason's Proper Study*, Oxford: Clarendon.

[4] Boolos, G.(1998), *Logic*, *Logic and Logic*, Cambridge, MA: Harvard University Press.

[5] Burgess, J.P.(2005), *Fixing Frege*, Princeton, NJ: Princeton University Press.

[6] Fine, K.(2002), *The Limits of Abstraction*, Oxford: Oxford University Press.

[7] Heck, Jr., R.G.(2011), *Frege's Theorem*, Oxford: Oxford University Press.

[8] Heck, Jr., R.G.(2012), *Reading Frege's Grundgesetze*, Oxford: Oxford University Press.

[9] Linnebo, O.(2018), *Thin Objects: An Abstrantionist Account*, Oxford: Oxford University Press.

[10] Boolos, G.(1971), The Iterative Conception of Set, *Journal of Philosophy*, 68:215—232.

抽象主义集合论(下卷):从怀特到林内波

[11] Boolos, G.(1989), Iteration Again, *Philosophical Topics*, 17: 5—21.

[12] Boolos, G.(1984), To Be is To Be a Value of a Variable(or To Be Some Values of Some Variables), *Journal of Philosophy*, 81:430—449.

[13] Boolos, G.(1985), Nominalist Platonism, *Philosophical Review*, 94:327—344.

[14] Boolos, G.(1987), The Consistency of Frege's Foundations of Arithmetic, in J. J. Thomson, ed., *On Being and Saying: Essays for Richard Cartwright*, 3—20.

[15] Boolos, G.(1990), The Standard of Equality of Numbers, in Boolos, G., ed., *Meaning and Method: Essays in Honor of Hilary Putnam*, Cambridge, MA: Harvard University Press, 261—278.

[16] Heck, Jr., R.G.(1992), On the Consistency of Second-Order Contextual Definitions, *Noŭs*, 26:491—495.

[17] Heck, Jr., R.G.(1993), The Development of Arithmetic in Frege's Grundgesetze der Arithmetik, *Journal of Symbolic Logic*, 58:579—601.

[18] Heck, Jr., R.G.(1996), The Consistency of Predicative Fragments of Frege's Grundgesetze der Arithmetik, *History and Philosophy of Logic*, 17:209—220.

[19] Wright, C. (1997), The Philosophical Significance of Frege's Theorem. In Heck, R., ed., *Language, Thought and Logic: Essays in Honour of Michael Dummett*, Oxford: Clarendon.

[20] Wright, C.(1999), Is Hume's Principle Analytic? *Notre Dame Journal of Formal Logic*, 40:6—30.

[21] Wright, C. (2000), Neo-Fregean Foundations for Real Analysis: Some Reflections on Freges's Constraint, *Notre Dame*

参考文献

Journal of Formal Logic, 41:317—334.

[22] Hale, B. (2000), Reals by Abstraction, *Philosophia Mathematica*, 8:100—123.

[23] Hale, B. (2000), Abstraction and Set Theory, *Notre Dame Journal of Formal Logic*, 41:379—398.

[24] Hale, B. and Wright, C. (2001), To Bury Caesar..., in Hale and Wright 2001, 335—396.

[25] Shapiro, S. and Weir, A. (1999), New V, ZF and Abstraction, *Philosophia Mathematica*, 7:293—321.

[26] Shapiro, S. (2000), Frege Meets Dedekind: A Neologicist Treatment of Real Analysis, *Notre Dame Journal of Formal Logic*, 41:335—364.

[27] Shapiro, S. and Uzquiano, G. (2008), Frege Meets Zermelo: A Perspective on Ineffability and Reflection, *The Review of Symbolic Logic*, 1:241—266.

[28] Shapiro, S. and Linnebo, O. (2015), Frege Meets Brouwer (OR Heyting Or Dummett), *The Review of Symbolic Logic*, 8:1—13.

[29] Shapiro, S. and Hellman, G. (2017), Frege meets Aristotle: Point as Abstracts, *Philosophia Mathematica*, 25:73—90.

[30] Uzquiano, G. (1999), Models of Second-Order Zermelo Set Theory, *The Bulletin of Symbolic Logic*, 5:289—302.

[31] Uzquiano, G. (2002), Categoricity Theorems and Conception of Set, *Journal of Philosophical Logic*, 31:181—196.

[32] Uzquiano, G. (2009), Bad Company Generalized, *Systhese*, 170:331—347.

[33] Uzquiano, G. (2015), Varieties of Indefinite Extensibility, *Notre Dame Journal of Formal Logic*, 56:147—166.

[34] Cook, R. (2002), The State of The Economy: Neo-Logicism and Inflation, *Philosophia Mathematica*, 10:43—66.

[35] Cook, R.(2003), Iteration One More Time, *Notre Dame Journal of Formal Logic*, 44:63—92.

[36] Cook, R.(2009), Hume's Big Brother: Counting Concepts and the Bad Company Object, *Synthese*, 170:349—369.

[37] Cook, R.(2012), Conservativeness, Stability and Abstraction, *British Journal for The Philosophy of Science*, 63:673—696.

[38] Cook, R.(2017), Abstraction and Four Kinds of Invariance (Or: What's So Logical About Counting), *Philosophia Mathematica*, 25:3—25.

[39] Linnebo, O. (2004), Predicative fragments of Frege Arithemtic, *Bulletin of Symbolic Logic*, 10:153—174.

[40] Linnebo, O. (2009), Bad Company Tamed, Synthese, 170:371—391.

[41] Linnebo, O. (2011), Some Criteria for Acceptable Abstraction, *Notre Dame Journal of Formal Logic*, 52:331—338.

[42] Linnebo, O.(2013), The Potential Hierarchy of Sets, *The Review of Symbolic Logic*, 6:205—228.

[43] Linnebo, O.(2018), Dummett on Indefinite Extensibility, *Philosophical Issues*, 28:196—220.

[44] Cook, R. and Linnebo, O.(2018), Cardinality and Acceptable Abstraction, *Notre Dame Journal of Formal Logic*, 59:61—74.

[45] Studd, J.(2013), The Iterative Conception of Set: A Bi-Modal Axiomatization, *Journal of Philosophical Logic*, 42:697—725.

[46] Studd, J. (2016), Abstraction Reconceived, *British Journal for The Philosophy of Science*, 67:579—615.

参考文献

[47] Heck, Jr., R.G.(1997), Finitude and Hume's Principle, *Journal of Philosophical Logic*, 26, 589—617.

[48] Macbride, F. (2000), On Finite Hume, *Philosophia Mathematica*, 8, 150—159.

[49] Mancosu, P.(2015), In Good Company? On Hume's Principle and The Assignment of Numbers to Infinite Concepts, *The Review of Symbolic Logic*, 8, 1—41.

[50] Darnell, E. and Thomas-Bolduc, A. (2018), Is Hume's Principle Analytic, *Synthese*, Published Online, https://doi.org/10.1007/s11229-018-01988-8.

[51] Cook, R. and Ebert, P.(2005), Abstraction and Identity, *Dialectica*, 59, 121—139.

[52] Heck, Jr., R.G.(2005), Julius Caesar and Basic Law V, *Dialectica*, 59, 161—178.

[53] Macbride, F.(2005), The Julio César Problem, *Dialectica*, 59, 223—236.

[54] Pederson, N.(2009), Solving the Caesar Problem Without Categorical Sortal, *Erkenntnis*, 71, 141—155.

[55] Linnebo, O.(2009), Introduction, *Synthese*, 170, 321—329.

图书在版编目(CIP)数据

抽象主义集合论.下卷,从怀特到林内波/薄谋著
.—上海:上海人民出版社,2024
ISBN 978-7-208-18805-1

Ⅰ.①抽… Ⅱ.①薄… Ⅲ.①数学哲学 Ⅳ.
①O1-0

中国国家版本馆 CIP 数据核字(2024)第 053255 号

责任编辑 任健敏 赵 伟
封面设计 夏 芳

抽象主义集合论(下卷):从怀特到林内波
薄 谋 著

出　　版 上海人民出版社
　　　　　(201101 上海市闵行区号景路 159 弄 C 座)
发　　行 上海人民出版社发行中心
印　　刷 上海商务联西印刷有限公司
开　　本 635×965 1/16
印　　张 29
插　　页 3
字　　数 372,000
版　　次 2024 年 4 月第 1 版
印　　次 2024 年 4 月第 1 次印刷
ISBN 978-7-208-18805-1/B·1741
定　　价 96.00 元